Einführung in die Gesteinskunde

Von

Dr. H. Leitmeier
o. Professor an der Universität Wien

Mit 100 Textabbildungen

Springer-Verlag Wien GmbH

ISBN 978-3-7091-3607-2   ISBN 978-3-7091-3606-5 (eBook)
DOI 10.1007/978-3-7091-3606-5

Vorwort.

Seit mehr als 20 Jahren ist in deutscher Sprache kein elementares, für den Anfänger bestimmtes Lehrbuch der Gesteinskunde erschienen. Rosenbuschs klassische Elemente der Gesteinslehre sind in der Neubearbeitung von Osann zum letztenmal im Jahre 1923 aufgelegt worden, Rinnes Gesteinskunde, die sich mehr an den Praktiker wendet, ist seit 1928 nicht mehr erschienen, Stinys mustergültige Gesteinskunde für den Techniker geht naturgemäß andere Wege. Alle diese Bücher sind schon seit längerer Zeit vergriffen. Dieses lange Stillschweigen dürfte wohl vor allem zwei Gründe haben. Zuerst die langanhaltende Wirkung des Meisterwerkes von Rosenbusch-Osann, später aber wohl die neuen Strömungen in unseren Vorstellungen über die Entstehung besonders wichtiger Gesteine.

Wenn sich trotzdem der Verfasser, ermutigt durch Kollegen und durch die Leitung des Verlages, entschlossen hat, ein kurz gefaßtes Lehrbuch der Gesteinslehre, das ein Ersatz für das Werk von Rosenbusch-Osann werden sollte, zu schreiben, so tat er es in der Erkenntnis, daß es noch recht lange dauern kann, bis eine einheitliche Darstellung der genetischen Fragen in der Petrologie möglich sein würde. Dieses Lehrbuch sollte ebenso für die Studierenden der Mineralogie und Petrologie, der Geologie und der Geographie, wie für die im Zeitalter der Naturwissenschaften immer mehr an Zahl zunehmenden Naturfreunde, die von den Bausteinen der Erdrinde mehr wissen wollen, als die mittleren Schulen der verschiedensten Art bieten können, bestimmt sein. So entstand in mehrjähriger Arbeit eine fast druckfertige Niederschrift. Da stellte sich heraus, daß der Umfang des Buches wohl wesentlich hinter dem der Elemente von Rosenbusch-Osann zurückbleiben würde, daß er aber doch einen für Studierende kaum erschwinglichen Preis des Buches bedingen würde. Nach gründlicher Beratung mit seinem Verleger entschloß sich der Verfasser, die Niederschrift völlig umzuarbeiten und um mehr als den dritten Teil zu kürzen. Vieles mußte wegfallen, was der Verfasser nur ungern und nach langem Zögern opferte. So wurden die chemisch-physikalischen Grundlagen vollständig gestrichen, die Beschreibung der wichtigsten gesteinsbildenden Mineralien auf die Auswahl einiger besonders wichtiger Angaben beschränkt, Wert und Methode der Gefügekunde nur angedeutet. Am meisten Raum wurde durch die Streichung der Grundlagen gewonnen, denn diese Darstellung konnte, sollte sie allgemein verständlich sein, nur auf verhältnismäßig breiter Basis vorgenommen werden, die Schlüsse aus diesen Grundlagen, die Anwendung auf die Bildung der Gesteine selbst mußte überhaupt erst geschaffen werden, da sie in irgendwie zusammenhängender Weise bis heute noch nirgends durchzuführen versucht worden ist. Das Ergebnis dieses Versuches wäre aber auf jeden Fall zu kurz ausgefallen, da nur eine diskutierende Darstellung möglich gewesen wäre, um nicht den Rahmen eines Lehrbuches zu sprengen. Die gesteinsbildenden Mineralien können in einem Lehrbuch der Gesteinslehre stets nur kurz gebracht werden, da ihre ausführliche Schilderung ein Buch für sich (vgl. Literaturangabe) erfordert. Die Gefügekunde ist beinahe zur selbständigen Wissenschaft, zum Teil über die Petrologie hinausgehend, geworden. Sanders Lehrbuch im gleichen Verlage ist dermalen neu im Erscheinen begriffen. Fast noch schwieriger aber war es, dort sich kürzer fassen zu müssen, wo breitere Darstellung dem leichteren Verständnis gedient haben würde. So ist denn aus dem *Lehrbuch* eine *Einführung* geworden. Ob und wann das Lehrbuch nachfolgen wird, hängt von der Gestaltung der Zukunft ab.

Trotz der Kürzungen und der etwas gedrängten Art der Darstellung ist der Verfasser an neuentstandenen Problemen nicht vorübergegangen. Er hat aber auch dann, wenn er selber von der Richtigkeit neubegangener Wege überzeugt ist, diese an keiner Stelle dieses Einführungsbuches allein vertreten. Er war stets bemüht, soweit es im gegebenen Rahmen möglich war, alles Problematische, Ungeklärte auch als solches zu behandeln, keinesfalls Unbewiesenes als Bewiesenes darzubieten. Namen von Forschern der neueren Zeit sind vielfach darum genannt, um deren geistiges Eigentum nicht als ein solches des Verfassers erscheinen zu lassen.

Wenn sich der Verfasser mehrfach auf Rosenbusch stützt, zum Teil auch dessen System in geänderter Anordnung übernommen hat, so ist dies keineswegs aus Bequemlichkeit geschehen, vielmehr nach langer Überlegung und eingehender Prüfung aller wirklich neuer durchgeführter und vorgeschlagener Systeme. Diese bieten aber gerade dem Anfänger zu wenig, um die Systematik von Rosenbusch vollkommen zu verlassen. Die meisten neueren Systeme sind auf dem Chemismus der Gesteine aufgebaut, setzen also quantitative Analysen voraus oder sie berücksichtigen *nur* den Chemismus, wie etwa das System Trögers, das bewußt nur chemisch reihen will und aus den Analysen einen normativen Mineralbestand errechnet. Neue systematische Grundlagen sind *vorgeschlagen* worden, wie etwa von Eskola und Read, deren Berechtigung völlig anerkannt werden muß. Aber der Versuch einer neuen, noch unerprobten Systematik bedürfte eingehender Diskussion und wäre daher wohl für ein Einführungsbuch kaum geeignet, sollten sich auch die großen Schwierigkeiten einer solchen neuen Systematik überwinden lassen. In neuester Zeit hat Niggli einen völlig neuen Gedanken der Systematik zugrunde gelegt und vor zwei Jahren in einem ersten allgemeinen Band eines groß angelegten Werkes für einen schon druckfertigen zweiten Band eine Einteilung in *endogene* und *exogene* Minerallagerstätten und Gesteine in Aussicht gestellt, der jeder Mineraloge und Petrologe mit dem größten Interesse entgegensehen wird.

Daß der Verfasser an manchen Stellen das Buch von Rosenbusch-Osann und das von Barth-Correns-Eskola benützt hat, daß er manche Anregung aus den Büchern von Tröger und Niggli erhalten hat, sei dankbarst vermerkt. Ein Teil der sparsam beigegebenen Bilder wurde, um der vorhandenen Druckstöcke willen, den im gleichen Verlag erschienenen Werken von Stiny und Eskola übernommen. Beiden Forschern sei hier der Dank ausgesprochen. Meinen beiden Assistenten und Mitarbeitern an der Gestaltung von Unterricht und Forschung am mineralogisch-petrographischen Institut der Wiener Universität Dr. Sedlacek und Dr. Zirkel, besonders aber meinem treuen Freunde Professor Köhler bin ich für das Mitlesen der Korrekturen zu großem Dank verpflichtet. Den beiden erstgenannten Herren danke ich aber auch noch für die Auswahl und Herstellung vieler Dünnschliffbilder, meiner Frau für Beihilfe beim Register. Mein besonderer Dank aber gilt dem Verlag und dessen Leiter, Herrn Otto Lange, für die gute Ausstattung und die verhältnismäßig niedere Preisgestaltung des Buches und das damit verbundene Risiko.

Wien, im Juni 1950.

Der Verfasser.

Einige, zumeist leider vergriffene Werke, die dem weiteren Eindringen in die Welt der Gesteine dienen, seien hier genannt:

Rosenbusch: Elemente der Gesteinslehre, 4. von A. Osann neubearbeitete Auflage. Stuttgart: E. Schweizerbart, 1923.
Rinne: Gesteinskunde, 12. Auflage (anastatischer Neudruck der 10. und 11. Auflage. Leipzig: Jänecke, 1928.
Stiny: Technische Gesteinskunde. Wien: Julius Springer, 1929.
Barth, Correns, Eskola: Die Entstehung der Gesteine. Berlin: Springer-Verlag, 1939.
Weinschenk: Die gesteinsbildenden Mineralien. Freiburg: Herder, 1901.
Chudoba: Mikroskopische Charakteristik der gesteinsbildenden Mineralien (völlige Neubearbeitung von Weinschenks Buch). Freiburg: Herder, 1932.
Weinschenk: Grundzüge der Gesteinskunde I und II. Freiburg, 1906 und 1907. (Herder). Veraltet, aber auch heute noch von großem Interesse.
Tröger: Spezielle Petrographie der Eruptivgesteine. Verlag der deutschen Mineralog. Gesellschaft, 1935.
Johannsen: A descriptive petrography of igneous rocks. Chicago: University of Chicago Press, 1939.
Eskola: Kristalle und Gesteine. Wien: Springer-Verlag, 1946.
Niggli: Gesteine und Minerallagerstätten, Bd. I. Basel: Birkhäuser, 1948.
Turner: Mineralogical and structural evolution of the metamorphic rocks. New York: Geolog. Society of America. Memoir 30, 1949.

Inhaltsverzeichnis.

Inhaltsverzeichnis. VII

Seite

Allgemeiner Teil.

Einleitung.

Gesteine sind irgendwie zusammenhängende, größere Massen von ziemlich gleichmäßigem, festem Gefüge eines oder mehrerer mineralischer Bestandteile in regelmäßiger Verteilung und von einheitlicher Entstehung, die aber nicht immer nachweisbar ist. Auch Glas als erstarrte Schmelze und tonige Masse, die nur mehr röntgenographisch in Mineralien aufgelöst werden kann, ebenso wie unbestimmbare Mikrolithen können Gesteinsbestandteile sein. Die klassische Einteilung der Gesteine in drei Hauptgruppen, 1. Erstarrungsgesteine, 2. Sedimentgesteine, 3. Metamorphite, befriedigt heute nicht, kann aber dermalen noch durch keine andere besser begründete ersetzt werden. Die neuerdings (Eskola) vorgeschlagene Vierteilung, die eine Hauptgruppe der Migmatite (Mischgesteine) einschaltet, ist zweifellos berechtigt, doch könnte heute noch keine brauchbare Abgrenzung dieser neuen Gruppe gegen die drei anderen vorgenommen werden (vgl. auch S. 41).

1. Die *Erstarrungsgesteine*, auch Eruptivgesteine, Schmelzgesteine, Magmatite genannt, werden nach ihrem Bildungsraum in zwei Gruppen geteilt. Diese Gesteine sind entweder durch Abkühlung an der Oberfläche aus aufgedrungenen Schmelzflüssen verfestigt und werden dann *Erguß-gesteine*, Effusivgesteine, Extrusionsgesteine, Vulkanite genannt, oder sie sind in größerer Tiefe gebildete *Tiefengesteine*, auch Plutonite genannt. Die letzteren sind aus Schmelzflüssen verschiedener Entstehung auskristallisiert oder aus bereits vorhandenen Gesteinsmassen, die jeder der drei Hauptgruppen angehören können, durch Einwirkung verschiedener, mindest zum Teil der Tiefe entstammender Lösungen, entstanden. Zu den Tiefengesteinen (Plutoniten) stellt man heute noch die große Zahl der *Mischgesteine* (Migmatite). Tiefen- und Ergußgesteine entstammen zumeist verschiedenen Urquellen und gehören verschiedenen Phasen des geologischen Geschehens bei der Bildung unserer Erdoberfläche und der festen Erdrinde an.

2. Die *Sedimentgesteine*, auch Absatzgesteine oder schichtige Gesteine genannt, sind durch mechanische und chemische Zerstörung von Gesteinen aller drei Hauptgruppen und durch Wiederabsatz dieser Zerstörungsprodukte und durch nachfolgende Verfestigung dieser Absatzprodukte, der Sedimente, entstanden. Erst die Verfestigung, die auf verschiedene Art erfolgen kann, macht die *Sedimente* zu *Sedimentgesteinen*. Sedimentgesteine setzen das Vorhandensein primärer Gesteine voraus.

3. Die *Metamorphite* entstanden aus 1 und 2 nur durch verschiedenartige Umwandlungsvorgänge, unter denen Erhöhung von Druck und Temperatur die Hauptrolle spielen. Die wichtigsten Gesteine dieser Hauptgruppe, die

kristallinen Schiefer, stehen mit Gliedern der Tiefengesteine, besonders mit denen, die man als Migmatite bezeichnen kann, oft in so inniger Beziehung, daß ihre Abtrennung unmöglich werden kann.

Die Gesteine der drei Hauptgruppen, besonders aber deren Unterabteilungen, die man am besten als Gesteinsfamilien bezeichnen kann, gehen vielfach so vollständig ineinander über, daß für keine Wissenschaft das παντα ῥεί (alles fließt) der griechischen Naturphilosophie mehr gilt, als wie für die Gesteinslehre.

Gesteinskundliche Untersuchungen aller Art haben nur in engster Verbindung mit Naturbeobachtungen Sinn. Nur in seinem natürlichen Gesteinsverband, also nur draußen im Feld, unterstützt durch mancherlei Untersuchungen spezieller Art, kann das Wesen eines Gesteines ergründet, seine Geschichte erforscht werden. Nur das erreichbar frischeste unzersetzte Gestein darf dabei verwendet werden. Bei genetischen Schlüssen müssen stets die Mengenverhältnisse berücksichtigt werden. Der jeweilige, durch die Oberflächengestaltung bedingte Tagesschnitt erlaubt uns bei den Tiefengesteinen und den Metamorphiten sehr oft nur einen geringen, der Menge nach kaum bestimmbaren Teil einer Gesteinsmasse zu übersehen. Dies muß vor allem bei den heute üblichen Schlüssen aus der Verrechnung von Gesteinsanalysen auf die Zusammensetzung der gesamten, in genetischem Verband stehenden Gesteinsmassen, auf die Zusammensetzung der Ausgangsschmelze, auf die Entstehung eines Gesteines, berücksichtigt werden, was vielfach nicht geschehen ist. Keinesfalls darf bei solchen Berechnungen die Analyse einer Gesteinsart, die z. B. gangförmig auftritt und nur wenige Dezimeter mächtig ist, genau so gewertet werden, wie die Analyse des Hauptgesteins. Es ist begreiflich, daß der Petrologe jeder Gesteinsart eines größeren Massivs dieselbe Beachtung schenkt, unabhängig von der relativen Menge; aber bei Verrechnungen zum Zwecke der Kenntnis des gesamten Gesteinskomplexes ist dies unstatthaft. Gewöhnlich hat man auch von der Hauptart eines Gesteinskomplexes nur eine, höchstens einige Analysen zur Verrechnung, die ganz anders gewertet werden müssen, als Analysen von der Menge nach geringfügigen Gesteinsarten.

Die wichtigste Aufgabe der Petrologie ist die Erforschung der *Entstehung der Gesteine,* deren äußere Erscheinungsformen, chemische und mineralische Zusammensetzung nur eine Folgeerscheinung der Bildung und Umbildung sind, mithin die Erforschung der *Petrogenesis.* Sie wird nicht immer ergründbar sein. Aussicht auf Erfolg besteht nur dann, wenn die Schlüsse aus Naturbeobachtungen am höchsten gewertet werden. Das, was wir auf dem Teil der unseren Beobachtungen zugänglichen Erdoberfläche feststellen können, was wir experimentell überprüfen können, das soll auch bei der Ergründung des Geschehens in früheren geologischen Perioden und in uns unzugänglichen Tiefen die Grundlage aller Vorstellungen bleiben. Dieses *Aktualitätsprinzip* (Hutton, Lyell) soll zumindest das Regulativ aller petrologisch-geologischer Forschung bleiben. Nur die Bildung der Sedimente, nicht aber der Sedimentgesteine, vollzieht sich zum Teil vor unseren Augen, von der Bildung der Ergußgesteine können wir nur den Vulkanismus, die Lavenbildung an der Oberfläche beobachten, von der Gesteinsbildung in der Tiefe sehen wir nur die in früheren geologischen Perioden geschaffenen Produkte. Wir werden nicht immer auf der Basis des Aktualitätsprinzipes bleiben können, wir werden uns auch recht weit davon entfernen müssen, wir gehen nicht freiwillig dahin, denn es gibt Gebiete, für die es kein Aktualitätsprinzip geben kann. Es darf aber nie vergessen werden, daß wir dann nur auf dem völlig unsicheren Boden der Spekulation stehen; nur so wertend, können wir auch dann noch der Forschung dienen. Wir müssen auf diese Weise gewonnene Vorstellungen sofort verlassen, wenn gewichtigere beobachtbare Tatsachen gegen sie sprechen. Naturbeobachtungen sind immer höher zu werten als chemisch-physikalische Gesetzmäßigkeiten.

Untersuchungsmethoden.

Die petrologischen Untersuchungen haben, nach mineralogischen Methoden ausgeführt, geologischen Interessen zu dienen. Zum Teil bezwecken sie nur die Bestimmung und Beschreibung der Gesteine, sind daher nur qualitativer petrographischer Art. Sehr oft aber werden quantitative Bestimmungen notwendig sein. Man kann folgende Hauptarten von Untersuchungen unterscheiden: Die feldgeologischen, draußen im Gelände in Verbindung mit der näheren, zum Teil vergleichenden Untersuchung an herabgeschlagenen Probestücken (Handstücken), die optischen Untersuchungen mit dem in verschiedener Art ausgestatteten Polarisationsmikroskop, die chemischen Untersuchungen durch die quantitative Analyse (Bauschanalyse), die besonders für die Erstarrungsgesteine von Bedeutung ist, einige Spezialuntersuchungen, zu denen die mechanische Abtrennung einzelner Gemengteile nach dem spezifischen Gewicht, ausgesuchte Einzelreaktionen und für die Metamorphite spezielle Untersuchungen des Gefüges gehören. Dazu kommen noch gelegentlich Feststellungen von Strahleneinwirkungen, Thermoluminiszenz, gegebenenfalls auch röntgenographische Untersuchungen einzelner, sonst nicht erkennbarer Bestandteile und die neuerdings auch in der Gesteinskunde angewendeten mikrochemischen und mikrophysikalischen Verfahren der verschiedensten Art, von der Tüpfelanalyse (nach Feigl) bis zu den verschiedenen Spektrographen, der Bereich der Spurensuche.

Die feldgeologischen Untersuchungen. Sie gehen allen anderen Untersuchungsarten voran. Sie dienen dem Aufnahmsgeologen zur ersten Charakterisierung des Gesteines, er verwendet sie immer wieder zu Vergleichszwecken, denn nur ein verhältnismäßig geringer Teil der Gesteinsmassen eines Aufnahmsgebietes (Kartenblatt) wird eingehend optisch untersucht oder gar quantitativ analysiert werden können. Der erfahrene Petrologe und Geologe wird sehr viel aus der Untersuchung eines Gesteines mit dem freien Auge oder mit einer guten Lupe (Vergrößerung bis zwölffach) schließen können. Natürlich sind hier die Grenzen des Möglichen von der Beschaffenheit des Gesteines abhängig; sehr feines Korn, dichtes Gefüge wird ein Auseinanderhalten und Erkennen der mineralischen Bestandteile erschweren oder unmöglich machen. Bei gröberem Korn können Farbe, Spaltbarkeitsgrad und Richtung der Spaltrisse, Zwillingsstreifung, Härte, Strichfarbe, Glanz, eventuell auch Kristallumrisse wertvolle Hinweise liefern. Bei der Arbeit mit Sedimentgesteinen ist der Gebrauch von Salzsäure (Hartgummi-Salzsäurefläschchen) zur Erkennung von Karbonaten durch das Aufbrausen der entweichenden Kohlensäure wertvoll. Von allergrößter Wichtigkeit ist aber die Feststellung des Gesteinsverbandes, der Begleitgesteine, der geologischen Lage und aller sichtbaren lokalen Veränderungen der Gesteine. Hiezu kommt die Mitnahme entsprechender Belegstücke, die so ausgewählt werden müssen, daß sie alles, was am Gestein selbst in der Natur zu beobachten war, zeigen, wobei vor allem auf die Frische dieses Materials geachtet werden muß.

Die optischen Untersuchungen. Sie werden an zirka 0,02 mm dünn ge-
schliffenen Gesteinssplittern ausgeführt, die möglichst flach vom Gestein
herabgeschlagen werden[1]. Es ist empfehlenswert, gleichzeitig mit dem
Handstück oder kleinerem Belegstück einige Splitter zur Verfertigung von
Dünnschliffen mitzunehmen. Die richtige Dünne eines Schliffes erkennt
man an der Interferenzfarbe bekannter Mineralien u. d. M. (unter dem
Mikroskop), z. B. des Quarzes, der nicht Gelb, sondern Grau I. Ordnung
zeigen soll. Die Durchschnitte durch die einzelnen, das Gestein bildenden

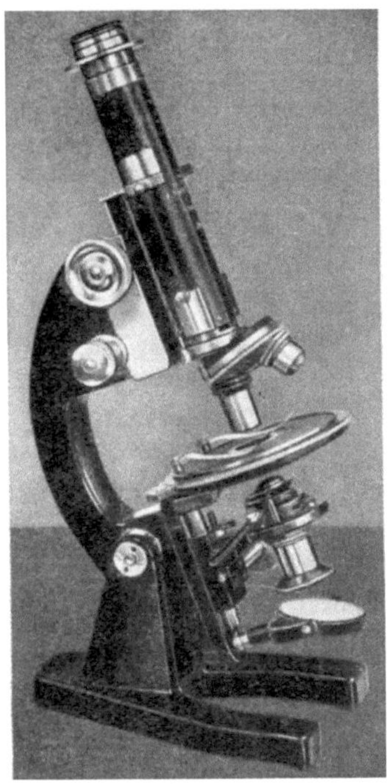

Abb. 1. Polarisationsmikroskop der
Fa. James Swift und Sohn Ltd.
(London).

Mineralien im Dünnschliff sind abhängig von
der Gestalt und dem flächenbedingten Habitus
der Kristalle und von der Richtung des
Schnittes durch den Kristall, so daß z. B.
Schnitte durch einen Würfel auch Dreiecke ergeben werden, Querschnitte durch eine dünne
Tafel Schnitten durch eine schlanke Säule
gleichen. Die Dünnschliffbilder lassen noch
deutlicher als die Beobachtung mit freiem
Auge und mit der Lupe erkennen, daß gut ent-
wickelte Kristalle in Gesteinen verhältnismäßig selten sind. Die gesteinsbildenden Mineralien sind zumeist „schlecht ausgebildet" und
grenzen im Dünnschliff häufiger unregelmäßig aneinander.

Zur Untersuchung der Dünnschliffe dient
das Polarisationsmikroskop, ein Instrument
mit horizontal drehbarem Tisch, in dessen
Strahlengang zwischen Objektiv und Okular
ein ein- und ausschiebbares doppelbrechendes
Nikolsches Kalkspatprisma als Analysator
und zwischen Reflexionsspiegel und Präparat
ein zweites derartiges Prisma als Polarisator
eingebaut ist. Die Nikolschen Prismen werden neuerdings durch die sogenannten Po-
laroide ersetzt. Beide sind so gebaut, daß sie
nur einen in einer bestimmten Richtung
schwingenden Strahl austreten lassen, während der andere durch Totalreflexion ent-
fernt wird. Beide Nikols sind so ins Mikroskop eingebaut, daß diese
Schwingungsrichtungen, durch ein Fadenkreuz im Okular gekennzeichnet,
aufeinander senkrecht stehen. Mit diesem Mikroskop kann bei so gekreuzten Nikols (Polaroiden) festgestellt werden, ob ein Mineral einfach
lichtbrechend ist, also entweder gar nicht oder kubisch kristallisiert.
oder ob es doppelbrechend ist, und dann einem der anderen Kristallsysteme
angehört. Im ersteren Falle bleibt der Kristall in allen Durchschnitten beim
Drehen des Tisches um 360⁰ dunkel, im zweiten Fall in vier jeweils um 90⁰
verschiedenen Stellungen, den Auslöschungsrichtungen, dunkel, während da-

---

[1] Der Gesteinssplitter, an der einen Seite vollkommen flach geschliffen, wird
mit Kanadabalsam oder Kollolith auf eine kleine Glasplatte, den Objektträger, aufgekittet, bis zur nötigen Dünne durch geeignetes feines Schleifpulver mit der Hand
geschliffen und dann auf diesen Schliff ein ganz dünnes Deckgläschen mit
dem gleichen Einbettungsmittel aufgekittet, wobei die Bildung von Luftblasen ver-
mieden werden muß.

zwischen Helligkeitsmaxima liegen. Doch besitzen alle tetragonalen, trigonalen und hexagonalen Mineralien eine, die rhombischen, monoklinen und triklinen zwei Richtungen einfacher Lichtbrechung. Man bezeichnet demgemäß die ersteren als optisch einachsig, die zweiten als zweiachsig. In den tetragonalen, hexagonalen, trigonalen und rhombischen Kristallen verlaufen die Auslöschungsrichtungen parallel zu einer Kristallkante oder einem Spaltriß, der einer solchen Richtung parallel läuft (gerade Auslöschung). Im monoklinen System ist dies nur in Schnitten senkrecht zur Symmetrieebene der Fall, in den übrigen Richtungen und in allen Richtungen eines triklinen Kristalles bildet die Auslöschungsrichtung einen durch das Fadenkreuz meßbaren Winkel mit derartigen Bezugsrichtungen (schiefe Auslöschung)[1]. Der Winkel der Auslöschungsrichtung mit ihrer Lage nach bekannten (orientierten) Bezugslinien ist eine in einfacher Weise bestimmbare optische Konstante.

Unter gekreuzten Nikols treten durch Interferenz von Licht von verschiedener Wellenlänge Interferenzfarben, auch Polarisationsfarben genannt, von gelben, blauen, grünen, roten und violetten Farbtönen auf, je nach der Stärke der Doppelbrechung (also der Differenz der Brechungsquotienten für den ordentlichen und den außerordentlichen Strahl) und je nach der Dünne des Schliffes. Die Interferenzfarbe läßt daher·bei angenommener, beiläufig gleicher Schliffdünne je nach der Lage im Spektrum und der Farbordnung (I. Ordnung und II. Ordnung) auf die relative Höhe der Doppelbrechung schließen, die sich aber durch andere Methoden genauer bestimmen, durch die Differenz der gemessenen Brechungsquotienten[2] für den ordentlichen und den außerordentlichen Strahl noch genauer berechnen läßt. Die Brechungsquotienten können an Mineralpulver oder am Rand des abgedeckten Dünnschliffes durch Einbettung in Flüssigkeiten von bekanntem Brechungsquotienten dadurch bestimmt werden, daß in einem Medium von gleichem Brechungsquotienten die Umrisse eines dünnen Kristallsplitters verschwinden. Um in einem Kristall den größten und kleinsten Brechungsquotienten zu bestimmen. muß man dessen Strahlenrichtung im Kristall kennen. Die Richtung, in der im doppelbrechenden Kristall einfache Lichtbrechung herrscht, also die optische Achse, fällt bei optisch einachsigen Mineralien mit der kristallographischen Hauptachse, also der z-Achse, zusammen. Man bezeichnet als optisch *positiv* oder von positivem Charakter der Doppelbrechung einachsige Kristalle, bei denen die optische Achse, also die kristallographische Hauptachse, die Schwingungsrichtung des Strahles mit der kleinsten Fortpflanzungsgeschwindigkeit, also mit dem größten Brechungsquotienten N_γ ist, als *negativ* Mineralien, in denen die optische Achse die Schwingungsrichtung mit dem kleinsten Brechungsquotienten N_α ist. $N_\gamma - N_\alpha$ ist die Doppelbrechung. Ist der Brechungsquotient des ordentlichen Strahles ω, der des außerordentlichen ε, dann ist bei optisch positiven Mineralien $\varepsilon - \omega$ positiv, also $\varepsilon = N_\gamma$, bei den negativen ist $\varepsilon - \omega$ negativ und $\omega = N_\gamma$ ($\varepsilon = N_\alpha$).

---

[1] Man stellt durch Drehen des Mikroskoptisches die Bezugslinie (Kristallkante, orientierter, d. h. der Lage nach bekannter Spaltriß) parallel zu einem der Fäden im Okular und mißt nun den Winkel, um den man den Tisch drehen muß, um völlige Auslöschung, also Dunkelstellung des Kristallschnittes zu erreichen.

[2] Der Brechungsquotient ist das Verhältnis der Fortpflanzungsgeschwindigkeit des Lichtstrahles im leeren Raum zur Fortpflanzungsgeschwindigkeit in einem Medium.

Bei den optisch zweiachsigen Mineralien bilden die beiden optischen Achsen den von der Natur der Substanz abhängigen optischen Achsenwinkel $2\,V$ bzw. einen spitzen und einen stumpfen, er ist eine wichtige meßbare optische Konstante. Die optisch einachsigen Mineralien sind demnach solche, deren optischer Achsenwinkel 0^0 ist. Die Lage der Ebene durch die beiden Achsen, die optische *Achsenebene,* deren Lage man in Beziehung zu einer Bezugsrichtung oder Bezugsfläche bringen kann, ist gleichfalls ein wichtiges Kennzeichen. Die Halbierungslinien der beiden Achsenwinkel bezeichnet man als die beiden *Mittellinien,* sie sind die Richtungen des größten Brechungsquotienten N_γ und des kleinsten N_α. Ein optisch zweiachsiger Kristall ist dann positiv, wenn die den spitzen Achsen-

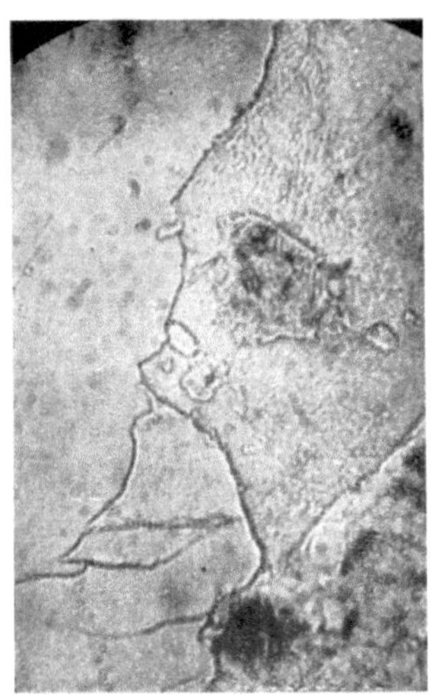 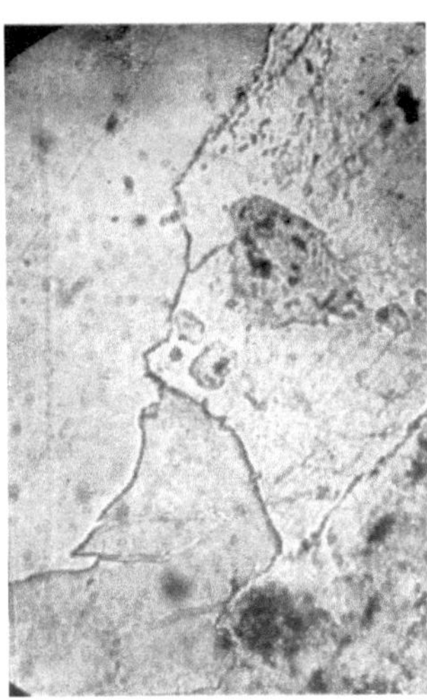

Abb. 2. Die Beckesche Lichtlinie. Biotitgranit von Nadelwitz bei Bautzen. Oben Kalifeldspat, unten Quarz, links Kanadabalsam (Schliffrand). Bei gehobenem Mikroskoptubus (linkes Bild) wandert die Lichtlinie an der Grenze Kanadabalsam — Quarz und Kalifeldspat — Quarz in den stärker lichtbrechenden Quarz; an der Grenze Kalifeldspat — Kanadabalsam in den starker lichtbrechenden Kanadabalsam. Beim Senken des Tubus (rechtes Bild) wandert die Lichtlinie vom Quarz in den Kanadabalsam, vom Quarz in den Kalifeldspat, vom Kanadabalsam in den Kalifeldspat. Gewöhnliches Licht, Vergr. 60fach.

winkel halbierende Mittellinie, die sogenannte erste Mittellinie, den größten Brechungsquotienten N_γ besitzt. Bei den optisch negativen zweiachsigen Mineralien ist N_α erste Mittellinie. Der Brechungsquotient in der Normalen auf die optische Achsenebene, die sogenannte optische Normale, ist ebenfalls ein charakteristischer Brechungsquotient N_β. Die Bestimmung der Schwingungsrichtungen und des optischen Charakters der Doppelbrechung. für die eigene Methoden ausgearbeitet worden sind, ist eine der wichtigsten Aufgaben der Petrographie.

Alle Untersuchungen im polarisierten Licht, die irgendwie mit Beobachtungen von Interferenzfarben zusammenhängen, werden durch stärkere, noch im Dünnschliff sichtbare Eigenfarben mehr oder weniger stark gestört. Viele doppelbrechende Mineralien zeigen nach verschiedenen Richtungen, verschiedene Farben oder verschiedene Farbintensitäten. Diese Erscheinung wird *Pleochroismus* genannt. sie beruht auf der verschiedenen Absorption des Lichtes in den verschiedenen Richtungen. Sie kann bei Anwendung des Polarisators allein, also im Mikroskop bei ausgeschaltetem

Analysator, festgestellt und die Farben nach den charakteristischen Hauptschwingungsrichtungen bzw. Hauptbrechungsquotienten N_α, N_β und N_γ angegeben werden. Zur raschen Erkennung von Mineralien kann auch der Vergleich des Brechungsquotienten eines Schnittes mit anderen Schnitten oder der Einbettungsmasse, also am Rande des Dünnschliffes (Kanadabalsam oder Kollolith), dienen. Eine bei starker Abblendung deutlich sichtbare Lichtlinie (Beckesche Lichtlinie) wandert beim Heben des Mikroskoptubus vom schwächer lichtbrechenden Medium in das stärker brechende (Abb. 2).

Die quantitative Gesteinsanalyse (Bauschanalyse). Sind wir durch die optischen Untersuchungsmethoden in der Lage, die wichtigsten gesteinsbildenden Mineralien festzustellen und durch Ausmessung der einzelnen Mineralkörner nach eigener Methode im Dünnschliff die Mengen dieser Mineralien zu schätzen, so gibt uns die Bauschanalyse die genauen Mengen der einzelnen Elemente, die wir gewöhnlich in der Oxydform angeben. Aus diesem Mengenverhältnis und der Kenntnis der das Gestein bildenden Mineralien können wir dann wiederum auf die Mengen dieser Mineralien rückschließen. Eine gute Bauschanalyse hat die Mengen folgender Oxyde festzustellen: SiO_2, TiO_2, Al_2O_3 Fe_2O_3, FeO, MnO, MgO, CaO, Na_2O, K_2O, H_2O^+ über und H_2O^- unter 110^0, P_2O_5, CO_2. Je nach der Gesteinsart, nach dem durch die optischen Untersuchungen vorher festgestellten Mineralbestand, wird man gut tun, auch noch den einen oder den anderen Bestandteil, BaO, SrO, Zr_2O_3, Cr_2O_3, NiO, Li_2O, V_2O_5, SO_3, B_2O_3, S, F, Cl zu bestimmen. Altbewährte Vorschriften berühmter Analytiker sind ausgearbeitet worden, dennoch leidet noch heute die quantitative Analyse an kaum vermeidbaren Ungenauigkeiten, gegen die auch der beste Analytiker machtlos ist. Fehlerquellen liegen besonders in der Bestimmung der Alkalien und des FeO. Diese Tatsache muß bei allzu feinen Berechnungsarten im Auge behalten werden. Von größter Wichtigkeit ist möglichst frisches Analysenmaterial und die Gewähr, daß die zu analysierende Probe tatsächlich das Durchschnittsmaterial des betreffenden Gesteines darstellt, wozu ziemlich große Mengen, bei gröber körnigem Gestein noch größere Mengen notwendig sind. Unbedingt muß zur optischen Untersuchung und zur Analyse das gleiche Material verwendet werden.

Die *mechanische* Analyse scheidet schwerere von leichteren Bestandteilen, dient aber auch zur Isolierung einzelner Bestandteile die dann für sich allein untersucht werden können. Zu diesem Zwecke muß das Gestein unter die Größe des kleinsten Bestandteiles zerkleinert werden. Die Abtrennung erfolgt durch schwere Flüssigkeiten in einem Trichter mit Abflußhahn, der das Ablassen der Bodenkörper ermöglicht. Namentlich in der Sedimentpetrologie hat diese Methode dadurch Bedeutung erlangt, daß sie die Abtrennung der sogenannten Schweremineralien ermöglicht. Ist die Flüssigkeit gleichschwer, dann schwebt das Mineral in ihr. Es geht in schwererer Flüssigkeit an deren Oberfläche, in leichterer Flüssigkeit sinkt es zu Boden. Will man die Mineralien, die schwerer sind als eine bestimmte Größe des spezifischen Gewichtes, feststellen, so bringt man die zerkleinerte Gesteinsprobe in eine Flüssigkeit von diesem gewünschten spezifischen Gewicht und scheidet durch den Hahn die zu Boden gesunkenen Mineralkörner ab. Solche schwere Lösungen sind:

Methylenjodid $\delta = 3.32$. Verdünnung Benzol.

Kaliumquecksilberjodid (Thouletsche Lösung) $\delta = 3.109$. Verdünnung Wasser.

Tetrabromazetylen $\delta = 2{,}95$. Verdünnung Toluol oder Xylol.

Bromoform $\delta = 2{,}9$. Verdünnung Toluol und Xylol.

Bariumquecksilberjodid $\delta = 3{,}57$. Verdünnung Benzol.

Cadmiumborowolframat, das einfachste in der Behandlung, greift Erze und Karbonate an.

Zur Abtrennung besonders feiner Aufschlämmungen bedient man sich auch der Zentrifugen.

Die wichtigsten gesteinsbildenden Mineralien.

Es sind gegenüber der großen Zahl bekannter Mineralien nur sehr wenige, die sich wesentlich am Bestand der Gesteine beteiligen und sie aufbauen. Bei den Erstarrungsgesteinen sind es nach ihrer Häufigkeit geordnet: die Feldspate, Quarz, die Glimmer Biotit und Muscovit, Augite, Hornblenden, Olivin, Nephelin, Leuzit. Für die Metamorphite treten Mineralien, wie Chlorite, Granat, Epidot, Zoisit, Serpentin hinzu, die zum Teil auch durch Zersetzung aus Bestandteilen der Erstarrungsgesteine entstehen können. Für die Sedimentgesteine treten Karbonate, Tonmineralien, Chalzedon, lokal auch Steinsalz, Gips und Anhydrit hinzu. Einige Mineralien haben in den Gesteinen eine sehr große Verbreitung, treten aber zumeist nur als Nebengemengteile auf, wie Hämatit, Magnetit und deren Zersetzungsprodukte, dann Pyrit, Apatit, Ilmenit. Sie sind für die Art des Gesteines und zum Teil auch für seine Entstehung meist belanglos.

Für jedes einzelne Gestein gibt es Haupt-, Neben- und Übergemengteile. Die *Hauptgemengteile* machen den wesentlichen Bestand des Gesteines aus, sie können durch andere innerhalb gewisser Gesetzmäßigkeiten ersetzt sein, es darf aber keiner fehlen, ohne daß ein solches Gestein aufhört, das zu charakterisierende zu sein. Im Granit, dem Gemenge von Quarz, Feldspat, Glimmer, kann der Glimmer durch Hornblende oder Augit ersetzt sein, diese dunklen Gemengteile können aber auch sehr zurücktreten. Die Zahl der Hauptgemengteile kann größer oder kleiner sein, es gibt Gesteine, die nur aus einem einzigen Hauptgemengteil bestehen, monogene oder monomikte (z. B. Peridotite, Pyroxenite, Kalksteine), im Gegensatz zu den polygenen oder polymikten Gesteinen. Es überwiegen der Zahl nach Gesteine mit nur wenigen Hauptbestandteilen. *Nebengemengteile* sind allverbreitet und für die systematische Einordnung des Gesteines belanglos, wie Apatit, Zirkon, Erze verschiedener Art. Ab und zu kommen sie zu größerer Anreicherung, wie etwa Magnetit. Für die Genesis der Gesteine, besonders der Sedimentgesteine, können solche Bestandteile Bedeutung erlangen. Sie können aber niemals zur Charakterisierung des Gesteines dienen, wie dies innerhalb einer Gesteinsfamilie, bei den *Übergemengteilen*, auch Akzessorien genannt, der Fall sein kann. Ihre Menge ist oft sehr gering, kann aber auch so bedeutend werden, daß sie Hauptbestandteile an Menge erreichen und übertreffen können (wie in Phonolithen Sodalith-Hauyn den Nephelin). Sie treten oft äußerlich stärker hervor als sämtliche Hauptgemengteile, wie etwa Granat in kristallinen Schiefern, der nur selten Hauptgemengteil ist (Granulit, Eklogit). Die meisten Übergemengteile sind in anderen Gesteinsfamilien Hauptgemengteile, wie Olivin, Hornblende, Augit, Biotit. Besonders häufig sind die einzelnen Glieder einer Familie nach diesen Übergemengteilen benannt. Nach ihrer Farbe unterscheidet man *lichte* Gemengteile, zu denen die Feldspate und deren Vertreter, Quarz und Muscovit, gehören, und die farbigen, auch dunkle genannt, wie Hornblenden, Augite,

Biotit, Olivin. Auf der Verteilung lichter und dunkler Gemengteile beruht der äußere Farbeindruck der Gesteine. Bei halbwegs gleichmäßiger Verteilung und nicht zu grobem Korn erscheinen uns Gesteine mit bis zirka 25% farbigen Bestandteilen als licht, die man als *leukokrate* den an farbigen Gemengteilen reicheren *melanokraten* gegenüberstellen kann. Nach dem äußeren Eindruck wird die Menge der dunklen Bestandteile leicht überschätzt.

Es sollen die wichtigsten gesteinsbildenden Mineralien in der Tabelle 2 ganz kurz charakterisiert werden, Feldspate sind getrennt behandelt, Quarz, Augite, Hornblenden, Chlorite finden noch einige Bemerkungen.

Quarz. SiO_2. Trigonal, makroskopisch im Gestein weiß, grau, gelblich, leicht bläulich, meist fettig glänzend; u. d. M. farblos, nur selten bipyramidal umgrenzt (dihexaedrisch), meist eckig oder rundlich, niedere Lichtbrechung, schwache Doppelbrechung.

Die *Feldspate* sind die häufigsten und wichtigsten gesteinsbildenden Mineralien, ihre Bestimmung ist die Grundlage jedweder Gesteinsbeschreibung. Die drei wichtigsten Feldspatarten sind der *Kalifeldspat* $\frac{3}{\infty}$ $K[AlSi_3O_8]$, der in seiner monoklinen Form *Orthoklas*, in der triklinen Form *Mikroklin* genannt wird, dann der trikline *Natronfeldspat*, auch *Albit* (Ab) genannt, $\frac{3}{\infty}$ $Na[AlSi_3O_8]$, und der an SiO_2 viel ärmere basische, trikline

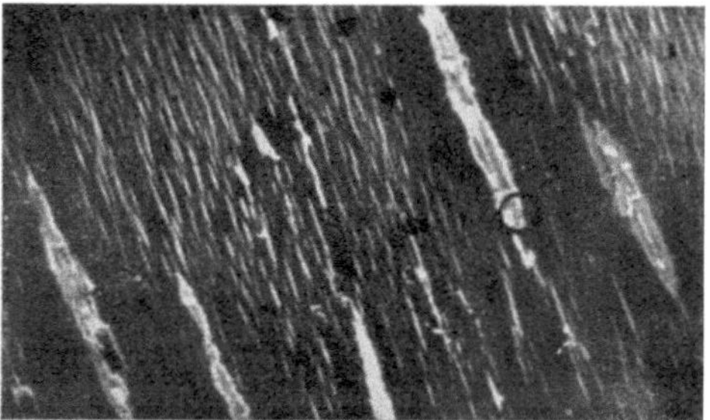

Abb. 3. Perthit aus Pegmatit von Kragerö in Schweden. Schnitt nach (001). Gekreuzte Nikols. Vergr. 16fach. (Nach A. Köhler.)

Kalkfeldspat, Anorthit (An) genannt, $\frac{3}{\infty}$ $Ca[Al_2Si_2O_8]$. Während Albit (Ab) und Anorthit (An) bei allen Temperaturen mischbar sind und eine lückenlose Mischungsreihe bilden, die *Plagioklase,* $\frac{3}{\infty}$ (Na, Ca) $[(Al, Si)_4O_8]$, sind Kalifeldspat und Ab nur bei hohen Temperaturen mischbar. Bei langsamer Abkühlung tritt Entmischung in ein lamellares Gemenge beider Silikate ein. Kalifeldspat mit Albitlamellen wird *Perthit,* nur u. d. M. sichtbare Lamellierung Mikroperthit genannt, und man unterscheidet Orthoklasperthit und Mikroklinperthit. Albit mit Kalifeldspatlamellen wird als *Antiperthit* bezeichnet. Erhitzt man Perthit durch längere Zeit bei 1000° und kühlt rasch ab, so treten die bei dieser Temperatur verschwundenen Lamellen nicht mehr auf, es ist zu Wiedermischung gekommen, und die Abkühlung war zur Wiederentmischung zu rasch. Antiperthit ist ein mechanisches Gemenge bei allen Temperaturen, hier tritt keine Wiedermischung ein. Die isomorphe Mischung von Mikroklin und Albit ist **der** trikline Anorthoklas, auch Natronmikroklin genannt.

Orthoklas. Tafelige Kristalle nach (010), häufig Zwillinge nach dem Karlsbadergesetz. Er zeigt u. d. M. keine Zwillingslamellierung von Wiederholungszwillingen, aber starkes Hervortreten der Spaltrisse nach den beiden Richtungen vollkommener Spaltbarkeit nach (001) und nur wenig schwächer nach (010), die in Schnitten der Zone der kristallographischen y-Achse aufeinander senkrecht stehen, in Schnitten nach (010) bilden die Risse nach (001) mit der z-Achse einen Winkel von 64°. Die Auslöschung auf (001) ist gerade, auf (010) beträgt sie 5—8°. Alle Brechungsquotienten, $N_\alpha = 1,519$,

$N_\beta = 1{,}523$, $N_\gamma = 1{,}526$ liegen unter dem von Kanadabalsam und von Quarz, N_γ verläuft in der Richtung der y-Achse. Die schwache Doppelbrechung beträgt 0,007, optischer Charakter ist —, $2V$ um 70⁰. Der glasige, oft durch-

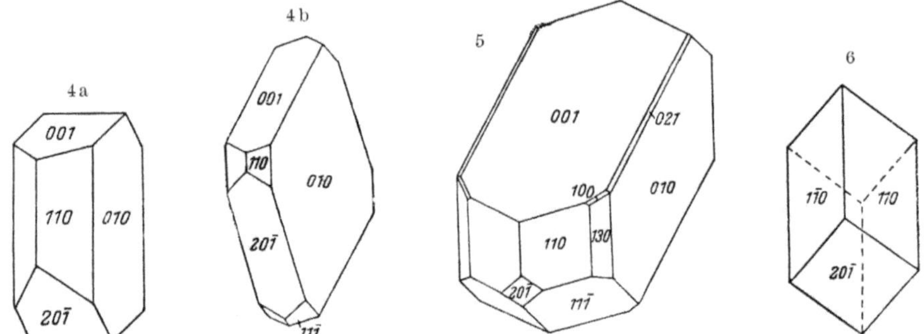

Abb. 4a und b. Die Ausbildungsform (Tracht) von Kalifeldspat als Einsprengling. Abb. 5. Die Tracht von Kalifeldspat in Pegmatiten. Abb. 6. Die Tracht von Anorthoklas (Rhombenfeldspat-Tracht). (Nach E s k o l a.)

sichtige Orthoklas der Ergußgesteine, oft Na-reich, wegen zu rascher Abkühlung nicht entmischtes Gemenge beider Alkalifeldspate, wird *Sanidin* genannt. Hier liegt mitunter N_β parallel der y-Achse.

Abb. 7. Mikroklingitterung am Mikroklin aus Orthogneis von Antholz im Gebiet der Rieserferner. (Nach S t i n y.)

Als *Natronorthoklas* werden monokline Mischungen von Kalifeldspat mit großen, den Kalifeldspatanteil oft übersteigenden Mengen von Natronfeldspat bezeichnet, also eine Art nicht entmischter Perthite bezeichnet. Hieher gehören manche Sanidine. Auf (010) beträgt die Auslöschung 9 bis 10⁰.

Mikroklin unterscheidet sich vom Orthoklas unter gekreuzten Nikols durch die keineswegs immer vorhandene sogenannte Mikroklingitterung, die durch sich kreuzende Zwillingslamellen nach dem Albit- und dem Periklingesetz entsteht, ferner durch die Auslöschung von 15 bis 20⁰ auf (001). 2 V über 80⁰. Der Winkel von (001) : (010), der Winkel der Spaltrisse, in der Zone der y-Achse beträgt 89⁰ 84 .

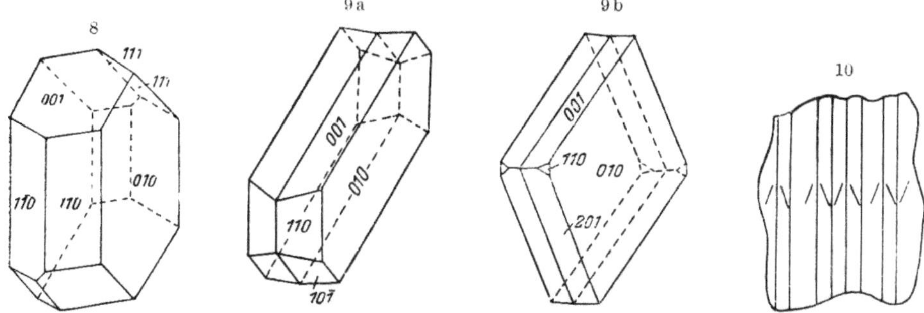

Abb. 8. Tracht des Albites. Abb. 9. Plagioklaszwillinge (Albitgesetz). Abb. 10. Schnitt ⊥ auf (010) durch einen Plagioklas verzwillingt nach dem Albitgesetz mit symmetrischer Auslöschung der einzelnen Individuen. (Nach E s k o l a.)

Anorthoklas (auch Natronmikroklin, Mikroklinalbit, Kalialbit genannt), trikline Mischungen von Natronfeldspat und Kalifeldspat, verhalten sich äußerlich wie Mikroklin, sie sind aber manchmal durch Vorherrschen von

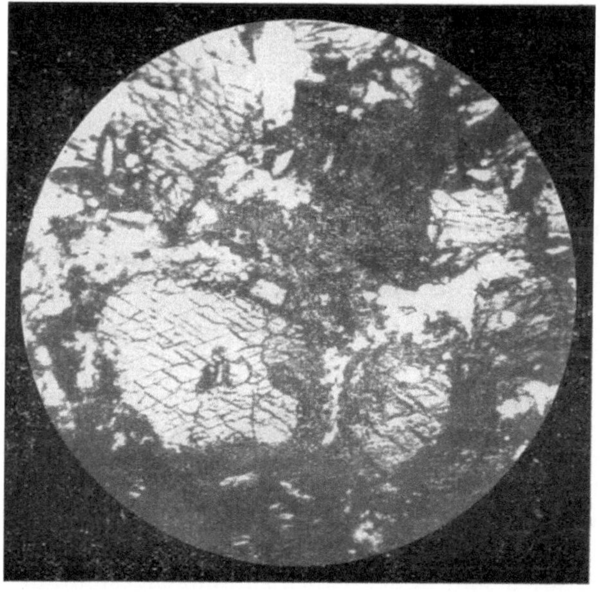

Abb. 11. Spaltrisse in Hornblende, aus dem Amphibolit von Mixnitz in Steiermark. (Nach S t i n y.)

(110) und (2 $\overline{0}$ 1) rhomboederähnlich entwickelt; u. d. M. verhalten sie sich ähnlich dem Orthoklas, 2 V = **45⁰**, sie zeigen rhomboederartige Durchschnitte und Zwillingslamellierung.

Die Plagioklase. Albit — Anorthit. Die Spaltrichtungen nach (001) und (010) bilden einen Winkel um 86⁰ ¹/₂. Sie sind fast immer verzwillingt und zeigen u. d. M. daher deutliche Zwillingslamellierung (Unterschied gegen

Kalifeldspat) nach dem Albitgesetz, also nach (010), als scharf abgegrenzte, gerade, verschieden große Streifen parallel (010) und häufig Verzwillingung auch nach dem Karlsbadergesetz. Die Umrisse der Durchschnitte u. d. M. gleichen denen von Kalifeldspat, nur daß Plagioklase häufiger idiomorph ausgebildet sind; in Ergußgesteinen sind sie besonders häufig leistenförmig. Sehr oft sind die Kristalle zonar gebaut (isomorphe Schichtkristalle) mit basischerem Kern und saurerer Hülle. Der optische Charakter ist wechselnd. Die Tab. 1 ergibt die Unterschiede. Die für die Mischungen der Komponenten verwendeten Namen sind aus der Tabelle ersichtlich.

Tabelle 1.

Name der Mischung	An-Gehalt in %	Ab-Gehalt in %	N_α	N_β	N_γ	Opt. Charakter $2V$	Auslöschungswinkel zur x-Achse		Maximale Auslöschung $\perp$ (010)	SiO_2-Gehalt
							auf (001)	auf (010)		
Albit	1	—99	1,532	1,534	1,540	$+77^0$	$+4^0$	$+20^0$	$—17^0$	68%
Oligoklas-Albit..	12	88	1,543	1,538	1,542	$+84^0$	$+2^0$	$+12,5^0$	$—9^0$	65%
Oligoklas	20	80	1,537	1,541	1,545	$—88^0$	$+1^0$	$+6^0$	$—0,5^0$	64%
Oligoklas-Andesin	25	75	1,544	1,548	1,552	$—86^0$	$—\frac{1}{2}^0$	$+2,5^0$	$+7^0$	60%
Andesin	35	75	1,549	1,553	1,557	$+88^0$	$—6^0$	$—4,5^0$	$+18,5^0$	58%
Labrador	52	48	1,555	1,558	1,563	$+77^0$	$—7^0$	$—17,5^0$	$+27,5^0$	55%
Labrador-Bytownit	63	37	1,560	1,563	1,568	$+77^0$	$—10^0$	$—22^0$	$+33^0$	53%
Bytownit	73	27	1,564	1,569	1,574	$—80^0$	$—18^0$	$—31^0$	$+41^0$	48%
Anorthit........	97	3	1,575	1,583	1,588	$—77^0$	$—39^0$	$—37,5^0$	90^0	44%
Orthoklas	—	—	1,519	1,523	1,525	$—69^0$	0^0	$+5^0$		65%
Mikroklin	—	—	1,519	1,523	1,526	$—88^0$	$15—20^0$	$5—7^0$		65%
Anorthoklas	—	—	1,523	1,529	1,530	$—45^0$	$1—4^0$	$3—10^0$		66%

Zum raschen Vergleich der Lichtbrechung dient das Verhalten gegen Kanadabalsam $N = 1,539$ oder Kollolith[1] $N = 1,535$ am Dünnschliffrand durch die Lichtlinie. In neuester Zeit hat man noch weitere bedeutsame Unterschiede in den optischen Verhältnissen an Feldspaten, die bei hohen Temperaturen (Ergußgesteine) gegenüber solchen, die bei niedrigerer Temperatur (Tiefengesteine, die meisten kristallinen Schiefer) gebildet worden sind, festgestellt, also Hochtemperaturoptik gegenüber Tieftemperaturoptik (Köhler). Zum Studium der Optik der Feldspate sind zahlreiche Methoden ersonnen worden, die bei hoher Genauigkeit aus der Optik die Feststellung des Chemismus gestatten (Michel-Levy, Fedorow, Becke, Reinhard, Köhler).

Die charakteristischen Eigenschaften der anderen wichtigsten gesteinsbildenden Mineralien sind in der Tab. 2 zusammengestellt, deren Anordnung den Tabellen von Weinschenk-Chudoba entspricht.

Zur Ergänzung der Tab. 2 seien die wichtigsten Unterschiede der Mineralien der Hornblende- und der Augitgruppe zusammengestellt (Tab. 3).

Zu den Klinaugiten gehören in basaltischen Gesteinen verbreitete Mischungen von Diopsid mit Enstatit bzw. Hypersthen, die Enstatitaugit, Hypersthenaugit oder Pigeonit genannt werden.

---

[1] Die heute gebräuchlichen Einbettungsmedien der Dünnschliffe.

Tabelle 2. Optisch einfachbrechende (isotrope) und doppelbrechende einachsige Mineralien.

	Name	Kristall-system	Chemische Zusammensetzung	Ausbildung u. d. M.	Spaltbarkeit[1]	Farbe u. d. M.	Lichtbrechung $N\alpha$	Lichtbrechung $N\gamma$	Doppelbrechung	Bemerkungen
Granatgruppe	Almandin	kubisch	$(Fe)_3 [8] (Al, Fe)_2 [6] [SiO_4]_3$	runde Körner, dodekaedrisch, selten iskosite-traedrisch. An der hohen Lichtbrechung und dem Fehlen der Doppelbrechung (bzw. Anomalie) u. d. M. leicht zu erkennen	Fast keine Spaltrisse nach (110) häufig regellose Sprünge	farblos bis lichtrötlich	1,83—1,78			meist zahlreiche Einschlüsse (Siebstruktur)
	Pyrop.		$(Mg)_3 [8] (Al, Fe)_2 [6] [SiO_4]_3$			lichtrot	1,76—1,71			oft umgewandelt
	Großular		$(Ca)_3 [8] (Al, Fe)_2 [6] [SiO_4]_3$			farblos, selten blaß gelblich	1,77—1,73		anomale Doppelbr.	u. d. M. meist Felderteilung
	Andradit (Melanit)		$(Ca, Fe)_3 [8] (Fe, Al) [6] [SiO_4]_3$			gelbbraun bis braun	1,85—2,01		manchmal anomal	häufig zonar gebaut, meist größere Mengen Großular enthaltend
	Leuzit	rhombisch pseudo-kubisch	$\overset{3}{\infty}$ $(K, Na) [AlSi_2O_8]$	achtseitige iskosite-traedrische Durchschnitte	—	farblos	1,49—1,51		anomaler Lamellen-bau	Einschlüsse; vielfach zersetzt, aber an den Umrissen erkennbar
	Apatit	hexa-gonal	$Ca_5 (F, Cl) (PO_4)_3$	Leistchen, Säulchen, Nadeln, sechsseitige Durchschnitte mit gerundeten Ecken	—	farblos	1,642	1,646	0,004 —	an der höheren Licht-, der schwachen Doppelbrechung und der blaugrauen Interferenzfarbe kenntlich
	Kalzit	trig.	$CaCO_3$	unregelmäßige Schnitte, scharfe Spaltrisse, Zwillingslamellen	$(10\bar{1}1)$ sehr v.	farblos	1,486	1,658	0,172 —	optisch leicht als Karbonat erkennbar. Scheidung von Kalzit und Dolomit durch Spezialreaktion
	Dolomit	trig.	$CaMg (CO_3)_2$	wie Kalzit	wie Kalzit	farblos	1,503	1,682	0,179 —	
	Quarz	trig.	SiO_2	selten bipyramidal umgrenzt, eckige bis rundliche, unregelmäßige Körner	—	farblos	1,544	1,553	0,009 +	enthält vielfach kleinste Bläschen. Oft undulöse Auslöschung
	Nephelin (Eläolith)	hexag.	$\overset{3}{\infty}$ $(Na) [AlSiO_4]$ oft K-haltig	rechteckige und sechsseitige Durchschnitte	$(10\bar{1}0)$ d.	farblos	1,539	1,544	0,004 ±	oft in Glimmer u. a. umgewandelt. Manchmal starke Spaltrisse

[1] s. v. = sehr vollkommen, v. = vollkommen, g. = gut, d. = deutlich.

Optisch zweiachsige Mineralien.

Name	System	Chemische Zusammensetzung	Ausbildung u. d. M.	Spaltbarkeit	Farbe u. d. M.	Lichtbrechung			Doppelbrechung	opt. Achsenweite	Bemerkungen
						$N\,\alpha$	$N\,\beta$	$N\,\gamma$			
Epidot	mon.	$\overset{1}{\infty}$ (OH, F) Ca_2 (Al, Fe)$_3$ [SiO$_4$]$_3$	prismatisch-leistenförmig bzw. ⊥ auf y-Achse rhombenartig	(001) v. (100) d.	farblos bis gelblich und grün	1,729 farblos	1,763 gelblich	1,780 gelb bis grün	0,03 bis 0,05 —	68 bis 70°	auf (100) scharfe Spaltrisse. Lebhafte Interferenzfarben
Disthen (Cyanit)	triklin	$\overset{3}{\infty}$ Al$_2$OSiO$_4$	viereckige, aber auch sechsseitige unregelmäßige Querschnitte, leistenförmig, tafelig	(100) v. (010) v.	farblos bis zart bläulich	1,717 (farblos)	1,722 (bläulich)	1,729 (bläulich)	0,012 —		schiefe Auslöschung, scharfe unter 74° sich kreuzende Spaltrisse. Starker Pleochroismus bei Cyanit
Olivin	rhomb.	(Mg, Fe)$_2$[6] [SiO$_4$]	manchmal gut umgrenzt (idiomorph), säulig; oft Körner	(010) g. (001) v.	farblos bis grünlich und bräunlich	1,64 bis 1,83	1,65 bis 1,87	1,67 bis 1,87	0,03 bis 0,05 + (—)	50 bis 90°	auf (001) und (100) deutliche Spaltrisse. Viele Sprünge, Ausgangspunkt für Zersetzung
Enstatit Bronzit Hypersthen	rhomb.	$\overset{1}{\infty}$ (Mg, Fe)$_2$[6] [Si$_2$O$_6$]	seltener prismatisch, meist körnig	(110) g. 87° (100) g.	farblos, braun	1,66 bis 1,72 rötl. gelb	1,67 bis 1,73 gelbbraun	1,67 bis 1,73 graugrün	0,008 bis 0,013 + und —	50 bis 90°	gerade Auslöschung den Spaltwinkel nach (110) halbierend
Diopsid (Hedenbergit)	mon.	$\overset{1}{\infty}$ (Mg, Fe)[6] Ca[8] [Si$_2$O$_6$]	stengelig-prismatisch, körnig	(110) g. 87° (010) d.	farblos, grünlich, bräunlich	1,65 bis 1,73	1,66 bis 1,74	1,68 bis 1,75	0,019 bis 0,030 +	ca. 60°	sehr schwacher Pleochroismus
Augit	mon.	$\overset{1}{\infty}$ (Ca, Mn)[8] (Mg, Al, Fe Ti)[6] [(Si, Al)$_2$ O$_6$]	meist kurz-prismatisch, auch körnig, oft korrodiert	(110) g. 87°	grün, braun und fast farblos	1,69 bis 1,71 hellgrün, gelblich	1,70 bis 1,73 bräunlichgelb violett	1,71 bis 1,74 hellgrün, violettbraun	0,021 bis 0,026 +	55° bis 85°	oft zonar gebaut, Pleochroismus nicht häufig. Ti-Augit zeigt Sanduhrbau
Aegirinaugit	mon.	etwas Ca durch Na ersetzt	prismatisch, umwächst oft Augit	wie Augit	grün	1,745 grün	1,770 hellgrün	1,782 grüngelb	0,037 —	ca. 70°	stärkere Doppelbrechung als die anderen Augite, negativ, stärkerer Pleochroismus
Aegirin	mon.	mehr Ca durch Na vertreten			tiefgrün (auch braun)	1,76 bis 1,78 grün bis (braun)	1,80 bis 1,81 lichtgrün, (hellbraun)	1,81 bis 1,82 gelbbraun (grüngelb)	0,04 bis 0,05 —	60° bis 70°	

Row group labels (left margin): Orthaugit (Enstatit/Bronzit/Hypersthen); Klinaugite (Pyroxene) (Diopsid, Augit, Aegirinaugit, Aegirin).

Gruppe	Mineral	System	Formel	Form	Spaltbarkeit	Farbe	nα	nβ	nγ	Doppelbrechung	Achsenwinkel	Bemerkungen
Hornblendegruppe (Amphibole)	Tremolit-Aktinolith	mon.	∞^1 Ca$_2$[8] (Mg, Fe)[6] (OH, F)$_2$ [Si$_8$O$_{22}$]	prismatisch bis langnadelig, auch faserig	(110) v. 124° (010) d.	farblos bis lichtgrün	1,60 bis 1,63	1,61 bis 1,64	1,62 bis 1,66	0,022 bis 0,032 —	68 bis 88°	nach (110) starke, lange, nach (010) schwache, kurze Risse. Sehr schwacher Pleochroismus
	Hornblende	mon.	∞^1 (Ca, Mn)$_{2-3}$[8] (Mg, Al, Fe+2, Fe+3, Ti)$_5$[6] (OH, F)$_2$ [(Si, Al)$_8$ O$_{22}$]	kurz- und langsäulig, körnig	(110) v. 124°	grün, braun, gelbbraun, auch farblos	1,61 bis 1,68 gelblich	1,62 bis 1,71 gelb-grün, braun	1,63 bis 1,73 tiefgrün, braun-grün	0,019 bis 0,026 —	ca. 70°	oft starker Pleochroismus. Spaltrisse, wie oben
	Barkevikit	mon.	etwas Na-haltig	kurz-prismatisch		tiefbraun	1,69 hell-braun	1,71 rötlich-braun	1,71 tief-braun	0,02 —	30 bis 50°	Pleochroismus in Braun
	Glaukophan (Gastaldit)	mon.	∞^1 (Na)$_2$[8] (Mg, Al, Fe)$_5$[6] (OH)$_2$ [Si$_8$ O$_{22}$]	meist kurz-prismatisch, aber auch stengelig, auch unregelmäßige Massen (fetzenartig)	(110) v. 124°	blau	1,62 bis 1,64 gelblich	1,64 bis 1,65 violett-lich	1,64 bis 1,65 himmel-blau	0,02 —	ca. 42°	starker Pleochroismus
	Arfvedsonit	mon.	zirka: ∞^1 (Na)$_2$ (Fe, Al)$_5$ (OH)$_2$ [Si$_8$ O$_{22}$]			blaugrün bis gelbgrün	1,69 grün-blau	1,70 blau	1,71 grau-grün	0,021 —	ca. 90°	starker Pleochroismus
	Riebeckit	mon.	enthält mehr Fe als Arfvedsonit			tiefblau	1,68 tiefblau	1,69 blau	1,70 blau-grün	0,004 —	sehr groß	
Glimmer	Muscovit (feinschuppig: Serizit)	mon.	∞^2 K[12] Al$_3$[6] (OH, F)$_2$ [(Si, Al)$_4$ O$_{10}$]	tafelig nach (001), blättrig schuppig. Biotit manchmal idiomorph umrissen, Muscovit niemals	(001) s. v.	farblos	1,556	1,587	1,593	0,032 —	ca. 40°	leuchtende Polarisations-farben
	Biotit	mon.	∞^2 K[12] (Mg, Al, Fe+2, Fe+3)$_{2-3}$[6] (OH)$_2$ [(Si, Al)$_4$ O$_{10}$]		(001) s. v.	gelbbraun, braun, auch grün	1,54 bis 1,59 hellgelb, hellgrün	1,59 bis 1,64 dunkel-braun, dunkelgrün		0,030 bis 0,050 —	meist 0 oder sehr klein	starker Pleochroismus
	Chlorite	mon.	∞^2 (Mg, Al, Fe, Cr, Mn)$_3$[6] (OH, F)$_4$[6] [(Si, Al)$_2$ O$_5$]	schuppig, tafelig, blättrig, strahlig, derbe Massen	(001) s. v.	grün, lichtgelb, farblos	1,576 bis 1,585	1,576 bis 1,587	1,577 bis 1,596	0,001 bis 0,015 + —	0 bis 50°	verschiedenerlei optisch anomal, einzelne Abarten u. d. M. schwer zu unterscheiden

Tabelle 3.

	Augite	Hornblenden
Kristallhabitus.........	vornehmlich kurzprismatisch	sehr oft langprismatisch
Spaltwinkel (110)......	um 87° (fast rechtwinkelig)	zirka 124°
Spaltbarkeit..........	gut	sehr gut, Spaltrisse u. d. M. deutlicher als bei den Augiten
Maximale Auslöschung[1] in der Vertikalzone ..	35 bis 54°	0 bis 25°
Optischer Charakter ...	zumeist $+$	zumeist $-$
Farbe u. Pleochroismus .	zumeist schwach oder farblos	zumeist deutlicher Pleochroismus, fast immer gefärbt
Umwandlung	meist in Hornblende oder in Serpentin	meist in Biotit, Chlorit und Serpentin

Bei Biotit kann man den *Lepidomelan* als besonders reich an Fe, den *Anomit*, dessen optische Achsenebene ⊥ auf (010) liegt, den gewöhnlichen Biotit, den man dann als *Meroxen* bezeichnen kann, dessen Achsenebene ‖ (010) gelagert ist, als Unterabteilungen auffassen. Querschnitte des Anomits zeigen einen Auslöschungswinkel von 4 bis 5°.

Die einzelnen Glieder der Chloritgruppe kann man nach der neuerdings durch kristallchemische Untersuchungen gestützten alten Ansicht (Tschermak) als Mischungen von Serpentinsilikat $H_4MgSi_2O_9 = Sp$ und Amesitsilikat $H_4Mg_2Al_2SiO_9 = At$ annehmen. *Pennin* ist $Sp_1At_1 - Sp_3At_2$. *Klinochlor* (Ripidolith) ist $Sp_2At_3 - Sp_1At_1$, der häufigste aller Chlorite, ausgezeichnet durch starke Zwillingslamellierung. *Prochlorit* $Sp_2At_3 - Sp_3At_7$ bildet u. d. M. oft gewundene, geldrollenartige kleine Säulen, die er auch an Mineralstufen zeigt. In Tab. 4 sind die optischen Unterschiede angegeben.

Tabelle 4.

Mineral	N_α	N_β	N_γ	Pleochroismus	Opt. Charakter	2 V	$N_\gamma - N_\alpha$
Serpentin	1,560 farblos	1,570 grünlich	1,571 gelblich	sehr schwach	$\mp$	klein	sehr klein
Pennin	1,576 fast farblos — grün — farblos	1,578 grün	1,579	stark	$\pm$	0 bis klein	klein, oft anomale Interferenzfarbe lavendelblau
Klinochlor	1,585 — grün oder braun	1,586	1,596 farblos grünlich bräunlich	stark	$+$	0—90°	größer als bei Pennin, zirka 0,01
Prochlorit	zirka 1,6 grünlich	fast farblos		schwach	$+$	klein	

[1] Mit Ausnahme einiger alkalihaltiger Glieder beider Gruppen mit auffallenden und daran erkennbaren Farben.

Die Eigenschaften der wichtigsten Erze, die als Nebengemengteile manchmal auch in größerer Menge auftreten, seien noch angeschlossen.

Pyrit. FeS_2, kubisch, u. d. M. im Auflicht bei abgeblendetem Spiegel speisgelb, im durchfallenden Licht schwarz, infolge von Zersetzung braun bis schwärzlichbraun, kleine Würfel und Körner, selten Oktaeder.

Magnetit. Fe_3O_4, kubisch, u. d. M. schwarz; dreieckige, viereckige, auch sechseckige Durchschnitte, unregelmäßige Körner, Kristallskelette aus kleinen Oktaedern.

Hämatit. Fe_2O_3, trigonal, u. d. M. schwarz bis blutrot, dünntafelig, schuppig-glimmerig, fiederförmig, meist undurchsichtig.

Limonit. $Fe_2O_3 \cdot H_2O$, meist dicht, u. d. M. gelbe, licht- bis dunkelbraune Partien, unregelmäßige Massen ohne Umgrenzung, deutlich als Zersetzungsprodukt kenntlich (Ferrit genannt).

Ilmenit (Titaneisen). $FeTiO_3$, trigonal, eisenschwarz, u. d. M. schwarz bis nelkenbraun (Unterschied gegenüber Hämatit) in dünnsten Schnitten.

Rutil. TiO_2, tetragonal, u. d. M. braunrot, gelbrot, schwach violett, $N_\alpha = 2{,}62$, $N_\gamma = 2{,}90$. Kleine säulige Kristalle, Kniezwillinge, selten Herzzwillinge.

Einige häufige Nebengemengteile:

Titanit. $Ca^{[7]}Ti^{[6]}O[SiO_4]$, monoklin, braun, gelb, schwärzlich, u. d. M. farblos, gelb, bräunlich, schwärzlich umsäumt, braungrün, spitzrhomboedrisch, leistenförmig, tafelig (Briefkuvertform), wenige starke Spaltrisse, hohe Licht- und Doppelbrechung.

Zirkon. $ZrSiO_4$ tetragonal, u. d. M. farblos, lebhaft blaue, grüne, rote Interferenzfarben, starkes Relief, hohe Licht- und Doppelbrechung; in kleinen Körnern und Kriställchen.

Graphit. C, trigonal, u. d. M. schwarz bis stahlgrau, sechsseitige Täfelchen, rundliche Blättchen, schuppige und blättrige Aggregate.

Die Erstarrungsgesteine.

Die Grundlagen.

Die Aneinanderreihung der Erstarrungsgesteine erfolgt nach ihrem Kieselsäuregehalt vom SiO_2-ärmsten Gestein, repräsentiert durch das häufigste Ergußgestein, den Basalt, bis zum SiO_2-reichsten, dem Granit, dem häufigsten Tiefengestein und zugleich häufigsten aller Gesteine des sichtbaren Teiles unserer Erdkruste. Die Einteilung in Familien, wie sie der Vater der modernen Gesteinslehre H. S. Rosenbusch gegeben hat, ist wie alle anderen späteren Versuche mehr oder weniger willkürlich. Wenn man das völlige Ineinanderübergehen der einzelnen Familien und der ihr übergeordneten Reihen nie außer acht läßt, dann ist die Reihung selbst nicht mehr wichtig. Die hier gewählte schließt sich an die von Rosenbusch an. Es wurden fünf Reihen unterschieden:

	1	2	3	4	5
Tiefengesteine:	Gabbro	Diorit	Syenit	Quarzdiorit	Granit.
Ergußgesteine:	Basalt	Andesit	Trachyt	Dazit	Rhyolith.

4 und 5 können auch in die granitodioritische Reihe zusammengefaßt werden. Zahlreich sind die einzelnen Familien, die in noch zahlreichere Arten zerfallen.

Nach dem Chemismus, dem SiO_2-Gehalt, bezeichnet man Gesteine:

mit mehr als $65^0/0$ SiO_2 als saure,

mit 65 bis $52^0/0$ SiO_2 als intermediäre,

mit weniger als $52^0/0$ SiO_2 als basische.

Die Bildungsräume. Die Ergußgesteine (Effusiva, Extrusiva, Vulkanite usw.) bilden sich an der Oberfläche und in verhältnismäßig sehr geringer Tiefe, aus rasch an die Oberfläche gekommenen Schmelzen, die größeren, oft sehr großen Tiefen entstammen. Sie enthalten schon mehr oder weniger feste Kristallmassen, die in größerer Tiefe intratellurisch (intratellurische Phase) auskristallisiert sind und die erste Generation des Gesteinsverbandes, die *Einsprenglinge* bilden, während der andere Teil, die *Grundmasse,* an der Oberfläche in feinerer Korngröße rasch erstarrte. Dieses rasche Temperaturgefälle ist der große Unterschied gegenüber den Tiefengesteinen, denen ein viel längerer, manchmal vielleicht geologische Perioden währender Zeitraum bis zu ihrer völligen Verfestigung zur Verfügung stand. Es kam daher zu keiner Trennung von Einsprenglingen und Grundmasse, sondern zu einer gleichmäßigeren, wenn auch vielfach nacheinander erfolgenden Auskristallisierung. Darauf beruht die verschiedene Struktur der beiden Ausbildungsformen. Die Frage, in welcher Tiefe eine Schmelze noch als Tiefengestein erstarren kann, ist noch nicht gelöst. In neuerer Zeit schließt man aus manchen Anzeichen, daß dies schon in Räumen von zirka 2 km unter der jeweiligen Oberfläche der Fall sein könnte. Keinesfalls aber ist man berechtigt anzunehmen, daß die Räume, aus denen die Ergußgesteine stammen, die gleichen gewesen sein müssen, in denen sich die Tiefengesteine gebildet haben, im Gegenteil, wir sind berechtigt anzunehmen, daß dies der seltenere Fall ist. Wir dürfen annehmen, daß die überwiegende Masse der Ergußgesteine, vor allem der basaltischen Gesteine aller Formationen, aus tieferen Zonen stammt, als die meisten Tiefengesteine. Es deckt sich auch Mineralbestand und Chemismus in der Systematik einander zugeordneter Tiefen- und Ergußgesteine nicht immer. Die größere Mannigfaltigkeit der Zusammensetzung der Tiefengesteine entspricht der längeren Zeit ihrer Bildung. Andererseits fehlt uns für die Riesenmassen der Basalte das in ähnlicher Menge auftretende Tiefengestein.

Die *geologische Erscheinungsform der Ergußgesteine* ist bedingt durch die Art ihrer Entstehung: Ströme oft in breiten und mächtigen Massen in vielfacher Wiederholung, Riesenareale bedeckend, wie die Deccanbasalte in Indien, die Basaltmassen Islands, die kleinere Effusivmasse des Bozener Quarzporphyrs, die zahllosen tertiären und rezenten Vulkane von den Riesenvulkanen Hawais über die kleineren von Ätna und Vesuv bis herab zu den kleinsten Vulkanen der Eifel, den Maaren, tertiäre in statu nascendi erloschene Feuerberge, wie wir sie auch im Burgenland finden, dann die Spaltenausfüllungen größten Umfanges, wie die Lakyspalte Islands oder die geologisch alten der Carooformation in Afrika

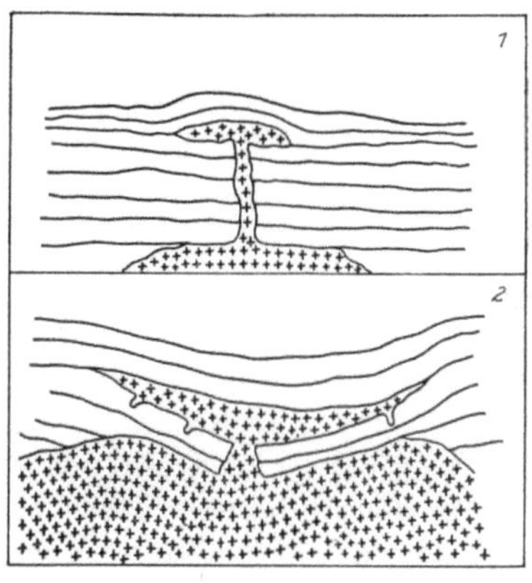

Abb. 12. 1 Lakkolith. 2 Lopolith. (Schematische Darstellung nach G r o u t.)

und die vielen Hunderte von kleinen und kleinsten Gängen, wie etwa die triadischen Diatremen des Latemargebietes in Südosttirol. Weniger abwechslungsreich sind die *geologischen Erscheinungsformen der Tiefengesteine*, denen ihr Raum fast immer mehr oder weniger vorgeschrieben war, zumindest begrenzt in der Richtung nach oben. Ihre Schmelzen drangen in andere vorhandene Gesteinsmassen ein (Intrusionen). Man gebraucht für die Räume, die sie heute füllen, die verschiedensten Namen, wie Massive, Stöcke. Als Lakkolith bezeichnet man eine linsenförmige, konkordant gelagerte Erstarrungsgesteinsmasse zwischen schiefrigen oder schichtigen Gesteinen, die sich dem Erstarrungskörper anschmiegen. Große, schüsselförmig vertiefte synklinale Intrusionen werden auch als Lopolithe bezeichnet, wie etwa im Bushveld (Abb. 12). Bei granitischen Gesteinen spricht man auch von Kernen.

Gangförmige Gesteine, deutlich erkennbare oder doch anzunehmende Abzweigungen von Tiefengesteinen, aber auch selbständig erscheinende Füllungen von Gangmassen werden als *Ganggesteine* von manchen (z. B. R o s e n b u s c h) den Tiefen- und Ergußgesteinen gleichwertig koordiniert oder als hypabyssische Formen den abyssischen Tiefengesteinen angereiht. Ihre Menge ist meist gering, ihre Mineralisation aber vielfach von großem Interesse. Sie stehen in Mineralbestand und Ausbildungsart zwischen den Tiefengesteinen und Ergußgesteinen, aber zumeist entschieden näher den Tiefengesteinen. Bald können Grundmasse und Einsprenglinge, also zwei Generationen unterschieden werden, bald gleichen sie vollkommen den Tiefengesteinen (abyssischen Gesteinen). Aber auch Gänge bildende Ergußgesteine gleichen solchen Ganggesteinen, z. B. die hypabyssischen Diabase tiefgehender Spalten.

Die *Absonderungsformen* der Erstarrungsgesteine sind mannigfaltig, bankig, plattig, säulig, würfelig, brotlaibartig, kugelig, zumeist aber gänzlich unregelmäßig. Ob diese Absonderungsformen durch die Zusammenziehung bei der Erstarrung entstanden sind, ob und welche Anteile der Verwitterung zukommen, ist nicht immer zu entscheiden. Fehlen Absonderungsformen, dann erscheinen diese Gesteine massig. Da dies die gewöhnliche Absonderungsform der Erstarrungsgesteine und eines großen Teiles der kristallinen Schiefer ist, hat man alle diese Gesteine auch mit dem Sammelnamen *Massengesteine* belegt.

Im Wirkungsbereich zu Tiefengestein auskristallisierender Schmelzlösungen auf reaktionsfähiges Nebengestein kann man immer noch als „postmagmatische" Prozesse 1. kontaktmetamorphe Einwirkung (z. B. Ersatz von CO_2 durch SiO_2), 2. darauffolgende pneumatolytische Einwirkung und Bildungen, deren Hauptreagens fluide Bestandteile sind und schließlich 3. die hydrothermalen Bildungen unterscheiden, Prozesse, die vielfach ineinander übergehen.

Erdkruste und Erdinneres.

Aus dem Studium der vorhandenen Gesteinsanalysen ergibt sich, daß zirka 95% des beobachtbaren festen Erdkrustenteiles, der sogenannten Lithosphäre, aus Erstarrungsgesteinen und ihnen nahestehenden Gesteinen unter den Metamorphiten besteht, so daß für die Sedimentgesteine nur zirka 5% bleiben. Die Mineralien verteilen sich: Quarz 12%, Augite und Hornblenden 16,8%, Feldspate 59,5%, Glimmer 3,8%, andere Mineralien 7,9%.

Das *häufigste Mineral der Gesteine ist der Feldspat* in seinen Abarten. Das *größte Bauelement der Lithosphäre* aber ist der *Sauerstoff*, denn die Verteilung der *Raumerfüllung* durch die wichtigsten Atome der Lithosphäre ist:

O	91,77	Al	0,76	Ca	1,48
Si	0,80	Fe	0,68	Na	1,60
Ti	0,22	Mg	0,56	K	2,14

Die mittlere Zusammensetzung der Lithosphäre im Vergleich mit den Mittelzahlen der Analysen einiger Erstarrungsgesteine und deren Mittel ergibt die Werte:

	1	2	3	4	5	6	7	8
SiO_2	59,07	59,12	62,25	70,18	72,77	48,24	49,06	48,80
TiO_2	1,03	1,05	0,94	0,30	0,29	0,97	1,36	2,19
Al_2O_3	15,22	15,34	15,15	14,47	13,33	17,88	15,70	13,98
Fe_2O_3	3,10	3,08	0,96	1,57	1,40	3,16	5,38	3,59
FeO	3,71	3,80	4,49	1,78	1,02	5,95	6,37	9,78
MnO	0,12	0,12	0,07	0,12	0,07	0,13	0,31	0,17
MgO	3,45	3,49	3,92	0,88	0,38	7,51	6,17	6,70
CaO	5,10	5,08	4,47	1,99	1,22	10,99	8,95	9,38
Na_2O	3,71	3,84	3,30	3,48	3,34	2,55	3,11	2,59
K_2O	3,11	3,13	3,50	4,11	4,58	0,89	1,52	0,69
H_2O	1,30	1,15	0,43	0,84	1,50	1,45	1,62	1,80
P_2O_5	0,30	0,30	0,16	0,19	0,10	0,28	0,45	0,33
CO_2	0,35	0,10	0,12					

1. Mittlere, berechnete Zusammensetzung der Lithosphäre (Erdkruste bis zirka 40 km Tiefe).

2. Mittlere Zusammensetzung der Erstarrungsgesteine aus 5159 Analysen.

3. Opdalit nach Goldschmidt (entspricht fast dieser mittleren Zusammensetzung).

4. Mittlere Zusammensetzung der Granite aus 546 Analysen.

5. Mittlere Zusammensetzung der Rhyolithe aus 102 Analysen.

6. Mittlere Zusammensetzung der Gabbrogesteine aus 81 Analysen.

7. Mittlere Zusammensetzung der Basalte aus 189 Analysen.

8. Mittlere Zusammensetzung der Plateaubasalte aus 43 Analysen.

(Nach Clark, Washington, und Daly.)

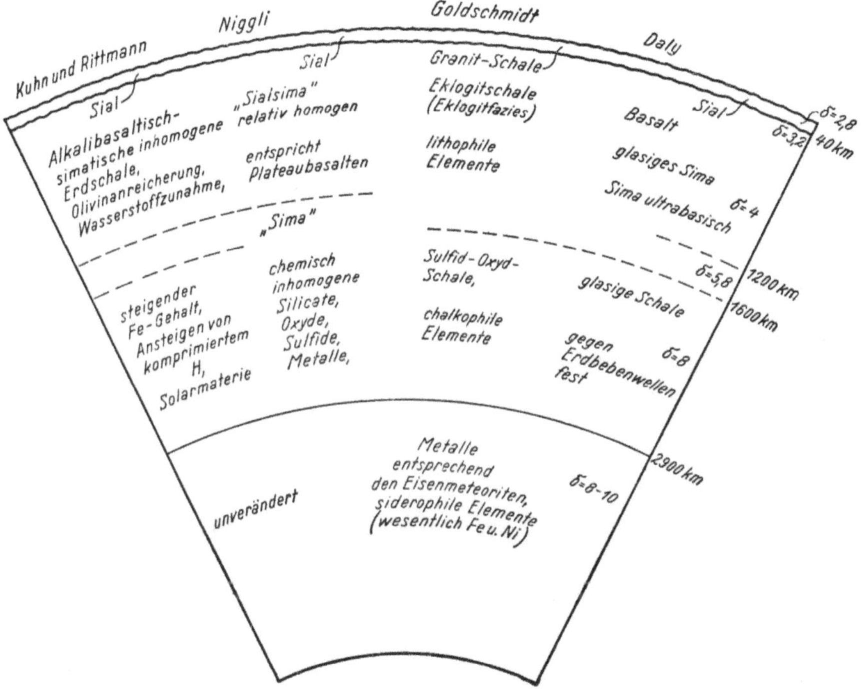

Abb. 13. Einige Vorstellungen über den Bau der Erde. (Nach Daly, Goldschmidt, Niggli, Kuhn und Rittmann.)

Die zirka 10 bis 15 km des äußersten Teiles der Erdkruste, der unseren Beobachtungen zugänglich ist, betragen nur zirka $^1/_{530}$ des Erdradius (zirka 6370 km). Für alles, was tiefer liegt, sind wir auf Vermutungen angewiesen, die wir bestrebt sind, mit den wenigen Beobachtungen der Fortpflanzung von Erdbebenwellen und mit den Schweremessungen in Einklang zu bringen. Dabei ergeben sich Möglichkeiten für Diskontinua bei 20 bis 30 km, etwas stärker bei 50 bis 60 km, ein stärkeres bei 2900 km und ein schwaches für 1200 km. Die Gesamtdichte der Erde beträgt $\delta = 5,52$, die mittlere Dichte der uns zugänglichen Gesteine nur $\delta = 2,7$, was eher zu hoch als zu niedrig sein dürfte. In Übereinstimmung mit den Ergebnissen der Erdbebenforschung kann nun die Verteilung der Dichte so vorgenommen werden, wie es in Abb. 13 dargestellt ist. Diese Verteilung führt zwangsläufig zur Annahme einer Dichte im Erdkern von $\delta = 8$ bis 10, für die von den häufigeren Elementen unserer Erde in Übereinstimmung mit der Zusammensetzung der Meteoriten, den Bestandteilen anderer Himmelskörper, Fe und Ni in Betracht kommen. Die obere Silikathülle (Si + Al) wird *Sial* genannt, von dem wir annehmen können, daß es kaum viel von der Zusammensetzung des uns bekannten Teiles der Lithosphäre abweichen wird. Das darunter angenommene *Sima* (Si + Magnesium) wird verschiedenartig gedeutet, doch nimmt man heute ziemlich allgemein an, daß ihm die Zusammensetzung eines Olivinbasaltes, entsprechend der Zusammensetzung der erdumspannenden Plateaubasalte (vgl. S. 55) zukommt, ohne daß wir entscheiden können, ob das ganze Sima noch flüssig ist oder ob die oberen Teile schon fest sind, ob und welcher Teil kristallisiert oder glasig-viskos oder glasig starr ist (glasartig und „relativ" homogen wurde es auch genannt, Niggli), oder ob ein Teil des Simas Tiefengesteinsbeschaffenheit hat. Es kann keinem Zweifel unterliegen, daß Temperaturschwankungen Verflüssigung auch höherer Teile, die zum Sial gehören, bewirken können, ohne daß wir uns über die Wärmequellen ein klares Bild machen können, dies um so mehr, als wir wissen, daß Verflüssigung von Gesteinsmaterial (Mobilisation) in den oberen Partien des Sials möglich sein muß. Auch die Ansichten über die Dicke des Sials gehen weit auseinander, sie schwanken zwischen 60 und 20 km, aber es sind schon Werte von 12 und 120 km angenommen worden. Sowohl 20 wie 60 km würde möglichen Diskontinuen entsprechen. Die Erde entstammt der Sonne im Urnebelzustand. Von dieser Annahme ausgehend hat man neuerdings (Kuhn und Rittmann) die Möglichkeit erwogen, daß die tieferen Zonen unserer Erde aus homogener Solarmaterie, aus Mg, Fe, wenig Si, aber 30 und mehr Prozent komprimiertem H bestehen könnten. Die Grenze, bis zu der die Veränderung der ursprünglichen Sonnenmaterie reicht, kann die des Hauptdiskontinuums sein. Fest wäre nach dieser Ansicht eine Kruste von zirka 70 bis 80 km, wo schon simatisch-basaltische Zusammensetzung herrsche. Darunter begänne die schmelzflüssige inhomogene Erdschale olivinbasaltischer Zusammensetzung, die gegen die Tiefe zu an Olivin reicher wird. Erst gegen 2000 km begänne der Fe-Gehalt nach dieser umstrittenen Theorie stärker anzusteigen.

Nach der alten klassischen Vorstellung von der Bildung der Erdkruste aus dem Schmelzfluß ist das Sial durch *Differentiation* aus dem Sima entstanden, entweder dadurch, daß sich die *Magma* genannte Schmelze der Tiefe von unbekannter Zusammensetzung zuerst in zwei Magmen, ein basisches und ein saures, gespalten hat, die voneinander getrennt (magmatische Differentiation), die basischen und die sauren Erstarrungsgesteine lieferten, oder daß sich nach etwas neueren Ansichten aus gemeinsamer, wohl simatischer Schmelze, zuerst die schwerer löslichen basischen Silikate, die Fe-reichen Augite und Hornblenden und der Olivin, also die Kristalle mit festem Kristallgitterbau, aber auch die basischen, dem Anorthit nahestehenden Plagioklase bildeten, von denen die schweren Fe- und Mg-reichen vermöge ihrer Schwere zu Boden sanken oder abgequetscht wurden. Die nun saurer gewordene Schmelze sei nach oben gewandert und habe als granitische Schmelze die granitischen Gesteine, die Hauptmasse des Sials, geliefert, Bildungen, die vielfach mit orogenetischen (gebirgsbildenden) Vorgängen verbunden gedacht sind. Schon frühzeitig können dabei schwere, metallreiche Bildungen in die Tiefe gebracht worden sein, mit ihnen die Sulfide, von denen bei späteren Aufschmelzungen nur ein verhältnismäßig geringer Teil wieder in höhere Zonen gelangt ist. Welche Elemente in die Auskristallisierung einer Schmelze, welche schon in die Gitter der ersten Auskristallisierungen eintreten können, welche in ihrer Gesamtheit oder zum größeren Teil in der Restschmelze bleiben müssen, hängt auch von den relativen Größenverhältnissen ihrer Ionen ab, denn nur ein passender Baustein kann in ein Gitter eintreten; dies gilt auch für die Spurenelemente. Ist aber im Gitter kein Platz, ist der (Atom- bzw.) Ionenradius zu groß oder zu klein,

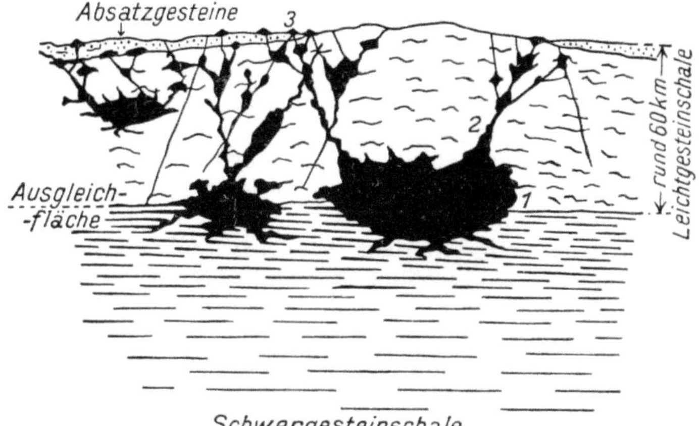

Abb. 14. Schematischer Durchschnitt durch die Erdkruste nach der alten klassischen Auffassung. 1 Magma, 2 Schlote, 3 Vulkane. (Nach Stiny.)

dann reichern sich solche Stoffe in den Restschmelzen an, kristallisieren entweder in den sogenannten Restschmelzengesteinen (z. B. Pegmatite) aus, gelangen in die sogenannte pneumatolythische Phase oder in die hydrothermale Phase. Alle diese Bildungen enthalten die durch Auskristallisierung der anderen Bestandteile bedeutend angereicherten *fluiden* (flüchtigen) Substanzen und bilden die kontaktpneumatolytischen und hydrothermalen Mineralisationen, sind aber auch vielfach an der späteren Umbildung mancher Gesteine beteiligt. So kann z. B. das Li nicht das ihm sonst nahestehende Na vertreten, weil es viel zu klein ist. Lithiummineralien sind den pegmatitischen Gängen (vgl. S. 36) und den pneumatolytischen Bildungen vorbehalten.

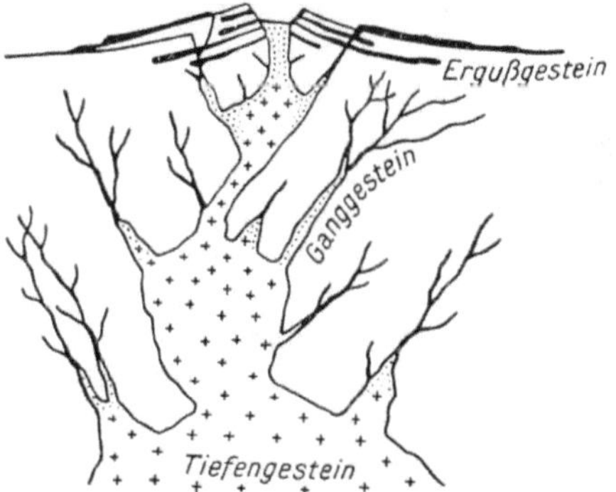

Abb. 15. Bildung von Tiefen-, Gang- und Erguβgesteinen nach der alten klassischen Auffassung. (Nach Stiny.)

Vom Sima wird auch angenommen (Eskola), daß zwischen einem oberen, kristallinen Anteil und einem unteren glasig-viskosen, also geschmolzenen, eine diese trennende, aber zugleich auch vereinende, ziemlich mächtig gedachte Übergangszone, die sogenannte *Porenlösung* existiere. Bei zirka 60 km ende die kristalline Phase und nur mehr glasige amorphe Basaltmasse sei vorhanden. Die Porenlösung der oberen Teile sei granitisch, denn aus basaltischer Schmelze wird die überbleibende Lösung granitisch. Es kann also aus einem basaltischen (gabbroiden) Gestein in tieferer Zone durch orogenetische Prozesse eine Porenlösung ausgequetscht werden, die wahrscheinlich eine granitischere Zusammensetzung haben dürfte, als der feste

Teil des Gesteines. Diese Lösung ist leichter als das Gestein und strebt demgemäß nach oben, wo sie in anderen Gesteinen Ansammlungen granitischer Schmelzlösungen bewirken kann.

Die Bildung der Erstarrungsgesteine.

Gesteinsbildung und Gleichgewichte. Alle Umwandlungsvorgänge, alle Reaktionen in der Natur dienen der Erreichung und der Erhaltung von Gleichgewichten; sie sind gewissermaßen die Folge von Störungen des Gleichgewichtes durch veränderte physikalische Verhältnisse von Temperatur und Druck (T/P-Verhältnisse); sie treten ein, um zu *neuen* Gleichgewichten zu führen. Dabei werden aber echte Gleichgewichte selten erreicht, nur selten kommt es zu Zuständen, in denen keine Reaktionen mehr möglich sind. Häufiger kommt es zu sogenannten Pseudogleichgewichten, zu irgendwie stabilisierten Ungleichgewichten, die echten Gleichgewichten in chemisch-physikalischem Sinne recht nahekommen können, wie die Häufigkeit heute noch erhaltener metastabiler Zustände, metastabiler Mineralien in Gesteinen älterer geologischer Perioden ebenso beweist, wie die Reaktionen im festen kristallisierten Zustande. Auch auf diese Pseudogleichgewichte können wir die Gleichgewichtslehre anwenden, deren allgemeiner Ausdruck die Gibbssche Phasenregel ist:

$$\text{Phasen} + \text{Freiheiten} = \text{Komponenten} + 2.$$

Bei der Bildung von Mineralien und Gesteinen sind die Zustände gasförmig, flüssig und die einzelnen Mineralkombinationen die Phasen; Komponenten sind die Molekülgattungen, also z. B. die Oxyde, wie sie die Analysen ergeben. Die variablen Freiheitsgrade sind durch Temperatur und Druck gegeben. Wenn die Zahl der Phasen gleich der Zahl der Komponenten ist, dann können die Gleichgewichte in bestimmten Temperatur-Druckbereichen stabil sein. V. Goldschmidt ersetzte die Gibbssche Phasenregel durch die „mineralogische Phasenregel", die lautet „Die maximale Anzahl n der festen Mineralien, die gleichzeitig nebeneinander stabil existieren können, ist gleich der Anzahl n der Einzelkomponenten, die in den Mineralien enthalten sind. So z. B. können höchstens je fünf Mineralien stabil nebeneinander existieren, die aus den Komponenten CaO, MgO, Al_2O_3, K_2O und SiO_2 zusammengesetzt sind. Stabil ist eine Mineralkombination bei gegebener Temperatur, wenn trotz der Gegenwart eines gemeinsamen Lösungsmittels keine Umsetzung zwischen den einzelnen Mineralien stattfindet". Nimmt man in einem Gestein die neun Oxyde SiO_2, Al_2O_3, Fe_2O_3, FeO, MgO, CaO, Na_2O, K_2O, H_2O als Komponenten an, das Gestein somit als Neunstoffsystem, dann können neun Mineralien im Gleichgewicht nebeneinander bestehen. Die Zahl der tatsächlichen Gemengteile ist aber fast immer kleiner, da diese Komponenten gegenseitig ersetzbar (diadoch) sind.

Zahlreiche Versuchsreihen, wie sie namentlich im Geophysical Laboratorium des Carnegie-Institutes in Washington ausgeführt worden sind, haben Zwei-, Drei- und auch Mehrstoffsysteme in mühevollster und planvoller Arbeit untersucht, bei der zahllose Einzeluntersuchungen notwendig waren, deren Ergebnisse für die Erklärung der Mineralabfolge in Ergußgesteinen, deren Bildung den Laboratoriumsbedingungen nähersteht, grundlegend sind.

Die komplexe gravitative Kristallisationsdifferentiation (Niggli). Ihr entspricht die Abfolge von basischen (basaltischen, gabbroiden) zu sauren (granitischen, rhyolithischen) Gesteinen, wie wir sie besonders bei den Ergußgesteinen beobachten, aber gegebenenfalls auch bei manchen Tiefengesteinen annehmen können. Die zuerst aus den höheren, also kälteren Zonen und an den Randzonen eines tief gelegenen Magmabassins ausgeschiedenen, bei hoher Temperatur schmelzenden, daher auch bei hoher Temperatur auskristallisierenden, basischeren, Mg- und Fe-reicheren, spezifisch schwereren Mineralien, werden trotz der Viskosität (Zähigkeit) und der von unten nach oben gerichteten Konvektionsströmungen (Diffusionsströmungen) in den ersten Stadien der Auskristallisierung, bei der fluide Substanzen noch keine große Rolle spielen, absinken und sich im unteren Teil der Schmelzmasse zum Teil anreichern können, zum Teil aber durch die dort herrschende höhere Temperatur korrodiert, eventuell auch wieder aufgelöst werden. Die wieder aufgelösten Teile werden durch die Konvektionsausgleichsströmungen und durch aufsteigende Gase wieder in höhere Räume gelangen, ein Bewegungsspiel, ein sich wiederholender Vorgang, der allmählich zur langsam fortschreitenden Auskristallisierung der Schmelze führen kann. Es entsteht so eine Art Seigerung, die leichteren, saureren Bestandteile werden aufsteigen, die schwereren werden sich im Liegenden der leichteren befinden. Durch diese *fraktionierte Kristallisation*, die durch die Erfahrungen in Silikatschmelzlösungen im Laboratorium bestätigt ist, kann es in der Tiefe zur räumlichen Trennung von gabbroider und granitischer Substanz kommen. Manche Gabbros, besonders aber die monogenen basischen Spaltungsgesteine gabbroid-basaltischer Schmelzen, wie Peridotite, Pyroxenite sind wohl auf diese Weise entstanden. Die Lage dieser Differentiationsräume wird sehr verschieden angenommen. Manche treten für tiefe Zonen ein, andere verlegen diese Prozesse in höhere Räume und treten dafür ein, daß für diese Trennung von Schmelze und Kristall während der Kristallisation, der Förderweg der Schmelzen nach oben der gegebene Raum sei. Durch Abpressung, Ausquetschungs- oder Abpressungsdifferentiation kann räumliche Trennung in Kristallisationsdifferentiation befindlicher Schmelzen in den verschiedenen Stadien in der Weise erfolgen, daß durch einseitigen Druck, wie ihn besonders die Orogenese von Faltengebirgen liefert, dann, wenn eine bestimmte Menge von flüssig und fest vorliegt, der flüssige, also saurere Rest vom schwammartigen festen Teil abgetrennt wird und so in andere Räume gelangt. Die großen Mengen granitischer-quarzdioritischer Gesteine der Faltengebirge mit ihren zum Teil horizontalen Bewegungsbahnen könnten so erklärt werden und sind früher auch ganz allgemein so erklärt worden, und man spricht von der synorogenen Bildung der saureren Tiefengesteine (vgl. S. 42).

Man gebraucht die Bezeichnung *Magma* für alle als flüssig angenommenen natürlichen Silikat-Schmelzlösungen, manchmal aber nur für ganz bestimmte Schmelzen, oder nur für flüssige simatische Schmelzen von mild alkalibasaltischer Zusammensetzung (verflüssigtes Sima), wie es auch in diesem Buche geschieht, so daß alle übrigen Schmelzlösungen nur als *Schmelzen* bezeichnet werden, und die Bezeichnung Magma nur für die simatische urbasaltische, in der Zusammensetzung beiläufig einem Olivinbasalt entsprechende Schmelze angewandt wird. Man hat Methoden ersonnen, um aus der Analyse eines Erstarrungsgesteines auf die Natur der Schmelze schließen zu können, und es ist eine große Anzahl (von Niggli 179) solcher Schmelztypen errechnet worden. Durch Vereinigung einzelner Oxyde zu Gruppen können Zahlen gebildet werden, die Vergleiche der verschiedenen Schmelzen erleichtern. Am meisten sind die Niggli-Werte in Gebrauch. Zu diesem Zwecke werden durch Division der Gewichtsprozente der Analysen durch die Molekulargewichte der Oxyde (Ca + O oder 2 Na + O) die sogenannten Molekularzahlen (Molekularquotienten) erhalten. Die wichtigsten vier Gruppen sind:

$$Al_2O_3, \quad FeO + 2\,Fe_2O_3 + MgO + MnO, \quad CaO + BaO + SrO, \quad Na_2O + K_2O + Li_2O.$$

Diese Werte, auf 100 umgerechnet, ergeben die Radikale *al, fm, c, alk*. Dann bildet man die entsprechenden Molekularwerte für SiO_2. Man erhält *si* durch die Proportion: Molekularquotient von SiO_2 : Summe der Molekularquotienten $al + fm + c + alk = si : 100$.

Dann bildet man noch die Molekularverhältnisse:

$$k = \frac{K_2O}{K_2O + Na_2O + Li_2O} \quad und \quad mg = \frac{MgO}{MgO + FeO + MnO + 2\,Fe_2O_3}.$$

Als Beispiel sei die Verrechnung der Analyse des Granites von Eisgarn in Niederösterreich (nach Köhler) angegeben.

	Gew.-%	Mol.-% × 10.000
SiO_2	72,60	12090
TiO_2	0,32	40
Al_2O_3	14,06	1379
Fe_2O_3	0,28	17
FeO	2,21	308
MnO	0,10	14
MgO	0,38	94
CaO	0,89	160
BaO	0,03	2
Na_2O	2,96	478
K_2O	5,31	564
$H_2O +$	0,74	411
P_2O_5	0,15	11
	100,03	

Umrechnung auf 100

al	= 1379	45,5%
fm	= 450	14,8%
c	= 162	5,3%
alk	= 1042	34,4%
Summe	3033	100,0%

$$si = 399 \qquad k = 0,54 \qquad mg = 0,21$$

$$si = \frac{12090 \times 100}{3033} = 399$$

$$si' = 6\,alk + 2\,(al - alk) + fm + [c - (al - alk)] = 5\,alk + al + fm + c.$$

Da $alk + al + fm + c = 100$, so ist $si' = 100 + 4\,alk = 238$.

Von Nutzen ist noch die Quarzzahl *qz*, die Menge des freien Quarzes, zu der man durch $100 + 4\,alk = si'$ kommt, im berechneten Beispiel also $si' = 238$. Da *si* mit 399 bedeutend höher als *si'* (die Summe der gebundenen SiO_2) ist, so muß das Gestein reich an freier SiO_2, also an Quarz, sein, denn $qz = si - si' = 161$. In quarzfreien Gesteinen sinkt das *si* unter *si'*, *qz* wird negativ. In den von Niggli aus zahlreichen Analysen errechneten Schmelztypen, denen natürlich nur relativer Vergleichswert zukommt, ist noch in der quarzdioritischen Schmelze freie SiO_2 als Quarz vorhanden, in der normalsyenitischen und monzonitischen aber nicht mehr. Tatsächlich sind auch die im Monzonit beobachteten Mengen von Quarz sehr gering.

Tabelle 5. Einige der wichtigsten von den 179 „Magmentypen"
nach Niggli.

	si	*al*	*fm*	*c*	*alk*	*k*	*mg*	*c/fm*	Magmentyp
1.	460	46	8	5,5	40,5	,50	,20	,67	aplitgranitisch
2.	270	35	26	15	24	,42	,33	,58	normalgranitisch
3.	215	32	32	18	18	,50	,45	,56	opdalitisch (quarz-monzonitisch)
4.	400	40	17,5	1,5	41	,35	,05	,09	alkaligranitisch
5.	185	30	30	15	25	,50	,40	,50	normalsyenitisch
6.	220	31	31	19	19	,25	,48	,61	quarzdioritisch
7.	200	33	33	22	12	,40	,50	,55	tonalitisch
8.	155	29	35	22	14	,28	,48	,63	normaldioritisch
9.	140	30	30	21	19	,50	,45	,70	normalmonzonitisch
10.	190	42	12	5	41	,28	,20	,41	normalfoyaitisch
11.	108	21	52	21	6	,20	,55	,42	normalgabbroid
12.	130	37	22	33	8	,10	,55	1,5	anorthositgabbroid
13.	95	7	62	29	2	,20	,75	,47	pyroxenitisch
14.	60	5	90	4	1	?	,90	,05	peridotitisch
15.	130	30	30	20	20	,25	,30	,67	essexitisch
16.	100	19	42	23	16	,25	,48	,50	theralitisch
17.	105	17	46	24	13	,60	,65	,52	normalshonkinitisch
18.	95	15	41	33	11	,65	,70	,81	missouritisch

Die 179 errechneten „Magmentypen" lassen aber keinen Schluß auf die
Stammschmelze eines Tiefengesteinsverbandes zu, wenn nicht das relative
Mengenverhältnis bekannt ist. Aber auch dann kann nicht auf die Zusammensetzung der Schmelze in tieferen Differentiationsräumen geschlossen
werden, weil dies nur unter der Annahme möglich wäre, daß die nach oben
dringenden differenzierten oder differenzierenden Schmelzen durch keiner-
lei Reaktion mit dem Nebengestein verändert worden wären, eine Annahme.
die nicht gemacht werden darf, wenn nicht sehr rascher Aufstieg wahrscheinlich ist. Man errechnet also keineswegs die Schmelze. aus der ein Gestein entstanden ist, sondern nur dessen Bestandteile; die Typen geben also
nur ein anschauliches Bild der Gesteinszusammensetzung und dienen nur
zum Vergleich. Zur Namenbildung wurde stets die Tiefengesteinsform verwendet, so daß z. B. die basaltische Schmelze als gabbroid bezeichnet wurde.

Gesteinsverwandtschaften (Gesteinsprovinzen, Gesteinsstämme, Gesteinssippen). Diese Bezeichnungen sind im Gebrauch, um größere Gesteinsverbände von gleicher Entstehungsart, gleichen chemischen Merkmalen zu-
sammenzufassen und von anderen zu trennen. Solche Gesteinsverbände
können vollständige und unvollständige Kristallisationsreihen umfassen.
Übergänge zwischen verschiedenen Gemeinschaften sind möglich und es

bilden sich recht häufig auch Mischprovinzen. Gesteinsprovinzen lassen Vergleiche mit sehr weit auseinanderliegenden Gesteinsmassen zu. Es müssen also gewisse Gesetzmäßigkeiten vorliegen, da es sich niemals um einen bloßen Einzelfall handelt, wenn wir auch diese Gesetzmäßigkeiten als solche noch recht wenig kennen. Aus den Niggli-Werten gehen die Unterschiede deutlich hervor. Die Hauptunterscheidung beruht auf einer Zweiteilung in *Alkalikalkgesteine* (auch *pazifische* genannt) und in *Alkaligesteine,* die von manchen noch in eine *Natron-* (auch *atlantische* genannt) und eine *Kalireihe* (auch *mediterrane* Reihe) unterteilt werden. Die zweite Art der Bezeichnungsweise beruht auf der Verteilung dieser Gesteinssippen, sie ging von der Annahme aus, daß Alkalikalkgesteine besonders im Bereich des Pazifik, Alkaligesteine im Bereich des Atlantik vorherrschen, die mediterranen ums Mittelmeer gruppiert sind, was aber mit den Tatsachen nicht ganz übereinstimmt. Es wird hier vor allem die Zweiteilung in Alkalikalkgesteine und Alkaligesteine berücksichtigt.

Wir können heute wohl annehmen, daß die Erußgesteine und manche Tiefengesteine beider Gesteinsstämme einem gemeinsamen, simatischen Urmagma, schwach alkalibasaltischer (olivinbasaltischer) Zusammensetzung entstammen, das teils undifferenziert, z. B. die Ozeanite, Plateaubasalte, Ophiolithe (vgl. diese), teils nur wenig differenziert oder durch Sialaufnahme verändert (entartet), die großen pazifischen Basaltmassen, durch Assimilation von Kalk die Reihe der Alkaligesteine geliefert hat. Diese letzteren bilden nur einen verschwindend kleinen Teil, vielleicht nur $1/_{1000}$ aller irdischen Erstarrungsgesteine. Von der Riesenmenge der Tiefen-Erstarrungsgesteine des Sials mit vorwiegend Alkalikalkcharakter dürfte aber nur ein geringer Teil aus wenig entartetem urbasaltischem Magma durch Kristallisationsdifferentiation, die größere Menge dieser Gesteine aber durch verschiedenartige Veränderungsprozesse entstanden sein. Zu diesen gehören Einschmelzungen größeren Stiles, Ausschmelzungen, Wiederaufschmelzungen vorgebildeter, verschiedenartiger Sialgesteine, aber auch Einwirkungen von Porenlösungen auf vorgebildete Gesteine, wobei direkt dem Urmagma entstammende Stoffe geringeren Anteil hatten (vgl. Abb. 18, S. 40).

In den Gesteinen der Alkalikalkreihe sind (nach Shand) die Alkalien überwiegend im Verhältnis $Na_2O + K_2O : Al_2O_3 : SiO_2 = 1:1:6$, also im Verhältnis der sauren Feldspäte und zum Teil im Glimmerverhältnis, das zwischen den gleichen Werten und dem Verhältnis 1:3:6 schwankt, gebunden. In den Gesteinen der Alkalireihe überschreitet die Menge der Alkalien dieses Verhältnis, wobei ein Defizit vor allem an SiO_2 und Al_2O_3 oder an einem von diesen entsteht. Es muß also Alkali auch so an SiO_2 gebunden sein, daß Al_2O_3 gar nicht oder doch in geringeren Mengen benötigt wird. Es entstehen daher Alkaliaugite und Alkalihornblenden neben oder an Stelle der an K und Na freien Augite und Hornblenden der Alkalikalkgesteine. War zuwenig SiO_2 da, dann bilden sich an Stelle der Feldspäte die *Feldspatvertreter (Foide),* in den natronbetonten der Nephelin, in kalibetonten der Leuzit. In den Alkalikalkgesteinen treten größere Mengen saurer Ca-haltiger Plagioklase auf, die den Alkaligesteinen zumeist fehlen. Nicht immer aber ist bei den Alkaligesteinen der Mangel an Al_2O_3 und an SiO_2 so groß, daß es zur Bildung von Foiden und Na-Augiten bzw. Na-Hornblenden kommen kann. Dann ist die Unterscheidung oft recht schwierig; auch die Analysenverrechnungen können dabei versagen und nur der Gesteinsverband, das Zusammenvorkommen mit anderen Gesteinen, können eine Entscheidung bringen. Es gibt eine große Anzahl von Gesteinen, die in beiden Reihen vorkommen. Andererseits unterscheidet man stark alkalibetonte (z. B. Phonolithe) und mildalkalische Gesteine (Ozeanite und Plateaubasalte als Beispiele dieser). Häufig, anscheinend sogar häufiger als echte Alkaliprovinzen, sind Mischprovinzen.

Die Unterschiede in der Mineralführung wirken sich dahin aus, daß in den Alkaligesteinen reine Alkalifeldspäte sehr verbreitet, in sauren nahezu die einzigen Feldspäte sind. In den basischeren Gesteinen dieser Reihe sind sie neben Kalknatronfeldspäten recht häufig, während in den Gesteinen der Alkalikalkreihe Alkalifeldspäte nur in den sauren Gliedern auftreten, den basischen aber fast fehlen, Albit in ihnen überhaupt selten ist. Kalknatronfeldspäte fehlen den Alkaligraniten fast vollkommen. Die Foide Leuzit, Nephelin, Sodalith, die Alkaliaugite und -hornblenden, also Ägirin, Ägirinaugit, Riebeckit, Arfvedsonit, Katophorit, Barkevikit fehlen den Alkalikalkgesteinen vollkommen, rhombische Augite (Orthaugite) sind in ihnen häufig, in den Alkaligesteinen fehlen sie entweder oder treten doch ziemlich zurück. Seltene Mineralien, reich an Zr oder seltenen Erden (z. B. Eudyalit, Katapleït, Låvenit, Astrophyllit u. a.) kommen nur in Gesteinen der Alkalireihe vor.

Von den hier (S. 27) gebrachten Nigglischen Schmelzen gehören die Nummern 1, 2, 3, 6, 7, 8, 14 der Alkalikalkreihe, die Nummern 4, 10, 15, 16, 17 der Natronreihe der Alkaligesteine, 3, 9 der Kalireihe an, 11, 12, 13 sind bei Bevorzugung der Alkalikalkgesteine beiden Reihen gemein. Bei den granitischen Schmelzen schwankt si von 200 bis 400, $al \gtreqqless 30$ bis 50; in den si-reichen Gesteinen ist alk weit größer als c, in den si-armen gleich oder kleiner. Das alk reicht nicht aus, um Alumosilikate im Verhältnis 1:1 zu bilden, denn al ist größer als alk, $al - alk$ steigt mit sinkendem si bis auf über 15 Einheiten und ist in den tonalitischen Gesteinen am höchsten; fm nimmt mit sinkendem si zu und überholt in den si-ärmeren das c, wird aber erst bei basischen Gesteinen der Alkalikalkreihe größer als al. Die Schmelzen der Gesteine der Natronreihe (atlantische) unterscheiden sich von denen der Alkalikalkreihe dadurch, daß bei gleichem si das alk größer ist, die Differenz $al - alk$ kleiner und auch negativ wird, so daß das gesamte al an alk im Verhältnis 1:1 gebunden werden kann. Na_2O herrscht über K_2O vor, die Werte für mg sind bei den Alkaligesteinen niedriger als bei denen der Alkalikalkreihe. Die Schmelzen der Kalireihe der Alkaligesteine neigen sehr zu verschiedenen Differentiationen. Diese Reihe steht intermediär zwischen den beiden anderen. Es treten höhere K-Werte auf, bei den saureren Gliedern ist fm bei gleichem si größer, aber das c kleiner, das alk größer. Bei intermediären, z. B. syenitischen Gesteinen ist fm gleich oder größer als al, ebenso c gleich oder ähnlich dem alk, bei den basischen übertrifft c das al und alk.

Die Bildung der Tiefengesteine. Während die großen Basaltmassen als Magmagesteine aus dem urbasaltischen Magma angenommen werden können, saurere Effusiva in ihrem Verbande, wie Trachyte, Phonolithe und Rhyolithe durch Kristallisationsdifferentiation als Restschmelzenbildungen angesehen werden können, sprechen gewichtige Gründe dafür, daß der überwiegende Teil der Tiefengesteine auf andere Weise entstanden sein muß. Die Grundlage derartiger Überlegungen bildet das relative Mengenverhältnis basischer Gesteine in unserer sialischen Kruste zu den granitisch-quarzdioritischen Gesteinen, die zirka 95% der Gesamtmenge ausmachen. Wie sich dieses Mengenverhältnis unter Annahme einer Bildung durch Kristallisationsdifferentiation basaltischer (gabbroider) Stammschmelze gestaltet, kann man im bekanntesten und interessantesten Erstarrungsgesteinsgebiet der Alpen, dem von Predazzo-Monzoni im ehemaligen Südosttirol, feststellen. Dort, wo heute die Berge der südlichen Marmolatagruppe, der Latemar, Seisseralpe und Rosengarten aufragen, drangen in der Wengener Zeit der unteren Trias Porphyrite, die in der Zusammensetzung Basalten (Melaphyren) nahestehen, als submarine Ergüsse empor. Ihre Reste sind dort heute noch sehr verbreitet, sie lassen z. B. am Monte Mulatto bei Predazzo einen ehemaligen Vulkan feststellen. Sie sind mild alkalisch und können als Ausflüsse des Urmagmas angesehen werden. Über dieser vulkanischen Fazies (Ausbildungsart) der Wengener Zeit der ladinischen Stufe wurde dann die gesamte Masse des jüngeren Mesozoikums der Dolomiten abgelagert. Erst im Tertiär kam es wieder zur Bildung von Erstarrungsgesteinen, sei es wiederum durch Aufdringen von Magma längs eingesunkener Schollenblöcke bei der alpidischen Orogenese, deren Wirkung sich in den Südalpen weniger in horizontalen Deckenbewegungen äußerte, oder dadurch, daß eingesunkene untere Teile der Porphyrite wieder aufgeschmolzen wurden, was zu Schmelzen von gleicher Zusammensetzung führen muß. Diese Schmelzen fanden nicht mehr den Weg an die Oberfläche, sie blieben in den Porphyriten und in den diese überlagernden mächtigen Sedimentgesteinsmassen stecken, sie erstarrten als Tiefengesteine und bildeten den tertiären Pluton von Predazzo-Monzoni. Das Hauptgestein sind verschiedentlich differenzierte Monzonite, im Monzonistock im Durchschnitt etwas saurer, in Predazzo basischer. Im Monzoni wechseln Monzonit mit basischen Gabbrogesteinen ab. Weit geringer sind die Mengen des in der Differentiationsreihe folgenden Syenites, der Nephelingesteine und des Granites, der vielleicht gar nicht zur Differentiationsreihe gehört, sondern ein wieder aufgeschmolzener permischer Quarzporphyr des Gebietes von Predazzo ist. Der Durchschnitt all dieser Tiefengesteine und ihres Ganggefolges entspricht der Zusammensetzung der triadischen basaltisch-porphyritischen Ergußgesteine. Die Mengenverhältnisse dieser Alkaligesteinsmischprovinz (mediterran im Sinne Nigglis) geben ein anschauliches Bild einer vollständigen Kristallisationsdifferentiationsreihe bis zum letzten Glied, den Pegmatiten, kontaktund pneumatolytischen Bildungen mit ihrer berühmten Mineralführung; es zeigt das absolute Überwiegen basischerer Gesteine, wie es dem Ausgangsmagma entspricht, wie es auch die Laboratoriumsversuche an Silikatschmelzen zeigen. In den sialischen Gesteinen der Erdkruste ist aber gerade das Gegenteil der Fall, basische Gesteine und deren mit Sicherheit auf Tiefengesteine zurückzuführende Metamorphite bilden hier nur einen sehr kleinen Teil. Der größte Teil sialischer granitischer Gesteine muß daher auf andere Weise entstanden sein. Eine wichtige Frage ist die der *Platznahme,* das *Raumproblem.* Auch wenn man von der Tatsache ausgeht, daß die Bildung solcher Gesteine besonders an Orogenperioden gebunden ist (synorogene Bildung), müssen doch die neugebildeten granitischen und quarzdioritischen Gesteine dort, wo sie in großen Massen auftreten, an die Stelle von etwas anderem getreten sein, denn bei der Orogenese kann es nicht so viel leere Räume ganz großen Umfanges geben, und auch die Möglichkeit des Eindringens in andere Gesteinsmassen, die Intrusion, ist irgendwie begrenzt. Man hat sich in der Zeit der klassischen Gesteinslehre allzuwenig die Frage vorgelegt, wo das, was früher da war, hingekommen ist. In den gleichen Fehler verfallen heute die Anhänger der Verallgemeinerung der Gesteinsbildung durch Differentiation.

Drei andere Annahmen werden den beobachteten Tatsachen eher gerecht. Die eine geht dahin, daß granitisch-quarzdioritische Gesteine, die man als

Granitodioritreihe zu einer genetischen Einheit zusammenschließen kann, aus simatischen Schmelzen entstanden sein können, die größere oder kleinere Mengen festen Sials oder tiefverlagerter Geosynklinalsedimente aufgenommen haben, also Gesteine sind, die im Gegensatz zur unveränderten urbasaltischen Schmelze, dem Magma, aus gewissermaßen „entarteten" Schmelzen (hybrides Magma) gebildet sein können. Dabei wird entweder diese simatische Schmelze emporgedrungen sein; oder aber Teile des unter der Last des angehäuften Sedimentmateriales synklinal in größere Tiefen abgesunkenen Sials (also von Geosynklinalsedimentmaterial) wurden von flüssigem Sima der Tiefe aufgeschmolzen. Eine andere Annahme besagt, daß vorgebildete Massen des Sials in größere Tiefe geraten, dort ohne Mitwirkung von flüssigem Sima, nur durch die dort herrschende Temperatur schmelzflüssig („mobilisiert") wurden, um dann wieder bei allmählicher Erkaltung zu Gesteinen auszukristallisieren. Nach der dritten Annahme können aufsteigende alkalireiche, saure Tiefenlösungen, zum Teil auch granitischer Zusammensetzung, also etwa *Eskolas* Porenlösung (vgl. S. 23), oder solche ähnlicher Zusammensetzung und anderen Ursprungs, diese Sialmassen und Geosynklinalsedimente der verschiedensten Zusammensetzung durchtränkt und allmählich, wahrscheinlich in mehreren, auch zeitfernen Einwirkungsperioden metasomatisch[1] in granitische Gesteine umgewandelt, granitisiert haben. Man bezeichnet die erste dieser Bildungsarten als *Assimilation*, die zweite als *Anatexis* bzw. *Palingenese*, die dritte als *Granitisation* i. e. S. (Transformismus, Ichorese).

Assimilation ist das Ergebnis der Fähigkeit einer Schmelzlösung, fremde Substanz aufzunehmen, sich mit ihr zu mischen, wobei Reaktionen der verschiedensten Art möglich sind. Ab und zu können sich in der Tiefe oder am Wege nach oben zwei verschiedene Schmelzen mischen, auch wenn sie schon mehr oder weniger im Zustande eines Kristallbreies waren. Auf diese Weise erklärt man z. B. Quarzbasalte (S. 60), die durch Kristallisationsdifferentiation aus dem Magma nicht erklärt werden können. Durch die Aufnahme fester Substanz wird je nach deren Zusammensetzung die Beschaffenheit des Magmas mehr oder weniger verändert. Auf diese Weise kann durch Sialaufnahme aufdringende basaltische Schmelze, also auch das Urmagma, saurer werden, eine intermediäre Zusammensetzung erhalten und durch Gesamterstarrung Quarzdiorite (z. B. Tonalite) liefern oder durch Kristallisationsdifferentiation Diorit und Granit. Durch die Einschmelzung erfolgt Temperaturerniedrigung, denn der Einschmelzungsprozeß ist endotherm, so daß eine Schmelze durch Assimilation zur Kristallisation gelangen kann. Wenn die aufsteigende oder in der Tiefe vorhandene Schmelze einem späteren oder gleichen Differentiationszustand angehört, wie das feste Gestein seinem Mineralbestande nach, dann kann keine Assimilation, wohl aber gleichfalls endotherme Reaktion mit dem Nachbargestein eintreten, und es können zum Wärmeausgleich Kristallisationen solcher Bestandteile erfolgen, mit denen die Schmelze im Gleichgewicht war. Auf diese Weise können aus basischen Plagioklasen saurere entstehen und zonare Kristallisation eintreten. Aber auch alle Arten von Sedimentgesteinen können assimiliert werden, die wie manche Tongesteine, Sandsteine, sedimentäre Schiefer (Paraschiefer) chemisch und mineralisch aus den gleichen Bestandteilen

---

[1] Metasomatose ist die allmähliche von Kristallbaustein zu Kristallbaustein fortschreitende Umwandlung eines Minerales durch die Einwirkung einer Lösung (vgl. S. 191).

wie Erstarrungsgesteine bestehen können. Durch Assimilation von kalkigen Sedimentgesteinen (Kalkstein und Dolomit) kann eine neuerliche Anreicherung der Schmelze an Ca und Mg eintreten. Größere Mengen diopsidischer Augite in manchen Graniten, die große Menge relativ basischer Plagioklase in größeren tertiären Tonalitplutonen der Alpen, könnte so erklärt werden. Die alpidische Geosynklinale des Thetismeeres dürfte kaum arm an Kalksedimentgesteinen gewesen sein, wie überhaupt der Einfluß von Kalksteinmengen in den Geosynklinalräumen junger Faltengebirge, an deren Bildung orogenetische Prozesse nach der Ablagerung und teilweisen Abtragung großer mesozoischer Kalkmassen beteiligt waren, auf syntektonisch gebildete Silikatgesteine zweifellos von Bedeutung war.

Auch für die Bildung vieler Alkaligesteine wird schon seit langem (Daly) Kalkassimilation angenommen. Schmelzen irgend welcher Art nahmen Ca- oder Mg-Karbonat auf, es bildeten sich in die Tiefe absinkende schwere Mg-Ca-Fe-Silikate, wodurch die Schmelze reich an Tonerde und Alkalien wurde. Aus ihr konnten nun je nach der Zusammensetzung basischere oder saurere Alkaligesteine, z. B. Nephelingesteine direkt oder durch weitere Kristallisationsdifferentiation auskristallieren. Diese Bildungsart ist experimentell überprüft (Niggli) und in der Natur einwandfrei festgestellt, z. B. am sogenannten Granitberg in der Lüderitzbucht, wo durch Dolomitaufnahme grobstruierter, pegmatitischer Nephelinsyenit und durch weitere Aufnahme von Quarzit Alkaligranit entstanden ist. Ähnlich auf der Insel Alnö im Norden von Stockholm oder am Pilandsberg in Transvaal oder im großartigen Fengebiet Telemarkens im südlichen Norwegen oder im Kleinen an den Canzoccoli bei Predazzo. Von den vielen Ansichten über die Bildung der Alkaligesteine in der Tiefenform ist diese Art immer noch die häufigste, die nachzuweisen ist. Allerdings ist in neuester Zeit überzeugend (Wegmann) dargetan worden, daß Alkaligesteine von Julianehaab auf Grönland durch Granitisation aus Sedimentgesteinen entstanden sind.

Anatexis-Palingenese. Granitische Schmelze vom gleichen Chemismus wie die im beschränkten Ausmaß durch Differentiation aus Schmelzen von simatischer Zusammensetzung gebildete oder die durch Sialassimilation entstandene, kann auch durch Wiederaufschmelzen von Gesteinen granitischer Zusammensetzung, also auch von Sedimentgesteinen, gleichgültig, wie, wo und wann diese gebildet worden waren, entstanden sein. Es kam dabei nicht immer zu völliger Aufschmelzung, sondern oft nur zu einer Ausschmelzung (selektive Refusion) leichter schmelzbarer Anteile (gänzliche oder teilweise Mobilisation). Bedingung ist, daß solche Gesteine in größere Tiefe gelangt sind oder daß die Tiefenverhältnisse, das heißt die der Tiefe entsprechenden Temperatur-Druck-Verhältnisse (T/P-Verhältnisse) emporgebracht worden sind. Ersteres geschieht durch Einsenkung jeglicher Art, längs tief herabreichender Bruchspalten oder synklinaler Einsenkung, letzteres durch emporsteigende, höher temperierte Schmelzen oder durch Wärmeausstrahlung anderer Art, wie man sie bei den radioaktiven Zerfallsprozessen annimmt. Je nach der Zusammensetzung solcher Gesteine entstanden Schmelzen verschiedener Art; entsprechend ihrer Menge im Sial herrschen granitodioritische Gesteine vor. Eine solche Schmelze wird zum Unterschied von der nahe verwandten Assimilation, bei der eine vorgebildete flüssige Phase vorhanden gewesen sein muß, als *Anatexis*, der Vorgang der Gesteinsbildung aus solcher Schmelze als *Palingenese* bezeichnet. Diese Schmelze kann ebenso wie eine durch Assimilation entartete in *situ* oder in anderen Räumen, je nach ihrer Zusammensetzung zu granitischen bis dioritischen Gesteinen kristallisiert sein, sie kann aber auch, wenn sie durch größere Basizität dazu befähigt war, durch Kristallisationsdifferentiation vor granitischen Gesteinen auch basischere geliefert haben.

Die Granitisation. Durch Eindringen granitischer Schmelzlösungen und deren Restlösungen von der Zusammensetzung aplitischer (vgl. S. 36) Ganggesteine in andere Gesteine, besonders Schiefergesteine, entstehen *Durchäderungsgesteine* mannigfacher Art, die große Verbreitung haben, aber zumeist nur geringe Mächtigkeit besitzen. Adergneise, Mischgneise, deren Entstehung man öfters verfolgen kann. Die Durchdringung kann so innig sein (Blatt für Blatt), daß sie einer völligen Auflösung gleichkommt und solche „Mischgesteine" homogen erscheinen können. War das

Abb. 16. Granitisierung von Grünschiefer. Hamnholmen bei Portö im Kirchspiel Borgå östlich von Helsinki. Durch Bewegung während des Einbaues der Feldspäte entstand die Augenform der Feldspäte. (Der Bleistift gibt die Größenverhältnisse an.) (Nach W e g m a n n.)

Ausgangsgestein nicht zu basisch, z. B. Gneis, Glimmerschiefer, Phyllit, Quarzit, so kann ein Gestein entstehen, das einem Granit oder Granitgneis völlig gleicht. Aber auch Tiefenlösungen, deren Zusammensetzung nur angenommen, aber niemals einwandfrei feststellbar sein kann, wie etwa *Eskolas* Porenlösung, werden in größerer Tiefe eine derartige Granitisation auch in sehr bedeutendem Ausmaße vorgenommen haben können, eine Reaktion, die in den Bereich der Metasomatose gehört. Eine solche Lösung muß Bestandteile enthalten haben, die das betreffende Gestein zum Granit (Gneis) ergänzen konnten. So ist z. B. in den Grünschiefern von Hamnholmen bei Portö in Finnland (Kirchspiel Borgå) Kalifeldspatisierung eingetreten; die gerundeten Kalifeldspäte (vgl. Abb. 16) entstanden dadurch, daß das Gestein während des Einbaues von Feldspat bewegt worden ist. Man nimmt heute, von den Untersuchungen S e d e r h o l m s und in neuester Zeit besonders von B a c k l u n d und beider Schüler ausgehend, an, daß sehr große Granit- und Gneisgebiete des Präkambriums, aber auch solche des Varistikums und der O- und der W-Alpen auf diese Weise entstanden sind. Lange schon hat man den Übergang von alten Sedimentgesteinen, vornehmlich metamorpher Umprägung, in granitische Gesteine festgestellt. F. Z i r k e l hat

1866 erklärt, daß sich gegen die Möglichkeit der Umkristallisierung von Tonen über Glimmerschiefer und Gneis zu Granit nichts einwenden läßt. Diese Kenntnis ist aber anscheinend später in Vergessenheit geraten. Durch Orogenese wurde eine derartige Porenlösung, Tiefenlösung, auch *Ichor* („Götterblut") genannt, nach oben gepreßt, verstärkte aus überlagernden Schichten des Sials ihren Gehalt an fluiden Substanzen, die als Mineralisatoren (Mineralbildner) wirken können, nahm immer mehr Fremdsubstanzen auf und verwandelte die Gesteine zu Mischgesteinen — *Migmatiten* — und ist so zu einer Art „Migmatitfront" geworden. Relikte lassen manchmal noch die ursprüngliche Natur des Gesteines erkennen.

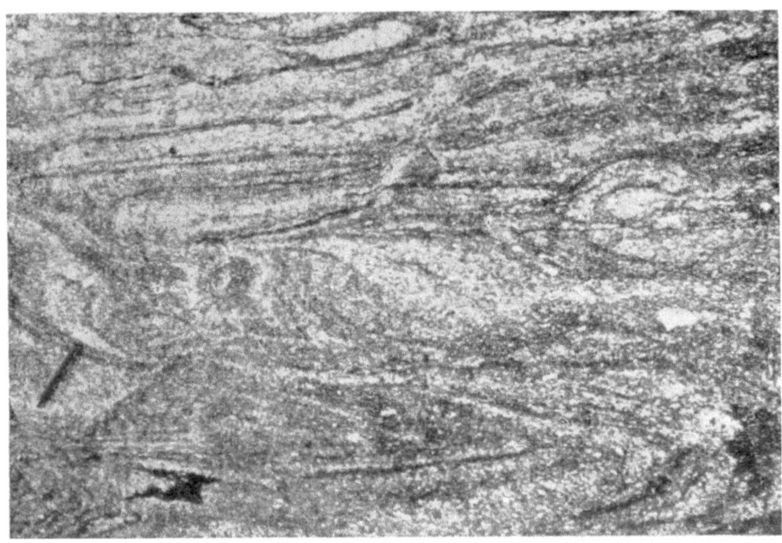

Abb. 17. Granitgestein durch Granitisierung gefalteter Schiefer entstanden, die Feldspäte sind mehr oder weniger idiomorph. Nebelhaftes (nebulitisches) Reliktgefüge des Sedimentgesteines durch photographische Verstärkung deutlicher hervorgehoben. Bodö bei Portö. (Nach Wegmann.)

Die Lehre von der Granitisation im engeren Sinne, auch *Transformismus* (Transfer) genannt, also der Prozeß, durch den bereits vorhandene Gesteine verschiedenster Art zu granitischen Gesteinen wurden, ohne daß diese dabei vorher völlig verflüssigt, zu „granitischem Magma" geworden sind, hat sich aus Vorstellungen von Sederholm entwickelt, der aber immer noch „granitisches Magma" als primäre Quelle des Ichors annahm, obwohl er diesen Prozeß bereits als metasomatisch bezeichnet hat. Durch zahlreiche Forscher, Daly, Reinhard, Raguin, Kranck, Goodspeed, Read, Wegmann, Backlund, Holmes, Reynolds, Drescher seien genannt, ist die Loslösung vom „granitischen Magma" allmählich erfolgt, wenn auch über die Zusammensetzung der granitisierenden Lösungen kaum viel anderes gesagt werden kann, als daß sie mannigfaltiger Art gewesen sein müssen, und daß ihre Wirkung besonders von der Zusammensetzung der granitisierten Gesteine abhängt. Pelite (vgl. S. 144) brauchen zumeist nur wenig K_2O, Na_2O und SiO_2, Quarzite, Grünschiefer, Kalke brauchen weit mehr Stoffzufuhr, um Granite zu werden, wie Backlund dargelegt hat, für den alle Tiefengesteine, alle sogenannten Erstarrungsgesteine mit Ausnahme der Basalte und ihrer Differentiate, durch Granitisation, die auch Migmatisation und Anatexis umfaßt, entstanden sind. Sedimentgefüge und Faltungserscheinungen sind in finnischen Graniten als Relikte nachgewiesen. Die große Abwechslung (Heterogenität) vieler Granite und Gneise, ist die Folge heterogener Ausgangsgesteine. Diese Art der Granitbildung kennt kein Raumproblem. Durch die Granitisation, also im wesentlichen Zufuhr von K, Na, SiO_2 (Kalifeldspatisierung spielt ohne Zweifel eine wichtige Rolle), müssen stellenweise Mg, Fe, Ca, abwandern (Reynolds im Bereich des Newry Granodiorites in Irland) und können an anderen Stellen, z. B. in Randzonen, angereichert werden; der Granitisationsfront entspricht eine Mg-Fe-Front, die zur Biotisierung, wie wir sie u. a. im Bereich der Tauern-Zentralgranitgneise so häufig beobachten, führen kann. Auch die Granitisierung von zuerst zum Teil zu Hornfels gewordenen Sedimentgesteinen konnte beobachtet werden (Reynolds). Na-Ca-Front-Bildung zusammen mit der Mg-Fe-Front kann zur Bildung von Granodioritgesteinen, z. B. Tonaliten und Tonalitgneisen (Hohe Tauern als Beispiel) geführt haben. Aber auch noch basischere Gesteine, z. B. Gabbros und Amphibolite können in diesen basischen Fronten enthalten sein. Solche Gesteine werden neuerdings zum Unterschied von Migmatiten, ein Name, der sehr verschieden, aber meist doch nur für granitische Gesteine gebraucht wird, als *Diabrochite* bezeichnet.

Vergleich der Analysen in Granitisationsgebieten, in denen die Metamorphose von Phyllit über Chloritschiefer — Biotit-Muscovitschiefer (Glimmerschiefer) — Granitgneis bis zum Granit und Zweiglimmergranit verfolgbar ist, zeigte, daß Na ziemlich gleichmäßig von allen aufgenommen wird, die kleinen Fe- und Mg-Ionen spielen in den niederen Metamorphiten eine größere Einwandererrolle als in den granitnahen. Das große K tritt erst spät in den Granitisationsverband zur Kalifeldspatisation des Granites, nimmt aber doch auch bei der Biotitisierung mit dem kleinen Mg teil, auch das Al verhält sich ähnlich; das große Ca tritt im Gegensatz zum kleinen Mg erst bei der Granitbildung selbst in Erscheinung. Es besteht also eine nachgewiesene Abhängigkeit vom Ionenradius vom kleinen Mg bis zum großen K und Ca (Lapadu-Hargues).

Nicht nur granitodioritische Gesteine, sondern auch basischere Tiefengesteine der Alkalikalk- und der Alkalireihe können auf diese Weise aus Sedimentgesteinen durch die Aufnahme von SiO_2, Alkalien und Erdalkalien gebildet sein, da diese Sedimentgesteine auch Karbonatgesteine, Kalksteine und Dolomite enthalten haben werden. Hiebei wirkte die SiO_2 als die stärkere Säure, und Gabbro-Diorit-Gesteine können ebenso wie Amphibolite durch Überwältigung solcher Karbonatgesteine gebildet worden sein. Kleine Kalkeinlagerungen in Sedimentgesteinsreihen silikatisch-kieseliger Natur ergeben dabei wohl basischere Partien im Granitisationsgestein. Nicht überwältigte, marmorisierte Reste dieser Karbonatgesteine findet man z. B. als Relikte an manchen Stellen in Granitisationsgesteinen der Hohen Tauern.

Demgegenüber halten auch heute noch große Forscher, wie Bowen, Niggli, Grout u. a. daran fest, daß die Mehrzahl aller granitischen Gesteine (Gneise) aus einer granitischen Schmelze („granitischem Magma"), einer Restschmelze von der gravitativen komplexen Kristallisationsdifferentiation simatischer Schmelzen entstanden sei, und daß nur in der Nähe dieser granitischen Schmelze und von ihr ausgehend Granitisation, also in durchaus beschränktem Ausmaße möglich sei. Fehlende Stützung durch Ergebnisse aus Laboratoriumsversuchen werden prinzipiell höher gewertet als das ungelöste Raumproblem im ganzen Sial und bei der Platznahme jedes einzelnen Granitodiorit-Gesteines.

Diesen Forschern scheint offensichtlich die Tatsache bedenklich, daß man niemals imstande sein wird, die Zusammensetzung der Tiefenlösungen einwandfrei festzustellen, während den anderen Forschern (den „Transformisten“) das Raumproblem wichtiger erscheint, und sie für die Bildung der Gesteine der Granitodioritreihe die allgemeine und unbedingte Gültigkeit von Gesetzmäßigkeiten, aus Laboratoriumsversuchen gewonnen, ablehnen, da diesen die großen Bildungszeiten und -räume sowie die Anwesenheit größerer Mengen von fluiden Substanzen fehlen, deren Mengen man keineswegs kennt. Die (von Goranson) im Laboratorium in eine granitische Schmelze eingebauten $10^0/_0$ H_2O lassen keinen Schluß auf die tatsächlichen Mengen fluider Substanzen in sauren und basischen Schmelzen tieferer Räume des Sials zu. Zur Annäherung beider Standpunkte könnte man annehmen, daß auch im Liegenden von Granitisationsgebieten großen Stiles in größerer Tiefe, größere Mengen durch Anatexis oder Assimilation und nachfolgender Differentiation entstandener Gesteine vorhanden wären, eine Vorstellung, für die z. B. Beobachtungen in tiefsten Partien des Venediger Tonalitgneises sprechen könnten, der von ziemlicher Einförmigkeit ist.

Granitisation und Assimilation sind verwandte Prozesse, die man zusammengenommen auch als Migmatisation bezeichnen kann. Die Erkenntnis der großen Verbreitung der Granitisation ist vom Studium der Adergesteine ausgegangen, die man genetisch in die *Arterite*, entstanden durch Einpressung des Ichor oder granitischer Schmelze zwischen die feinen und feinsten Gesteinsschichtungen und Sprünge einteilt, und in die *Venite*, die dadurch entstanden sind, daß aus vorgebildeten Silikatgesteinen bei der Anatexis zuerst die verhältnismäßig leicht löslichen Bestandteile in Schmelzlösung gehen, eine Art Ausschwitzung, die dann das ganze Gestein durchdringt und durch Auspressung, besonders in tieferen Teilen von Orogenen auch ins Nebengestein gelangen, oder mehr oder weniger weit fortgeführt werden kann. Als weiterer Schritt der Granitisation erfolgt dann die völlige Durchtränkung und metasomatische Umwandlung des ganzen Gesteines in einen Granit oder Gneis oder Quarzdiorit usw. Diese Metasomatose geht von den Trennungsstellen der einzelnen, das Gestein zusammensetzenden Mineralkörner und von den Rissen aller Art aus, die in ihrer Gesamtheit die *Intergranulare* bilden (Wegmann). In diesen Intergranularräumen liegen an der Oberfläche der Kristallkörner diejenigen Kristallbausteine im Feingefüge der Mineralien, die nicht mehr allseitig durch den Gitterbau mit den Nachbarteilchen ein gemeinsames Wirkungsfeld bilden können, die sich daher nach außen hin gewissermaßen ungesättigt und reaktionsfähig verhalten, was besonders von den Mineralien mit Gerüstgittern gilt, aber auch bei den festeren Bauarten in Erscheinung treten muß. Die Weiterentwicklung gegen das Innere der Kristalle kann dann durch die Lockerstellen im Kristallbau erfolgen, veranlaßt durch die Fehlordnungen, Baufehler im Gitter, die nach neueren Untersuchungen recht verbreitet sind (vgl. S. 181).

Die Bildung der Pegmatite. Die Bildungsmöglichkeiten dieser Ganggesteine gehen ebenso wie die der bisher besprochenen Gesteine aus dem Diagramm S. 40 hervor. Sie gelten im wesentlichen als Bildungen aus granitischen Restlösungen jeglicher Art. Sie können als Differentiationsprodukte des entarteten (hybriden) Magmas nur dann entstehen, wenn nach Erstarrung des Granitanteiles noch Bestandteile übrigbleiben, die Kalifeldspat und Quarz oder Plagioklas und Quarz bilden können, oder wenn nach erfolgter Granitbildung durch magmatische (simatische) oder palingen-migmatische Porenlösung diese Möglichkeit noch gegeben ist. Ein großer Teil der Pegmatitgesteine ist durch Anatexis palingen entstanden, besonders durch die selektive Refusion (Ausschmelzung). In pegmatitischen Restlösungen sind die fluiden Bestandteile besonders angereichert. Diese Lösungen werden je nach der Kristallisationsentwicklung und der vorangegangenen Gesteinsbildung, also nach der fraktionierten Kristallisation, verschiedene Endzusammensetzungen haben können. Sie werden aber auch an Stoffen angereichert sein, die nach der Abwicklung des Kristallisationsprozesses, der Bildung verschiedener Kristallisationsdifferentiate, aus chemisch-physikalischen Gründen, aus mangelnder Übereinstimmung der Ionenradien keine Aufnahme in die stabil gewordenen Kristallgitter gefunden haben, also Elemente, wie: B, Be, Li, Nb, Sn, Ta, Ti, U, W, Zr, aber auch Cs, Sr und Ba. Diese Elemente sind in der Mineralbildung mancher Pegmatitgänge granitischer Natur angereichert und bilden sonst seltenere Mineralien. Daher sind Pegmatite das Muttergestein reicher Mineralfundstätten mit Beryll, Spodumen[1], Titanit, Turmalin, Scheelit, Fluorit, und Mineralien der seltenen Erden. Auch hydrierte, OH-reiche Mineralien bildeten sich in den Pegmatiten in besonders großen Kristallen, wie Glimmer, besonders Muscovit. Aber nicht alle derartigen Bestandteile fanden ihren endgültigen Platz in Pegmatiten, sie blieben vielfach in der nachfolgenden hydrothermal-pneumatolytischen Phase erhalten, zu der eine große Anzahl von Erzlagerstätten gehört. Die Restschmelzlösung der Pegmatite stand durch ihren Reichtum an fluiden Substanzen, unter denen H_2O vorwaltet, wohl wässerigen Lösungen recht nahe. Die Temperatur bei der Pegmatitbildung wird 300° kaum wesentlich überschritten haben.

Nur ein Teil der Pegmatitgänge ist verhältnismäßig so reich an derartigen Mineralbildungen; die pegmatitischen und mit ihnen die aplitischen Gesteine mancher Faltengebirge sind so arm an ihnen, daß man sie kaum für Differentiationsprodukte, sondern wohl eher für Granitisierungsreste und Produkte aus palingenen Schmelzlösungen halten wird. Bedeutsam ist die Armut vieler größerer Granit- und Orthogneismassive an pegmatitischen Gesteinen. Als Beispiele seien die Zentralgranitgneise der Hohen Tauern, in deren Gefolge wir nur reichlich Aplitadern, arm an Kalifeldspat, reich an saurem, dem Albit nahestehendem Plagioklas (Plagioklasite) kennen und die drei moldanubischen Granitarten in Nieder- und Oberösterreich Eisgarner, Weinsberger und Mauthausener Granit genannt. Diese Tatsache kann wohl als Beweis dafür gelten, daß diese Gesteine nicht aus Restlösungen magmatischer Gesteine entstanden sind, sondern Bildungen von Migmatitfronten verschiedener Art sind.

Viele Forscher sind der Ansicht, daß die überwiegende Zahl aller Granit-Orthogneisgesteine und die meisten Quarzdiorite und ihnen zugeordneten Metamorphite durch Granitisation ihre heutige Erscheinungsform erhalten haben, daß sie aber diese Gestaltung nicht in *einer* Bildungsperiode, sondern in mehreren, in orogenetisch dislozierten Gebieten auch nicht immer an der gleichen Stelle erfolgten Einwirkungen von Migmatitfronten erlangt haben, daß sie oft erst im Gefolge wiederholter, nicht immer zeitnaher orogenetischer Vorgänge zu dem geworden sind, was sie heute darstellen.

Alle drei Bildungsarten, Assimilation, Palingenese und Granitisation (Transformisus) in ihren verschiedenen Abarten setzen aber das Vorhandensein von festem Sial, dem Ursial, voraus, das in den ersten Perioden der Bil-

---

[1] Z. B. Spodumenpegmatit bei Spittal in Kärnten mit bedeutenden Mengen großer Spodumenkristalle.

dung unserer Erdkruste, als festgewordene oberste Krustenbildung irgendwie entstanden sein muß. Zum ersten Assimilationsakt, zur ersten Wiederaufschmelzung, zur ersten Granitisation muß etwas dem Sial zumindest Ähnliches dagewesen sein. Man kann die Bildung dieses „Ursials" als Differentiationsprodukt bei der Erstarrung der ersten flüssigen, simatischen Hülle unserer Erde um das gasförmige Innere annehmen. Bei dieser gravitativen Kristallisationsdifferentiation sanken die zuerst ausgebildeten Kristalle ultrabasischer Mineralien, Olivin, Augit, Hornblende, etwas basischer Plagioklas, vielleicht auch Granat, in die Tiefe, wo sie zuerst, immer wieder resorbiert, eine allmählich zusammenhängende, feste, ultrabasische, gabbroide Masse bildeten. Dabei mußte die flüssig gebliebene Schmelze allmählich saurer und reicher an fluiden Bestandteilen werden. Es begann endlich bei langsam fortschreitender Abkühlung unmittelbar an der Oberfläche, wo die fluiden Bestandteile angereichert waren, die Bildung niedriger schmelzender Mineralien, die, zuerst von der Tiefe aus immer wieder aufgelöst, doch allmählich eine oberste Schicht von granitisch-quarzdioritischer Zusammensetzung, an der Erdoberfläche als Liparite, weiter gegen das Innere zu als Granite bilden konnten, während die Hauptmasse der ursprünglichen simatischen Schmelze als gabbroid-gabbrodioritisches Tiefengestein, dort wo die Schmelze das Ursial durchbrechen konnte, als Oberflächenbasalt erstarrte. Es lag also zuoberst das granitische Ursial, stellenweise mit Plateaubasaltauflagerung, darunter und stellenweise mit dem Ursial im gleichen Niveau, eine gabbroid-gabbrodioritische Schicht größeren Ausmaßes, darunter Ultrabasite, darunter dann das Urmagma simatischer Zusammensetzung. Die Oberflächenbasalte und Liparite sind dann später wohl zum großen Teil erodiert worden, können aber in den Tiefen der Meeresböden noch erhalten geblieben sein, obwohl es viel wahrscheinlicher ist, daß diese Basalte, die zum Teil den Untergrund der Tiefseetone und des Globigerinenschlammes der heutigen Meere bilden, jüngere Basaltergüsse, Tiefenkratogene im Sinne Stilles (vgl. S. 43) sind.

Gegen diese Auffassung der Bildung des Ursials spricht vor allem das Fehlen auch nur einigermaßen in Betracht kommender Mengen gabbroider Gesteine in den oberen und unteren Teilen des bis zirka 15 km Tiefe beobachtbaren Sials. Es wird kaum angenommen werden können, daß *alle* basischen Gesteine in die Tiefe gelangt seien und nur die geringen Mengen granitischer Gesteine, die sich bei der Differentiation olivinbasaltischer Schmelze bilden können, die Oberschichte bilden. Eine Mächtigkeit von 20 km granodioritischen Sials, durch gravitative Kristallisationsdifferentiation aus simatisch-basaltischer Schmelze entstanden, würde zumindest 80 km mächtige Massen basischerer Tiefengesteine voraussetzen.

Rittmann hat in neuester Zeit die Möglichkeit einer nicht magmatischen Entstehung des Sials aus den Vorstellungen der Erdbildung aus Solarmaterie erwogen (vgl. S. 22). Durch Differentiation wurden sofort nach der Abtrennung der Erde von der Sonne enorme Mengen von H, Alkalien und Mg abgegeben. Bei weiterer Abkühlung vereinigten sich, durch Konvektionsströmungen und Gasabgabe aus der Tiefe am Versinken verhindert, Tropfen von olivinbasaltischer Schmelze zu einer flüssigen Magmaschale von der Zusammensetzung des urbasaltischen Simas um die an leichten Elementen verarmte Solarmaterie. Unter dieser Schale lag eine Masse hochkomprimierter Gase der gleichen Zusammensetzung wie die flüssige Schale, Gase, die der Tiefe zu allmählich in entgaste Solarmaterie des Kernes übergingen. Über der Schale lag eine gewaltige Gashülle, die Pneumatosphäre,

vornehmlich aus H_2O in überkritischem Zustand, und N, H, CO_2, HCl usw.
bestehend, die gleich einer pneumatolytischen Lösung imstande war, auch
Elemente, wie Si, Al, Fe, aufzunehmen. Bei der weiteren Abkühlung begann
die Erstarrung der Magmaschale zu schwimmendem Kristallbrei, der allmählich aus sich immer wieder zerteilenden Schollen endlich eine einheitliche simatische Kruste bildete. Bei weiterer Abkühlung der Pneumatosphäre gegen 800° nahm das Lösungsvermögen der Gase für SiO_2 und
Alumosilikate ab und diese bildeten sich allmählich als erdumspannende,
durchaus uneinheitliche, vielleicht granitaplitische Oberkruste, die von
Gängen simatischer Olivinbasaltmassen durchzogen und von Strömen der
gleichen Zusammensetzung überlagert waren. Bei weiterer Abkühlung wurde
diese Oberkruste durch kondensiertes heißes Wasser aus der Pneumatosphäre durchgelaugt, Quarz und tonige Substanz wurde als unlöslicher Rest
in die Senken dieser ersten Erdoberfläche sedimentiert und es bildete sich
so eine Art Protosial — vielleicht von gabbrodioritischem Chemismus. Bei
Temperaturen unter 100° ist fast die ganze Pneumatosphäre zum Teil in die
flüssige Hydrosphäre und zum kleineren Teil in die feste Lithosphäre auf-
geteilt, während der gasförmige Rest die Atmosphäre bildete, die durch
passive Anreicherung an O und durch H-Verlust in den Weltenraum zur Luft
unserer Erdoberfläche geworden ist. Durch starke Wärmeerzeugung infolge
der in der Kruste enthaltenen radioaktiven Elemente entstand im Protosial
Einschmelzung unter Durchgasung, und durch Ausschmelzung der leichter
schmelzbaren Anteile entstand die erste granitische Schmelze, die in die
oberen Teile des Protosials eindrang und granitische Plutone bildete. Dadurch gelangten die leichtschmelzenden Mischungen nach oben, wo sie mit
den metamorphosierten Sedimenten das erste Sial bildeten.

Dieses Gedankenbild, unter Zugrundelegung physikalisch-chemischer und
petrogenetisch-geologischer Vorstellungen geschaffen, in das auch die Bildung der Erze miteingeschlossen ist, kann die Grundlage weiterer Forschung bilden, es ist geeignet, die Vorstellungen von der Bildung der granitisch-dioritischen Gesteine, des überwiegenden Hauptanteiles der festen
Erdkruste, abzurunden.

Alle Prozesse der Gesteinswerdung gibt das durchaus schematische Diagramm Abb. 18 nebeneinander wieder, ohne daß dabei die mengenmäßige
Bedeutung der aufgenommenen Vorgänge berücksichtigt ist. Die Striche
sind die Bewegungsbahnen der Schmelzen. Auf der rechten Seite sind die
Gesteinsbildungen aus dem schwach alkalibasaltischen Urmagma skizziert.
Für Urmagma, das Sial assimiliert hat, wird der Ausdruck Syntekt gebraucht, für Wiederaufschmelzungsprodukte die Bezeichnung Migma und
die aus ihm gebildeten Gesteine die Migmatite. Epigesteine, Mesogesteine,
Katagesteine (vgl. S. 188) sind die in verschiedenen Tiefen metamorphosierten Sedimentgesteine. Der Ausdruck Destillat aus dem Magma deckt sich
im wesentlichen mit dem Begriff des Ichors, *Eskolas* Porenlösung.

Die Ergußgesteine sind in dem Schema den ihnen chemisch und petrographisch nahestehenden Tiefengesteinen zugeordnet; in der Natur bilden
sich die ersteren meist selbständig aus den entsprechenden Schmelzen und
nicht als Tiefengesteinsreste. Fast niemals wird man in der Tiefe unter einem
sauren oder intermediären Ergußgestein das ihm auch im Differentiationszustand entsprechende altersgleiche oder altersnahe Tiefengestein finden.
Wo Tiefen- und Ergußgesteine nebeneinander vorkommen, liegt selten zeitgleiche Bildung vor, der Übergang von Ergußgestein in Tiefengestein ist
nirgends in einem geologischen Horizont als Ganzes beobachtet worden.

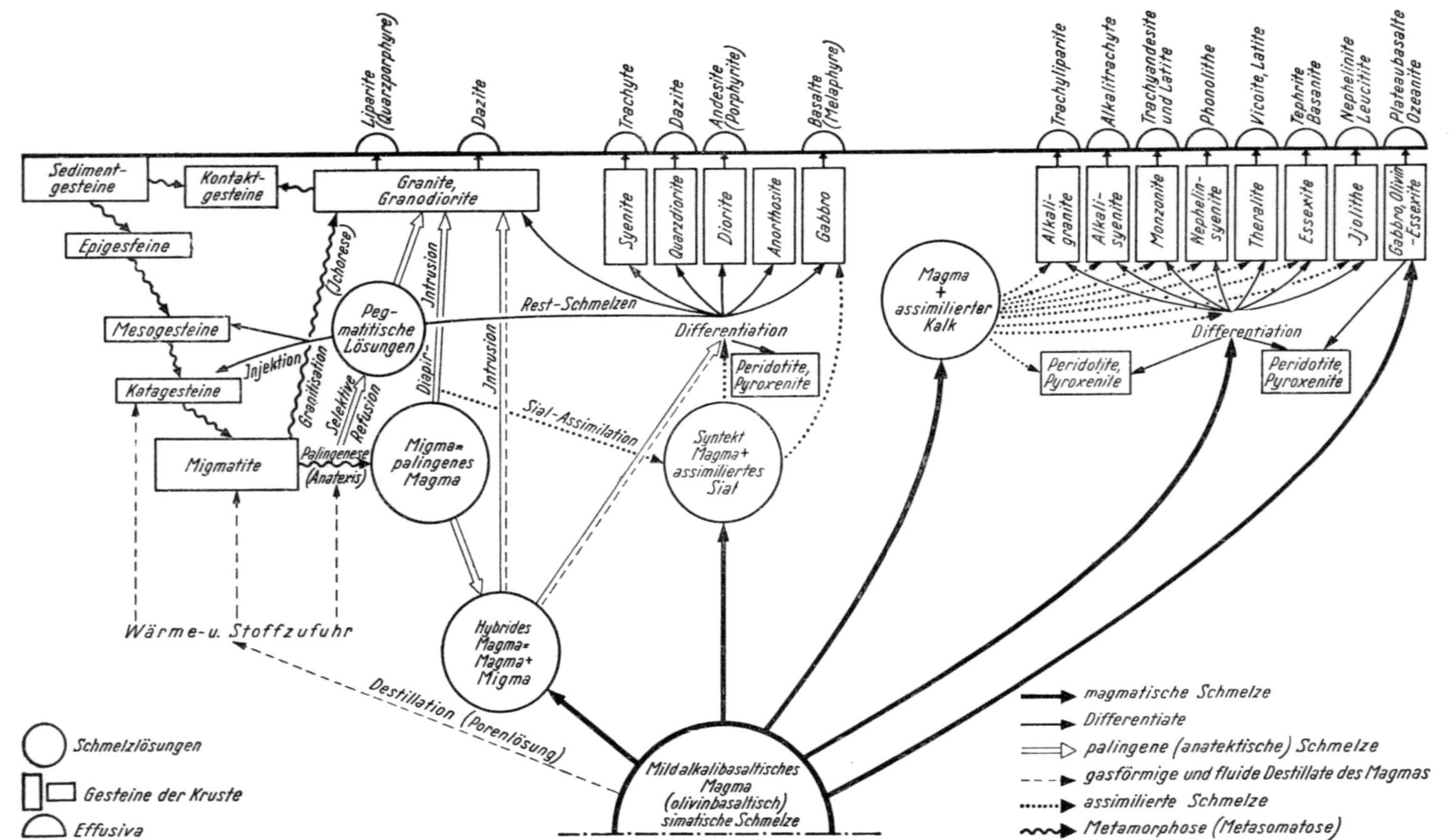

Abb. 18. Schematisches Diagramm der Gesteinsbildung. Unter Benützung eines Vorbildes von Cloos und Rittmann. Das ganze Diagramm erscheint in der Vertikalen stark zusammengeschoben. Die Entfernungen der Kreise vom untersten Halbkreis sind in der Darstellung wesentlich verkürzt.

Die Tiefengesteine (Plutonite) gehören der orogenetischen antiklinalen Phase, die Ergußgesteine (Vulkanite) der synklinalen Geosynklinalphase oder dem postorogenen Zustand an.

Es kann aber kein Zweifel darüber bestehen, daß auch Quarzporphyre und Liparite an die Oberfläche gelangte Aufschmelzungen sein können. Besonders dann wird man diese Art der Entstehung annehmen können, wenn diese sauren Effusiva für sich allein auftreten und basische Effusiva fehlen, deren Differentiate jene sein könnten (Bozener Quarzporphyre und die der Bergstraße nördlich von Heidelberg als Beispiele).

Von diesem genetischen Unterschied von Erguß- und Tiefengesteinen geht auch eine jüngst vorgeschlagene neue Dreiteilung der Gesteine in 1. neptunische, also Sedimentgesteine, die vorwiegend marin sind, 2. vulkanische, die vorwiegend effusiven und basischen dem Magma entstammenden Gesteine, und 3. plutonische, die metamorphen, migmatischen und granitischen Gesteine, aus, eine Einteilung, die aber heute noch kaum durchführbar ist, da 2 gegen 3 nicht immer abzutrennen ist, 3 zu verschiedenartige Bildungen umfaßt, noch verschiedenartigere als unsere Gruppe 1 (Read).

Erstarrungsgesteine und Orogenese. Die Hauptmasse des beobachtbaren Teiles unserer Erdkruste sind heute nicht mehr faltbare, völlig unplastisch gewordene Massen, Kratogene (oder Kratone) genannt, in denen nur mehr eine allerdings tief herabreichende Bruchtektonik, aber keine Bildung größerer Faltenmassen, oder gar eine Deckenbildung möglich ist. Längs dieser Brüche können simatische Schmelzen, oft in sehr großen Massen, an die Oberfläche gelangen. Zwischen diesen Kratonen liegen die faltbaren Teile, die in den ältesten geologischen Perioden wohl weit häufiger waren, in denen sich die Sedimentmassen erodierter älterer Gebirge ansammeln konnten. Durch langsames synklinales Einsinken in größere Tiefe durch den Druck der lastenden Massen wurden diese Räume zu Geosynklinalen, die in gewissen Zeiten der Erdgeschichte, dynamisch mobilisiert zu antiklinalen Orogenen wurden. Durch diesen Prozeß, oder erst durch Wiederholung derartigen Geschehens, können die aufgefalteten Massen „konsolidiert", unplastisch, zu Kratonen werden, so daß die faltbare Masse unserer Erde immer geringer geworden ist, und wohl noch geringer werden wird („Kältetod" der Erde). In Europa kennen wir drei Faltungsperioden, die kaledonische im Silur, die varistische im späteren Paläozoikum (wahrscheinlich Oberkarbon) und die alpidische hauptsächlich im Tertiär, die schon am Ende der Kreidezeit begonnen hat. Im varistischen Gebirge der Böhmischen Masse und Mitteldeutschlands ist keine weitere Orogenese gefolgt, in den Alpen sind die Wirkungen der varistischen neben der alpidischen Orogenese nachweisbar, aber nicht immer mehr mit Sicherheit zu erkennen bzw. auseinanderzuhalten. Ähnlich liegen die Verhältnisse in den Nevadiden (Sierra Nevada) Nordamerikas und besonders in den Anden.

In den großen Falten- und Deckengebirgen können wir nach Stille eine zyklische Aufeinanderfolge von simatischem Vulkanismus und sialischem Plutonismus feststellen. Die tief eingefaltete Geosynklinale war für aufsteigende hochtemperierte simatische Schmelzmassen erreichbar und durchdringbar. In den ungefalteten, keinem Bewegungsdruck ausgesetzten Geosynklinalsedimenten konnte simatisches Magma an die Oberfläche gelangen, so daß sich neben basischen Intrusionen häufiger basische Ergußgesteinsmassen bilden konnten. Aus ihnen entstanden die später durch die Orogenese weitgehend metamorphosierten *Ophiolithe,* Stilles *initialer Vulkanismus.* In den Alpen und den Nevadiden begannen diese In- und Extrusionen schon in der Trias, erreichten ihren Höhepunkt aber erst im späteren Mesozoikum. Ein Teil der alpinen Serpentin-Ophiolithe gelten aber heute als paläozoisch, sie sind Ophiolithe vor der varistischen Orogenese. Zu den alpidischen Ophiolithen gehören auch zahlreiche Amphibolite, die aus basaltischen Diabasgesteinen entstanden sein dürften.

Bei der Orogenese erfolgte ein verhältnismäßig rascher Umschlag des simatischen Vulkanismus in *sialischen synorogenen Plutonismus*. Granitisch-dioritische Tiefengesteine und Orthogneise entstanden syntektonisch, in den ältesten Faltengebirgen zum Teil vielleicht auch durch Kristallisations-differentiation aus hybriden Tiefenschmelzen, in jüngeren wohl hauptsächlich durch anatektische Mobilisation des Sials und durch Granitisation und Bildung von Migmatitfronten[1]. Die Produkte dieses synorogenen Plutonismus konnten nicht mehr an die Oberfläche gelangen, die bereits gefalteten Massen waren dafür zu komprimiert und standen unter zu hohem, seitlichem tektonischen Druck. Die Wärmebeschaffung für die Anatexis könnte durch stellenweise noch tieferes Hinabreichen der nunmehr auf engerem Raum zusammengepreßten Massen der werdenden bzw. soeben gewordenen Antiklinale angenommen werden. Gerade in der Spätorogenzeit bildeten sich sialische Plutone, besonders am Rande der Gebirge (z. B. in den Alpen Adamello und Bachern). Enorme Massen granitisch-quarzdioritischer Gesteine sind auf diese Weise in den Räumen der Faltengebirge der Erde entstanden (Abb. 19).

		a Ausser-alpines Mittel-europa	*b* Alpen	*c* Neu-England	*d* Nevadiden Nord-Amerika	*e* Anden	*f* Antillen Mittel-Amerika
Alpididische Ära	Tertiär						
	Kreide						
	Jura						
	Trias						
Varisz. Ära	Perm						
	Karbon						
Kaledonische Ära	Devon						
	Silur						
	Kambrium						

Legende:

– – initialer simatischer Vulkanismus und Plutonismus
synorogener sialischer Plutonismus
+ + subsequenter sialischer Vulkanismus
· · · finaler simatischer Vulkanismus

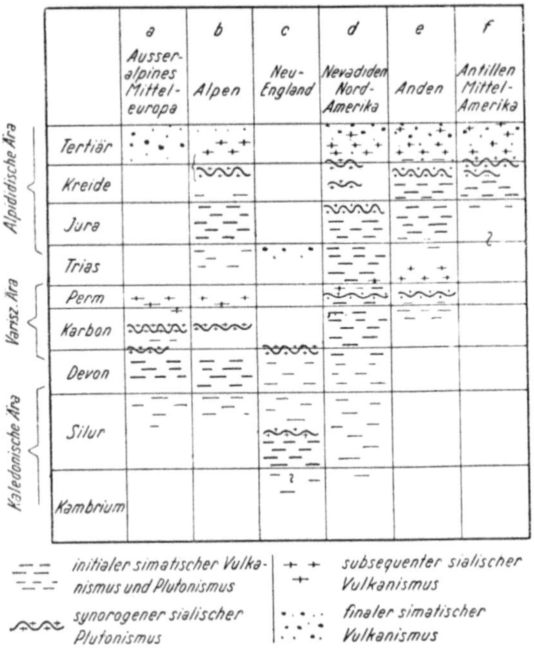

Abb. 19. S t i l l e s Orogen- und Magmenzyklen. (Nach S t i l l e.)

nitisch-quarzdioritischer Gesteine sind auf diese Weise in den Räumen der Faltengebirge der Erde entstanden (Abb. 19).

Auf den sialischen Plutonismus folgte nach S t i l l e bald oder nach längerer Pause eine weitere sialische, aber nun vulkanische Periode, der *subsequente Vulkanismus*. Nach granitischen, tonalitischen, dioritischen plutonischen Gesteinen bildeten sich nun rhyolithische, dazitische, auch andesitische Vulkanite. In den Antillen war die Pause kurz, in den Anden bedeutend größer, im Nevadagebiet erfolgte der langandauernde subsequente Vulkanismus erst im Tertiär, also zirka 50 Millionen Jahre nach dem jungjurassischen alpidischen synorogenen Plutonismus dieses Gebietes. Beiläufig ebenso lange ist das Intervall zwischen synorogenem varistischem sialischem Plutonismus, der im außeralpinen Mitteleuropa auf initiale

---

[1] In unseren Ostalpen entstand so z. B. während der verschiedenen Perioden der alpidischen Orogenese die letzte Formung der Zentralgranitgneise, zumeist unter vollständiger Neukristallisation, sei es durch Palingenese oder Granitisation (Transformismus).

Diabase jungsilurisch bis devonischen Alters gefolgt war, und dem z. B. in Sachsen, den Sudeten, im Harz in sehr geringem Umfang schon im Oberkarbon beginnendem, aber erst im Rotliegenden voll zur Entfaltung gekommenem sialischem postorogenem Vulkanismus, der Quarzporphyre gefördert hat. In den Alpen folgte dem varistischen sialischen Plutonismus, der sich in seiner Auswirkung kaum erfassen läßt (Cima d'Asta?), im Perm der Ausfluß der Quarzporphyre in den Südalpen, also schon an der äußeren Grenze des alpinen Orogens, als subsequenter Vulkanismus. Ein subsequenter postalpidischer, tertiärer sialischer Vulkanismus ist in den Alpen recht spärlich, man kann ihm höchstens den Bimsstein von Köfels, die Andesite Gleichenbergs und vielleicht die Dazite des Bachern zurechnen. Die Erklärung des subsequenten Vulkanismus könnte man darin finden, daß entweder in der Orogenzeit mobilisierte (wiederverflüssigte) Gesteinsmasse erhalten geblieben war und nach fortgeschrittener Abtragung den Weg nach außen gefunden hat oder daß weitere Einsenkung erfolgt sei, die zu abermaliger, aber nun recht geringfügiger Verflüssigung geführt hat.

Durch die Orogenese wird kratogener Zustand angestrebt und in früheren geologischen Perioden ist er auch oft erreicht worden. In diesen Gebieten herrscht dann abermals überwiegend simatischer Vulkanismus, den Stille als *finalen Vulkanismus* bezeichnete. Ihm gehören nicht nur die enormen Massen der in Kratonen ausgeflossenen jungen *Plateaubasalte,* auch *Flutbasalte* genannt, von großer flächenhafter Ausdehnung an, die riesigen präkambrischen, noch älteren Orogenen folgenden Melaphyrmassen der Keweenawformation am Oberen See, die triadische alte Masse Brasilia, die jurassische des Paranagebietes, der Sierren in der Vorkordillere Argentiniens, die Gangdiabase der Carooformation, die der Appalachen Nordamerikas und viele andere junge große Basaltmassen, die enormen Massen der Tiefenkratone am Grund der Weltmeere, wo nur dieser finale Vulkanismus herrscht, die ganz jungen vulkanischen Bildungen der nordamerikanischen Kordilleren, die ins Quartär reichen, sondern auch die vielschlotigen Basalte von weit geringerer Ausdehnung, wie die Auvergne, Westerwald, Böhmisches Mittelgebirge, Odenwald, kleine Ungarische Tiefebene, Burgenland-Oststeiermark als Beispiele, dann auch die kleinen Riesvulkane Deutschlands an. Keinesfalls aber kann man im spärlichen finalen Vulkanismus der Alpen Anzeichen beginnender Kratonisierung sehen.

Auch diese Vorstellungen führen zum Schluß, daß die Schmelzen, aus denen Tiefengesteine geworden sind, in den meisten Fällen nicht die gleichen waren, denen die Hauptmasse der Ergußgesteine der Erde ihre Entstehung verdankt, nirgends hat man mit Sicherheit in größerem geologischen Ausmaße den Übergang von intermediären oder sauren Ergußgesteinen in größerer Tiefe in Tiefengesteine beobachtet, die nachweisbar derselben Schmelze entstammen, obwohl wir annehmen, daß die Bildungstiefen von Tiefengesteinen nur wenige Kilometer betragen können (vgl. S. 19). Aber die Bildungen des subsequenten Vulkanismus, vornehmlich Quarzporphyre und Liparite können denselben Quellen, wie manche sialische synorogene Plutonite entstammen. Sie sind dann, wie zumeist auch diese, wohl anatektische Aufschmelzungen.

Ausscheidungsfolge und Gefüge.

Ausscheidungsfolge. Aus Beobachtungen an Erstarrungsgesteinen und den Erfahrungen an künstlichen Silikatschmelzen von zwei Komponenten kann festgestellt werden, daß zuerst die Komponente auskristallisiert, die in

Überschuß vorhanden ist. Bei Schmelzen aus drei und mehreren Komponenten sind die Verhältnisse komplizierter; Laboratoriumsversuche und Deutung der natürlichen Verhältnisse durch Beobachtungen an Gesteinen sind nicht immer in Einklang zu bringen. Flüchtige (fluide) Bestandteile, das verschiedene Kristallisationsvermögen (das Vermögen, in größeren oder kleineren Kristallen oder nur als Glas zu erstarren) und die verschiedene Kristallisationsgeschwindigkeit, die besonders bei Tiefengesteinen durch die längere Zeit begünstigt sind, verändern die Kristallisationsbahnen und die Ausscheidungsfolge. Bei günstigen Bedingungen konnten die Erstausscheidungen mehr oder weniger gut ausgebildete Kristalle liefern, die durch keine andere feste Substanz in ihrer Ausbildung behindert waren, während die Restschmelzen als mehr oder weniger feines Gemenge verfestigt wurden.

In den Gesteinen ist die Ausscheidungsfolge durch Dünnschliffuntersuchungen und vergleichende Beobachtungen an den verschiedenen Erstarrungsgesteinen empirisch festgelegt worden. Das ältere Mineral wird vom jüngeren umschlossen und hindert dieses mehr oder weniger in seiner Ausbildung. Im allgemeinen kann man (begründet von Rosenbusch) vier Aufeinanderfolgen des Kristallisationsbeginnes der wichtigsten gesteinsbildenden Mineralien unterscheiden:

1. Sulfidische und oxydische Erze, wie Pyrit, Magnetit, Ilmenit, Chromit; dann Spinell, Apatit, Zirkon, Titanit.

2. Die dunklen (farbigen) Gemengteile, die Mg-Ca-Fe-Silikate, Olivin, Enstatit-Hypersthen, Augit, Hornblende, Biotit, wobei Olivin vor Augit zu kristallisieren beginnt.

3. Die lichten Gemengteile, die CaO-Na$_2$O-K$_2$O-Silikate nach steigendem SiO$_2$, also Anorthit, nahezu zugleich mit den dunklen Gemengteilen, jedenfalls vor den Alkalifeldspäten (Albit, Mikroklin-Orthoklas), Nephelin vor Leucit. Die zonar gebauten Plagioklase entsprechen vollkommen dieser Reihe. Hieher gehören aber auch dunkle Gemengteile, die Alkaliaugite und Alkalihornblenden (Aegirin, Arvfedsonit, Riebeckit), dann Muscovit, wo er primär ist.

4. Als letzte Ausscheidung bildet sich der Quarz, bei den Ergußgesteinen aber ist er auch Einsprengling der ersten Generationen, während SiO$_2$ als Glas zur letzten Ausscheidung gehört.

Da es sich bei dieser Reihung nur um den *Beginn der Kristallisation* handelt, so bilden sich besonders die Mineralien der Gruppen 2 und 3 auf lange Strecken nebeneinander. Es kann aber in basischen Ergußgesteinen der basische Plagioklas vor Augit zu kristallisieren beginnen; die Ursache liegt im relativen Mengenverhältnis der beiden. Dieser Reihenfolge entspricht die Kristallisationsdifferentiationsfolge.

Die Reihenfolge der gesteinsbildenden Kieselsäuremineralien steht in gutem Einklang mit den *Erfahrungen der Kristallchemie.* Die sich zuerst bildenden, an SiO$_2$ armen Mg-Fe-Silikate, die Olivine mit ihrem hohen spezifischen Gewicht, aufgebaut aus selbständigen SiO$_4$-Tetraedern, den zweiwertigen kleinen Kationen mit oktaedrischer 6-Koordination, stellen mit ihren dreidimensionalen Koordinationsgittern dichteste Anionenpackung dar. Auch der strukturell dem gleichen Typus angehörende Titanit ist frühe Ausscheidung. Die dem Olivin in der Ausscheidung folgenden Augite, Enstatit-Diopsid-Augit mit ihren zahlreichen Ionenersatzmöglichkeiten bilden eindimensionale SiO$_4$-Tetraederketten, festgefügte Ionenverbände, während die darauf folgenden Hornblenden, eindimensionale Doppeltetraederketten, bereits freie Hohlräume, die von (OH)-Ionen besetzt werden können, wenn auch in geringer Zahl, bilden. Der folgende Biotit, strukturell ein Schichtsilikat mit SiO_4-Tetraedern, in zweidimensionalen Netzen aus Ionenlagenschichten bestehend, die durch Einbau von Anionen zweiter Art (OH, F) charakterisiert sind, ist doch von festerer Bauart als die dreidimensionalen Gerüstsilikate der Feldspäte und der Foide. Diese haben die lockerste Bauart, einen Gitterbau mit vielen und größeren Hohlräumen, mit den zur Absättigung der vom reichlichen Ersatz der Si^{+4}-Ionen durch Al^{+3}-Ionen entstandenen negativen Aufladungen eingebauten größeren Kationen K, Na und Ca. Auch hier beginnen zuerst die An-reichen Plagioklase mit ihren kleineren Kationen und erst später die Ab-reicheren Plagioklase und zum Schluß die Alkalifeldspäte mit großen Kationen zu kristallisieren. Aber auch die letzte Ausscheidung, der Quarz, gehört diesem Strukturtypus der dreidimensionalen Gerüstgitter an. Man kann auch annehmen, daß die kleineren und höherwertigen Kationen die größere Bindefähigkeit haben (Machatschki), so daß sich diese früher mit den SiO_4-Tetraedern zur Kristallverbindung vereinigen und dann erst die Tetraederverbände höherer Ordnung mit größerem, zweiwertigem Ion (Ca^{+2}) und zum Schluß mit den großen, einwertigen (Na^{+1}) und (K^{+1}).

Ein großer Unterschied besteht in der Reihung des Quarzes bei Tiefen- und Ergußgesteinen. In den effusiven Rhyolithen (Quarzporphyren, Lipariten, Daziten usw.) ist der Quarz unzweifelhaft erste Ausscheidung der intratellurischen Generation, zeigt aber deutliche Resorptionsspuren, so daß man annehmen muß, daß er nach seiner Ausscheidung stellenweise wieder, wenigstens zum Teil, gelöst werden kann; ein großer Teil des Quarzes bildet sich in der Grundmasse saurer Effusivgesteine als Kristalle oder als Kieselglas. In Tiefengesteinen ist er niemals frühere Auskristallisation, wie bei den Rhyolithen, deren Einsprenglingsquarz ja auch in größerer Tiefe auskristallisiert ist. Es wäre möglich, daß die fluiden Bestandteile die frühe Auskristallisierung verhindern, d. h. den Erstarrungspunkt soweit herabsetzen, oder daß Quarzerstausscheidungen, ohne in die Tiefe abzusinken, wieder aufgelöst worden sind. Dann ist es aber auffällig, daß man niemals Reste stark resorbierter Quarzerstbildungen in Tiefengesteinen beobachtet hat. Die Annahme der Granitbildung durch Assimilation-Paligenese-Ichorese befreit von diesem Zwiespalt, denn diese Annahme setzt keine basische Vorstufe voraus, oder es wird vorgebildeter Quarz im umgewandelten Gestein angenommen oder auch zugeführte SiO_2-reiche Lösungen.

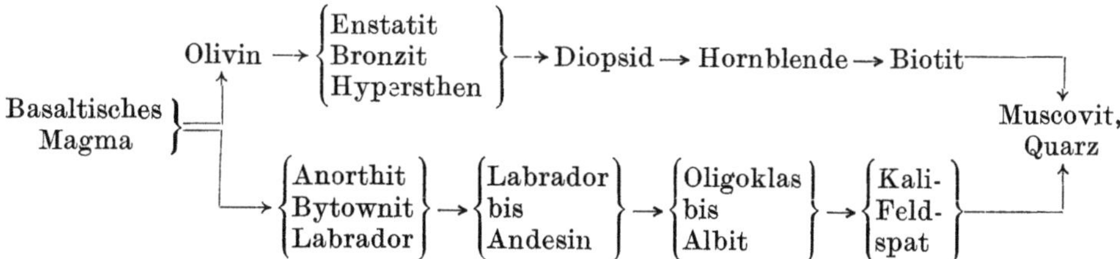

Dieses Schema gibt die Abfolge der lichten (unten) und dunklen (oben) gesteinsbildenden Mineralien in den Möglichkeiten gleichzeitiger Bildungsdauer wieder (im Gegensatz zur Rosenbusch-Reihung der Kristallisationsbeginne). Je nachdem die obere oder die untere Reihe überwiegt, kommt es zu melanokraten oder leukokraten Gesteinen.

Das Gefüge der Erstarrungsgesteine. Die räumliche Verteilung der Mineralien in den Gesteinen, die uns besonders das Mikroskop erschließt, gliedert man auch heute noch am besten in die Begriffe *Struktur* und *Textur*, die aber kaum streng zu trennen sind. Die Struktur ist durch die Ausbildungsweise der Gemengteile nach Form und Größe, für sich allein und im Zusammenhang mit den anderen Gemengteilen bedingt. Die Textur ist durch die Anordnung der Gemengteile im Raum, durch die Art der Erfüllung dieses Raumes, durch die Art und Weise, wie sie sich zum Gestein zusammenfügen, gegeben. Struktur ist das Wachstumsgefüge, Textur das Anordnungsgefüge. Die Struktur ist vor allem durch die Ausscheidungsfolge der Gemengteile bedingt und durch deren Kristallisationsvermögen und Kristallisationsgeschwindigkeit, die beide chemisch-physikalisch kaum erfaßbar sind. Das Kristallisationsvermögen ist die graduelle Fähigkeit, Kristalle zu bilden; sie wird durch langsame Abkühlung begünstigt und ist daher in Tiefengesteinen größer als in der extrusiven Phase der Ergußgesteine. Sie ist aber vornehmlich eine Eigenschaft der Substanz selber. Kristalle mit sehr hohem Kristallisationsvermögen erstarren aus den Schmelzen zur Gänze in Kristallen, wie etwa der Olivin. Verbindungen mit geringem Kristallisationsvermögen erstarren aus Schmelzen ohne oder mit nur sehr wenig fluiden Bestandteilen (trockenen Schmelzen) als Glas (z. B. Quarz) oder nur in sehr geringen Anteilen kristallin. Fluide Bestandteile verringern die Viskosität der Schmelze und begünstigen dadurch die Kristallisation. Auf der Kristallisationsgeschwindigkeit beruht langsames oder rasches Wachstum der Kristalle, das aber auch oft, bedingt durch den Feinbau, nach verschiedenen Flächen graduell verschieden ist. Aus künstlichen, wässerigen Lösungen und Schmelzlösungen ist besonders die dünnsäulige bis nadelig-feinfaserige Wachstumsform häufig, sie ist eine verbreitete Wachstumsform der Grundmasse der Ergußgesteine. Besonders Silikate mit Doppelkettengittern neigen in der Natur zu langfaserigen Kristallaggregaten (z. B. Tremolitasbest). Die Kristallisationsgeschwindigkeit wird durch dieselben Faktoren erhöht, wie das Kristallisationsvermögen.

Die *Struktur* eines Gesteines ist vor allem von der zeitlichen Reihenfolge des Kristallisationsbeginnes der einzelnen Mineralien, also vom gegenseitigen Alter abhängig. Man kann die Strukturen nach vier Gesichtspunkten gruppieren. Durch Kombinationen ergeben sich dann Unterscheidungsmöglichkeiten.

I. Prinzip, nach dem Aggregatzustand der einzelnen Gemengteile, ein Prinzip, das als Grundlage der Strukturen anerkannt werden muß, es betrifft das ganze Gestein.

1. *Holokristallin* (Allkristallin) sind glasfreie Erstarrungsgesteine, alle Bestandteile sind kristallisiert; die Normalstruktur der Tiefengesteine (Abb. 20, 21).

2. *Glasig* oder *hyalin* oder *vitrophyrisch* sind Gesteine, deren Hauptanteil glasig erstarrt ist. Auch zweifellos völlig glasig erstarrte Gesteinsgläser enthalten aber immer mehr oder weniger geringe Mengen kristalliner Entglasungsprodukte. Diese Gruppe vereinigt Gesteine, deren äußere Erscheinungsform durch den Glasanteil bedingt ist (Abb. 22, 23).

3. *Hypokristallin.* Die meisten Bestandteile sind kristallin, ein kleiner Teil, der zuletzt gebildete, ist glasig erstarrt, die Normalstruktur der Ergußgesteine; bei den sauren ist der Glasanteil zumeist größer als bei den basischen.

II. Prinzip. Nach Form und Gestalt der einzelnen Gemengteile zueinander, bedingt durch die Ausscheidungsfolge, es betrifft die einzelnen Bestandteile.

1. *Idiomorph,* auch *automorph* genannt. Diese Mineralien haben sich selber die Form geschaffen, sie konnten unbehindert wachsen, sind idiomorph gegenüber den anderen Gemengteilen, die ersten Ausscheidungen bei der Kristallisationsdifferentiation; dies ist z. B. die Form der Einsprenglinge.

2. *Allotriomorph* oder *xenomorph.* Die äußere Form ist durch die Nachbarbestandteile bedingt, sie sind im Wachstum behindert durch andere Bestandteile oder in den monogenen Gesteinen durch die anderen Individuen des gleichen Bestandteiles.

3. *Hypidiomorph.* Ein so ausgebildeter Gemengteil verhält sich gewissen Nachbarn gegenüber idiomorph, anderen gegenüber allotriomorph, die häufigste Ausbildungsform der Tiefengesteinsgemengteile (Abb. 20).

Für diese drei Formungen ist das relative Alter maßgebend, aus ihrem Studium kann man am besten die Ausscheidungsfolge erkennen.

III. Prinzip. Hier ist die *absolute* Größe der Individuen bei nicht allzu großen Unterschieden der relativen Größe maßgebend. Diese Ausbildungsform dient der makroskopischen Beschreibung, sie bezieht sich auf das ganze Gestein.

1. *Makrokristallin* oder *phanerokristallin.* Die Hauptgemengteile sind so groß, daß sie mit freiem Auge unterschieden werden können. Hieher gehören die meisten Tiefengesteine und viele Ergußgesteine.

2. *Mikrokristallin.* Die Einzelkristalle sind erst u. d. M. zu erkennen und zu untersuchen. So verhalten sich viele Gang- und Ergußgesteine, besonders Basalte.

3. *Kryptokristallin.* Die Gemengteile sind so klein, daß sie nur durch starke Vergrößerung auflösbar, schwer oder gar nicht bestimmbar sind.

IV. Prinzip. Die *relative* Größe kann bei gleicher oder verschiedener Form gleich oder verschieden sein. Auch hier ist die Ausscheidungsfolge maßgebend, es ist neben Prinzip I zur Charakterisierung des Gesteines wichtig.

1. *Körnig.* Alle Hauptgemengteile sind innerhalb ziemlich weiter Grenzen bei oft recht verschiedener Formung beiläufig gleich groß, die Unterschiede übersteigen doppelte Größe nicht viel. Die Normalstruktur der Tiefengesteine, insbesondere der granitisch-dioritischen. Man kann nach der Größenordnung unterscheiden in: grobkörnig, die Gemengteile sind größer als zirka 5 mm; mittelkörnig, Gemengteile zwischen 5 und 1 mm; feinkörnig, sie liegen zwischen 1 mm und 0,1 mm; dicht, sie sind kleiner als 0,1 mm.

2. *Porphyrisch.* Mehrere, ein oder (selten) alle Haupt- und Übergemengteile treten in zwei verschiedenen Größen auf, die zwei Generationen entsprechen können. Die größere Generation, wenn man von migmatischen Bildungen absieht, die ältere, bilden die *Einsprenglinge,* die jüngere in ihrer Gesamtheit die *Grundmasse.* Dies ist die häufigste Struktur der Ergußgesteine, besonders bei den als porphyrisch bezeichneten; häufig ist sie auch bei Ganggesteinen. Aber auch bei Tiefengesteinen ist sie eine durchaus normale, wenn auch nicht sehr häufige Struktur, nur ist hier der Größenunterschied sehr selten so groß, wie dies recht häufig bei Erguß- und Ganggesteinen der Fall ist (z. B. Abb. 34).

Aus der *Kombination* der Glieder dieses Prinzips mit anderen Prinzipien ergeben sich verschiedene Gesamtstrukturen, die bei der Klassifikation und Erkennung des Gesteines von Bedeutung sind. Die wichtigsten Kombinationen sind:

A. Bei der *körnigen Struktur.*

1. Die idiomorphe Begrenzung ist nur auf einen oder auf wenige Haupt- oder Übergemengteile beschränkt, die meisten sind hypidiomorph oder

allotriomorph. Dies ist die hypidiomorph-körnige Struktur, in Verbindung mit der holokristallinen Gestaltung aller Bestandteile die hypidiomorph-holokristallin-körnige Struktur, die Hauptstruktur der Tiefengesteine und vieler Ganggesteine (Abb. 20).

Abb. 20. Hypidiomorph-körnige Struktur. Granodiorit aus Nevada. Links idiomorpher, zonar gebauter Plagioklas. Vergr. 20fach, gekreuzte Nikols. (Nach E s k o l a.)

2. Sind alle Bestandteile idiomorph, so ergibt sich die panidiomorph-körnige Struktur, eine fast niemals verwirklichte Struktur, denn auch die gleichzeitig sich ausscheidenden Bestandteile hindern sich im Wachstum.

3. Panallotriomorphe Struktur entsteht durch allgemeine gegenseitige Behinderung gleichzeitig gebildeter Bestandteile, wie dies besonders bei monogenen Gesteinen der Fall ist.

B. Bei der *porphyrischen Struktur.* Sie ist gekennzeichnet

Abb. 21. Große Orthoklas-Einsprenglinge im Granitporphyr von Jaala in Finnland. Holokristallin-porphyrische Struktur. Natürliche Größe. (Nach E s k o l a.)

durch den Gegensatz der in der Tiefe als intratellurische Phase gebildeten und an der Oberfläche manchmal noch weiter gewachsenen Einsprenglingen, die Resorptionserscheinungen zeigen können, sich auch gegenseitig bei größerer Zahl im Wachstum behindern können, aber doch überwiegend idiomorph erscheinen und der rasch abgekühlten Grundmasse als extrusive (effusive) Phase. Weitere Strukturunterschiede können sich deshalb nur auf die Grundmasse beziehen. Diese kann sein:

1. *Holokristallin-porphyrisch,* alle Bestandteile der Grundmasse sind kristallisiert, das Gestein ist glasfrei. Sie kommt bei allen Erstarrungsgesteinen vor. Eine nach 2 struierte Grundmasse eines Ergußgesteines kann an zentralen oder räumlich tieferen Stellen nach 1 struiert sein (Abb. 21).

2. *Hypokristallin-porphyrisch.* Ein Glasgehalt (Glasbasis) als letzte Ausscheidung ist in kleineren bis sehr kleinen Mengen vorhanden, die Hauptstruktur der Ergußgesteine. Dabei kann man zwei Abarten unterscheiden:

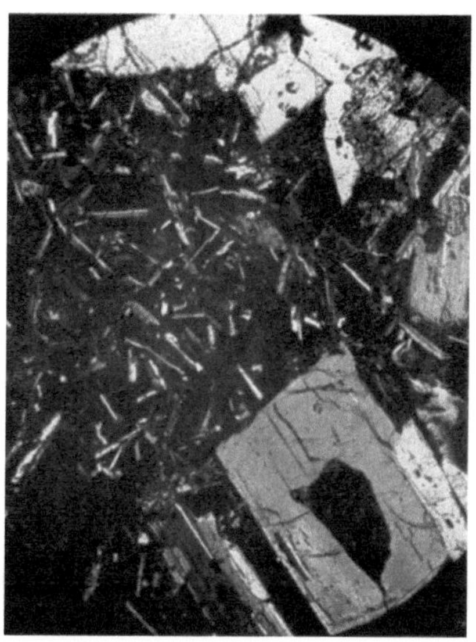

Abb. 22. Hyalopilitstruktur der Grundmasse (Einsprenglinge: Plagioklas, Hornblende, Augit). Andesit von Santorin. Gekreuzte Nikols. Vergr. zirka 50fach.

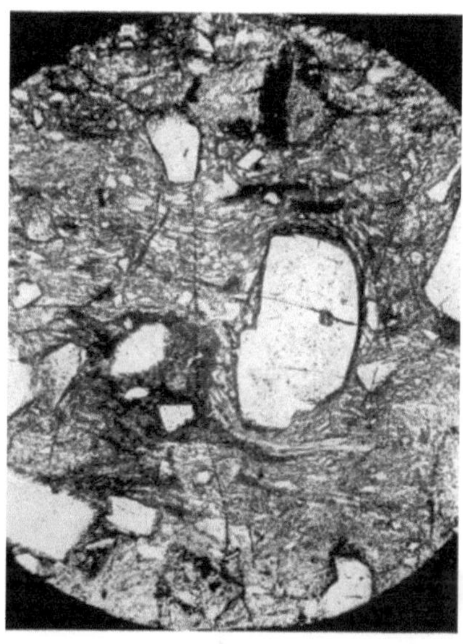

Abb. 23. Vitrophyrisch-porphyrische Struktur. Quarzporphyr von Tisenz bei Kastelruth südlich von Bozen. Fließgefüge der Grundmasse um die Quarzeinsprenglinge. Gewöhnliches Licht. Vergr. zirka 50fach.

a) Hyalopilitstruktur. Idiomorphe Kristallisationsprodukte der Effusivperiode schwimmen gewissermaßen in einer zusammenhängenden Masse von Glasbasis. In so struierter Grundmasse liegen die Einsprenglinge. Bildet die Grundmasse ein Gewirr zarter, meist nadeliger Gemengteile ohne Glas, so spricht man von pilotaxitischem Grundgewebe, das durch Entglasung aus dem Grundmasseglas entstanden sein dürfte (Abb. 22).

b) Glasbasis bildet kleine Flecken zwischen idiomorphen bis hypidiomorphen Gemengteilen der Grundmassekristalle. Die Glasbasis bildet dabei eine Zwischenklemmasse (Mesostasis) zwischen Leisten, besonders von Plagioklas in Basaltgesteinen. Diese *Intersertalstruktur,* die meist bei Ergußgesteinen mit wenig Einsprenglingen beobachtet wird, gehört zu den Texturen, daher ist der Name Intersertalgefüge vorzuziehen. Auch der Name ophitisches Gefüge wird gebraucht. Oft ist neben Glasbasis, sogar überwiegend Augit an der Ausfüllung der Zwickel beteiligt. Umgekehrt können Augite das Gerüst und basischer Plagioklas mit mehr oder weniger

Glas die Füllmasse darstellen, oder beide Silikate als Gerüst fungieren. Besonders bei Diabasen ist Augitmesostasis häufig. Glasbasis kann fehlen, wie dies oft bei den gangartigen hypabyssischen Diabasen der Fall ist.

3. *Vitrophyrisch-porphyrische Struktur.* Die Grundmasse ist der Hauptsache nach glasig, die Einsprenglinge schwimmen in der glasigen Masse der Effusivphase. Häufig bei Quarzporphyren, Gläsern, Hyalobasalt. Nur aus Glas bestehende Grundmasse ist sehr selten (Abb. 23).

Man kann außerdem einige Spezialstrukturen unterscheiden. So die Implikationsstruktur, auch *granophyrische* oder *schriftgranitische* genannt, die bei gleichzeitigem Auskristallisieren zweier Hauptgemengteile entsteht, die einander so durchdringen, daß jeder einen im gewissen Sinne einheitlichen

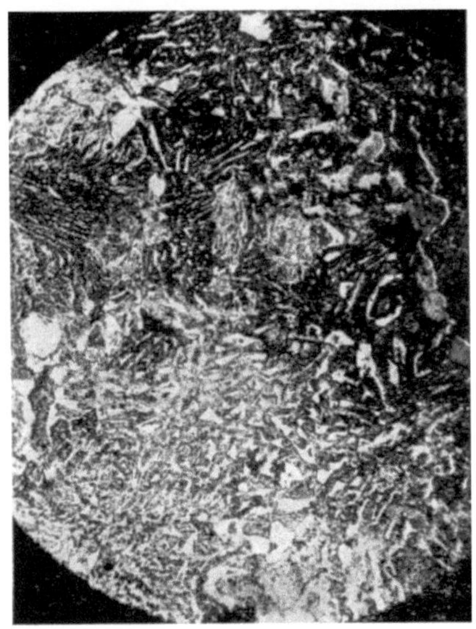

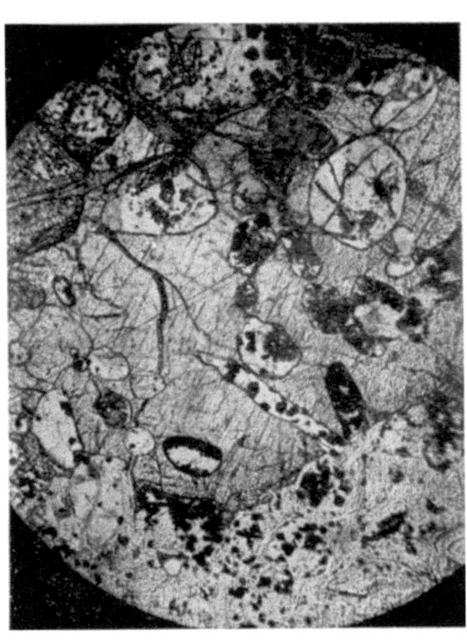

Abb. 24. Granophyrisches Gefüge von Quarz und Kalifeldspat. Quarzporphyr von Barr im Elsaß. Gewöhnliches Licht. Vergr. zirka 50fach.

Abb. 25. Poikilit-Gefüge, Olivin im Augit. Pikrit vom Lanzknechtberg bei Ullitz im Vogtland. Gewöhnliches Licht. Vergr. zirka 30fach.

Körper bildet, in den der andere eingelagert erscheint. Besonders bei Pegmatiten trifft man diese schriftgranitische Verwachsung von Quarz und Kalifeldspat, bei der Quarzstengel zumeist in Mikroklin so eingewachsen sind, daß die z-Achse des Feldspates mit der Kantenrichtung der Rhomboeder des Quarzes zusammenfällt (Abb. 24). Dabei kommt es zu Bildungen, die eine Ähnlichkeit mit orientalischen Schriftarten haben. Man hat aus diesem Gefüge auf gleichzeitige Auskristallisierung geschlossen, während andere Forscher in einer derartigen gegenseitigen Durchdringung zweier oder mehrerer Mineralien, für die auch der Name *Symplektit* gebraucht wird, eine Zufuhr von Substanz und metasomatische Umsetzung schon ausgebildeter Mineralien annehmen. Es wird bei der Pegmatitdurchwachsung an jüngere Bildung des Quarzes gedacht, wobei es sich um Diffusionsvorgänge im Feldspatgitter handeln könnte und Wiederauflösung (Rheomorphose) von Feldspatsubstanz eingetreten sein könnte. Quarzporphyre mit granophyrischer Grundmasse werden als Granophyre bezeichnet (vgl. S. 110).

Strukturelle und genetische Bedeutung kommt dem *poikilitischen* Gefüge zu, bei dem ein größerer Kristall verschieden gelagerte mehr oder weniger gut ausgebildete Kristalle oder Körner eines oder mehrerer anderer Mineralien umschließt, wobei aber nicht immer das umschlossene das früher gebildete sein muß (Abb. 25).

In seiner Bedeutung und Entstehung ist das *myrmekitische Gefüge* (Myrmekit) umstritten. Wucherungen von wurmförmig gekrümmten Quarzstengeln durchwachsen sauren Plagioklas nur da, wo er in Berührung mit Kalifeldspat steht, wobei der Plagioklas des Myrmekits gegenüber dem Kalifeldspat nicht gesetzmäßig orientiert ist, aber sich immer gegen ihn scharf konvex abgrenzt und sich oft orientierte Fortwachsung benachbarter Plagioklase ergibt. Die Quarzstengel divergieren ungefähr senkrecht

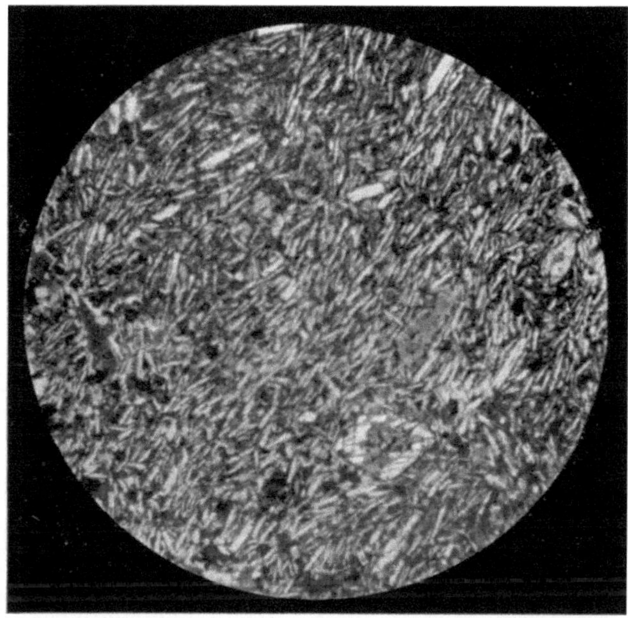

Abb. 26. Fließgefüge. Plagioklasleistchen im Basalt von Weitendorf bei Wildon in Steiermark. Gewöhnliches Licht. Vergr. zirka 50fach. (Nach S t i n y.)

zur konvexen Grenzfläche gegen Kalifeldspat und sind stellenweise gleichmäßig orientiert. Das gegenseitige Altersverhältnis der Bestandteile ist noch nicht geklärt. Die Bedeutung solcher Bildungen in granitischen Gneisen könnte für die Erklärung des Chemismus und des Mechanismus der Granitbildung wichtig werden.

Die Texturen. Sie treten in gewissem Sinne nur ornamental zu den Strukturen hinzu (R o s e n b u s c h), beeinflussen das Gefüge, ändern aber niemals den Charakter der Gesteine so, daß sie für die Systematik von Bedeutung wären. Am häufigsten ist bei den Erstarrungsgesteinen die *richtungslose* Textur, die den Tiefengesteinen das richtungslos-körnige Gesamtgefüge gibt. *Paralleltextur,* die Textur der kristallinen Schiefer, erhält ein Tiefengestein durch Schieferung, es ist aber dann kein Erstarrungsgestein mehr, sondern ein Metamorphit. Aber Paralleltextur unveränderter Bestandteile kann auch Fließtextur sein (siehe unten).

Durch zentrische Anordnung jüngerer Gemengteile um ältere entsteht ab und zu ein zentrisches Gefüge, das nur selten in kugelige, *sphärische*

Textur übergeht (Kugelgranit, Kugeldiorit). Dabei bilden sich konzentrische Schalen um einen größeren oder kleineren anders texturierten Kern. Die einzelnen Schalen können richtunglos, radiär usw. texturiert sein. Wenn die sphärischen Aggregate stofflich einheitlich sind, bezeichnet man sie als Sphärokristalle, bestehen sie aus verschiedenen, auch wechsellagernden Substanzen, so spricht man von Pseudosphärolithen. Bestehen kleine Kügelchen aus einem gar nicht oder nur undeutlich geregelten Gemenge kristalliner Strahlen und Glas (auch Mikrofelsit) oder aus einem von diesen, so nennt man solche Gebilde Sphärolithe. Keinesfalls aber ist die Bezeichnung derartiger Gebilde einheitlich. *Mikrofelsit* ist ein Gewirr kleinster Teilchen, Fasern, Körnchen, Nädelchen, die u. d. M. keine Bestimmung zulassen, bei starker Vergrößerung aber doch Doppelbrechung zeigen. Mikrofelsit ist ein wesentlicher Bestandteil der Grundmasse mancher Ergußgesteine. *Fließtextur* (Fluidaltextur) zeigen manche Ergußgesteine; Grundmasseleisten gleiten, zum Teil parallelgestellt, wie die Wellen eines erstarrten Flusses übereinander weg und bilden manchmal wirbelartige Stauungen, umfließen Einsprenglinge (Abb. 26 und 47). Auch bei Tiefengesteinen, z. B. Graniten, aber auch Gneisen, kommt zuweilen dieses Gefüge, wenn auch meist wenig ausgeprägt, vor, ohne daß man aber mit Bestimmtheit annehmen kann, daß hier dieses Gefüge nicht doch durch Druckspannung bedingt sei. Wenn Feldspatleisten nahezu gleicher Größe in Parallelzügen angeordnet sind, ergibt sich das besonders bei Trachyten typische Trachytgefüge.

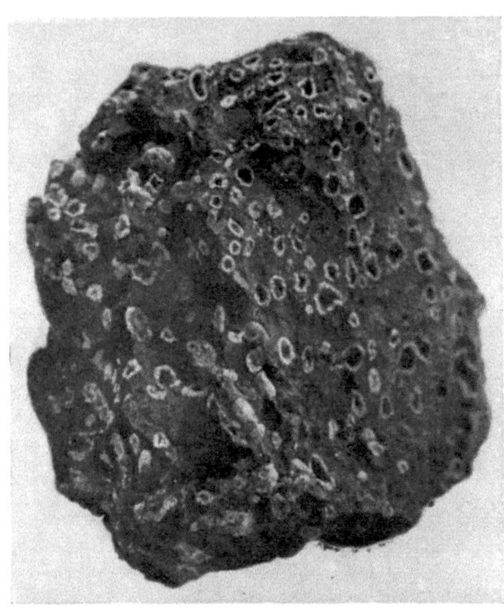

Abb. 27. Basaltmandelstein. Straße von Gießhübel nach Duppau in Nordböhmen. Natürliche Größe. (Nach Stiny.)

Protoklase beruht auf Veränderung bereits gebildeter Bestandteile durch mechanische Zerstörung bei der Zusammenziehung der abkühlenden ganz oder fast ganz verfestigten Schmelze. Dabei entsteht besonders randliche Zertrümmerung einzelner Gemengteile (z. B. Zerbrechen von Apatitnadeln, aber auch größerer Bestandteile). *Kataklase* ist die Folge der zertrümmernden und verbiegenden Wirkung von einseitigem Partialdruck auf Bestandteile, wie Glimmer, Quarz und Feldspate der Erstarrungsgesteine. Diese Einwirkung kann in geringem Ausmaße zu beobachten sein, ohne daß man deshalb die Gesteine schon als Metamorphite bezeichnen müßte; solche Gesteine gehen aber ohne jede Grenze in echte Kataklasite — Mylonite (vgl. S. 261) über. Orogenetischer Bewegungsdruck kann bei der flüssigen Schmelze Ausquetschung (vgl. S. 25), bei der erstarrenden Protoklase und Piezokristallisation (vgl. S. 185), beim verfestigten Gestein Kataklase verursachen. In Orogenen sind nur wenige synorogen gebildete granitische Gesteine vollkommen frei von Kataklase, ihre Spuren äußern sich u. d. M. in undulöser (wolkiger) Auslöschung der Quarze als Folgewirkung von

Lageveränderungen der ein Quarzkorn zusammensetzenden Subindividuen.

Wenn die Gesteinssubstanz den ihr zur Verfügung stehenden Raum nicht ganz ausfüllt, was manchmal bei Ergußgesteinen (Basalt), seltener bei Tiefengesteinen der Fall sein kann, bleiben zwischen den Bestandteilen zumeist regelmäßig verteilte Hohlräume erhalten, die wohl bei der Kontraktion der auskühlenden Schmelze entstanden sind, in die Kristallenden frei hineinwachsen können. Gewöhnlich sind diese Hohlräume bei Tiefengesteinen sehr klein und nur u. d. M. wahrnehmbar, sie werden aber auch so groß, daß sich Kristalldrusen aus späteren Lösungen oder pegmatitische Restausscheidungen in ihnen ansiedeln können; man bezeichnet sie als miarolithische Hohlräume und ihre sehr selten zu beobachtende Häufung als miarolithische Textur.

Eine Anzahl von Bezeichnungen, deren Sinn keiner Erklärung bedarf, gehören kaum mehr zur petrologischen Terminologie, sie sind dem üblichen Sprachgebrauch entnommen. Ein den ganzen Raum erfüllendes Gestein wird als kompakt, eines mit größeren Hohlräumen als porös bezeichnet, durch das Entweichen von Gasen an der Oberfläche wird das Gestein dort blasig, durch zahlreiche dünnwandige Hohlräume schaumig, bei sehr unregelmäßigen Hohlräumen von großer Zahl schlackig. Gesteine, namentlich Basaltgesteine der älteren Formationen (Melaphyr), reich an Hohlräumen, die später durch Lösungen der verschiedensten Art von Mineralneubildungen (Kalzit-Aragonit, Zeolithe, Quarz-Chalzedon als die häufigsten) erfüllt wurden, heißen Mandelsteine und die Hohlräume Mandeln (Mandelstein-Textur, Abb. 27).

Die Systematik der Erstarrungsgesteine.

Die wichtigste Grundlage aller Einteilungsversuche der Erstarrungsgesteine ist das Verhältnis der Feldspäte zueinander und zu den übrigen Bestandteilen, vor allem das Mischungsverhältnis der Plagioklase. Die hier gewählte Einteilung und Charakterisierung der Gesteine stützt sich auf Rosenbusch, entnimmt manches auch anderen Systemen, versucht zu vereinfachen, wie es für eine knappe Darstellung nötig ist. Von den neueren Systemen sei eine Darstellung von Barth mitgeteilt, die auf Gruppierungen von Niggli, Shand, Johannsen, Holmes greift. Sie beruht auf der Verteilung lichter und dunkler Gemengteile in Verbindung mit dem Sättigungscharakter der Gesteine an SiO_2, deren Verhältnis zu den Metalloxyden und kennt übersättigte, gesättigte (neutrale) und untersättigte Gesteine, wobei sich Überschuß von SiO_2 durch freie Kieselsäure, also Quarz, Mangel an SiO_2 durch SiO_2-arme Bestandteile (Foide, Olivin) kennzeichnet. Dann wurde in alkalibetont mit überwiegend Kali-Natronfeldspat und in kalkbetont mit Überschuß an Kalknatronfeldspat mit entsprechenden Zwischengliedern unterteilt. Es werden Gesteine mit vornehmlich lichten Gemengteilen als felsisch, Gesteine mit vorwiegend dunklen (farbigen) Gemengteilen als mafisch, solche die Mitte haltende als mafelsisch bezeichnet. In Tab. 6 sind die felsischen und mafelsischen Gesteine verzeichnet. Die mafischen sind im wesentlichen feldspatfrei, dunkel und umfassen die monogenen gabbroiden ultrabasischen Spaltungsprodukte Peridotite, Pyroxenite als Tiefengesteine und Augitite, Limburgite als Ergußgesteine. Die punktierte Linie in der Tabelle scheidet Tiefengesteine (unten) von Ergußgesteinen (oben).

Tabelle 6.

A. Felsische Gesteine.   **B. Mafelsische Gesteine.**

	Alkalibetont	← →	Kalkbetont	Alkalibetont	← →	Kalkbetont
Quarz +	Liparit Quarz-porphyr	Dellenit Shoshonit	Dazit	Obsidian u. Pechstein		Quarzbasalt
Feldspat	Granit	Grano-diorit	Quarz-diorit			Quarz-gabbro
Feldspat	Trachyt	Trachy-andesit	Andesit	Basaltische Gesteine		
	Syenit	Monzonit	Diorit	Gabbroide Gesteine		
			Anor-thosit	Phonolith	Trachy-basalt	
				Shonkinit	Essexit	
Feldspat + Foide	Phonolith	Vicoit		Tephrit und Basanit		
	Nephelin-syenit	Nephelin-monzonit		Theralit und Teschenit		
Foide	Leuzit-tephrit Nephelinit			Olivinnephe-linit		
	Leuzitit			Olivinleuzitit		
	Urtit			Ijolith		

Alkalibetont und kalkbetont deckt sich nicht mit den großen Reihen der Alkaligesteine und Alkalikalkgesteine. Dieses System beabsichtigt gleich den anderen der genannten Autoren, im Gegensatz zu dem hier gebrauchten nicht, der makroskopischen Erkennung der Gesteine zu dienen, es ist aber ausgezeichnet chemisch-mineralogisch fundiert.

Die in diesem Buche zu den Tiefengesteinen gestellten *Ganggesteine,* die oft deutlicher den Sippencharakter (Alkalireihe-Alkalikalkreihe) zeigen, teilt man in die *unabgespaltenen (aschisten)* und in die *abgespaltenen (diaschisten)* ein. Erstere haben den gleichen stofflichen Bestand wie die zugehörigen Tiefengesteine, letztere einen mehr oder weniger anderen. Diese werden in lichte *leukokrate* (auch *aplitische* genannt) und in *melanokrate* dunkle (auch *Lamprophyre* genannt), unterteilt. Die aschisten Ganggesteine werden auch als granitporphyrische Ganggesteine bezeichnet und in Granitporphyr, Syenitporphyr usw. unterteilt. Bei den diaschisten, leukokraten Ganggesteinen kann man Aplite im engeren Sinne, Pegmatite, Bostonit-Gauteit-Reihe und Sölvsbergit-Tinguáit-Reihe unterscheiden; bei den lamprophyrischen (melanokraten) kann man Malchite-Minette-Kersantite, Vogesite-Spessartite, Camptonite-Monchiquite, und Alnöite-Bergalithe-Polzenite nach fallendem SiO_2-Gehalt unterscheiden. Die Nomenklatur der einzelnen Ganggesteine ist durch eine große Fülle von Namen für oft kaum auseinanderzuhaltende Arten belastet. Während man die Namen vieler Ergußgesteine höheren geologischen Alters (paläovulkanische Ergußgesteine) durch den charakteristischen Mineralbestandteil, also etwa Quarz oder Labrador in Verbindung mit der Bezeichnung Porphyr bzw. Porphyrit bildet, werden die Namen vieler aschister Ganggesteine durch die Verbindung der Bezeichnung des zugehörigen Tiefengesteines mit Porphyr bzw. Porphyrit geformt, also z. B. Augitporphyrit und Quarzporphyr im Gegensatz zu Granitporphyr, Dioritporphyrit. Bei starkem Zurücktreten der Alkalifeldspäte gegenüber an Ca-reicherem Plagioklas gebraucht man den Namen Porphyrit an Stelle von Porphyr.

Die Aneinanderreihung erfolgt nach dem Chemismus vom basischen zum sauren Gestein. Erguß gesteine (Vulkanite) und Tiefengesteine (Plutonite) wurden trotz ihrer *genetischen Verschiedenheit* nicht in zwei verschiedene Hauptreihen getrennt, weil die Namengebung von dieser chemischen und mineralischen Übereinstimmung ausgegangen ist. Eine Trennung der beiden Reihen wäre aber durchaus berechtigt. R o s e n b u s c h hatte sie in seinem Lehrbuch durchgeführt.

Bei der hier gewählten Reihung wird mit dem Gestein, das zum großen Teil aus unverändertem oder nur wenig verändertem echtem Magma ohne wesentlichen Anteil von Differentiation entstanden ist, dem Basalt, dem weitaus häufigsten aller Erguß gesteine, begonnen und mit dem nur selten aus diesem Magma durch Differentiation, sondern häufiger durch andere Prozesse (Migmatitfronten usw.) entstandenen Granit, dem weitaus häufigsten aller Tiefengesteine, zugleich dem häufigsten aller sogenannten Erstarrungsgesteine, geschlossen, eine Reihung, die sich immer weiter vom simatischen Schmelzfluß, der ersten flüssigen und festen Bildung unserer Erdkruste entfernt. Auf diese Weise kommen die Zusammenhänge der Gesteinswerdung, dieses großartigsten, im wahrsten Sinne des Wortes grundlegendsten aller Naturgeschehen am besten zum Ausdruck.

Die Reihe der Basaltgesteine und Gabbrogesteine.

Zirka 98% aller Erguß gesteine sind Basalte. Ein großer Teil von ihnen kann als Bildung aus dem reinen undifferenzierten Urmagma angesehen werden, ein anderer Teil ist durch Differentiation aus entartetem Magma (vgl. das Diagramm S. 40) oder durch Assimilation von Kalk (Syntekt) entstanden, wie die typischen Alkalikalkbasalte bzw. die Basalte der Alkalireihe. Als Effusionen von undifferenziertem mildalkalischem Magma gelten u. a. die großen Massen der Plateaubasalte und die Ozeanite. Zu den Plateaubasalten (Flutbasalten), den Erguß gesteinen der Kratogene und des finalen Vulkanismus mancher Orogene im Sinne S t i l l e s (S. 43) gehören die riesigen Basaltmassen Deccans (Indien), die südafrikanischen Basalte (Pipes), die Brasiliens und Sibiriens, die der Britano-Arktischen Vergesellschaftung, für die der Name Thuleprovinz gebraucht wird, die Basalte von Jan Mayen, Island, der Färöer, der angrenzenden Teile der britischen Inseln, die West- und Ostschottlands, Nordirlands (z. B. der Insel Mull), die Spitzbergens, Grönlands. Diese „erdumspannenden" basaltischen Riesenmassen bedecken in Schottland, Irland, Färöern, Island, Grönland über 200.000 km² bei maximal 10 km Mächtigkeit in Westgrönland, bis 1 km Mächtigkeit in Irland und Schottland; sie sind von verhältnismäßig großer Einheitlichkeit in der Zusammensetzung, auch bei Abweichungen im einzelnen. Der Mitteltyp ist Olivinbasalt. Geringe Mengen trachytischer Erguß gesteine sind ihre Differentiate während der Erstarrung, oder diese sauren Gesteine sind vielleicht auch nur Aufschmelzungen liegender oder zwischengelagerter an SiO_2

reicher Sedimentgesteine, aufgeschmolzen durch die Riesenmengen der heißen basaltischen Schmelzmassen.

Teilweise stärker alkalibetont sind die Ozeanite, die Basalte vornehmlich im Gebiet des Stillen Ozeans. Zu ihnen gehören die Basaltmassen der großen intrapazifischen Provinz mit den Inseln des Großen (Stillen) Ozeans östlich der Tongatiefe und Neuseelands, Hawai (mit Kilauea, Mauna Loa), Samoa, Juan Fernandez, Tahiti, Morea. Neben Basalt treten Phonolith und Trachyt in geringen Mengen auf. Allerdings kommen in diesen Gebieten auch Angehörige der Alkalikalkreihe vor. Die Ozeanite des intrapazifischen Raumes sind durch die Mineralkombination MgO-reiche Olivine, Diopsid, Hypersthenaugit (Pigeonit), Labrador-Bytownit-Andesin charakterisiert. Häufig sind Umhüllungen von Olivinkernen durch Klinoenstatit. Verschiedene glasig erstarrte Kristallisationsphasen lassen die Abfolge feststellen.

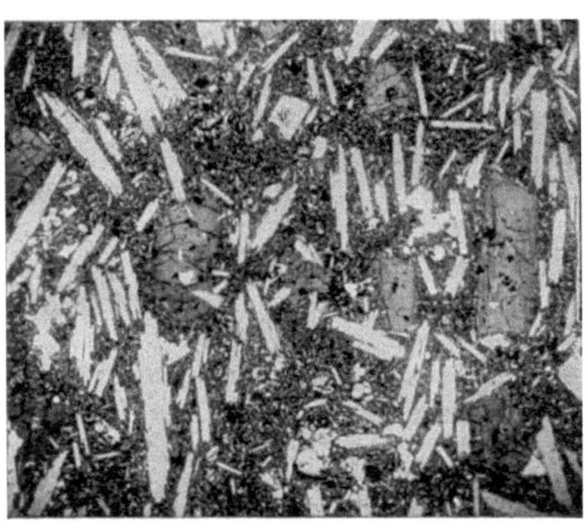

Abb. 28. Alkalibasalt vom Puy-de-Dome in der Auvergne. Einsprenglinge von Augit und Olivin (dunkel) und Labrador (licht). Gewöhnliches Licht. Vergr. 20fach. (Nach E s k o l a.)

Unter den Effusiven des atlantischen Meeresbeckens, der typischen und namengebenden Alkaligesteinsprovinz (atlantische Gesteinsprovinz) des Atlantik vom Gebiet unmittelbar südlich von Island durch den gesamten Atlantik mit den Inselgruppen der Azoren, der submarine Vulkan von Bermuda (Bermudit), Ascension, Fernando de Noronha, Trinidad, St. Helena, Tristan de Cunha sind olivinreiche Typen weniger häufig als im Stillen Ozean, also weniger echte Ozeanite vorhanden. Noch stärker alkalibetont sind die vulkanischen Gesteine auf den atlantischen Inseln an der Westküste Afrikas, Madeira, Selvagen, Kanaren, Kap Verden. In diesen atlantischen Serien treten ziemlich reichlich phonolitische Gesteine auf, es ist also zu bedeutenderen Differentiationserscheinungen gekommen. Diesen Gesteinen schließen sich unter anderen die Effusiven Madagaskars, besonders der Inseln Comoren und Réunion an. Zu den rein atlantischen Effusiven gehören auch die Basalte des Böhmischen Mittelgebirges mit ihren Tiefen- und Ganggesteinen sowie die Vulkane Nordböhmens und die Deutschlands, wie Hegau, Kaiserstuhl, Eifel, Vogelsberg, dann die Gesteine der Auvergne (Mt. Dore), Ditró in Siebenbürgen, die italienischen Vulkangebiete von Bolsena, Viterbo, Mte. Cimini, Albaner Berge, Vesuv und viele andere, die in ihrer Zusammensetzung ungemein vielfältig, den atlantischen Provinzen, also den Gesteinen der Alkalireihe zuzuzählen sind.

Im Gegensatz zu den Gesteinen dieser Gebiete stehen die Ergußgesteine der Faltengebirge, wie sie uns in den zirkumpazifischen Gebirgsketten entgegentreten, Gesteine, die fast ausschließlich der Alkalikalkreihe angehören. Sie zeigen die vollkommen normale Differentiationsfolge Basalt-Andesit-Dazit-Liparit (Quarzporphyr). Als Beispiele seien angeführt die Vulkane der südamerikanischen und der nordamerikanischen Kordillere (San Francisco Mts., Yellowstone-Park mit dem Elektrik Peak, das mexikanische Plateau, die Columbia-Basalte, die Sierra Nevada und Lassens Peak, Cascade Range, San Juan Mts. in Colorado, Silver Cliff, Rosita Hills, Ergüsse in

Texas, Vulkane in Alaska), die Kleinen Antillen (Martinique mit Mte. Pelée), Kamtschatka, die Commandeurinseln und die Kurilen, Vulkane der japanischen Inseln mit ihren mannigfaltigen Zonen, der Malayische Archipel, Sumatra, Java, Zentral-Borneo, Süd-Celebes, Halmahera, Kleine Sundainseln, Teile von Neuseeland (Mt. Egmont), Fidschiinseln. Diesen Gesteinen der Kalkreihe schließen sich in allen Weltteilen Serien oder vereinzelt auftretende Effusiva von verschiedenem Alter an. Zu den jungvulkanischen Gebieten gehören auch die Liparen, Kalabrien, Aetna, die Euganeen, Colli Berici in den Dinariden, solche in den Kykladen, um nur einige zu nennen.

Über die ganze Erde sind gangförmig auftretende Gesteine basaltischer Zusammensetzung verbreitet, denen man wohl auch die Ophiolithe zuzählen kann. Man hat diese Gesteine, meist mesozoischen Alters, unter dem Sammelnamen *Diabasgänge* zusammengefaßt. B a r t h folgend kann man annehmen, daß die sialische Kruste an vielen Stellen von Spalten, Rissen und Klüften durchzogen ist, längs denen magmatische Lösungen eingedrungen sind, die, häufiger als alle anderen Gänge zusammen, von undifferenziertem Diabas- und Doleritgestein (grobkörnigen, hypabyssischen Basalten) erfüllt sind. Diese Gänge treten gewöhnlich selbständig, ohne nachweisbaren Zusammenhang mit Speicherräumen von Schmelzlösungen auf, wie die vielen Diabasgänge in alten Gneisgesteinen zeigen. Man kann aus dem Chemismus dieser Gesteine schließen, daß auch keine nennenswerten Sialassimilationen stattgefunden haben. Die älteren Gesteine solcher Entstehung sind normale Augit führende Diabase, ebenso wie die chemisch fast gleichen Hornblendediabase, die bei niedrigerer Temperatur aus feuchten Schmelzen entstanden sein dürften, wobei das Wasser wohl vom Nebengestein an die Diabasschmelze abgegeben worden ist. Gänge solcher Gesteine treten öfter in Verbindung mit Plateaubasalten auf, oder sie bilden Schwärme, wie an der Nordwestküste Schottlands. Enorme Größe haben die stellenweise 600 bis 700 m breiten Gänge der Carooformation in Südafrika, die große Länge erlangen, in denen lokale Differentiationen eingetreten sind. Man kann sie in Natal, in der Kapkolonie, im Orange, Transvaal, Südrhodesien, im südlichen Nyassaland beobachten. Der Chemismus dieser Gänge ist der schwach alkalische der Plateaubasalte. Welch enorme Mengen basaltischen Gesteins durch solche Spalten an die Oberfläche gelangen konnten, zeigt die präkambrische Melaphyrmasse der Keweenawformation in der Umgebung des Oberen Sees.

Nach dieser Übersicht über das Vorkommen der Basaltgesteine im großen, seien nun die einzelnen Gesteinsfamilien, von denen oft verschiedene Glieder in den großen Basaltmassen nebeneinander auftreten, beschrieben.

Die Familie der Basalte im engeren Sinne, Melaphyre und Diabase.

Von diesen drei Namen, ursprünglich zur Unterscheidung tertiärer bis rezenter, mesozoischer und paläozoischer Glieder verwendet, wird von manchen heute der Name Melaphyre ausgeschaltet und alle alten, vortertiären Basaltgesteine Diabase genannt; oder man bezeichnet alle alten (paläovulkanischen) Basaltgesteine als Melaphyre und die hypabyssischen Spalten- und Gangausfüllungen als Diabase und verbindet damit gleichzeitig den sich aus dieser Raumstellung ergebenden Strukturbegriff, so daß Diabas heute im wesentlichen ein Strukturbegriff für ältere basaltische Gesteine geworden ist. Demgemäß sind neovulkanische Basalte von paläovulkanischen

Melaphyren und hypabyssischen, meist gangförmigen Diabasen zu unterscheiden.

Gesteine dieser Familie gehen oft ohne jede mögliche Grenzziehung in die der nächstsauren Familie, die neovulkanischen Andesite und die paläovulkanischen Porphyrite über.

Labradorbasalte, auch Basalte schlechtweg genannt, und Melaphyre sind teils porphyrisch, teils körnig struiert, dunkelgrau, blaugrau, blaugrün bis tiefschwarz, oft für das freie Auge unauflösbar dicht. Sie sind durch Einsprenglinge von basischem Plagioklas, vom Charakter des Anorthites bis zum Labrador, basaltischem, seltener diopsidischem Augit gekennzeichnet, häufig ist der Augit Enstatitaugit (Pigeonit). Olivin ist fast immer als Einsprengling vorhanden, und olivinreiche Basalte bzw. Melaphyre sind häufig, olivinhaltige noch viel häufiger, olivinarme bis olivinfreie viel seltener. Manchmal hervortretende Übergemengteile sind Hypersthen oder Bronzit, basaltische Hornblende, manchmal etwas Biotit, selten Quarz. Alle diese Übergemengteile außer Biotit werden bei besonderem Hervortreten auch zur Namengebung verwendet. Bei den verhältnismäßig selteneren makroskopisch porphyrisch struierten Gliedern heben sich Olivin und Augit, seltener Plagioklas deutlich als Einsprenglinge ab. Alkalifeldspat ist nur in Übergangstypen zu Andesiten und Porphyriten zu finden und verleiht vielen dieser Gesteine noch deutlicher einen mildalkalischen Charakter, der auch ohne Kalifeldspatgehalt bei einer großen Anzahl von Olivinbasalten festzustellen ist. Der Olivin vieler Basalte, besonders aber der Melaphyre ist zu Serpentinsubstanz, zu der auch der Iddingsit gehört, zersetzt. An manchen Stellen treten Einschlüsse von körnigen Olivinknollen, die im Basalt selbst meist nur geringe Dimensionen erreichen, als ausgeworfene und vielfach von Tuff verkittete Bomben aber sehr groß werden können, als basische Erstausscheidungen auf, die von der Schmelze und dem ausgeworfenen Material mitgerissen werden. (Dreiser Weiher [Eifel], Kapfenstein bei Gleichenberg in Steiermark als Beispiele.) Neuerdings werden diese Olivinbomben als mitgerissene Peridotite (vgl. S. 73), also als Tiefengesteine gedeutet. Nur an wenigen Stellen führen Basalte etwas größere Erzausscheidungen (z. B. Magnetkies), sehr selten Saphir (Bühl bei Kassel) als vereinzelte größere Einsprenglinge. Die Grundmasse ist bald holokristallin, aus Plagioklas, Augit und Erzen bestehend, seltener Olivin, bald enthält sie bräunliches Glas, das seltener Hauptgemengteil wird und bei Zurücktreten von Einsprenglingen neben Kristallen der Effusivperiode vitrophyrische Struktur verursachen und schließlich zum Basaltglas, dem Hyalobasalt werden kann. Der Plagioklas der Grundmasse ist Bytownit-Andesin, also saurer als der Einsprenglingsplagioklas, wie dies entsprechend der Abfolge der Kristallisationsdifferentiation bei allen Ergußgesteinen der normale Fall ist. Häufig geht die körnige Struktur bei nur schwach idiomorpher Gestaltung der Bestandteile unter Zunahme des Idiomorphismus und der Körner zu größeren Leisten und sich kreuzenden Plagioklas- bzw. Augitkristallen in die diabas-körnige Ophitstruktur, seltener in eine divergentstrahlige körnige Struktur über. Bei der Ophitstruktur (Diabasstruktur) werden Plagioklasleisten durch nicht idiomorphen Augit so verbunden, daß dieser u. d. M. im Durchschnitt durch die Leisten der Plagioklase in eckige, optisch gleich orientierte Teile zerschnitten wird. In den Zwickeln der Plagioklase erscheinen Reste von Glasbasis, erfüllt von Feldspat- und Augitmikrolithen, es bildet sich also Intersertalgefüge. Grobkörnige Basalte, deren Einzelkristalle bedeutende Größen erreichen können, die hyp-

Abb. 29. Basaltsäulen des Herrenhausberges bei Parchen im Böhmischen Mittelgebirge. (Nach S t i n y.)

abyssisch Gänge ausfüllen, werden als *Dolerite* bezeichnet, ein Name, der ausschließlich als Strukturbegriff zu verwenden ist. Porphyrisch struierte Basalte haben häufig Fluidaltextur.

Die Absonderung der Basalte kann auch säulig-prismatisch (Fingals-höhle, Workotsch bei Aussig), oft schalenförmig, plattig, polyedrisch, kugelig sein (ein Kugelbasalt wurde durch Goethe von der Kropfmühle bei Karls-bad beschrieben, bekannt sind die Kugelmelaphyre der Seiseralpe).

Zu den *Olivinbasalten* gehören Teile der Plateaubasalte und der Ozeanite und die enormen Basaltmassen der zirkumpazifischen Räume. Hekla und Ätna sind die typischen Vertreter der noch tätigen Vulkane dieser Gesteins-art, auch solche in den Anden beider Amerika. Der Originalozeanit von Piton de la Fournaise auf der Insel Réunion bei Madakaskar ist dunkel und reich an Olivin und Titanaugit. Ärmer an Olivin ist der Olivinbasalt von der schottischen Insel Skye (An 1)[1]. Zu den olivinarmen bis olivinfreien Gesteinen dieser Art der Basalte i. e. S., die oft je nach sinkendem Olivin-gehalt steigende Mengen von Bronzit führen, gehören u. a. die Rhönbasalte, die Laven des Tarawera auf Neuseeland vom Juni 1886, die Laven Islands und der Färöer, der Strom des Mauna Iki im Kilauea auf Hawai vom Jahre 1920 (An 2).

Als *Hypersthenbasalte* hat man Gesteine mit etwas größerem Gehalte von Hypersthen oder Bronzit neben Klinaugiten bezeichnet. Sie enthalten immer nur sehr wenig Olivin, führen manchmal etwas Quarz und bilden so Übergänge zu den Quarzbasalten, besonders das namengebende Gestein vom Mount Thielson und Mt. Pitt in Oregon, das einem Hyalobasalt nahe-steht. In Deutschland kennt man sie z. B. bei Buschhorn nahe Nauenhain, bei Ziegenhain und Romberg nahe Gelnhausen in Hessen. Eine Sonderstellung nehmen die *Quarzbasalte* ein, die zuerst im Lavastrom und als Bomben am Snag-See am Lassens Peak in Kalifornien gefunden worden sind. Das Ge-stein enthält rundliche, mit einem Mantel von Augit-Mikrolithen umgebene Quarze, Plagioklas, Hypersthen, Augit, Olivin als Einsprenglinge und eine sehr SiO_2-reiche Glasbasis. Solche Gesteine, die unter vielen anderen auch im Eurekadistrikt in Nevada und an der Detunata in Sieben-bürgen vorkommen, hat man als Mischungen zweier Schmelzen, einer dazitischen, der der Quarz zugehört, und einer basaltischen, der der Olivin zugehört, erklärt, um das sonst nicht beobachtete Zusammen-vorkommen von Olivin und Quarz in größeren Mengen zu erklären. Man kann aber den Quarz auch als ursprüngliche Bildung, wie die der Quarzporphyre auffassen. Tridymit führt der Basalt von der Mittelmeerinsel Alboran südwestlich von Almeria in Spanien. Quarz-haltig sind auch einige Basaltgläser *(Hyalobasalte)*. Die *Basaltgläser* bil-den Saalbänder am Rande von Gängen und Krusten von Strömen, Auswürf-linge, Bimssteine, Pechsteine (Tachylit), Basaltobsidiane, alle reich an Mikrolithen. Sie treten u. a. bei Angerod am Vogelsberg (Gethürms, Boben-hausen), Säsebühl bei Dransfeld, im hessischen Rheinhardswald, am Horner-berg bei Karlsbad, in Krusten am Kilauea und Maunaloa (Hawai), im Sakalavagebiet auf Madagaskar, am Mt. Pelée in der Schlacke von 1903 auf.

Gehalte von „terrestrischem" Eisen, wie sie von der Insel Disko bei Uifak (Ovifak) am Blaafjeld und am Bühl bei Kassel bekannt sind, deren Eisen wohl sicher durch Reduktion von Sulfiden entstanden ist, haben zum Namen Eisenbasalt geführt; auf Disko erreicht das Eisen Kubikmetergröße, am Bühl nur Nußgröße, es ist stellenweise von Magnetkies ummantelt, aus dem es entstanden sein könnte.

---

[1] Die Zahlen beziehen sich auf die Zusammenstellung der Analysen S. 80.

Die *Melaphyre* unterscheiden sich vom neovulkanischen Basalt nur durch die Altersumwandlungen, Veränderungen, die auch bei der Verwitterung sehr vieler jüngerer Basalte in oft nicht viel geringerem Ausmaße entstehen. Plagioklas ist, aber durchaus nicht immer, zu Quarz, Ton und Kalzit umgewandelt, Olivin zu Serpentin und dessen u. d. M. orangeroter Iddingsitform, der Augit in Hornblendeuralit (Uralitisierung), die Hornblende in Chlorit und Serpentin, die sich beide wieder in ein Gemenge von Limonit und Quarz umwandeln können. Es gibt wie bei den Basalten solche mit reichlich Olivin bzw. dessen Zersetzungsprodukten und olivinarme bis olivinfreie Glieder. Zu den ersteren gehört z. B. der Navit aus dem Saar-Nahe-Gebiet (Oberstein, Zwickau in Sachsen, Senones in Frankreich). Manchmal tritt der Plagioklas gegen Augit zurück und kann auch fehlen, wodurch Übergänge zu den Augitporphyriten (vgl. S. 82)[1] entstehen.

Abb. 30. Tholeiit aus dem Nahetal, doleritisches Gefüge, Plagioklas, Augit, Olivin. Olivin stellenweise als Zwischenklemmasse. Gekreuzte Nikols. Vergr. zirka 30fach.

Abb. 31. Olivindiabas von Satakunta, Finnland. Ophitisches Gefüge. Labrador (helle Leisten), Augit (dunkle geradlinige Umrisse), Olivin (rundliche Körner). Gewöhnliches Licht. Vergr. 20fach. (Nach E s k o l a.)

Ebenso können an Plagioklaseinsprenglingen reiche Typen Übergänge zu den Labradorporphyriten bilden, wie in den Fassaner Bergen Südosttirols. Zu den ältesten Ergußgesteinen der Erde gehören die großen Massen altpaläozoischer Melaphyre der Keweenawformation im Kupfergebiet des Oberen Sees. Doleritischen Basalten mit Intersertalstruktur entsprechen die *Tholeiite*[2] und Olivintholeiite aus dem Tholeyer Tal im Saar-Nahe-Gebiet, bei denen mit abnehmendem Olivin eine gewisse Menge von Bronzit hinzutritt (An 3). In den Ostalpen z. B. treten an vielen Stellen kleine und kleinste Melaphyrmassen in der Trias auf, z. B. im Haselgebirge (vgl. S. 174) von Hallstatt, dann im Dachsteingebiet, im Raxgebiet, in der Miemingergruppe (Lermoos) und

---

[1] Die von manchen zu den Melaphyren gestellt werden; eine Grenze zwischen Melaphyr und Porphyrit ist nicht zu ziehen.

[2] Manche Forscher gebrauchen den Namen Tholeiit an Stelle von Melaphyr, ein Vorgehen, das man durch den zumeist recht frischen Zustand dieser Gesteine begründen könnte.

an vielen anderen Stellen, die alle zumeist stark zersetzt sind. Der Hallstätter Melaphyr ist durch basische Ummantelung der Einsprenglingsplagioklase und dadurch ausgezeichnet, daß die Grundmasseplagioklase basischer sind als die Einsprenglinge (E. Zirkl). Kalkassimilation nach der intratellurischen Phase, also am Wege nach oben, eventuell Aufnahme von Anhydrit, könnte den höheren Kalkgehalt der effusiven Phase erzeugt haben.

Die *Diabase*, gleich manchen doleritischen Basalten, Bildungen hypabyssischer Zonen, charakterisiert durch die intersertale Ophitstruktur (Diabasstruktur), treten gleich den Melaphyren oft in stark zersetztem Zustand auf, besonders in gefalteten Gebirgen, wo sie an der Schiefermetamorphose teilgenommen haben und zu Grüngesteinen metamorphosiert worden sind. Metamorphe Zwischenglieder, die ihre Struktur noch bewahrt haben, wurden auch Metadiabase genannt (vgl. S. 243). Diabase sind im frischen Zustand von intersertal struierten Melaphyren (und Tholeiiten) kaum zu unterscheiden, doch enthalten Diabase im Gegensatz zum neovulkanischen Basalt und zum Melaphyr nicht so häufig Olivin (Olivindiabas). *Hornblendediabase* wurden früher oft als *Proterobase* bezeichnet. Bei porphyrisch holokristalliner Struktur gebraucht man die Bezeichnung Diabasporphyrit, wodurch die Gangnatur solcher Gesteine besonders hervorgehoben wird. *Hyalodiabase* enthalten größere Glasmengen. Sphärisch texturierte Diabase führen den Namen Variolite. Die Verbreitung der Diabase ist eine große, nur an wenigen Stellen gestattet es der Erhaltungszustand, sie, wie die Basalte, den einzelnen Unterabteilungen einzugliedern. Soweit es die Untersuchungen zulassen, entsprechen sie den mildalkalischen Schmelzen des Urmagmas. Über die Verbreitung der Gangdiabase in größeren Massen ist das Wichtigste S. 57 bereits mitgeteilt. Kleinere Vorkommen sind z. B. in der Grauwackenzone der Ostalpen, unter anderem im Gebiet der Kitzbüheler Alpen, als Hornblendediabase verbreitet. Hier sind sie teilweise noch weniger metamorphosiert als etwa in der Grauwackenzone, die den Hohen Tauern vorgelagert ist, ebenso in deren Nordrahmen, dann in der Grauwacke der Liesing-Palten-Talfurche in Obersteiermark oder im paläozoischen mittelsteirischen Hochlantschgebiet, wo es auch einige besser erhaltene Diabase gibt. Große Verbreitung besitzen sie im Fichtelgebirge, im Frankenwald, im rechtsrheinischen Kulm, im Devon des Saar-Mosellandes, im Lahn-Dilltal, beiderseits der Wenne, in den Lenneschiefern des westfälischen Ruhrgebietes, in den Wiederschiefern im Harz usw. Große Verbreitung haben sie unter anderem auch im Kambrium, Silur, Devon, Karbon Englands. Enstatitaugit führen Diabase vom Hunneberg in Schweden, Durham und Northumberland, Minas Geraes. Hornblendediabas kennt man auch von Tregaddock in Cornwall, grobkörnige Olivindiabase im Devon und Kulm am Ostrande des Rheinischen Schiefergebirges, von der Kinnekulle und anderen Stellen in Westgotland und Schonen. Im *Quarzdiabas*, wie er z. B. im Gneis von Schonen, des Varangerfjordes, im Laurentian Canadas auftritt, gilt der Quarz als primär, er füllt die Zwickel zwischen Pigeonit, rhombischem Augit und Plagioklas, oder bildet mit Plagioklas granophyrische Aggregate. Die Diabase der Lahnmulde, Weilburgite genannt, sind nach neueren Untersuchungen mit Keratophyren vergesellschaftete *Alkalidiabase*, reich an Alkalifeldspaten, sie entstammen wasserreichen, niedrig temperierten Schmelzen.

Verschiedenartig wird der Name *Spilit* gebraucht, ursprünglich für dichte, feinkörnige, einsprenglingsarme, oder davon freie basaltische Ergußgesteine aller geologischen Perioden, die Neigung zur Mandelsteintextur zeigen, leicht abplatten und oft in rundliche, wulstförmige Gebilde, sogenannte Kissenlaven (Pillowlava) zerfallen. Als Beispiele seien die von Sechshelden, Diez, Herborn im Rheinischen Schiefergebirge, aus dem sächsischen Vogtland, aus dem Flysch von Eisentobel bei Iberg im Kanton Schwyz, von der Insel Mullion im Devon Cornwalls genannt. Neuerdings gelten sie als submarine Extrusionen, bei denen der ursprüngliche kalkreiche Plagioklas durch hydrothermale Natronmetasomatose (vgl. S. 192) in Albit umgewandelt ist, ohne daß die anderen Bestandteile wesentlich verändert worden sind (Spilitisierung). Sie wurden auch als Natronbasalte oder Albitbasalte bezeichnet, gehören aber eher in den Bereich der Metamorphite. Albitbasalte wurden unter anderem vom Jaunpaß im Kanton Bern erwähnt.

Pikrite sind mittelkörnige bis feinkörnige, dunkelgraue bis schwärzlichgrüne olivinreiche Abarten der Diabase, Melaphyre und Basalte, die sich zu diesen Gesteinen ähnlich verhalten wie die Peridotite zu den Gabbros, ohne daß es aber in der Effusivform monogene Abspaltungen gibt. In einer aus Serpentin und Chlorit bestehenden Grundmasse liegen Augite und Biotit. U. d. M. läßt sich feststellen, daß diese Gesteine ursprünglich aus basaltischem Augit oder Chromdiopsid, Olivin und Eisenerz bestanden haben, daß die scheinbare Grundmasse durch Verwitterung von Augit und Olivin entstanden ist. Hornblende und rhombische Augite sind oft vorhanden. Man kann körnige und intersertal struierte Abarten unterscheiden. Wenn Glasbasis vorhanden ist und der Augit isomorph ist, bezeichnet man das Gestein als Pikritporphyrit. Pikrite sind Begleiter schwach bis stark alkalischer Gesteine, gehören aber auch der Kalkreihe an, begleiten öfter Diabase (Paläopikrit), wie z. B. im Devon des rechtsrheinischen Schiefergebirges, so unter anderen bei Wommelshausen (An 4); man findet sie in der Kreide von Neutitschein und Ellgoth im ehemaligen Mähren, im Kellerwald, im Tal der Ruhr, im Fichtelgebirge, Stoppenberg am Harz. Eozänen Flysch der Umgebung von Wien beeinflussen kontaktmetamorph Pikrite und Pikritbasalte (Übergangsgesteine zwischen Basalt und Pikrit) bei Lainz im Tiergarten und einigen anderen Stellen im Blocklehm, also auf sekundärer Lagerstätte, Gesteine, die heute fast zur Gänze karbonatisiert sind und zusammen mit anderen ebenso zerstörten basischen Ergußgesteinen der Alkalireihe auftreten. Anstehend ist Pikrit in einem Gang in Hütteldorf, also im Stadtgebiet von Wien gefunden worden (Abb. 25).

Chemische Charakteristik der basaltischen Gesteine der Alkalikalkreihe. Im Vergleich mit den Schmelztypen (von Niggli) ist das k niedrig, al — alk ist groß, c bedeutend größer als alk, meist mehr als doppelt so groß und steigt bis auf 60, al variiert, alk kann auf 1 sinken. Die Mittelwerte von mg liegen höher als 0,50, qz ist nur bei Quarzbasalt +, vielfach liegt es nahe bei 0. Diese Gesteine besitzen gabbroiden bis gabbrodioritischen Charakter. Dem Reichtum an basischem Feldspat entspricht das hohe c. Der Mangel an Kalifeldspat ergibt niedriges K_2O und bedeutendes Vorwalten von Na_2O. Hohe c-Zahl, niedriges si, hohes fm charakterisieren diese Gesteine auf Grund ihrer Analysen (vgl. S. 80).

Die Familie der Alkalibasalte.

Sie umfaßt eine große Anzahl verschiedener Gesteine, zu denen auch beträchtliche Teile der mildalkalischen Basalte gehören, die als kaum differenzierte simatische Schmelze angesehen werden können.

Als *Trachybasalte* kann man Basalte zusammenfassen, von denen ein Teil in ihrer Zusammensetzung denen der Alkalikalkreihe nahestehen, so daß man sie manchmal nur auf Grund der Vergesellschaftung zuordnen kann. Die Kalimenge dieser Gesteine ist etwas größer als die der Basalte der Alkalikalkreihe, ihre Schmelze nähert sich etwas der theralithisch-essexitischen. Foide fehlen, basaltische Hornblende bildet mehr oder weniger korrodierte Einsprenglinge, der Augit ist oft Titanaugit, manchmal mit deutlicher Sanduhrstruktur. Außer den bereits S. 56 genannten großen Verbreitungsgebieten in der großen atlantischen Gesteinsprovinz gibt es zahlreichere kleinere Vorkommen, wie die des Böhmischen Mittelgebirges (Workotsch bei Aussig, Scharfensteintunell bei Bensen), des Vogelsberges bei Gießen, der Rhön (z. B. Sparbrod), Meißner bei Kassel, der Kleinen Ungarischen Tiefebene, z. B. Ságberg zwischen Raab und Steinamanger (An 5). Am Vorkommen der Wood-Bay im nordwestlichen Spitzbergen konnte ihr Auftreten unmittelbar neben Labradorbasalt nachgewiesen werden. Von dieser Gruppe, die man auch als Alkalibasalte im engeren Sinn bezeichnen könnte, unterscheiden sich andere Gesteine bei fast gleichem Mineralbestand, denen man die Bezeichnung Trachybasalte im engeren Sinn geben kann, durch etwas größeren SiO_2-Gehalt. Plagioklas-Einsprenglinge sind schon makroskopisch sichtbar und weit häufiger als solche von Olivin und Augit. Hieher gehören wahrscheinlich auch Laven des Ätna, Mavenzi und vom Kibo und andere. Manche Glieder zeigen Übergänge zu Trachyandesiten, Tephriten und Phonolithen. Kalifeldspat führen die *Orthoklasbasalte* vom Yellowstone-Nationalpark und südöstlichen Neuseeland und aus Neusüdwales (Kiama-Gebiet). Grobkörnige *Trachydolerite* mit Labradoreinsprenglingen sind die Ciminite des Cimini-Gebirges in Mittelitalien und die *Latite* des Table Mt. in Kalifornien, Cripple-Creek in Kolorado (Phonolitlatit), Tautira-Bucht auf Tahiti, Bauza auf den Columbretes-Inseln in Spanien (leuzitführend), Gesteine, die Augite enthalten, während das namengebende Gestein von der Rocca Monfina bei Rom, das den Trachyandesiten nähersteht, auch Biotit führt. Der Latit von der Guardiaspitze auf Ponza enthält neben beiden dunklen Gemengteilen Nephelin (vgl. S. 84).

Alkalibasalte mit merklichen Gehalten an Foiden, zumeist nur in der Grundmasse, sind die an Olivin reichen *Basanite* und die olivinfreien *Tephrite,* von denen man Leuzit-, Nephelin-, Sodalith-, Hauyn-, Analzim-Basanite bzw. -Tephrite unterscheidet. Der Analzim ist allerdings häufig durch Umwandlung anderer Foide entstanden. Durch Einsprenglinge von Augit, Plagioklas, Olivin, seltener Foiden ist die Struktur dieser Gesteine gewöhnlich porphyrisch. Äußerlich basaltähnliche (basaltoide) Leuzittephrite und -basanite sind in der historischen und der vorhistorischen Vesuvlava vertreten, z. B. der Vesuvit und der kalifeldspatführende Braccianit (An 6). Ähnlich sind Laven der Rocca Monfina am Bolsener See, im Ciminischen Gebirge, Mte. Ferru auf Sardinien, die Leuzittephrite bei Tetschen im Böhmischen Mittelgebirge, mit Basaniten am Kaiserstuhl im Breisgau. Hauynleuzittephrite kennt man u. a. vom Mte. Vulture, Vulkan Ringgit auf Java, am Kilimandscharo. Äußerlich phonolithoide (dem Phonolith ähnliche) Leuzittephrite findet man z. B. bei der Osteria Tavolato an der Via Appia. Phonolithoide Nephelintephrite kennt man u. a. von der Rhön, den Azoren, Kanaren, vom Somaliland, basaltoide Nephelintephrite hingegen besonders vom Kaiserstuhl, während Nephelinbasanite in der Rhön, am Vogelsberg, im nördlichen Odenwald, im Böhmischen Mittelgebirge (vom Jessenken Berg bei Lobositz und anderen Orten) beheimatet sind. Aus

Niedermendig in der Eifel und vom Mte. Vulture kennt man Leuzit-Nephe-
lintephrite.

Der Hauptsache nach aus Leuzit und Augit bestehen die feldspatfreien,
olivinarmen bis olivinfreien lichten *Leuzitite* und die dunkleren olivin-
reichen *Olivinleuzitite.* Das Hauptverbreitungsgebiet der ersteren sind die
Albaner Berge, das Denkmal der Caecilia Metella bei Capo di Bove an der
Via Appia, die Umgebung von Bracciano und Bolsena, die Vulkane Moeriah
und Ringgit auf Java; mehr basaltoid treten sie bei Rothweil am Kaiserstuhl und im Duppauer-Gebiet in Nordböhmen auf. Olivinleuzitite kennt
man u. a. von Berlingen und Killerkopf in der Eifel, am Laacher See, bei
Tetschen und Leitmeritz im Böhmischen Mittelgebirge, von den Vulkanen

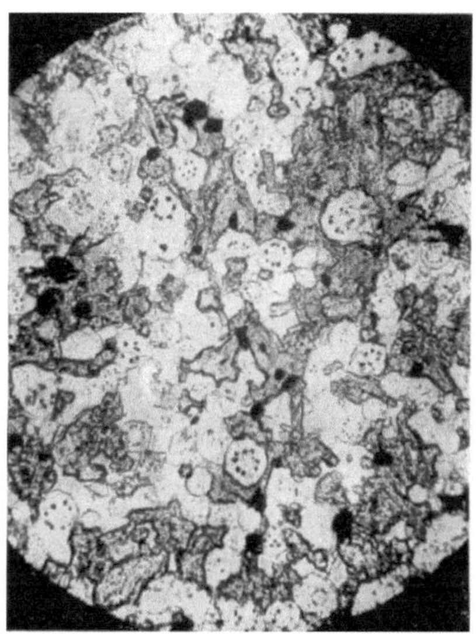

Abb. 32. Leuzitit vom Capo di Bove bei Rom.
Leuzite mit Glaseinschlüssen, Augit, wenig Erz.
Gewöhnliches Licht. Vergr. zirka 50fach.

Abb. 33. Olivinnephelinit vom Steinberg bei
Feldbach in der Oststeiermark. Große vier- und
sechseckige Nephelindurchschnitte, kleine Augite.
Gewöhnliches Licht. Vergr. zirka 30fach.

Javas und Celebes. Analzim als einzigen farblosen Gemengteil enthält z. B.
der *Analzimbasalt* vom Mte. Ferru auf Sardinien, während manche ähnliche Gesteine des Böhmischen Mittelgebirges geringere Mengen von Analzim
in der Grundmasse enthalten.

Die analogen Foidgesteine mit Nephelin und Augit als Haupteinspreng-
linge sind *Nephelinit* und *Olivinnephelinit,* die Feldspäte nicht als Hauptgemengteile enthalten, die aber überaus reich an Übergemengteilen sind,
Sanidin, Plagioklas, Hauyn, Nosean, Sodalith, Leuzit, Melilith, Andradit-
granat, Biotit, Hornblende. Ihnen entsprechen zahllose Unterabteilungen.
Erwähnt sei Nephelinit als Nephelindolerit vom Löbauer Berg in der
Lausitz, Roßberg bei Darmstadt, Meiches am Vogelsberg, Schreckenstein
bei Aussig, Puy de Sandoux in der Auvergne. Feiner struiert sind sie in den
ostafrikanischen Vulkanen Meru, Oldonyo Sambu, l'Engai, Ruwenzori,
Ettinde in Kamerun usw., sie kommen aber auch am Katzenbuckel im
Odenwald vor. Leuzitnephelinite vom Elgon im Gebiet des Kiwusees gehören hieher. Hauyn neben Nephelin als vorwaltenden lichten Bestandteil

enthält der Hauynit vom Morgenberg, Neudorf bei Annaberg im Erzgebirge. Leuzit und Nephelin neben Hauyn, Sodalith und Augit enthält der Hauynophyr von Melfi am Mte. Vulture, ähnlich vom Horberig am Kaiserstuhl und von Großpriesen im Böhmischen Mittelgebirge. Olivinnephelinite, bei denen Nephelin in die Grundmasse zurücktritt, Augit und Olivin in den Vordergrund treten, sind in Deutschland verbreitet, so bei Hauenstein im Schwarzwald, Burkheim am Kaiserstuhl, Schönberg im Breisgau, Auerbach an der Bergstraße, Roßdorf bei Darmstadt, hier reich an Hauyn, in der Eifel (Feuerberg bei Hohenfels, Selbusch), am Vogelsberg, in der Schwäbischen Alb (Göchingen, Gaubühel), im Böhmischen Mittelgebirge bei Lobosch und Saubernitz. Melilitholivinnephelinit kommt u. a. im Hegau, bei Osterbühl im südlichen Baden, am Kammerbühl bei Eger in Böhmen, Fritzlar und Lohne in Niederhessen vor. Durch Zunahme des Melilith gehen solche Gesteine in *Olivinmelilithe*, feinkörnige. zumeist porphyrisch stuierte Alkalibasalte über, so bei Hochbohl und Bölle bei Owen in der Schwäbischen Alb, Görlitz in der Lausitz, Killerkopf in der Eifel, Neuhöwen im Hegau, mehrfach im ostafrikanischen Graben und in Madagaskar.

Abb. 34. Limburgit von Sasbach am Kaiserstuhl. Vollkommen idiomorpher Titanaugit mit sanduhrartigen Anwachskegeln (Querschnitt) und Zonarbau. Gekreuzte Nikols. Vergr. zirka 30fach.

Magmatich zu den foyaitischen-theralitischen Formen gehören auch die meisten *Limburgite*, Hornblende-, Hauyn-, Leuzitlimburgite, die in meist reichlich glasiger Grundmasse Einsprenglinge von Titanaugit und Olivin, aber weder wesentliche Mengen von Feldspaten noch Foiden enthalten. Sie bilden Gänge, Ströme und Kuppen bei Limburg und Sasbach am Kaiserstuhl (An 7), Reichenweiler im Elsaß, Rehgraben bei Nierstein in der Umgebung von Darmstadt, im Taunus, Staufenberg bei Lollar in Hessen, in der Rhön, in den Vicentinischen Bergen, am Monte Dore in der Auvergne, am Kilimandscharo, in der Sierra de Monchique in Portugal, bei Rio de Janeiro und vielen anderen Orten. Fehlt Olivin, so nennt man die Limburgite auch *Augitite,* z. B. von Duppau in Böhmen, Limburg-Sasbach am Kaiserstuhl, besonders verbreitet auf den Inseln des grünen Vorgebirges als Ergußfazies ihrer Foyaite und Essexite. Limburgite und Augitite (auch in der Form von Limburgitbasalten), deren Augite im Kern diopsidisch und nur am Rande Titanaugite sind, kennt man aber auch in der Alkalikalkprovinz der Euganeen, besonders im Gebiet um den Mte. Gemola. Als bescheidener Vertreter augititischer Schmelzen in den Alpen kann man den Ehrwaldit vom Wetterschrofen ober Ehrwald im Wettersteingebirge bei Lermoos in Tirol deuten, der aus Ti-haltigem Augit, wenig Biotit und Olivin, reichlichen Mengen einer in der Zusammensetzung einem basischen Plagioklas entsprechenden Glasbasis besteht. Durch den hohen Augitgehalt unterscheidet sich dieses Gestein von den anderen, ebenfalls stark vergrünten Melaphyren der nördlichen Kalkalpen (z. B. von Lech im Arlberggebiet). In Limburgiten und Augititen zeigen die Titanaugite öfter durch die Ausbildung von Anwachspyramiden Sanduhrstruktur (Abb. 34).

Alkalibasalte der Oststeiermark und des Burgenlandes von jungpontischem (pannonem) Alter. Diese bisher nicht erwähnten Vorkommen seien besonders zusammengestellt.

1. Die Basalte des *Hochstradens* südlich von Gleichenberg, die größte geschlossene Basaltmasse der ganzen Reihe, bilden Deckenergüsse und kleine Lavaausflüsse in einem zirka 10 km langen Hügelzug. Charakteristisch ist der Nephelinit von der Teufelsmühle mit Einsprenglingen von Augit und Olivin in holokristalliner Grundmasse aus Augit, Nephelin und Hauyn; Augit setzt die Hälfte des Gesteines zusammen (An 8). Nosean enthält die Grundmasse des dunkelblauen Nephelinits vom Gipfel des Hochstradens, während die Grundmasse eines braunschwarzen Gesteines an der *NW*-Basis bei Merkendorf mit wenig Olivin als Einsprenglinge fast nur aus Glas besteht. Zum Olivinnephelinit gehören die Gesteine von Dirnbach und Risola, reich an Nephelin, arm an Nosean. Im *N* besteht die Hauptmasse des Hochstraden aus stellenweise reichlich Hauyn führendem Nephelinit.

2. Die vulkanischen Massen des *Berggebietes von Klöch*, durch den Pleschbach vom Hochstraden getrennt, bestehen zu einem Drittel aus Tuff. Das Hauptgestein, ein blaugrauer Nephelinbasanit der Klöcher Klause hat holokristalline, aus Augitleisten mit Zwischenmasse von Labrador, Sanidin, Nephelin (Analzim?) bestehende Grundmasse und darin Einsprenglinge von Augit und Olivin. Zum Teil glasig ist die Grundmasse des Gesteines vom Kindbergkogel im *N* des Gebietes. Arm an Plagioklas sind die durch Entgasung der Grundmasse oft blasigen Gesteine vom Steinbergkogel.

3. Der limburgitische Basalt von *Stein* bei *Fürstenfeld*, hellgrau bis schwarz, sehr dicht, enthält Mandelräume (mit Chalzedon, Kalzit usw.) und zahllose Fremdeinschlüsse von Kalk, Ton, Mergel und Quarz. In der Grundmasse aus Augitleisten, Magnetit und Glas liegen idiomorphe Augite und reichlich Olivin.

4. Durch starke Differenzierung ist der Basalt *vom Steinberg* bei *Feldbach* ausgezeichnet. Den Sockel des Berges bildet körniger Nephelinbasanit ohne sichtbare Einsprenglinge. Unterhalb der Kuppe liegt im Anbruch an der Basis holokristalliner, porphyrischer Nephelinit mit stengelig-säuliger Absonderung, darüber parallelepipedisch abgesonderter Nephelinbasanit, darüber von Nephelin freier mittelkörniger Trachydolerit in säuliger Absonderung, der in Nephelinbasanit mit Nephelineinsprenglingen übergeht. Darüber folgt heller Basanit mit Nephelin als Füllmasse und sehr viel Plagioklas. Die Kuppe selbst besteht aus feinkörnigem, stellenweise fladig ausgebildetem Oliphinnephelinit, dessen Nephelin größtenteils im Glas enthalten ist, stellenweise aber schöne Einsprenglingskristalle bildet (Abb. 33).

5. Bei *Neuhaus* am Klausenbach im Burgenland, östlich von Gleichenberg findet man einen Trachydolerit, überreich an Einschlüssen von Sedimentmaterial. Chemisch gehört dieses Gestein ebenso wie die Gesteine vom Steinberg zu den theralithischen Schmelzen.

6. Der *Pauliberg* zwischen Kobersdorf und Landsee an der niederösterreichisch-burgenländischen Grenze ist ein Vulkan mit einem Sockel aus kristallinen Schiefern. Man hat dort drei Basaltarten unterschieden, die älteste, blauschwarze bildet die Hauptmasse, den ganzen unteren Teil und die obere Masse des südöstlichen Teiles. Die Grundmasse besteht aus Augit, Plagioklas, Nephelin, Sodalith, Biotit, reichlich Erz, wenig Glas, die Ein-

sprenglinge sind Olivin und Augit. Die zweite, etwas grobkörnigere Art, ein grauer, fast glasfreier, sonst in der Zusammensetzung dem schwarzen Gestein ähnlicher Basalt, in dem die Einsprenglinge deutlich hervortreten, bildet in den Felsen des oberen Teiles kleinere zusammenhängende Partien. In diesem grauen Gestein liegen Partien der jüngsten Abart, die nicht mehr die Oberfläche erreicht hat und grobkörniger Trachydolerit mit größeren Plagioklasleisten geworden ist. Das schöne grauviolette Gestein besteht größtenteils aus Labrador und Titanaugit, dann Biotit, Nephelin, Sodalith, Olivin, Magnetit, Ilmenit (oft von bedeutender Größe), auch Aegirin tritt manchmal auf (An 9). Der Labrador aller drei Typen ist zumeist von

Abb. 35. Dicksäuliger Basalt, Steinberg bei Feldbach. (Nach Winkler.)

Sanidin ummantelt, der auch für sich im Gestein auftreten kann. Tuffe, die sonst in Begleitung der Basaltgesteine des Burgenlandes verbreitet sind, fehlen hier gänzlich, dagegen kam es zu Auswürflingen, kleineren Bomben und schlackiger Oberflächenentwicklung.

Die Ausgangsschmelze der beiden ersten Gesteinsarten hat theralitischen, die der dritten mehr essexitischen Charakter. Das gesamte Pauliberggestein nimmt eine Mittelstellung zwischen Trachybasalt und Nephelinit ein.

7. 13 km südöstlich vom Pauliberg bildet bei *Oberpullendorf* im Burgenland ein zwischen Nephelinbasanit und Alkalibasalt im engeren Sinne stehendes Gestein zwei übereinander liegende vorsarmatische Lavaströme. In holokristalliner Grundmasse aus Labrador, Augit, Nephelin und Erz liegen Einsprenglinge von Olivin und Augit. Zahlreiche, auch größere Hohlräume enthalten Aragonit in radiärstengeliger bis feinfaseriger Ausbildung oder in größeren Kristallen. Bedeutende Tuffmengen begleiten die Ströme.

8. An zahlreichen kleineren Ausbruchstellen kam es nicht zu Lavaergüssen, nur Tuffmassen wurden gefördert, so bei Limbach, Tobaj,

Güssing, Fehring, Kapfenstein (durch Olivinbomben ausgezeichnet), Feldbach, Edelsbach, Riegersburg, Jennersdorf u. a. Diese zum Teil pontischen Tuffe enthalten an manchen Stellen große samtschwarze Kristalle von basaltischer Hornblende.

9. Die flache Basaltkuppe von *Weitendorf* bei Wildon, südlich von Graz, ist vielleicht eine etwas ältere Effusion als die bisher besprochenen. Meist stark zersetzte Olivine und Augitkristalle bilden Einsprenglinge in verschieden glasfreier und glasreicher Grundmasse, so daß man mehrere Abarten unterscheiden kann. Das Gestein zeigt stellenweise gewisse Ähnlichkeiten mit den Gleichenberger Trachyandesiten und wurde auch als basaltischer Trachyandesit bezeichnet. Es weicht von allen bisher erwähnten Basaltgesteinen am weitesten nach der Alkalikalkreihe hin ab, seine Schmelze ist vielleicht durch Alkaliabgabe oder Sialassimilation stärker entartet als die Brudergesteine weiter im Osten. Auch chemisch (An 10) steht dieses Gestein den Trachyandesiten nahe und ergibt beiläufig monzonitische Schmelze. Bekannt ist der Basalt von Weitendorf durch die hydrothermale Mineralfüllung seiner Hohlräume: Quarz (Amethyst), Chalzedone verschiedener Art, Aragonit, Kalzit, Delessit, seltener Natrolith, Heulandit, Prehnit, Pyrit.

10. Der Vitrophyrbasalt von *Kollnitz* bei St. Paul im Lavanttal in Kärnten kommt in verschiedener Ausbildung vor, unterscheidet sich schon äußerlich durch die große Glasmenge (zirka 35 Vol.%), aber auch durch größeren MgO- und Na_2O-Gehalt, dagegen geringeren K_2O-Gehalt vom Weitendorfer Gestein; beide Basalte stehen aber im kristallisierten Anteil einander sehr nahe, doch ist das Kollnitzer Gestein ein typisches Glied der Alkalikalkreihe und kann als basaltischer Andesit oder andesitischer Basalt angesehen werden. Die Schmelze dieses Gesteines, das mitten im alpinen Faltengebirge liegt, war noch weiter von der Zusammensetzung des urbasaltischen Magmas, dem die meisten Glieder dieser steirisch-burgenländischen Gesteine nahestehen, entfernt.

Der Chemismus der Alkalibasalte. Trotz des starken Schwankens im $Na_2O : K_2O$-Verhältnis, dem Schwanken der *al*-Zahl von $25\frac{1}{2}$ bis 5 bleibt doch der basische, gabbroide Charakter aller dieser Gesteine gewahrt, so daß auch für das mildalkalische Magma gabbroide Zusammensetzung angenommen werden kann. Die Differenz *al — alk* ist oft recht groß, auch dann, wenn beide Werte an und für sich recht gering sind, *c* ist fast immer, oft recht bedeutend, größer als *alk, fm* steigt bis auf 60, die *mg*-Werte liegen, wenn man von manchen Leuzittephriten absieht, im Durchschnitt bei oder über 0,50, *qz* ist niemals positiv und kommt nur selten in die Nähe von 0, nur die beiden letzten Gesteine von Weitendorf und Kollnitz, die keine echten Alkaligesteine sind, haben positives *qz*, sie haben wohl Sial assimiliert.

Die Familie der Gabbrogesteine.

Viele Glieder dieser Familie, die petrographisch der Tiefenform der Alkalikalk-Basaltgesteine entsprechen, entstammen nicht dem urbasaltischen simatischen Magma, sondern sind Kristallisationsprodukte am Beginne der Differentiation hybrider Schmelzen von verschiedener Herkunft.

Die Gabbrogesteine sind hypidiomorph-körnige Gesteine der Alkalikalkreihe von verschiedener Korngröße aller Gemengteile, unter denen basischer Plagioklas von Labrador bis Anorthit, Klinaugit, der zumeist Diallag,

Diopsid oder Ti-haltiger basaltischer Augit sein kann, dann Bronzit-Hypersthen oder auch beide und Hornblende die Hauptgemengteile sind, zu denen Olivin auch als Hauptgemengteil hinzutreten, aber auch fehlen kann (Olivingabbro). Als Übergemengteil kann außer Olivin auch Biotit in kleinen Mengen vorhanden sein (Biotitgabbro), während Apatit, Magnetit, Ilmenit, Zirkon, ab und zu Ni-haltiger Magnetkies die üblichen Nebengemengteile sind. Erze können so angereichert sein, daß sie produktiv werden können, wie etwa die Ni-Sulfide der Lagerstätte von Sudbury in Kanada. Kleinerer oder größerer Gehalt von saureren Plagioklasen (Andesin bis Oligoklas) bilden den Übergang zum Diorit. Der Diallag zeigt öfter einen bronzebraunen, metallartigen Schimmer (Schillerfels), ist oft in Uralit, eine aktinolithische Hornblende, umgewandelt (Abbildung 36) oder durch Verwitterung serpentinisiert (Bastitbildung) oder in Chlorit umgewandelt. Auch der Bronzit zeigt an den . Spaltflächen zuweilen bronzeartigen Schimmer. Die schwarze bis braune Hornblende (Syntagmatit) ist sehr basisch, während die seltenere grüne Hornblende kaum primär, sondern aus der schwarz-braunen oder aus Augit entstanden ist. Der Plagioklas ist häufig in das Saussuritgemenge von Epidot-Zoisit und Albit umgewandelt. Die Farbe aller dieser Gesteine ist dunkel, schwarz bis braunschwarz, seltener mit grünlichem Farbton, nur bei starkem Vorwalten lichterer Plagioklase licht und dunkel gefleckt. Die vier Hauptbestandteile können einzeln so sehr angereichert sein, daß Übergänge zu den monogenen Spaltungsprodukten der Ausgangsschmelze, zu den Anorthositen, Pyroxeniten, Hornblenditen und Peridotiten entstehen.

Abb. 36. Uralitisierung. Gabbro von Langenlois in Niederösterreich. Der große Diallagkristall ist in der Mitte des Bildfeldes noch erhalten, rechts davon in uralitische Hornblende aufgefasert. Gewöhnliches Licht. Vergr. zirka 40fach.

Nach dem Mineralgehalt kann man unterscheiden: *Gabbro* im engeren Sinne ohne wesentlichen Gehalt an Orthaugiten und *Norit,* bei dem Hypersthen-Bronzit Hauptgemengteile sind, *Olivingabbro* und *Olivinnorit, Biotitgabbro.* Olivingabbro mit nur wenig Augit, der auch fehlen kann, wurde als *Troktolith.* solcher mit reichlich Orthaugit als *Hypersthengabbro* bezeichnet. Der *Quarzgabbro* enthält geringe Mengen von Quarz. zu denen auch der von anderen zum Anorthosit gestellte Mangerit gereiht werden kann. Zum Diorit leiten die Gabbrodiorite bzw. Dioritgabbro über, zu denen z. B. der sogenannte Hyperit vom Wener See im Wermland und anderen Orten gehört. Eukrit wurde Gabbro, dessen Plagioklas Anorthit ist, genannt (Ramansö in Schweden, Allival auf der schottischen Insel Rum usw.). Die Gemengteile, die alle frühen Kristallisationsstufen angehören, sich dabei gegenseitig im Wachstum behindern mußten, sind selten idiomorph entwickelt. Verbreitet ist das sogenannte Ozellargefüge, Biotit, Olivin, Eisenerze werden an Berührungsflächen mit Plagioklas, niemals aber gegen Augit oder Hornblende von einem symplektitischen, kurz Symplektit genannten Gewebe feinster Verwachsung von Bronzit-Hypersthen-Aktinolith-Hornblende schalenförmig ummantelt. Gabbro, deren Plagioklas so sehr in Saussurit umgewandelt ist, daß von ihm nichts mehr übriggeblieben ist, werden auch als Saussuritgabbro bezeichnet.

Einige Vorkommen. Im Niederösterreichischen Waldviertel handelt es sich nur um größere Relikte im Amphibolit, so der Olivingabbro vom Loisberg bei Langenlois, der von Nondorf (An 11), Kurlupp, Kottes-Ottenschlag, Kleinzwettl, Immenschlag, Willings, Kautzen, noritisch von Artholz und Stalleck. Bekannte Vorkommen sind die im Schwarzwald, Odenwald (z. B. Lindenfels, Niederbeerbach), Neurode und Hausdorf in Schlesien, solche im Eulengebirge, im Bereich des Brockengranites (Harzburg), Fichtelgebirge (Wurlitz), Le Prese im Veltlin, in der Arollaserie (Olivingabbro des Mte. Collon im Val d'Herens), als Differentiationsprodukt des Monzonites im Massiv des Monzoni (An 12) im Fassatal (Hornblendegabbro), bei Florenz, an vielen Stellen im Apennin, Nordengland (Carrockfell). In der Durance in den Hautes Alpes ist im Gastalditgabbro im Hangenden der Bornitgrube von St. Veran, dem höchsten Ort von Europa, der Pyroxen in Gastaldit umgewandelt *(Gastaldit-* bzw. *Glaukophanuralitisierung),* eine Umwandlung, die als metasomatisch im Zusammenhang der Vererzung angenommen wird (vgl. S. 245 bei den Glaukophanschiefern). Stellenweise geht dieser Gabbro in einen Gastaldit-Pyroxenfels über. Diese dunkelblau seidenglänzenden Gesteine sind aber keine Gesteine der Alkalireihe, weil der Na-Gehalt durch Zufuhr von außen in den Mineralbestand gekommen ist.

Norite und *Olivinnorite,* durch schwankendes Mengenverhältnis von Diallag, rhombischem Augit und Hornblende mit Gabbro, Hornblendegabbro und Olivingabbro auf das engste verbunden, haben ihr Hauptverbreitungsgebiet in Südwest-Norwegen, bei Kalmar in Schweden, Aberdeenshire in Schottland; sie treten auch in Finnland, im nördlichen Ural, im Westchester Gebiet im Staate New York auf, dann auf Sumatra, in der indischen Provinz Madras, als ältere Bildung im Differentiationsraum des Bushveldes in Südafrika (z. B. bei Bon Accord Quarry im Pretoriadistrikt mit 64,7% Labrador, 14,6% Augit, 20,7% Hypersthen An 9). In Deutschland sind sie im oberen Radautal (Olivinnorit), Harzburg im Harz (z. B. der Norit von der Pferdediebsklippe bei Molkenhaus) vertreten, in der Schweiz als Noritgabbro vom Val Scala im Veltlin, im Valbella-, Rimella-, Stronatal in Piemont. Man kann diese Gesteine nach der Mineralführung in Enstatit-, Bronzit-, Hypersthen-, Augit-, Biotitnorite unterteilen. Durch Eisenanreicherung bzw. hohen Magnetitgehalt ausgezeichnete Norite kann man Magnetitnorite nennen, wie sie u. a. im Bushveld (z. B. Magnet Heights im Lydenburggebiet mit 22% Titanomagnetit) reich an TiO_2 auftreten. *Troktolith* (auch Forellenstein genannt), mit Olivingabbro und Olivinnorit verbunden, kennt man u. a. von Schlesien, vom Harz und aus Cornwall. Auf der Hebrideninsel Rum wechseln Lagen von olivinreicheren und daran ärmeren Troktolithen.

Bei keinem Gestein in Orogenen ist der Übergang in kristalline Schiefer (Amphibolit) so deutlich zu sehen, sind die inneren Kerne noch in Tiefengesteinsgefüge so gut erhalten geblieben. Saussuritgabbro z. B. ist im Allalingebiet des Wallis (Allalinit), Sulitelma in Norwegen und arg zersetzt in der Wildschönau bei Wörgl in Tirol bekannt. Chemisch sind diese Gesteine außer dem kleinen Wassergehalt nicht viel verändert, äußerlich durch die Faserigkeit und Splitterigkeit der trüb gewordenen Feldspate kenntlich.

Die Schmelze, aus der die Gabbrogesteine entstanden sind, war verhältnismäßig trocken, flüchtige Bestandteile, in der Menge beschränkt, können nur durch Assimilation aus dem Nebengestein zugeführt sein. Saussuritisierung der Plagioklase, Uralitisierung der Augite, aber auch Neubildung der Hornblende können damit zusammenhängen. Im allgemeinen überwiegen ältere, präkambrische Gabbros und solche des Paläozoikums (varistisch). Manche alpine Gabbrogesteine dürften mesozoisch, italienische Gabbros sollen alttertiär sein.

Die Familie der Pyroxenite.

Pyroxenite, die in Mineralbestand und Erscheinungsform ununterscheidbar beiden Reihen, den Alkalikalk- und den Alkaligesteinen angehören, sind das monogene Abspaltungsprodukt der gabbroiden Stammschmelze, das in seiner reinsten Form aus nur einem Mineral der Augitgruppe besteht. Man kann demnach *Diopsidite, Diallagite, Bronzitite, Hypersthenite* unterscheiden, deren Farben denen dieser Mineralien entsprechen. Der Name Augitite wird anderweitig (vgl. S. 66) verwendet. Als Übergemengteile kommen aber alle anderen Mineralien der Gabbrofamilie hinzu. Pyroxenite, die beiläufig zu gleichen Teilen aus diopsidischem Augit und je nach der Farbe des Gesteines aus lichtem Bronzit oder dunklem Hypersthen bestehen, wurden *Websterit* genannt. Sie sind u. a. bekannt von Webster in Nordkarolina, Oakwood im Cecil Co. in Maryland, Mte. Diablo nordwestlich von San Franzisko. Die meisten Pyroxenite bilden Gänge oder Einlagerungen in Gabbrogesteinen oder Peridotiten bzw. Serpentinen, wie z. B. der feinkörnige bis sehr grobkörnige Bronzitit von Kraubath ob Leoben in Steiermark und in anderen Peridotit-Serpentinstöcken der Alpen (Goslerwand, Eichham als ostalpine Beispiele). Größeren Gehalt an Bytownit enthalten die wenig umfänglichen Einlagerungen im Monzonit von Predazzo (Malgola) und im Gabbro des Monzoni. Diallagite kennt man z. B. als unfrische Reste im Serpentin des Kleinen (oder Naviser) Reckners in den Lizumer Bergen unweit von Innsbruck, frischer von Thio in Neukaledonien (An 13). Diopsidit tritt u. a. am Lac de Lherz bei Ariège in den Pyrenäen auf. Reich an Titanomagnetit ist der Pyroxenit im archäischen Gneis des Afrikanda Massivs auf der Halbinsel Kola. Magnetitpyroxenit findet sich im Gabbro von Caribou in Kolorado, bei Narsak in Grönland in Verbindung mit Nephelinsyeniten und mit Essexiten. Sagvandit ist ein Bronzitit mit Breunneritmagnesit vom gleichnamigen Ort am Balsfjord in Norwegen. Vornehmlich aus Titanaugit mit Magnetit und Ilmenit besteht der Jacupirangit beim gleichnamigen Ort in der brasilianischen Provinz San Paulo. Zwischen Olivingabbro und Pyroxenit steht der Tilait vom Tilaiberg bei Pawda im Nordosten von Perm. Eine Art Dioritpyroxenit ist der Čizlakit von Čizlaka im Bacherngebirge, der Albit und Orthoklas enthält. Ariegit aus den französischen Pyrenäen (besonders Lherz-See) besteht aus Diallag, Bronzit, brauner Hornblende, Spinell, Granat, Olivin, Biotit, manchmal Andesin. Vibetoit aus dem Fengebiet Telemarkens enthält Kalzit, der aus dem Schmelzfluß gebildet sein soll. Einige dieser Gesteine, wie die Abarten Jacupirangit und Vibetoit sind Alkaligesteine, während der Tveitåsit, ein Perthit-Pyroxenit des Fengebietes durch Aufschmelzung von Gneis entstanden ist, er enthält Aegirin, Diopsid, Kalifeldspat. Die Augite der Pyroxenite enthalten die anderen Bestandteile häufig zum Teil als poikilitische Einlagerungen.

Die Familie der Hornblendite.

Diese seltenen, niemals mächtigen Gesteine enthalten neben Hornblende, die oft einen Augitkern birgt und aus diesem entstanden sein kann, Augit, Olivin, hie und da Pyrop. Man kennt solche Vorkommen u. a. zusammen mit Peridotiten aus dem Wallis, den Pyrenäen zusammen mit Lherzolith (vgl. unten), vom Hummelberg im Nordosten von Heidelberg, aus dem Odenwald, von Maracas in der brasilianischen Provinz Bahia, hier auch mit Olivin (An 14). Echter Hornblendit mit Diallaghornblendit, Titanithornblendit und Diopsidhornblendit ist von Szavaskö im Ungarischen Bückgebirge beschrieben worden; reichlich Apatit und ab und zu Bytownit enthält der Issit von Tswettlibor am Iss im Ural, der manchmal reich an Anorthit ist. Alkalihornblendit mit Riebeckit-Arvfedsonit von Alter Pedroso in der portugiesischen Provinz Alemtejo ist Pedrosit genannt worden. Zum Peridotit führt der Schriesheimit vom gleichnamigen Ort im Odenwald mit poikilitischem Olivin. Alkalihornblendit kennt man u. a. auch vom Mt. Dore in der Auvergne (Mareuges). Ein olivinführender Augithornblendit ist der sogenannte Cortlandit von Stony-Point am Hudson im Staate New York.

Die Familie der Peridotite.

Dieses verbreitetste aller drei durch Gravitationsdifferentiation aus gabbroider oder dioritischer Schmelze entstandenen monogenen Spaltungsprodukte gehört ebenfalls beiden großen Sippen an und ist häufiger mit Gabbros, seltener mit Theralith, Essexit und Shonkinit verbunden. Oft aber fehlt jede Grundlage zur Annahme einer Verbindung mit anderen Gesteinen. Hauptbestandteil ist körniger Olivin, der Farben vom lichtesten Grün bis zum tiefsten Schwarzgrün verleiht, der aber in den meisten Fällen von der Intergranulare aus mehr oder weniger serpentinisiert ist und in Olivinserpentin übergeht (Abb. 37).

Das reinste Olivingestein ist der *Dunit*, dessen Name von den Dun Mountains bei Nelson auf Neuseeland stammt und neben Olivin nur etwas Magnetit und Chromit enthält. Zu diesem Typus gehören die meisten Peridotite der Alpen, so der von Kraubath ob Leoben, vom Hochgrößen bei Rottenmann, von mehreren Stellen im Stubachtal im Pinzgau (Totenköpfen), von Gaispfad in Oberwallis, von der Seefelder Alpe im Ultental und vom Mte. Croce (Kreuzberg) bei Meran, vom Loibiskogel im Ötztal, von Steinegg im Niederösterreichischen Waldviertel, an den letzten beiden Vorkommen besonders wenig serpentinisiert. Granat enthalten u. a. Gesteine vom Gordunatal in Tessin und aus dem östlichen Kentucky. Größere Mengen von Bronzit oder Hypersthen enthält der *Harzburgit*, so von der Jackson- und der Awaruwa-Bay an der Westküste Neuseelands, in Oregon enthalten sie Ni-Erze, Hornblende enthält das Gestein vom Valbella-, Rimella- und Stronatal in Piemont (Valbellit). Das namengebende Gestein von der Harzburg a. d. Baste ist fast zur Gänze serpentinisiert. Ist neben Bronzit auch grüner Diallag, zumeist etwas Picotit und Chromit vorhanden, so nennt man das Gestein *Lherzolith* vom Lherzsee bei Ariège (An 15) und anderen Orten in den Pyrenäen, in der Sesiazone zwischen Ivreasee und Locarno. Die größte Lherzolithmasse von Europa tritt im Peridotitmassiv von Zlatibor in Westserbien auf. Diallagperidotit, auch *Wehrlit* genannt, kennt man u. a. vom Berg Zcavarskö im Bückgebirge im Komitat Zemesch in Ungarn, von Prachatitz im Böhmerwald, sehr frisch im Kristallin von Montana (z. B. Red Bluff),

stark serpentinisiert und chloritisiert vom Magnetstein bei Frankenstein im
Odenwald, ein Berg, der schon von weitem die Magnetnadel ablenkt, obwohl
das Gestein keineswegs an Magnetit reicher als andere Wehrlite ist. Diese
Eigenschaft kennt man auch aus Serpentingebieten. Die *Hornblendeperi-
dotite* enthalten manchmal Glimmer und sind ebenfalls stark serpentinisiert,
ihre Hornblende ist zumeist grün, seltener braun. Von den Vorkommen sei
Schriesheim im Odenwald, North Meadow Creek in Montana und Spanish-
Peak im Plumas Co (Kalifornien) erwähnt. Biotitperidotit mit dunkel-
braunem Biotit ist u. a. vom Kalten Tal bei Harzburg und ähnlich von Giri-
dih bei Darjeeling in Ostindien beschrieben worden. Ob der porphyrisch
struierte *Kimberlit* der diamantführenden Schlote der Carooformation Süd-
afrikas (Oranje River, in Transvaal,
Rhodesien, Katanga in Belgisch-Kongo

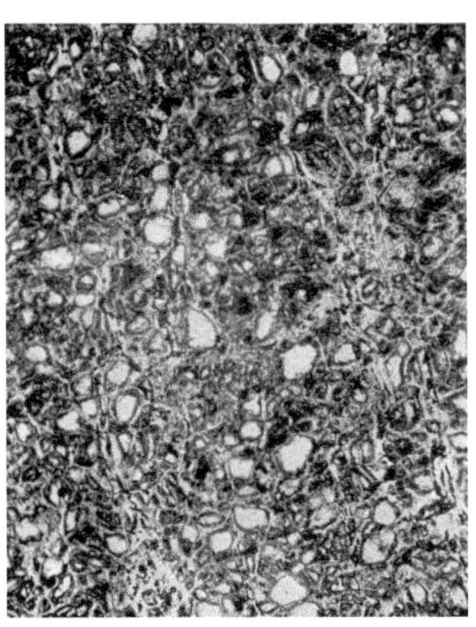

Abb. 37. Olivinkristall mit beginnender Serpentinisierung. Gewöhnliches Licht. Vergr. 30fach.

Abb. 38. Peridotit von Kraubath ob Leoben in
Steiermark. Zirka zur Hälfte serpentinisiert. Gewöhnliches Licht. Vergr. zirka 20fach.

usw.), der im wesentlichen aus Olivin, Bronzit, diopsidischem Augit, Phlogopit (bis 50%), Chromit, Pyrop, Melilith besteht, zum Glimmerperidotit,
Wehrlit, Harzburgit oder zum Alnöit (vgl. S. 78) gehört, ist kaum zu entscheiden, der geringe Melilithgehalt spräche für ein Gestein der Alkalireihe;
der hohe Glimmergehalt rechtfertigt die Bezeichnung dieses total zersetzten
Gesteines als Glimmermelilithperidotit. Ein Teil der Kimberlite sind
Tuffe.

In manchen Gebieten der Erde, z. B. Hestmandö in Norwegen, im Shar
Dag in Griechenland, an vielen Stellen in Kleinasien, en miniature bei Kraubath ob Leoben, sind Peridotite die Träger von produktivem Chrom. Auch
das Platin des Urals ist an Peridotit gebunden. Genaue Untersuchungen
mancher als Ophiolithe bezeichneter Gesteine, z. B. der Alpen (im Err-
gebiet nach Cornelius), rechtfertigen die Vermutung, daß die Schmelze
dieser Gesteine schwach alkalischen Sippencharakter gehabt haben dürfte.
Diese Untersuchungen stehen mit der Annahme Stilles, daß diese Gesteine
echtem simatischem Magma der Tiefe im Sinne des initialen Vulkanismus
entsprächen, im Einklang.

Die Familie der Anorthosite (Labradorfels, Labradorit).

Diese Gesteine bestehen aus basischem Plagioklas zwischen Labrador und Anorthit, sie sind grau, dunkelviolettgrau, dunkelbraun bis fast schwarz und zeigen zuweilen das Labradorisieren auf den Spaltflächen. Übergemengteile sind rhombische und monokline Augite, Hornblende (Hornblendeanorthosite), seltener Biotit. Örtlich kann am Rande gegen Kalksteine, also exogen Granat enthalten sein. In Europa haben diese Gesteine ihr Hauptverbreitungsgebiet in einem großen Areal bei Eckersund im südwestlichen Norwegen, das fast zur Gänze aus Labradorit besteht und in Norit übergeht, von dem eine abwechslungsreiche Differentiationsreihe mit monzonitähnlichen Zwischengliedern bis zu Hypersthengranit führt, die *Mangeritreihe*. Anorthosite stehen aber auch im Zusammenhang mit Gliedern der Alkalireihe (Essexit-Theralith), wie die vom Brome Mt. in den Monteregianbergen. In ungeheuren, in große Tiefen hinabreichenden Massen treten sie von der Küste von Labrador, im Moringebiet nördlich von Montreal am Saguenayfluß in Quebec und in großen Massen in den Adirondacks (An 16) im Staate New York auf, die man kaum als durch Gravitationsdifferentiation abgesunkene Spaltungsprodukte, gleich den viel eigenschwereren Peridotiten und Pyroxeniten auffassen kann, denn dazu fehlen die begleitenden Mengen gabbroider Gesteine; die Frage ihrer Entstehung ist ein ungelöstes Problem. Für die Vorkommen in den Adirondacks hat man Anhäufung von Labradorkristallen aus dioritischer Schmelze an der Oberfläche angenommen. Als seltene Abarten sei der fast nur aus Bytownit bestehende Bytownitit von Burnt Head auf der Insel Fort Clyde in Maine, der Andesinit von Fosse auf der Insel Radö bei Bergen in Norwegen, der Oligoklasit von Presten auf den Lofoten, der korundreiche Kyschtymit von Barsowka bei Kyschtym im Ural, der Olivinanorthosit von Shitomir und Owruck in Wolhynien, der Hornblendeanorthosit von Township in Ontario, der Essexitanorthosit, auch Modumit genannt, vom Digerkollen im Oslogebiet erwähnt.

Gabbroide Ganggesteine der Alkalikalkreihe haben nur eine sehr geringe Verbreitung: Gabbroporphyrite mit Labrador- und Diallag-Einsprenglingen von der Burg Frankenstein bei Seeheim im Odenwald, mit Einsprenglingen von Olivin, Augit und Biotit von Pharkowsky Ouwal im nördlichen Ural, Gabbropegmatit aus Labrador und Hypersthen bestehend von Soggendal, Eckersund und von den Paulsinseln an der Küste von Labrador, Gabbroaplit in ganz schmalen Gängen von Neurode in Schlesien und der Hebrideninsel Rum u. a.

Der Chemismus der Gabbrogesteine der Alkalikalkreihe. Ihnen allen ist das niedrige si gemeinsam. Das k der unabgespalteten Gabbrogesteine ist niedrig, die Differenz $al-alk$ ist groß, c bedeutend größer als alk, das auf 1 sinken kann, fm steigt bis über 60. Die Mittelwerte von mg liegen höher als 0,50. Die Schmelzen dieser Gesteine sind meist deutlich kalkreicher als die der quarzfreien Diorite. Kaliverbindungen treten sehr zurück. Anorthit herrscht gegenüber dem Albitmolekül bei weitem vor, unter den dunklen Gemengteilen die monoklinen kalkreichen Augite; Kalifeldspat und Glimmer spielen eine geringe Rolle. Bei den Anorthositen ist das si höher als im Gabbro, fm dagegen niedrig, al bedeutend höher, $al-alk$ noch höher als beim Gabbro, c bedeutend höher als alk, auch das k ist niedrig, al ist meist größer als 30. Aus einer so beschaffenen Schmelze kann nur vorwiegend basischer Kalknatronfeldspat ohne oder nur mit wenigen dunklen Gemengteilen entstehen, Quarz kann noch möglich sein, da qz positiv werden kann. Von allen Erstarrungsgesteinen ist die chemische Charakterisierung der Anorthosite so eindeutig, daß sie kaum mit einem anderen Gestein verwechselt werden können. Die ultrabasischen Schmelzen, aus denen sich Pyroxenit und Peridotit bilden können, sind durch stärkstes Hervortreten von *fm* (Peridotit) oder *c* oder von beiden, je nachdem Bronzit-Hypersthen oder Diallag vorwaltet, charakterisiert. *si* ist durchaus niedrig, *qz* immer negativ, *al* kleiner als 20 und erreicht 0, *alk* ist kleiner als 10 und erreicht gleichfalls 0. Die Zahlen der Analysen und die errechneten Werte der Radikale lassen erkennen, daß lichte Gemengteile bei dem kleinen *alk* ganz zurücktreten müssen. Bei den Peridotiten und Bronzititen-Hypertheniten ist Mg größer als Ca, bei vorherrschenden monoklinen Augiten kann das Verhältnis umgekehrt sein.

Die Familie der Essexite.

Die Essexite erweisen sich am klarsten als die Alkaliform der normalen Gabbrogesteine, sowohl im Mengenverhältnis der lichten und dunklen Gemengteile, als auch in der chemischen Zusammensetzung. Sie sind grob- bis feinkörnige, licht- bis schwarzgraue oder weiß und schwarzgefleckte hypidiomorph-körnige, ab und zu etwas porphyrische Tiefengesteine. Bei Überwiegen der farbigen Bestandteile bestehen sie aus Plagioklas (im Mittel Labrador), wechselnden Mengen von Orthoklas, Augit, Biotit, Hornblende, denen sich manchmal Nephelin und Sodalith als Hauptgemengteile gesellen kann, daneben oft reichlich Olivin als Übergemengteile, Apatit, Titanit und Ti-reiche Erze als Nebengemengteile. Kalifeldspat ummantelt manchmal den Plagioklas (Abb. 39), oder füllt gleich den Foiden, die häufig umgewandelt sind, die Zwischenräume aus. Der idiomorphe Augit ist Diopsid, Titanaugit oder Aegirinaugit (einer oder mehrere), öfter mit Biotit oder Barkevikit verwachsen. Hornblende ist Barkevikit oder Natroneisenhornblende. Der xenomorphe Olivin ist oft durch Resorption gerundet, von Biotit oder Barkevikit umrandet, oft serpentinisiert, Kalifeldspat und Foide sind die letzten Bildungen. Ein großer Teil der Essexite ist frei von Foiden.

Abb. 39. Essexit von Rongstock. Nach dem Karlsbadergesetz verzwillingter Kalifeldspat ummantelt Plagioklaszwilling. Gekreuzte Nikols. Vergr. zirka 50fach.

Die Essexite sind häufig mit Ergußgesteinen der Alkalireihe verknüpft. Bei Rongstock an der Elbe im Böhmischen Mittelgebirge liegen sie in kretazischen Tonmergeln und oligozänen Sandsteinen, Titanaugit ist herrschender dunkler Gemengteil, in randlichen Teilen übertrifft der Kalifeldspat den Plagioklas an Menge. Man kennt Essexite u. a. im mittleren Teil des Kaiserstuhles in Baden, an der Löwenburg im Siebengebirge, beim weißen Haus im Travignolotal bei Predazzo (foidfrei), der einzige der Alpen, am Salem Neck im Essex Co (An 17) in Massachusetts, das namengebende Vorkommen, auf der Insel Cabo frio im Hafen von Rio de Janeiro, in den Monteregian-Bergen in Quebec (z. B. Mont Royal bei Montreal, Mt. Johnson), olivinreich in Alkaligesteinsgesellschaft von Narsak bei Julianehaab auf Grönland, neuerdings als metasomatisch gebildete Migmatite erkannt, sehr olivinreich bei Kjelsås-Sörkedal im Oslo- (Kristiania-) Gebiet, in der argentinischen Provinz Salta, in den patagonischen Kordilleren, ferner auf Madeira, Porto Santo, Kanareninsel Palma, Kapverden-Insel Vicente, auf Madagaskar usw. Übergänge zu Pyroxeniten, Peridotiten, viel seltener zu Anorthositen sind bekannt und eigens benannt worden. Bei Schelingen im Kaiserstuhl ist der beträchtliche Gehalt an Nephelin ganz in Analzim umgewandelt. Seltene porphyrische und aplitische Abarten von ganz geringem Umfang kann man kaum als eigene Ganggesteine auffassen.

Die Familien der Theralithe und Shonkinite.

In diesen, den Essexiten nahe verwandten Alkaligesteinen tritt beim Shonkinit Kalifeldspat, beim Theralith basischer Plagioklas zum Nephelin, dem wichtigsten lichten Gemengteil. Vorherrschender dunkler Gemengteil ist Augit, beim Shonkinit meist Diopsid mit geringem Aegiringehalt, nur selten etwas Aegirinaugit oder Aegirin; der Titangehalt des Augites ist geringfügig. Bei den Theralithen ist der dunkle Gemengteil basaltischer Augit, Titanaugit oder beide. Der Ti-haltige Biotit bildet rundliche Tafeln oder Blätter und ist bald Meroxen, bald Anomit. Barkevikit ist die häufigste Hornblende, aber auch Eisenalkalihornblenden kommen vor. Sodalithmineralien sind oft reichlich vorhanden, Kalifeldspat ist sehr oft Sanidin, manchmal von Anorthoklas begleitet. Feldspäte, besonders auch Nephelin und die anderen im Theralith selteneren Foide Sodalith, Hauyn Nosean sind oft in Zeolithe (Analzim, Natrolith, Hydronephelin) umgewandelt. Das Verhältnis von Nephelin zu den Feldspäten ist sehr variabel. Bei feinem Korn sind diese Gesteine dunkelgrau, bei grobem Korn weiß-schwarz gefleckt. Foide und dann Orthoklas sind die letzten Ausscheidungen.

Während das Hauptverbreitungsgebiet der Shonkinite in Amerika liegt, treten die *Theralithe* besonders in Europa auf. Sie bilden zumeist Gänge, so u. a. am Flurhübel bei Duppau in Nordböhmen, am Katzenbuckel im Odenwald, reich an Titanaugit ist der Theralith vom Tachterwumtal am Umptek auf der Kola-Halbinsel, dann kennen wir sie von Ayrshire in Schottland, von lichter Farbe sind Gänge im Pulaskit (vgl. S. 103) der Serra de Monchique in Südportugal. Von außereuropäischen Vorkommen seien die der Crazy Mts. in Montana (An 19), die an Sodalith reichen in der Bucht von Passandava auf Madagaskar genannt.

Hauptverbreitungsgebiet der *Shonkinite* ist Montana, z. B. die Crazy Mts., Square Butte, der namengebende Shonkin Sag (An 18) und Pallisade Butte in den Highwood Bergen, Yogo Peak. In Europa liegen nur wenige Vorkommen, so am Michelsberg im Katzenbuckel (Odenwald), wo auch eine an Biotit reiche Abart (Glimmershonkinit) vorkommt, dann Augitbiotitshonkinit und Aegirinaugitbiotitshonkinit vom Swidnja in Bulgarien. Der Malignit genannte Shonkinit vom Pobachsee am Rainy River in Ontario (Kanada) umfaßt auch Andradit-Granat führende Abarten, bei deren Bildung wohl reichlich Sedimentaufnahme mitgewirkt hat. Da Shonkinite und Theralithe häufig jüngere Gänge und Einschaltungen in ältere Alkaligesteine bilden, ist die Herausbildung des shonkinitisch-theralithischen Charakters dann wohl weniger durch Differentiation als durch Assimilation und Migmatisation zu erklären, wie die Bildung eines shonkinitischen Monzonitgesteines einer Apophyse des Monzonites oberhalb der Canzoccoli bei Predazzo in Kalkstein deutlich zeigt, wobei ein Gestein entstanden ist, das zwar keinen Nephelin enthält, im Chemismus aber vollkommen einem Shonkinit entspricht.

Ganggesteine der Alkaligabbrogesteine.

Camptonit und *Monchiquit*. Diese lamprophyrischen Ganggesteine, die nur in Alkaligesteinsgebieten oder Mischprovinzen auftreten, enthalten in ihrer Hauptform keine Foide, entsprechen in ihrer Zusammensetzung gabbroid-essexitischen Gesteinen, obwohl sie meist nur schwach alkalischen Charakter besitzen. Beide Arten unterscheiden sich nur durch die Glasbasis des Monchiquites und dadurch, daß bei den Monchiquiten manchmal ein kleiner Ca-Anteil zur Bindung von Plagioklas verbraucht worden ist. Beide sind Abarten ein und desselben Gesteines, sie gehen auch in ein und demselben Gang ineinander über. Diese schwarzen, dichten Gesteine sind bei Fehlen größerer Einsprenglinge von Basalten bzw. Melaphyren äußerlich nicht zu unterscheiden. Einsprenglinge sind samtschwarzer Barkevikit, dunkler Titanaugit, als Akzessorien oft Biotit und Olivin. Die Grundmasse besteht aus Plagioklas (Labrador-Bytownit) in Leistenform, manchmal mit Anorthoklassäumen, Hornblende und Augit und bei der Monchiquitabart aus ganz kleinen bis recht bedeutenden Glasmengen. Man kann diese Gesteine in Hornblende- und Augitcamptonite bzw. Monchiquite einteilen.

Namengebend ist der Augitcamptonit der Livermore Fälle des Pemigewasset in New Hampshire (An 20). In großen Mengen durchsetzen beide Gesteine Schiefer und Alkaligesteine in den Staaten Maine, New Hampshire, Vermont, New York, New Jersey, Massachusetts, besonders im Gebiet des Hudson River. Im Gebiet von Predazzo durchdringen sie vornehmlich als Camptonite, weniger als Monchiquite in mehreren 100 zumeist sehr schmalen Gängen die sämtlichen Erstarrungsgesteine und den permischen Quarzporphyr ebenso, wie die triadischen Sedimentgesteine, als letzte Manifestation der tertiären Tiefengesteine. Sie sind dort glasarm bis glasfrei und durch oft riesige, manchmal gut ausgebildete Hornblenden (Roda, Val deserta) ausgezeichnet. Von anderen Camptonitvorkommen seien die von Duppau in Böhmen und der Nephelincamptonit von Kjose am Farrissee bei Laurvik im Oslogebiet hervorgehoben.

Namengebend ist für die Monchiquite das Vorkommen von der Calda de Monchique in der Serra de Monchique in Portugal, das zur Hälfte aus Glas besteht, ähnlich vom Cabo Frio bei Rio de Janeiro, und solche bei Ditró in Siebenbürgen. Leuzit und Nephelin in der Glasbasis enthält der Leuzitmonchiquit von Rongstock an der Elbe nördlich von Aussig. Man kennt auch Hauyn-, Sodalith- und Melilithmonchiquit. Glasreiche Monchiquite sind Hyalocamptonite, der Name Monchiquit ist überflüssig.

Hieher gehören auch die *Teschenite* von Neutitschein (Mähren) und Teschen (ehem. Österr.-Schlesien), die aus Labrador, Titanaugit oder Aegirin, Barkevikit, Biotit, Analzim (wohl aus Nephelin entstanden) bestehen. Ähnlich sind die Vorkommen bei Cezimbra, Fonte da Bica, Casaes de Collado, Sobral und anderen Orten in der Kreide von Portugal. Ist Nephelin noch vorhanden, so kann man von Nephelinteschenit (Neutitschein) sprechen.

Zur Ganggefolgschaft von Nephelinsyeniten, Essexiten und Theralithen gehören die *Alnöite* und *Polzenite*, die an SiO_2 ärmsten Erstarrungsgesteine. Bei den feinkörnigen bis dichten dunkelgrauen bis schwarzen porphyrischen

Alnöiten liegen in einer Grundmasse aus Melilith und Biotit Einsprenglinge großer Biotite, zersetzter Olivine und Augite. Sie bilden u. a. Gänge bei Montreal, Manheim im Staate New York, Itamirim im brasilianischen Staate San Paulo, namengebend von Stornäset auf der Insel Alnö in Schweden. Die Polzenite sind ungemein reich an Olivin, frei von Augit, führen Melilith, Biotit, Hauyn, Nephelin. Nur Olivin bildet größere Kristalle. Vorkommen liegen in der Umgebung von Polzen (Modlibow, Kleinheida) in Nordböhmen. Ein ähnliches an Melilith reiches Gestein von Luh (Luhit) ist durch Assimilation von Mergel aus Nephelinbasalt entstanden. Olivinfreier Polzenit mit reichlich Hauyn von Oberbergen am Kaiserstuhl ist der Bergalith. Man kann die Polzenite auch als Hauyn-Alnöite bezeichnen.

Die Familie der Ijolithe.

Diese seltenen, artenreichen Tiefengesteine sind der Zusammensetzung nach Vertreter ultrabasischer Basaltgesteine. Den Leuzititen bzw. Olivinleuzititen entsprechen die *Fergusite* bzw. *Missourite.* Diese Missourite, grobkörnige, weiß-schwarz gefleckte Tiefengesteine bestehen zur Hälfte aus Augit, die andere Hälfte aus allotriomorphem Olivin, grünlichweißen allotriomorphen Leuzitkörnchen, wenig Biotit. Sie bilden einen ziemlich mächtigen Stock in der Kreide der Highwood-Berge im Quellgebiet des Shonkin Creek in Montana. Die Fergusite bilden einen Stock im gleichen Gebiet, sie bestehen aus Plagioklas, Nephelin (Pseudoleuzit) aus Leuzit entstanden, etwas lichtgrünem Diopsid, Olivin, Biotit. Die der gliederreichen Familie den Namen gebenden *Ijolithe* bestehen zur Hälfte aus xenomorphem Nephelin, idiomorphem Aegirinaugit, Ti-reichem Kalkeisengranat (Iivaarit genannt) und aus Umwandlungsprodukten; ihr Vorkommen liegt in den Kuppen Iivaara, Ahvenvaara, Penikkavaara im Kirchspiel Kusamo in Finnland. Die Beobachtung, daß der Ijolith im Südwesten des Ahvenvaara in Granit übergeht, spricht wohl deutlich gegen magmatische Entstehung. Ijolith kennt man auch von der Insel Alnö, aus dem Fengebiet Telemarkens, von Kola, wo ein an Aegirin reicher Ijolith von Kuskisvumtschorr Lujavritit genannt worden ist, der sich vom Lujavrit durch das Fehlen des Feldspates unterscheidet. Ebenfalls frei von Feldspat ist der *Urtit* vom Lujaur Urt auf Kola, der größere Partien im Nephelinsyenit, dem Lujavrit, bildet. Der mittelkörnige lichte Urtit besteht zu zwei Drittel aus Nephelin, zirka 15% Aegirin und kommt ähnlich auch im Fengebiet und in der Gegend von Lydenburg in Transvaal vor. Diopsid, Aegirinaugit, Aegirin sind die Hauptbestandteile des Melteigites vom Hof Melteig im Fengebiet, der als primär angenommenen Kalzit enthält. Die Namen Urtit für leukokrate, Ijolith für melanokrate ultrabasische Tiefengesteine der Alkalireihe werden auch als Gruppennamen gebraucht.

Der Chemismus der Alkali-Gabbro-Gesteine. Die essexitische Schmelze entspricht der dioritischen bis gabbroiden der Alkalikalkreihe. Es ist aber bei gleichem *al, fm, c* und *alk* das *si* immer niedriger als bei den Dioriten. *qz* der Essexite ist immer negativ, so daß Verbindungen mit geringerem SiO_2-Gehalt auftreten. *k* ist niedriger als bei den sonst ähnlichen Monzoniten. Die Shonkinite sind ärmer an SiO_2 als die Monzonite und typisch gabbroid (kaligabbroid). *alk* steht dem *al* nahe, *c* ist größer als *alk* und *al*, meist größer als 20. Als natrongabbroid kann man die Theralite bezeichnen, Na_2O ist größer als K_2O; bei gleichem *si* sind *al, fm* niedriger als bei den Gabbros der Alkalikalkreihe, *alk* aber höher. Chemisch stehen Shonkinite

Analysen der Basalt-

	1	2	3	4	5	6	7	8	9	10
SiO_2 ..	46,61	50,32	46,90	40,02	48,94	47,20	41,44	40,95	48,27	51,53
TiO_2 ..	1,81	3,10	Spur	0,59	2,01	1,19	3,36	1,90	4,40	0,86
Al_2O_3 .	15,14	12,83	15,69	8,32	14,32	17,66	14,16	14,63	16,06	17,34
Fe_2O_3 .	3,49	1,74	3,96	1,51	3,06	3,51	5,97	7,17	3,70	3,75
FeO ..	7,71	9,93	5,42	11,14	6,60	4,50	6,15	5,31	6,93	3,08
MnO..	0,13	0,10	n. b.	0,85	0,15	n. b.	n. b.	0,16	0,10	0,02
MgO .	8,66	7,39	5,16	27,63	8,93	4,20	8,67	6,52	3,22	3,57
CaO ..	10,08	11,06	9,82	4,04	9,04	9,52	12,22	11,95	7,37	7,50
Na_2O .	2,43	2,38	2,57	0,65	3,37	2,25	2,01	5,33	5,59	2,99
K_2O ..	0,67	0,41	1,62	0,32	1,84	7,63	2,77	2,96	2,33	3,06
H_2O^+ .	2,07	0,33	4,27	4,30	0,55	0,57	1,67	1,35	0,82	1,74
H_2O^- .	1,10	0,05	—	0,70	0,40	0,72	0,68	0,26	0,14	2,17
P_2O_5 .	0,10	0,30	0,21	n. b.	0,50	0,58	0,31	0,98	0,54	0,43
CO_2 ..	Spur	—	4,56	—	0,13	0,00	0,23	—	—	1,93
BaO..	—	—	—	—	0,06	0,19	—	—	—	—
SrO ..	—	—	—	—	0,08	—	—	—	0,17	—
F	—	—	—	—	0,01	—	—	—	—	—
Cl....	—	0,04	—	—	0,06	—	0,22	0,20	—	0,03
SO_3 ..	—	—	0,15	0,51[2]	0,02[3]	—	—	0,60	—	—
S.....	—	—	—	—	0,04[4]	—	—	—	—	—
Cr_2O_3 .	0,04	—	—	—	0,02	0,04[5]	—	—	—	—
	100,08[1]	99,98	100,33	100,58	100,13	99,76	99,86	100,27	99,74	100,00
si	104	118	122	64	111	117	87	85	127	151
alk ...	6,5	6	9	1,5	10,1	17,5	8	14,5	18,4	14,5
al	20	17,5	24	7,5	19,1	25,5	17,5	18	24,9	30
fm ...	49,5	48,5	39,5	84	48,5	31,5	47	41	35,5	31,5
c	24	28	27,5	7	22,2	25,5	27,5	26,5	21	24
k	0,15	0,10	0,29	0,23	0,26	0,69	0,48	0,27	0,22	0,41
mg ...	0,59	0,53	0,51	0,79	0,55	0,50	0,57	0,49	0,33	0.45

[1] Dazu 0,04 V_2O_3. [2] FeS_2. [3] NiO. [4] V_2O_3, [5] Zr_2O_3.

und Theralithe Essexiten nahe, von denen sich die Theralithe durch Zunahme des Nephelins, die Shonkinite durch Zunahme des Kalifeldspates und Nephelins, der den Essexiten sehr oft fehlt, unterscheiden. Die ultrabasischen Glieder sind so variabel, daß nur das niedrige *si* sie in ihrer Gesamtheit charakterisiert. Die Missourite schließen sich den Shonkiniten, die Ijolithe, Melteigite und Urtite mehr den Foyaiten (vgl. S. 96) an. Camptonite und ihre Hyaloform, die Monchiquite, lassen besonders deutlich das allen Lamprophyren eigene Vorherrschen von Fe über Mg erkennen.

Die Familie der Andesite und der Porphyrite.

Diese Ergußgesteinsfamilie schließt sich in allen ihren Gliedern eng an die der Basalte an, von manchen Gesteinen kann nicht entschieden werden, in welche der beiden ineinander übergehenden Familien sie einzureihen wären. Als Andesite bezeichnet man die neovulkanischen, zumeist tertiären Glieder der Alkalikalkreihe, als Trachyandesite die der Alkalireihe; als Porphyrite die paläovulkanischen meist mesozoischen Glieder beider Reihen, da eine Abtrennung von Trachyporphyriten selten möglich ist. Andesite und Porphyrite sind petrographisch die Ergußform der quarz-

und Gabbrogesteine.

	11	12	13	14	15	16	17	18	19	20
SiO_2..	49,70	45,60	49,78	44,78	44,64	54,47	46,99	47,88	44,65	41,94
TiO_2..	0,96	0,11	0,58	0,74	n. b.	—	2,92	0,77	0,95	4,15
Al_2O_3 .	17,40	17,40	5,35	9,38	5,85	26,45	17,94	12,10	13,87	15,36
Fe_2O_3.	1,11	6,30	3,65	4,51	2,85	1,30	2,56	3,53	6,06	3,27
FeO ..	8,24	6,10	8,88	7,70	4,50	0,66	7,56	4,80	2,94	9,89
MnO..	0,03	Sp.	0,18	1,90	0,10	—	Sp.	0,15	0,17	0,25
MgO .	7,73	7,50	17,89	16,85	38,76	0,69	3,22	8,64	5,15	5,01
CaO ..	9,36	12,54	11,98	10,85	2,47	10,80	7,85	9,35	9,57	9,47
Na_2O .	2,96	2,81	0,90	2,24	0,11	4,37	6,35	2,94	5,67	5,15
K_2O ..	0,61	1,34	0,17	0,20	0,07	0,92	2,62	5,61	4,49	0,19
H_2O^+.	0,97	} 0,70	} 1,10	0,25	} 0,30	} 0,53	} 0,65	1,52	2,10	} 3,29
H_2O^-.	0,31			0,08				0,70	0,96	
P_2O_5 .	0,04	0,13	0,02	0,00	n. b.	—	0,94	1,11	1,50	n. b.
CO_2 ..	0,43	—	—	0,00	—	—	—	0,12	0,11	2,47
BaO..	Spur	—	—	—	—	—	—	0,46	0,76	—
SrO ..	—	—	—	—	—	—	—	0,13	0,37	—
F	—	—	—	—	—	—	—	0,05	—	—
Cl....	—	—	—	—	—	- -	—	—	Spur	—
SO_3 ..	—	—	—	—	—	—	—	—	0,61	—
S.....	0,16	—	—	0,29	—	—	—	0,03	—	—
Cr_2O_3 .	0,10	—	—	0,24	0,20	—	—	0,04	—	—
	100,13[6]	100,53	100,48	100,17[7]	99,85	100,20	99,60	100,00[8]	99,93	100,44
si	116	95	92	80	63	158	118	110	107	98
alk ...	7,5	7,5	2	4	0,5	14	19	15	20	12
al	24	21,5	6	10	5	45	27	26,5	19,5	21,5
fm ...	45	43,5	68,5	65,5	91	7,5	32	45,5	36	43
c	23,5	28	23,5	20,5	3,5	33,5	22	23	24,5	23,5
k ..·.	0,12	?	0,11	0,05	0,30	0,12	0,26	0,56	0,35	0,02
mg ...	0,60	0,41	0,72	0,71	0,91	0,41	0,40	0,66	0,52	0,41

[6] Ab für $O = F = 0,06$.   [7] Dazu 0,16 CuO.   [8] Dazu 0,03 ZrO_2 und 0,04 V_2O_3

armen bis quarzfreien Diorite, die Trachyandesite (Trachyporphyrite) die der Monzonite.

Die Gesteine dieser Familie sind meist porphyrisch struiert, mit einer manchmal etwas porösen, grauen, auch schwärzlichen und dann basaltischen (basaltoiden) Grundmasse, die bei den älteren Gliedern durch Umwandlung einiger Bestandteile auch grünlich, bräunlich oder rötlich erscheint. In ihr liegen Einsprenglinge von Andesin-Bytownit, die zumeist zonar gebaut sind, wie die Plagioklase der Diorite, dann Biotit, basaltische Hornblende oder Augit, zumeist als Diopsid oder Hedenbergit, aber auch basaltischer Augit. Übergemengteile sind Olivin, Orthit (selten), Titanit, Granat, Cordierit (selten) als Einsprenglinge; Kalifeldspat ist als Einsprengling selten, aber in der holokristallinen Grundmasse besonders der Trachyandesite verbreitet. Die Grundmasse ist seltener holokristallin und dann feldspatreich, mit wenig farbigen Gemengteilen und etwas Quarz (hie und da Tridymit und Cristobalit), öfter mikrolitisch, sie besteht manchmal aus pilotaxitischem Gewebe von Augit und Feldspat, häufig mit größerem oder kleinerem Glasgehalt, also hyalopilitisch. Der Grundmasse-Plagioklas entspricht der äußeren saureren Hülle der zonargebauten Einsprenglinge, ist also zumeist saurer Andesin. Orthaugit kommt nur als Einsprengling vor, er fehlt den Trachyandesiten.

Biotit- und *Hornblendeandesite,* je nach Überwiegen des einen dieser dunklen Gemengteile benannt, gehen an ihrem sauren Ende in Dazite über und haben oft deren trachytisches Aussehen. Sie können frei von Augit sein, enthalten aber häufiger rhombische und monokline Augite. Solche Gesteine sind u. a. in Ungarn und Siebenbürgen verbreitet, z. B. bei Schemnitz, Dillen, im Vlegyaszagebirge, bei Vöröspatak, wo die Goldvorkommen an sie gebunden sind, dann im wenig bekannten Smrekouzgebirge im ehemaligen Untersteiermark, im östlichen Bulgarien (Nemni dere, Kanan gečide, Ramadancair, Karaburun), verbreitet auch sonst im Balkan; Vorkommen liegen u. a. am Lassens Peak in Kalifornien. Diese trachytoiden Gesteine enthalten wenig Augit, während die Andesite von Kremnitz, Szobb, im Visegrader Gebirge, wo sie Granat und Cordierit führen, im Hargittagebirge, bei Dubnik und Ljubnica in Serbien (Serbien ist besonders reich an Andesiten), an der Vitosa bei Sofia und bei Čiflik in Bulgarien, im Gebiete von Fere im griechischen Westthrazien, bei Bataglia in den Euganäen, die Laven von Akrotini auf Santorin, in den zentralamerikanischen Vulkanen Orosi, Miravalle und Coseguina, auf den Sundainseln, Philippinen, den japanischen Inseln, am Mt. Pelée (An 1) mehr Augit enthalten. Vitrophyrisch (als Hyaloandesit) findet man derartige Gesteine z. B. bei Altsohl in Ungarn, Cabo di Gata, in den Andenvulkanen Argentiniens, z. B. Hoyada, Provinz Catamarca (An 2).

Die analogen *Biotitporphyrite* und *Hornblendeporphyrite,* Porphyrite im engeren Sinne, unterscheiden sich von jüngeren Andesiten nur durch die Altersveränderungen, Chloritisierung, Limonitisierung der Grundmasse, Unfrische der Plagioklase. Als Beispiele von Hornblendeporphyrit seien Vorkommen im Rotliegenden des Harz (Ilefeld, Wilhelmsleite bei Ilmenau An 3) und Thüringen (Schmalkalden, Oberwied, Suhl) erwähnt. Als Biotitporphyrit seien die Vorkommen von Löbejuhn bei Halle genannt. In diesen Gebieten sind Zwischenglieder häufig, so von Flöha, Döbeln, Meißen, die augitfrei sind, und der schwarze Porphyr der Umgebung von Lugano. *Hypersthenandesite,* die neben rhombischem auch monoklinen Augit, diesen meist in zwei Generationen enthalten, kennt man u. a. von Methana, Ägina, Santorin, Gran in Ungarn, Schemnitz und Kremnitz, am Cabo di Gata, von der Insel Alboran an Spaniens Südküste, von den Sundainseln (so Krakatau 1883), aus den südamerikanischen Anden, vom Popocatepetl in Mexiko, von der Insel Watom im Bismarckarchipel Australiens. Die älteren Bronzit-*Hypersthenporphyrite,* von den Andesiten oft kaum zu unterscheiden, sind u. a. im permischen Saar-Nahe-Gebiet, im Rotliegenden Thüringens (Ilmenau), im Harz (Wernigerode und Albingerode), gangförmig bei Klausen im Eisacktal und bei Recoaro bekannt. Durch Zurücktreten des rhombischen Hypersthens entstehen die *Hypersthen-Augitandesite,* wie die obersarmatischen vom Südostende des Hátgebirges, von Sulyonitetö im Cserhátgebirge mit einem, den durchbrochenen Braunkohlen entstammenden Asphaltgehalt, mit reichlich besonders schön zonar gebauten Plagioklaseinsprenglingen im Flyschbalkan bei Kanan gečide im östlichen Bulgarien. In den *Augitandesiten,* die das gleiche Verbreitungsgebiet wie die Hypersthenandesite haben, ist nur mehr der Klinaugit vorhanden. Erwähnt seien noch verschiedene Vorkommen in den Euganeen. Ein an Olivin reicher Augitandesit ist der doleritische Dorgalit vom Gipfel des Pirische Dorgali auf Sardinien. Die *Augitporphyrite* treten u. a. im Saar-Nahe-Gebiet, bei Ilefeld am Harz und in den Glarner Alpen auf. Durch Zurücktreten des Augites und Vorherrschen des Plagioklases gehen z. B. die Augitporphyrite (diese besonders schön am Buffaure bei Pozza) der triadischen Vulkanite der Fassaner Berge in Südosttirol in Labradorporphyrite über, wie man dies besonders gut am Mte. Mulatto bei Predazzo beobachten kann. Die oft zu den Lamprophyren gestellten Kuselite der Umgebung von Kusel im Saar-Nahe-Gebiet sind verschiedenartige, wahrscheinlich automorph zersetzte und veränderte Augitporphyrite. Ein Migmatit ist der „Granat-Cordierit-Andesit" von Hoyado bei Nijar in der spanischen Provinz Almeria; eine opdalitische (vgl. S. 109) Schmelze hat Cordierit führenden Granat-Biotit-Sillimanitgneis assimiliert. Die Augitporphyrite werden von manchen zu den Melaphyren gestellt.

Abb. 40. Augitandesit vom Pichincha in Ecuador. Zonar gebauter Plagioklas, Kern in Dunkelstellung. Gekreuzte Nikols. Vergr. zirka 30fach.

Abb. 41. Augitandesit, Mte. Sieva in den Euganeen. Große Labradore, kleinere Augite als Einsprenglinge in glasreicher Grundmasse. Gekreuzte Nikols. Vergr. zirka 50fach.

Labradorandesit mit Labradoreinsprenglingen kommt auf der Sundainsel Sumbawa (Koka Triboelan) vor. Die *Labradorporphyrite* (Plagioklasporphyrite), mit großen Labrador-, weniger Augiteinsprenglingen, noch weniger solchen von Hornblende und serpentinisiertem Olivin in einer Grundmasse aus Plagioklas, Augit, wenig Kalifeldspat, zuweilen etwas noch nicht entglaster Glasbasis kennt man u. a. aus dem Kulm der Südvogesen, z. B. Gebweiler, dann von Le Puix, Giromagny, Belfahy in Haute Saône. Auch der grüne porfido verde antico von Marathonisi im Eurotastal im Peloponnes ist ein Labradorporphyrit. Die ladinischen Labradorporphyrite der Fassaner Dolomiten, Seiser Alpe, Buffaure, Mte. Mulatto (An 4) bei Predazzo, Monzoni enthalten wechselnden Augitgehalt, in der Grundmasse etwas Kalifeldspat. Sie sind, wie wohl manche andere auch, mild alkalisch tendiert und können als *Trachyporphyrite* bezeichnet werden. Sie können gleich denen der Vogesen von den Melaphyren dieses Gebietes nicht abgetrennt werden, da analysenfrisches Material fehlt. Der Navit genannte Labradorporphyrit aus dem Saar-Nahe-Gebiet enthält reichlicher in Iddingsit umgewandelte Olivineinsprenglinge und kann auch zum Melaphyr gestellt werden (vgl. S. 61).

Die *Trachyandesite* können vielfach nur durch ihre Vergesellschaftung als Alkaligesteine von mediterranem Charakter erkannt werden, da Foide und Na-Augite und -Hornblenden meist fehlen. Sie vermitteln zwischen den Trachybasalten, Phonolithen und Alkalitrachyten, manche erinnern an den Drachenfelstypus (Ponzatypus) der Trachyte (vgl. S. 101). Einsprenglinge von Andesin-Bytownit, brauner Hornblende, Biotit, auch Diopsid und Hypersthen liegen in einer Grundmasse von Oligoklas-Andesin, Sanidin und Diopsid. Man kennt sie u. a. vom Tscheboner Berg bei Duppau in Böhmen, im Westerwald, Siebengebirge. Größere Mengen farbiger Bestandteile enthalten die Trachyandesite vom Tepler Hochwald im Böhmischen Mittelgebirge. Verbreitet sind Trachyandesite am Mt. Dore (Auvergne), auf den

Abb. 42. Labradorporphyrit aus dem Val Piccola am Mte. Mulatto bei Predazzo. Großer Plagioklas-Einsprengling (oben), großer Augit-Einsprengling (unten). Gekreuzte Nikols. Vergr. zirka 30fach. (Gestein ziemlich stark zersetzt.)

Abb. 43. Labradorporphyrit von Kuh-e-Safidab in Persien. Unzersetzte Labrador-Einsprenglinge (Karlsbader-Albit-Doppelzwillinge). Gekreuzte Nikols. Vergr. zirka 30fach.

Kanaren, Kapverden (z. B. San Vicente), den Azoren, am Mte. San Croce an der Rocca Monfina in Italien, am Kibo des Kilimandscharo, bei Dunedin in Neuseeland. Den Trachydoleriten nähern sich Gesteine des Böhmischen Mittelgebirges (z. B. Lieben bei Garschitz). Zu den Trachyandesiten gehören Gesteine aus dem Gebiete von Gleichenberg in Steiermark (Klause, Eichgraben, Gleichenberger Kogel, Bscheidkogel An 5). Größere Mengen von Hauyn enthalten Gesteine der Kanaren, des Pic de Teyde und des Epigon auf Teneriffa, am Mt. Dore, solche von Sodalith am Hohen Stein bei Pömerle im Böhmischen Mittelgebirge, und solche von Leuzit an der Somma des Vesuv (Campanit). Hieher gehört auch der *Latit* vom Mt. Croce der Rocca Monfina und vom Westhang der Sierra Nevada (Kalifornien). Die Latite bilden Übergänge von den Trachybasalten (vgl. S. 64) zu den Phonolithen und zu den Trachyandesiten. Manche Forscher gebrauchen den Namen Latit an Stelle von Trachyandesit.

Als *Shoshonit* und *Banakit* wurden Ströme und Gangfüllungen im Crandallbassin der Absarokaberge (An 6 am Shoshonit vom Beaverdam-Bach) und dem Two Ocean Plateau im Yellowstone National Park bezeichnet. Shoshonite enthalten gleiche Mengen von Plagioklas und Sanidin, der oft Plagioklaseinsprenglinge ummantelt, während der bedeutend zurücktretende Plagioklas der Banakite nur mehr Kerne im Sanidin bildet. Wie diese Gesteine, zeigen auch die sogenannten Dazitliparite (auch *Dellenite* genannt) vom Dellensee im schwedischen Helsingland rein monzonitischen Charakter. Dellenit mit seinen 80% Glas könnte wohl besser zu den Hyaloipariten (Liparitgläsern) gestellt werden; am besten aber kommt der monzonitische Chemismus beim Dellenit des Kozufgebirges im serbischen Vardargebirge zum Ausdruck.

Unter den dioritporphyritischen Gängen der weiteren Umgebung von Klausen, Brunneck, im Tal der Rienz, bei Lienz, südlich Meran gibt es Glieder, die so ähnlich, wie dies bei den Diabasen der Fall ist, als hypabyssische Fazies der Porphyrite angesehen werden können.

Der Chemismus der Andesite und Porphyrite. Die Glieder der Alkalikalkreihe entsprechen im Chemismus den quarzarmen bis quarzfreien Dioriten bzw. Gabbrodioriten. Sie schließen sich besonders am basischen Ende vollkommen an die Basalte bzw. Melaphyre an, ebenso wie die Trachyandesite Übergänge zu den Alkalibasalten zeigen. al ist immer, zumeist bedeutend größer als alk, k ist häufig unter 0,40 wie bei den Dioriten, c ist größer als wie bei den Lipariten-Quarzporphyren, ist aber kleiner als al, si ist bei den andesitischen Gesteinen beider Reihen fast immer unter 200, im Durchschnitt etwas niedriger als bei den Dioriten, qz wird fast niemals +, liegt aber selten weit von 0 entfernt. Die positive Quarzzahl der Gleichenberger Trachyandesite beruht wohl auf geringer Verkieselung, bei ihnen ist ebenso wie beim Shoshonit und Banakit und beim Labradorporphyrit von Predazzo K_2O größer als Na_2O, eine Folge des Kalifeldspatgehaltes der Grundmasse, sie entsprechen mehr in der chemischen als der mineralischen Zusammensetzung den Monzoniten. Die durchschnittlichen Alkaligehalte der Trachyandesite sind höher als die der Alkalikalkandesite.

Die Familie der quarzarmen bis quarzfreien Diorite (Diorite im engeren Sinne).

Die Abtrennung dieser Familie von den granitnahen Quarzdioriten entspricht der bei den Ergußgesteinen schon seit langem durchgeführten Trennung der Dazite von den Andesiten. Diese Diorite im engeren Sinne, petrographisch die Tiefenfazies der Andesite-Porphyrite, bilden vielfach kaum zu trennende Übergänge zu den Gabbrogesteinen, die als Gabbrodiorite bezeichnet werden. Diorite, typische Gesteine der Alkalikalkreihe, sind hypidiomorph-körnige, seltener porphyrische Tiefengesteine von grobkörnigem bis dichtem Gefüge, grauer, schwarz-weißer, seltener durch Altern grünlichgrauer Farbe. Sie bestehen aus zumeist zonar gebautem, manchmal idiomorphem Plagioklas vom Bytownit bis zum Andesin, aber auch Oligoklas, manchmal von Mikroklin ummantelt, einem oder mehreren dunklen Gemengteilen, vor allem Biotit, dann säuliger, idiomorpher grüner, selten gemeiner oder aktinolithischer Hornblende, weniger Augit (Diallag) und fast nie ganz fehlendem, aber immer geringem Quarzgehalt, manchmal kleinen Mengen von immer xenomorphem Alkalifeldspat, dann Titanit, Granat, Orthit und den üblichen Nebengemengteilen. Der innere Teil der Plagioklase ist oft mehr oder weniger zersetzt, Hornblende ist oft in Biotit umgewandelt, oft ist sie uralitisch gefügt, idiomorpher Bronzit ist selten. Die Ausscheidungsbeginne sind: Apatit, Erze, Augit, Hornblende, Plagioklas, Kalifeldspat, Quarz.

Plagioklas beginnt sich manchmal vor Hornblende auszuscheiden. Kugelform ist selten, wobei es sich häufig um basische Frühausscheidungen handelt, z. B. bei Sta. Lucia di Tallano auf Korsika.

Diorite treten auch öfter gangartig auf, und der Übergang in Dioritporphyrite ist häufig. Die Einteilung erfolgt nach dem vorherrschenden farbigen Bestandteil. *Biotitdiorite* mit wenig Quarz sind selten einheitlich und bilden fast immer Gänge, so bei Arklow in Irland, Christianberg im Böhmerwald, oder als wenig mächtige, fazielle Ausbildung anderer Dioritarten, wie etwa bei Peekskill am Hudson im Norden von New York; an Oligoklas reicher Biotitdiorit mit Kugelgefüge von Esbo bei Helsinki wurde Esboit genannt (An 7). Biotithypersthendiorite stecken in den Klauseniten des Gebietes westlich von Klausen im Eisacktal, sie finden sich bei Campo Major und S. Pedro zwischen Arronches und Elvas in der portugiesischen Provinz Alemtejo, am Electric Peak im Yellowstone-Park. Hypersthendiorite kennt man u. a. von Lichtenberg im Odenwald, Montrose Point am Hudson im Staate New York, quarzhaltig als saure Fazies der Norite der Umgebung von Ivrea in Piemont. *Hornblendebiotitdiorite* wurden u. a. von Horni Mrač bei Benesow in Mittelböhmen beschrieben. *Hornblendediorit*, Diorit schlechtweg, ist das Hauptgestein dieser Familie, von dessen Vorkommen die vom Schwarzenstein bei Barr, bei Hochwald im Unterelsaß, am Kyffhäuser in Thüringen, im östlichen Småland, bei Lavia in Westfinnland genannt seien; quarzfrei, reich an Oligoklas, ärmer an Hornblende ist das lichte Gestein der Insel Ornö südöstlich von Stockholm (Ornöit) (An 8), ähnlich im Gebiete von

Abb. 44. Hornblendediorit von Svarov bei Konopischt in Böhmen. Beiläufig gleichviel dunkle (gemeine grüne und braune Hornblende) und lichte Bestandteile (hauptsächlich Plagioklas). Gewöhnliches Licht. Vergr. zirka 50fach.

Sulitelma mit Quarzdioriten und Gabbrogesteinen. Reich an brauner Hornblende und Diallag ist der Bojit von Pfaffenreuth bei Passau (An 9). *Augitdiorite* sind bekannt von Moravitza und Dognacka im Banat, aber auch vom Odenwald, vom Ural und in Minnesota. Der quarzreiche, früher für Granit gehaltene Diorit von Erlenbach im Odenwald ist ein Migmatit (unausgereifter Diorit im Sinne von Erdmannsdörfer). Sehr reich differenziert sind die Gänge und Stöcke kleinster Dimension von Dioritgesteinen im Bereich des Brixener Tonalit-Granites westlich von Klausen im Eisacktal, Klausenite genannt. Man hat darin Quarzglimmerdiorite, Quarzglimmerhypersthendiorite, Quarzhypersthendiorite und noch basischere Glieder, wie Hypersthen- (Enstatit-) Gabbro (irrtümlich als Norit bezeichnet) festgestellt. Zum überwiegenden Teil handelt es sich dabei um Ganggesteine.

Die *Gabbrodiorite* sind reich an basischen Plagioklasen, enthalten aber auch Orthoklas und etwas Quarz. Als Beispiel sei das Vorkommen von Ferdinandsgarten im Sandtal bei Harzburg und das quarzfreie Gestein vom

Skwentnafluß in Südalaska (Belugit genannt) erwähnt. Auch Kerne im Amphibolit wurden z. B. im Odenwald und im sächsischen Granulitgebiet, im Wermland, Coverak in Cornwall, die alle mehr oder weniger geschiefert sind, als Gabbrodiorite bezeichnet. Gabbroide Diorite vom Comba de Sassa im Valpelline sind reich an Hornblende, ähnlich die Diorite von Casa Cogniod bei Aosta (An 10).

Dioritische Ganggesteine.

Da die zahlreichen Ganggesteine aus der Gefolgschaft dioritischer und granodioritischer Gesteine nach Mineralführung und Chemismus den basischeren Dioriten näherstehen, auch dann, wenn an ihrer Zugehörigkeit zu quarzdioritischen Gesteinen nicht gezweifelt werden darf, seien sie hier zusammengezogen.

Die meisten *Dioritporphyrite* der verschiedensten Abarten vom granitischen Granodiorit bis zum Gabbrodiorit unterscheiden sich im Mineralgehalt wenig von den dioritischen Tiefengesteinen, sie können aber in unmittelbarer Nähe voneinander, bei nachweisbarer oder naheliegender Zugehörigkeit zum gleichen Tiefengestein, recht verschieden sein. Hiefür sind die zahlreichen, wechselvoll zusammengesetzten und struierten Dioritporphyritganggesteine der periadriatischen Tonalite an der Grenze der Süd- und der Nordalpen, im Gebiet des Adamello-Brixener-Rieserferner Tonalites und weiter gegen Osten, beispielhaft.

Dioritporphyrite sind zumeist holokristalline, porphyrische Ganggesteine mit feinkörniger bis dichter, meist irgendwie grünlich oder auch grau, rötlich, gelblich, braun oder bläulich gefärbter Grundmasse. Die Einsprenglinge sind die normalen Dioritmineralien, zonarer Plagioklas (Labrador bis Oligoklas), braune bis grüne Hornblende oder Diopsid — Bronzit ist selten —, wechselnde Biotitmengen. Quarz ist stets nur in geringen Mengen vorhanden. Die manchmal mikrogranitische Grundmasse besteht bei den saureren Gliedern aus einem Gemenge von Plagioklas, entsprechend der saureren äußeren Hülle der zonaren Einsprenglingsplagioklase, mit Quarz und Orthoklas. Bei den basischeren verschwindet allmählich der Quarz aus der Grundmasse, die Plagioklase werden immer mehr leistenförmig, und farbige Gemengteile treten auf, während die Plagioklaseinsprenglinge zurücktreten. Man kann dies z. B. deutlich an den Vintliten beobachten.

Die Typen der Tiefengesteine kann man in den Ganggesteinen wiederfinden, es überwiegen aber Lokalnamen. Verbreitet sind die Quarzglimmerdioritporphyrite im Schwarzwald, Fichtelgebirge, Böhmerwald. Quarzhornblendedioritporphyrite kennt man u. a. von Biella in Piemont. Dioritporphyrit mit Hornblendenadeln als Einsprenglinge wird Nadeldiorit genannt (Rohrbach im Bayrischen Wald, Zusammenfluß der Isperbäche westlich Marbach a. d. Donau in Niederösterreich). Granodioritisch ist der Dioritporphyrit von Wieselburg und Arzbach bei Marbach a. d. Donau. Hornblendedioritporphyrit kennt man aus der Gegend von Rezbanya im Biharer Komitat in Ungarn. Dioritische Ganggesteine der periadriatischen Tonalitzone vom Veltlin bis zum Bacherngebirge, stehen nur zum Teil dem Tonalitporphyrit, wie er z. B. als Gang- und Randfazies im Gelltal der Rieserferner oder am Mte. Aviolo bei Edolo im Adamellogebiet auftritt, nahe. Formenreich sind die Vintlite von Untervintl bei Brixen im Pustertal, die oft reich an Hornblende sind und sich den Diabasphorphyriten nähern. Die Vintlite, der Töllit vom Egardbad an der Töll bei Meran (An 11), die ihm ähnlichen

Suldenite (An 12) und die basischeren, dunkleren Ortlerite vom Hinteren Grat und dem Gebiet zwischen dem Eisseepaß und der Königswand, besonders im Val Zebru und Cedeh in der Ortlergruppe, ähnliche Dioritporphyrite im Pustertal zwischen Lienz (Schloßberg) und dem Antholzer Tal, bilden Gänge im Quarzphyllit; nur Vintlite liegen auch im Brixener Tonalit-Granit (Pseudovintlite). Manche dieser Gesteine, besonders Dioritporphyrite der Umgebung von St. Lorenzen bei Brunneck, enthalten — oft reichlich — Granateinsprenglinge. Eines der verbreitetsten Gesteine der Klausenite ist ein Hypersthendioritporphyrit von gabbroidem Gepräge aus dem Tinnebachtal (Pyroxenklausenit). Gemeinsam ist fast allen Klauseniten ihre starke Zersetzung[1].

Dioritaplite sind reich an zonar gebauten Plagioklasen (Oligoklas bis Andesin) und bilden zum Teil die randliche Fazies der zugehörigen Tiefengesteine und gehen manchmal in die entsprechenden *Dioritpegmatite* über. Dem Oligoklas steht der Plagioklas der Gesteine von Crap Grond in Graubünden nahe. Quarzdioritaplit ist ein Gestein vom Bear Fluß im Amador Co in Kalifornien. Hauptsächlich aus dem Albit nahestehendem Plagioklas besteht der Albitit der Sierra Nevada, etwas basischer bis zum Andesin herab geht der Plagioklas der Plagiaplite vom Fluß Koswinsky im Nordural. Nicht allzu häufig beobachtet man in den verschiedenen Tonalit-Diorit-Gebieten derartige Aplite.

Die lamprophyrischen Ganggesteine Malchit, Minette, Kersantit, Vogesit und Spessartit.

Diese Ganggesteine aus der Gefolgschaft der Quarzdiorite und auch der Granite können petrographisch hier am besten eingereiht werden, sie haben nicht nur morphologische, sondern auch chemische und genetische Beziehungen zu den Dioritporphyriten und Granitporphyren.

Die *Malchite* sind holokristallin, mittelkörnig bis feinkörnig, dunkel- bis graugrün, manchmal etwas porphyrisch struiert und bestehen aus Labrador, grüner Hornblende, wenig Quarz. Biotit kann die Hornblende bis zu deren Verschwinden ersetzen (Biotitmalchit). Ist Grundmasse vorhanden, so besteht sie aus einem von Hornblendenädelchen durchsetzten Gemenge von Andesin und Quarz. Am Melibokus, dessen Lokalname „Malchen" namengebend ist, und an anderen Stellen des Odenwaldes tritt Malchit im Gefolge der Granite auf; man kennt Malchite u. a. in der Lausitz (z. B. Dohna), am Passodi Campo und am Lago d'Arno im Adamello-Tonalit, quarzreich (quarzdioritisch) am Brenva Gletscher im Mont-Blanc-Granit, in der Umgebung von Hermagor und im Nigglaital in der Kreuzeckgruppe in Kärnten, im Mislingtal im Bacherngebirge. Gabbrodioritaplitisch ist der Luciit des Luciberges, ähnlich am Piz Dadens in der Schweiz; feinkörnig ist der sogenannte Orbit der Orbishöhe am Melibokus.

Biotitreich sind die *Minette* und *Kersantite*, graue bis grauschwarze, feinkörnige bis dichte Gesteine, die neben Biotit, der besonders bei den Kersantiten stark hervortritt, Augit, der meist chloritisiert ist, seltener Hornblenden, bei den Minetten mehr Orthoklas, bei den Kersantiten mehr Oligoklas bis Andesin, bei den Olivinminetten und Olivinkersantiten idiomorphen, meist stark korrodierten, fast immer völlig in Pilit (ein Aktinolithaggregat), Serpentin, Talk, Limonit oder Karbonat umgewandelten Olivin (Pilitkersan-

---

[1] Da neuere Analysen aller Klausenite fehlen, ist hier von einer Aufnahme in die Analysenauswahl Abstand genommen worden.

tite bzw. -minette) enthalten. Man kann auch Hornblende- und Augit-minette bzw. -kersantite unterscheiden. Hauptverbreitungsgebiet der *Minetten* ist das obere Breuschtal in den Vogesen, das Hochfeldmassiv zwischen Rheintal, Weilertal und Breuschtal, die Gegend von Weinheim und Heppenheim an der Bergstraße im Odenwald, das Werratal im Schwarzwald, der Meißner Granit und andere Orte in Deutschland. Mikroklin enthält der Raabsit bei Raabs in Niederösterreich, der Alkalihornblende führt. Sehr reich an Biotit ist der Kamperit von Kamperhoug im Fengebiet (An 14). Das Hauptverbreitungsgebiet der *Kersantite* ist die Umgebung von Brest in der Bretagne (z. B. Hopital Camfront), dann Markirch und Lavelline in den Vogesen, Weinheim an der Bergstraße im Odenwald, die Gegend von Aschaffenburg im Spessart usw. Vorkommen liegen im Val Giuf im

Abb. 45. Kersantitgang in einem granitischen Gestein. (Nach B e n d e l.)

Aarmassiv, Abendweide in den Rieserfernern, am Roßrucken im Zemmgrund des Zillertales und an anderen Stellen der Hohen Tauern, wo es sich aber wohl vielfach um sedimentogene Granitisationsreste des Zentralgranitgneises handelt. Ein quarzdioritisches Vorkommen ist vom Brenva Gletscher im Mont-Blanc-Granit bekannt. Wieweit es sich bei anderen Kersantiten um Granitisationsreste handelt, ist noch nicht festgestellt. Pilitkersantit kennt man u. a. von der Loja bei Persenbeug an der Donau; grobkörniger, echter Kersantit tritt bei Egging in Niederösterreich auf (An 13), während das Gestein von Hilmanger bei Marbach an der Donau als Pilitminette bezeichnet werden kann.

Die *Vogesite* sind grünlich dunkelgrau, auch basaltisch schwarz, beinahe panidiomorph-körnig struiert; sie bestehen aus Orthoklas, wechselnden Mengen von Andesin bis Labrador, glänzend schwarzen Hornblendesäulchen, matteren, oft in Chlorit und Epidot umgewandelten kurzen Diopsidprismen und geringen Mengen von Quarzkitt. Auch hier kann man Hornblende- und Augitvogesite unterscheiden. Beispiele von Vorkommen sind: Luciberg und Orbishöhe am Melibokus, Schäfersmühle bei Kirschhausen, in der Umgebung von Heppenheim, Hochfeld, Andlautal, Breuschtal in den Vogesen (An 15), bei Tharand in Sachsen, im Granit von Tetschen an der Elbe, Landeck in

Schlesien, Belezza im Unterengadin, Pilitvogesit in der Loja bei Persenbeug-Marbach an der Donau.

Die *Spessartite* enthalten mehr Plagioklas, gehen aber genau so in Vogesite über, wie die Kersantite in die Minette. Spessartite sind manchmal fluidal texturiert, sie enthalten mehr Quarz als die Vogesite, sind daher auch SiO_2-reicher. Sie treten u. a. bei Waldmichelbach in der Gegend von Aschaffenburg im Vorspessart, dann im Odenwald, im Granitmassiv der Lausitz, z. B. Hohwald bei Bautzen (An 16), Steinigt-Wolmsdorf und Oberlichtenau, die stellenweise total talkisierten Olivin enthalten, dann an mehreren Stellen im Adamellogebiet, am Iffinger bei Meran, im Nigglaital der Kreuzeckgruppe, am Piz Avat bei Ponteglias in der Schweiz, quarzreich zwischen dem Butte Co und dem Plumas Co in Kalifornien auf. Ganz dichte Abarten wurden überflüssigerweise als Odinit bezeichnet, der auch Salbänder von gröberem Spessartit bildet. Das Verbreitungsgebiet dieser dichten Spessartite ist der Odenwald (Frankenstein, an der Trom im Biotitgranit, Weschnitz, Reichelsheim, Brensbach), in der Lausitz und am Ostrand des Böhmerwaldes. Olivinreicher Olivinspessartit ist der Garéwaït von den Quellen der Garéwaia in der Tilaikette bei Pawda nordöstlich von Perm im Ural.

Der Chemismus der Dioritgesteine. Diorite und Quarzdiorite stehen im Chemismus einander sehr nahe, die *si*-Zahlen der ersteren sind natürlich niedriger als die der letzteren; *al* ist immer größer als *alk, k* ist kleiner als bei den Graniten. *c* größer, Alumosilikate des Ca sind daher neben Na-Alumosilikaten häufig, nur in den basischen Endgliedern ist *qz* negativ, zumeist schwankt es um 0, kann aber deutlich positiv werden; *fm* erreicht oder übersteigt bei kleiner positiver Quarzzahl das *al*. Im allgemeinen treten Kaliverbindungen gegen Na-Verbindungen zurück, das Verhältnis beider Alkalien ist aber doch, besonders bei den Ganggesteinen ziemlich wechselnd. Aus der Berechnung zahlreicher Analysen der Minetten und Kersantite ergab sich, daß $Mg > Ca > Fe$ ist; es überwiegen daher unter den farbigen Gemengteilen an Mg und Ca reiche, also Biotit, Augit, eventuell Olivin. Kersantite vermitteln in ihrem Chemismus zwischen den beiden großen Reihen, die relativ hohen K_2O-Werte stehen im Zusammenhang mit dem Reichtum an Biotit. Gegenüber aplitischen Ganggesteinen und Tiefengesteinen mit demselben Mineralbestand, sind Kersantite und Minette durch niederen Al_2O_3- und SiO_2-Gehalt, bei beträchtlichem Gehalt an Alkalien und Erdalkalien, sowie Eisen ausgezeichnet. Die Malchite schließen sich nahe an die Diorite an.

<h3 align="center">Die Familie der Monzonite.</h3>

Die Monzonite verhalten sich zu den quarzfreien und quarzarmen Dioriten, wie die Trachyandesite zu den Andesiten. Sie sind petrographisch die Tiefenform der Trachyandesite, entfernen sich aber doch mehr als diese sich von den Andesiten unterscheiden, von den Dioriten und können daher als eigene Familie gelten. Die seltenen Nephelinmonzonite stellen die Beziehungen zu den Nephelinsyeniten her, während basischere Glieder essexitisch erscheinen oder als mildalkalische (mediterrane) Gesteine auch in Gabbrogesteine übergehen, wie dies in ihrem Stammgebiet, dem Monzonistock der Fall ist. In europäischen Gebieten sind basische Arten häufiger als saurere. Im Raume von Predazzo-Monzoni sind zur Tertiärzeit labradorandesitische (bzw. -porphyritische) Schmelzen, entweder Neumobilisierungen dieser simatischen Schmelze, die im Ladinien die Labradorporphyrite geliefert hat, oder anatektische Wiederaufschmelzungen tieferer Teile dieser Porphyrite, als steckengebliebene Vulkanite nicht mehr an die Oberfläche gelangt. Durch Kristallisationsdifferentiation entstanden dann aus dieser Schmelze Gabbrogesteine, Pyroxenite, basische und intermediäre Monzonite und Syenite.

Monzonite sind graue, äußerlich durchaus dioritische, mittelkörnige bis mittelfeinkörnige Tiefengesteine von hypidiomorph-körniger, selten etwas porphyrischer Struktur. Sie bestehen aus Plagioklas vom Labrador bis zum sauersten Andesin, der fast immer bedeutend über Kalifeldspat (oft perthitischer Mikroklin) vorherrscht, wechselnden Mengen von immer vorhandenem Biotit, selten ganz fehlendem diopsidischem Augit, der oft uralitisiert ist, aber auch aus primärer Hornblende.

Quarz fehlt selten gänzlich, ist aber meist nur sehr geringfügig. Dazu treten als charakteristische Übergemengteile Hypersthen, Olivin, Foide (meist zeolithisierter Nephelin). Kalifeldspat umschließt häufig die anderen Bestandteile, die gewissermaßen in ihm „schwimmen" (Brögger). Monzonit ist ein Musterbeispiel starker Differentiation, so gibt es in Predazzo Monzonit, den man den Graniten entsprechend auch als Biotitmonzonit bezeichnen kann, Labradormonzonit (An 17 von Mezzavalle bei Predazzo), die hier verbreiteste Abart, Augit-Uralitmonzonit, Hypersthenmonzonit, Quarzmonzonit, Nephelinmonzonit (sehr spärlich), Olivinmonzonit (nur im Monzoni) oft auf kleinstem Raum verteilt. Quarzmonzonit und manchmal auch der Hypersthenmonzonit enthalten bis zu 5% Quarz. Nur für solche echte Monzonite darf der Name Quarzmonzonit gebraucht werden und nicht für Granite der

Abb. 46. Monzonit vom Tovo di Stretta bei Predazzo. Plagioklas, Biotit, Augit „schwimmen" im Kalifeldspat, der letzten Kristallisation. Gekreuzte Nikols. Vergr. zirka 50fach.

Alkalikalkreihe, bei denen K_2O größer als Na_2O ist. Monzonite kennen wir u. a. aus den Crazy Mts. und anderen Stellen in Montana, besonders formenreich am Beaver Creek, dann auf der Kanareninsel Palma, bei Ragunda im schwedischen Jemtland, im Bezzavonamassiv auf Madagaskar (An 19), am Pik von Maros auf Celebes (An 18), bei Saslawski und Butovin in Bulgarien, im kristallinen Urgebirge der Ukraine. Am Yogo Peak in den Kleinen Beltbergen Montanas geht an Alkalifeldspat armer Monzonit (An 20) in Shonkinit über, was man auch ähnlich (vgl. S. 32 und 77) ober den Canzoccoli bei Predazzo sehen kann. Gangförmig auftretende Monzonite aller Gebiete sind als Monzonitporphyre bzw. Monzonitaplite bezeichnet worden. Mehrere Glieder der Mangeritreihe (vgl. S. 118) gehören hieher, darunter das namengebende Gestein der *Mangerit* von Manger auf der Insel Radö bei Bergen in Norwegen, mildalkalische Formen gabbrodioritischer Zusammensetzung.

Der **Chemismus der Monzonite** erweist ihre Zugehörigkeit zur Alkalireihe. Die *qz*-Zahl der normalen Monzonite liegt bei 0 oder sie ist negativ, obwohl die Monzonite meist geringe Quarzmengen enthalten. Anwesenheit größerer Mengen von Alkali-Augiten bzw. -Hornblenden und von Foiden ist

Analysen der Andesite,

	1	2	3	4	5	6	7	8	9	10
SiO_2..	61,45	57,35	54,94	53,28	57,10	53,49	56,91	56,04	46,52	54,05
TiO_2..	0,32	0,64	1,11	0,80	1,34	0,71	1,47	0,81	3,04	0,79
Al_2O_3.	18,61	17,54	18,38	15,46	17,25	17,19	22,97	19,59	13,04	17,34
Fe_2O_3.	2,02	3,33	3,15	5,05	1,68	4,73	0,59	2,27	2,97	3,36
FeO ..	4,95	3,87	3,02	5,63	3,65	3,25	3,05	5,22	12,20	3,62
MnO..	n. b.	Spur	n. b.	0,10	0,07	0,14	0,01	0,15	0,06	0,03
MgO .	2,58	4,29	3,59	4,21	3,38	4,42	0,27	0,44	6,88	6,05
CaO ..	6,60	6,91	6,29	8,42	6,48	6,34	5,78	5,63	10,75	7,63
Na_2O .	3,30	4,01	3,97	2,52	3,60	3,23	5,89	6,72	2,12	3,02
K_2O ..	1,05	2,54	2,31	3,57	4,26	3,86	2,16	1,42	0,85	1,96
H_2O^+ .	} 0,12	} 0,79	} 2,39	} 0,66	} 0,62	} 2,17	0,67	1,62	1,24	2,12
H_2O^- .							0,15	0,02	0,06	0,12
P_2O_5 .	0,09	0,08	0,27	0,21	0,40	0,43	0,08	0,29	0,39	0,02
CO_2 ..	—	—	0,69	—	—	—	—	0,00	0,00	0,04
BaO..	—	—	—	—	0,13	0,06	—	0,16	—	0,04
SrO ..	—	—	—	—	—	—	—	0,12	—	0,02
F	—	—	—	—	—	—	—	0,01	—	0,01
Cl	—	—	—	—	—	—	—	Spur	—	—
SO_3 ..	—	—	0,12	—	—	—	—	—	—	—
S.....	—	0,03	—	—	0,31	—	—	0,06	—	0,08
	101,09	101,38	100,23	99,91	100,27	100,02	100,00	100,62[1]	100,12	100,30[2]
si	195	162	166	142	173	150	189	175	104	146
alk ...	12,5	15,5	16	12,5	18,8	15,5	23.5	23,5	6	11,5
al	34,5	29	35,5	24,5	30,9	28,5	44,5	36	17	27,5
fm ...	30,5	34,5	31	39,5	28,9	36,5	11,5	21,5	51	39
c	22,5	21	20,5	24	21,4	19,5	20,5	19	26	22
k	0,17	0,30	0,27	0,49	0,44	0,44	0,19	0,12	0,21	0,30
mg ...	0,41	0,53	0,52	0,43	0,53	0,51	0,12	0,10	0,45	0,62

[1] Dazu 0,02 Li_2O und 0,04 seltene Erden.   [2] 0,05 abgezogen für $S + F = O$.

unmöglich. Der hohe K_2O-Gehalt ist durch meist reichlichen Biotitgehalt begründet, CaO ist gewöhnlich größer als der MgO-Gehalt, da für das CaO-Verhältnis weniger der Gehalt an dunklen Bestandteilen, als wie der reichliche Plagioklasgehalt maßgebend ist; nur beim Olivinmonzonit ist das Verhältnis umgekehrt. *si* liegt unter 200, *fm* ist zumeist, oft bedeutend größer als *al, c* ist im Gegensatz zu den Syeniten fast immer größer als *alk,* der Unterschied kann 10 übersteigen. Diese Gesteinsgruppe ist chemisch gut charakterisiert und die Zugehörigkeit zur monzonitischen Schmelze aus den Analysen zu ersehen. Von den nahestehenden Essexiten unterscheiden sie sich durch höheres *k*. Nach der Einteilung von Niggli gehören die Monzonite zu den mediterranen Gesteinen (vgl. S. 28).

Die Familie der Phonolithe.

Diese Alkaligesteine sind die Ergußform der Nephelin-Leuzitsyenite, aber auch der seltenen Nephelinmonzonite, die dadurch enge mit den Nephelinsyeniten bzw. Phonolithen verbunden sind. Eine Unterteilung nach dem Alter fehlt hier, weil die Phonolithe zumeist geologisch jung sind. Diese porphyrisch struierten Gesteine stehen in Form und Mineralbestand den Trachyten näher als den Andesiten und Daziten; sie unterscheiden sich

Diorite und Monzonite.

	11	12	13	14	15	16	17	18	19	20
SiO_2..	58,68	57,02	52,22	51,04	49,81	50,26	51,54	43,98	46,40	54,42
TiO_2..	0,16	n. b.	1,06	0,63	1,02	1,43	0,68	2,24	1,57	0,80
Al_2O_3.	17,84	16,52	15,33	17,17	16,24	14,97	22,46	12,28	21,60	14,28
Fe_2O_3.	2,05	3,25	2,43	1,12	3,64	2,96	3,59	3,49	4,07	3,32
FeO ..	5,30	6,27	5,29	6,25	5,56	7,29	2,71	7,70	4,95	4,13
MnO..	Spur	n. b.	0,07	0,18	Spur	0,07	0,22	0,51	n. b.	0,10
MgO .	2,87	2,42	8,99	4,17	9,20	8,48	1,86	8,00	2,75	6,12
CaO ..	6,03	8,64	6,08	3,00	7,77	10,06	9,29	11,19	8,44	7,72
Na_2O .	2,15	2,38	3,56	2,27	2,41	2,40	3,63	1,33	6,29	3,44
K_2O..	3,22	2,54	3,75	10,16	2,89	1,57	2,15	5,06	2,71	4,22
H_2O^+.	} 1,53	} 1,28	1,21	2,12	} 1,28	0,44	} 1,40	1,61	} 1,25	0,38
H_2O^-.			—	0,08		0,06		0,12		0,22
P_2O_5 .	n. b.	n. b.	0,02	0,89	Spur	0,15	0,46	1,81	0,26	0,59
CO_2 ..	—	—	—	0,11	—	0,05	0,12	—	—	—
BaO..	—	—	0,20	0,48	—	—	—	0,16	—	0,32
SrO ..	—	—	—	—	—	—	—	0,12	—	0,13
F	—	—	—	0,07	—	—	—	0,15	—	—
Cl....	—	—	—	Spur	—	—	—	0,12	—	—
SO_3 ..	—	—	—	—	—	—	—	—	—	—
S.....	—	—	0,07	0,11	—	—	—	0,10	—	—
	99,83	100,32	100,28	99,91[3]	99,82	100,19	100,11	99,97	100,29	100,19
si	187	166	127	148	115	114	143	97	113	143
alk ...	13	11,5	14	25	10	7,5	13,5	10	19	16
al	33,5	28	22	29	22	20	37	16	31	22
fm ...	33	33,5	48	36	49	48	22	47,5	28	40
c	20,5	27	16	10	19	24,5	27,5	26,5	22	22
k	0,49	0,41	0,41	0,75	0,41	0,30	0,28	0,71	0,22	0,45
mg ...	0,42	0,32	0,68	0,50	0,65	0,60	0,35	0,56	0,36	0,60

[3] Dazu 0,07 Zr_2O.

von den Trachyten durch ihren hohen Gehalt an Foiden, Nephelin, Leuzit, Sodalith, Hauyn, Nosean, Analzim, die zur Bezeichnung von Unterabteilungen dienen. Von den Einsprenglingen Sanidin oder Anorthoklas, Nephelin und den anderen Foiden, Aegirinaugit, seltener Diopsid, akzessorischem Barkevikit, ganz selten Arfvedsonit und Riebeckit, sind gewöhnlich nur der Sanidin, manchmal Nephelin, noch seltener die dunklen Gemengteile mit freiem Auge unterscheidbar. Plagioklas, Biotit, Olivin sind selten, häufiger ist Andraditgranat. Die graue dichte, meist leicht grünliche, fast immer etwas fettigglänzende Grundmasse besteht aus Sanidin, ab und zu Mikroperthit und Nephelin. Überwiegt der Sanidin bedeutend, dann bezeichnet man diese Phonolithe als *trachytoid*, tritt der Nephelin mehr hervor, dann als *nephelinitoid*, deren Grundmasse öfter Aegirinmikrolithe enthält und stärkere Grünfarbe zeigt. Nephelinitoide und trachytoide Anteile wechseln oft im gleichen Gesteinskörper. Die trachytoiden Phonolithe zeigen oft fluidale Textur, nephelinitoide sind u. d. M. durch die rechteckigen Längs- und die selteneren sechseckigen Querschnitte durch die Nepheline charakterisiert.

Die Phonolithe bilden Ströme, Gänge und besonders charakteristisch aufragende Kuppen. Am häufigsten sind sie im Tertiär, reichen aber bis in die Gegenwart, man kennt sie jedoch schon aus dem Karbon (z. B. San

Paulo in Brasilien). Ihre Hauptvorkommen liegen im Hegau (Hohentwiel, Hohenkrähen, Staufen usw.), am Kaiserstuhl (z. B. Oberbergen, Oberschaffhausen, Rothweil), am Vogelsberg, in der Rhön (Bischofsheim), im Westerwald, in der Eifel (Perlerkopf, Noseanphonolith von Olbrück, Schellkopf), im Böhmischen Mittelgebirge, z. B. Levin, Borschen bei Bilin, Ziegenberg, Marienberg bei Aussig, Milleschau, Donnersberg, Klein-Priesen, dann Roter Berg bei Brüx (An 1), trachytoid bei Lobositz und Hojeditz, ferner bilden sie den Engelsberg und ziemlich stark geschiefert den Schömnitzstein bei Karlsbad. Verbreitet sind sie am Mt. Dore in der Auvergne, Cantal, Mt. Ferru auf Sardinien, bei Belgrad (trachytoid), auf den Azoren und Kanaren, auf

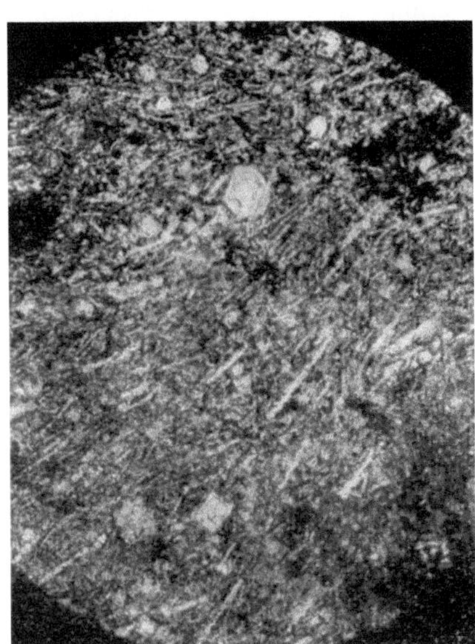

Abb. 47. Nephelinitoider Phonolith vom Roten Berg bei Brüx in Nordböhmen. Einsprenglinge von Nephelin (oben Querschnitt, unten Längsschnitt) mit Zonarbau in an Sanidin reicher fluidaler Grundmasse. Gewöhnliches Licht. Vergr. zirka 50fach.

den Inseln des Grünen Vorgebirges, in Ostafrika, in Tripolis (Msid Gharian), Cripple Creek in Kolorado (z. B. Mitre Peak), Black Hill in Dakota. Viel Barkevikit und Arfvedsonit neben Aenigmatit und Aegirin in der Grundmasse enthalten die Apachite genannten nephelinitoiden Phonolithe der Apache Mts. (z. B. Muerto Camp) in W-Texas, die auch im Ostafrikanischen Graben auftreten und am Vulkan Kenya (Teleki-Tal) Kenyite genannt werden, sie können als Ergußform des Laurvikites gedeutet werden. Die von Nephelin freien Leuzitphonolithe sind verbreitet im Gebiete von Bracciano, z. B. Poggio Muratella nördlich von Rom (An 3), im Ciminischen Gebirge bei Viterbo (z. B. Mte. Venere, Orchi), im Gebiete der Rocca Monfina, im Bezzavonamassiv im Nordwesten Madagaskars, an der Mandarküste in Celebes. Phonolithe mit nur wenig Sanidin, reichlich Leuziteinsprenglingen und solchen von Hauyn, größeren Mengen von Nephelin in der Grundmasse, merklichem Gehalt an Andradit werden *Leuzitophyre* (Nephelinleuzitite auch Noseanphonolithe) genannt. Sie sind u. a. vom Laacherseegebiet bekannt, so Olbrück, Perlerkopf (An 2), im Brohltal, am Schellkopf und Engelnerkopf, Lehrberg, Burgberg bei Rieden, dann am Horberig im Kaiserstuhl, am Mte. Vulture bei Melfi, San Paulo in Brasilien. Diese Gesteine sind die Effusivform der Leuzitsyenite. Als Analzimphonolith kann ein Gestein vom Kubatschkaberg bei Praskowitz im Böhmischen Mittelgebirge, ganz ähnlich vom Traprain-Law bei Haddington in Südschottland und mit Rhombenfeldspäten (vgl. S. 101) als Einsprenglinge vom Kibo des Kilimandscharo bezeichnet werden. Ob und wieviel Analzim aus Nephelin entstanden ist, kann nicht festgestellt werden. Hingegen gilt ein Teil des Natrolithes im Natrolithphonolith vom Marienberg bei Aussig in Böhmen als letzte primäre Kristallisation, während ein Teil aus Plagioklas und Sodalith entstanden ist. An Augit reiche phonolithische Laven, deren Hauptmasse aus Glasbasis, reich an Foiden besteht, ist von der Polenaschlucht der Somma am Vesuv beschrieben worden. Leuzitophyrglas sind Bimssteine des Laachersees. Phonolith mit Plagioklas, zum Teil auch als

Einsprenglinge neben reichlich Sanidin vom Jungfernsteintunnel bei Neschwitz im Böhmischen Mittelgebirge sind als tephritische Phonolithe bezeichnet worden. Über den Phonolitlatit siehe S. 64.

Wie nahe äußerlich Phonolithe und Nephelinsyenite einander kommen können, beweisen die phonolithoiden Nephelinsyenit(porphyr)e (vgl. S. 96 f.). Diese Übereinstimmung ergibt sich auch im **Chemismus**. Die Phonolithe weichen chemisch recht wenig voneinander ab. *si* bleibt unter 200, da *alk* recht hoch ist, so ist *qz* immer negativ und niemals nahe 0. *al* und *alk* kommen einander recht nahe. Quarzbildung ist daher nicht mehr möglich. Bei den Leuzitphonolithen und den trachytoiden Phonolithen reichen die Alkalien nicht zur Sättigung der Tonerde aus und es treten wechselnde Mengen von Kalknatronfeldspäten auf, dann herrscht K_2O wesentlich über Na_2O vor (An 3). Für die Leuzitophyre ist der hohe CaO-Gehalt und der niedrige SiO_2-Gehalt typisch.

Die Familie der Nephelinsyenite und Leuzitsyenite.

Diese überaus artenreiche Familie, die sich trotz ihrer geringen Verbreitung der besonderen Zuneigung der Petrologen erfreut, petrographisch die Tiefenfazies der Phonolithe, umfaßt quarzfreie Gesteine von hypidiomorph-körniger, aber recht oft auch porphyrischer Struktur. Hauptbestandteile dieser ultraalkalischen Tiefengesteine sind alle Arten von nur selten rot gefärbten Alkalifeldspäten, selten idiomorph, besonders häufig Mikroperthit mit Albiteinlagerung, Mikroklinperthit, öfter aber auch Orthoklas, der manchmal Sanidincharakter hat, dann Nephelin, häufig derb (Eläolith genannt)[1], aber besonders in Randpartien und bei gangförmigem Auftreten idiomorph, im Dünnschliff rechteckige oder sechsseitige Durchschnitte, oft zeolithisiert; Leuzit ist fast immer idiomorph, aber zumeist in ein Gemenge von Kalifeldspat und Nephelin umgewandelt; oft tritt zum Nephelin unfrischer Sodalith. Dunkle Bestandteile treten zurück, Biotit, dunkelgrün, braun, häufiger ist idiomorpher Augit, er ist hellgrüner u. d. M. fast farbloser Diopsid, grüner Aegirinaugit, Aegirin, alle drei, zumeist aber einzeln, sie umwachsen sich in dieser Reihenfolge, Titanaugit ist selten. Durch die stumpfprismatische Spaltbarkeit sind die eisenreichen Alkalihornblende-Mineralien Barkevikit, Arfvedsonit, Hastingsit, grünblaue Hornblende leicht kenntlich. Unter den Übergemengteilen treten neben Titanit und Andesin, der den typischen Nephelinsyeniten fehlt, an manchen Stellen in kleineren Mengen Mineralien der seltenen Erden, wie Eudialyt, Katapleït, Astrophyllit, Lamprophyllit, Mosandrit, Låvenit, Rinkit auf, die u. d. M. meist gelb gefärbt und manchmal von Fluorit begleitet sind. Ob aller ab und zu vorhandener Kalzit sekundär ist, kann nicht entschieden werden. Begleitende Kalksilikate, wie Vesuvian, Wollastonit, besonders aber Andradit, der in gangförmigen Nephelinsyeniten angereichert sein kann, deuten auf Kalkassimilation. Die Kristallisationsbeginnabfolge ist: Apatit, Erze, Titano-Zirkonsilikate, Biotit und Diopsid, Alkaliaugit, Alkalihornblende, Leuzit, Nephelin, Feldspat; Augit- und Hornblendekristallisation dauert sehr lange an. Diese Nephelingesteine sind die spezifisch leichtesten Tiefengesteine. Sie treten in mannigfachen, aber überwiegend lichten Farben auf. Der Mineralbestand läßt die Wahrscheinlichkeit der Bildung der meisten dieser Gesteine durch Kalkassimilation aus verschiedenen Schmelzen annehmen.

---

[1] Solche Gesteine wurden überflüssigerweise als Eläolitsyenite bezeichnet.

Man kann die *Nephelinsyenite* in die viel selteneren *Laurdalite* und die häufigeren *Foyaite*, die auch zur Bezeichnung der ganzen Familie gebraucht werden, unterteilen. Erstere entsprechen den monzonitnahen Laurvikiten der Syenitfamilie, während die Foyaite den Pulaskiten-Aegirinsyeniten näherstehen, die sich unmittelbar an die Alkalisyenite anschließen (vgl. S. 103). Dadurch entsteht kontinuierlicher Übergang zu den Alkaligraniten, die sich ja nur wenig von den Graniten der Alkalikalkreihe unterscheiden.

Laurdalit kennt man zwischen dem Langental (An 4) und dem Farriswandsee bei Laurvik in Südnorwegen aus dem Verband Alkaligranit, Nordmarkit, Åkerit, Laurvikit. Der chemische Charakter ist durchaus monzonitisch, der Gehalt an Nephelin ist ziemlich gering, größer sind die Mengen an Biotit (als Lepidomelan) und diopsidischem Augit, auch akzessorischem Olivin. Der Laurdalit geht aber stellenweise durch Nephelinanreicherung in Foyait über, die Trennung ist also keineswegs scharf.

Auch die *Foyaite* treten im einzelnen nie in großen Massen auf. Man kann sie in Augit-, Biotit- und Hornblendefoyaite unterteilen, soweit ein Hervortreten eines der dunklen Bestandteile bei deren verhältnismäßig geringer Menge überhaupt möglich ist. Die *Augitfoyaite* wurden zuerst in den Hauptgipfeln des Foyagebietes in der portugiesischen Serra de Monchique (An 5), Schiefergesteine der Kulmformation durchbrechend, gefunden. Es seien noch genannt: das Mecsekgebirge in Südungarn (phonolithoid), Vorkommen im Gneis der Insel Alnö im Bottnischen Meerbusen mit Kalkeinschlüssen, also sichtbar durch Kalkassimilation entstanden, denn Kalkeinlagerungen im Gneis enthalten die Mineralien des Foyaites; dann solche von Pretoria, Rustenburg und Lydenburg als Aegirinfoyaite, ferner Granitberg in Südwestafrika (sichtbare Kalkassimilation), Bezzavonamassiv auf Madagaskar, bei Mombassa (Berg Jombo) und am Kenya in Ostafrika, bei Rio de Janeiro, Serra de Tinquá, Cabo Frio, Serra dos Poços de Caldas, Iguapé, alle in Brasilien, dann in der Kreide bei Magnet Cove, im Karbonkalk des Old Range in Westtexas, bei Salem im Essex Co. Weniger stark alkalisch sind die Foyaite von Peaked Butte in den Crazy Mts. in Montana, stärker alkalisch im Viezzenatal bei Predazzo, wo sie Plagioklas und Andradit enthalten, aber zumeist in Ganggesteinsform auftreten.

Die *Biotitfoyaite* kommen u. a. in Ditró in Ostsiebenbürgen (Ditróit genannt) vor, wo sie reich an Sodalith sind, granatreich am Cnoc-na Sroin in Schottland, dann am Ilmensee im Ural, am oberen Zerafschan in Turkestan. Mischgesteine sind die Vorkommen von Coimbatore in Madras, die gleichmäßig verteilt Graphit und Kalzit enthalten. Andere Vorkommen liegen in der Serra Itatiaia bei Rio, Korund führend im Gebiete von Renfrew in Kanada.

Hornblendefoyaite kennt man u. a. im Trentonkalk von Montreal in Kanada (Hauyn führend), einem Essexit ähnlich vom Cripple-Creek-Distrikt in Kolorado, dann auf der Insel Nosy Komba und an der Küste Madagaskars. Albitnephelinsyenite kennt man von Hotspur bei Monmouth im Renfrew. Co in Ontario. Fast zu zwei Dritteln aus Albit besteht der kalifeldspatfreie *Mariupolit* vom gleichnamigen Ort am Asowschen Meer (An 6), durch fluidal angeordnete Aegirinnadeln den Tinguáiten nahestehend, ähnlich in der Grafschaft Hastings zwischen Ontariofluß und Ontariosee und von Almunge im schwedischen Upland. Orthoklasreich ist der helle Juvit vom Hof Juvet im norwegischen Fengebiet.

Der Name Eudialytsyenit für Gesteine mit an sich durchaus geringen Mengen von Eudialyt oder Eukolit ist abzulehnen. Solche Gesteine, deren

Hauptmasse Aegirinsyenite sind, wurden von der Kolahalbinsel beschrieben, wo sie zum Teil das Doppelmassiv des Umptek zwischen den Seen Imandra und Umpjaur und das des Lujaur-Urt bilden (Lujavrit), während Chibinit ärmer an Aegirin und Nephelin ist. Ähnlich sind Gesteine im Norden und Nordosten von Julianehaab in Grönland, besonders an den Fjorden Kangerdluarsuk und Tunugdliarfik. Am Plateau von Kringlerne am Kangerdluarsukfjord muß aus der horizontalen Lage und dem wiederholten bankigen Wechsel lichter und dunkler, verschieden zusammengesetzter Arten auf metasomatische Entstehung aus Sedimentgesteinen geschlossen werden (Wegmann).

Bei den Sodalithsyeniten am Schloßberg von Großpriesen im Böhmischen Mittelgebirge (An 7), der einen Lakkolithen zwischen Kreideschichten bildet, ist der größte Teil des Nephelins durch Sodalith ersetzt. Ähnliche Gesteine kennt man in der Kreide Montanas (z. B. Square Butte); am Tunugdliarfik bei Julianehaab ist das Gestein noch reicher an Sodalith und birgt seltene Mineralien. Hauynsyenit kennt man von der Losinsel Tamara in Westafrika. Der Ditróit (vgl. S. 96) enthält Sodalith und Cancrinit, die aber vielleicht durch pneumatolythische Restlösungen aus Nephelin entstanden sind (Streckeisen).

Die *Leuzitsyenite* stehen vielfach in genetischem Zusammenhang mit diesen. Man fand sie, die der Menge nach sehr gegen die Nephelinsyenite (Foyaite) zurücktreten, zuerst gangförmig bei Magnet Cove in Arkansas. Trotz hypidiomorph-körniger Struktur des Gesteines treten die Pseudoleuzite (Orthoklas + Nephelin aus Leuzit entstanden) einsprenglingsartig aus den anderen Bestandteilen, Orthoklas, Nephelin, Diopsid (oft von Aegirin ummantelt), Biotit, Andradit hervor. Ähnliche Gesteine kennt man auch in der Serra dos Poços de Caldas in San Paulo.

Ganggesteine der Nephelinsyenite und Leuzitsyenite.

Nephelinsyenitporphyre (Foyaitporphyre). Einsprenglinge von Alkalifeldspäten, Nephelin, Aegirinaugit, Aegirin, Diopsid mit Aegirinummantelung, seltener Biotit oder eisenreiche Alkalihornblende liegen in einer im frischen Zustand grauen, grünlichgrauen, angewittert braunen bis ziegelroten, auch violetten, hypidiomorph-körnigen Grundmasse von Alkalifeldspat, Nephelin und Mikrolithen der farbigen Gemengteile, deren Anwachsen an Menge zu Tinguáiten überleitet, deren Abtrennung von Nephelinsyenitporphyren überflüssig ist. Sodalith kann als Einsprengling und in der Grundmasse auftreten, Nephelin als Einsprengling fehlen, Andradit als Übergemengteil reichlich vorhanden sein. In verschiedener Ausbildung kennt man diese Gesteine aus der Umgebung von Predazzo im Val delle Scandole, Coccoletti (An 8), die auch Andesin enthalten können. Während seltene Typen durch den Reichtum an Nephelin, Farbe und Glanz Phonolithen gleichen, sind andere durch die starke Spaltrißgitterung der Nepheline ausgezeichnet (Abb. 48). Abwechslungsreich sind die gut verfolgbaren allmählichen Umwandlungsprodukte, wobei die Nephelinkristalle mehr oder weniger in Kaliglimmergewebe, Liebenerit genannt, übergehen und die Gesteine dann als Liebeneritporphyre bezeichnet werden. Die Grundmasse kann stellenweise zum großen Teil aus einem Filz feiner Aegirinnadeln bestehen, wodurch diese Gesteine zu Tinguáiten werden. Ähnliche Gesteine kennt man u. a. von der Insel Alnö im Bottnischen Meerbusen zusammen mit Augitfoyaitporphyren, die auch bei Picota im Süden von Portugal und in der

Serra dos Poços de Caldas in Brasilien, auftreten, während Liebeneritporphyre von Akuliarsuk auf Grönland Gieseckitporphyre genannt worden
sind. Andesin und Labrador enthalten die Nephelinsyenitporphyre bei
Rongstock und Pömerle im Böhmischen Mittelgebirge. Gangförmiger
Lujavrit und Chibinit sind Lujavritporphyr genannt worden. Wenn die
Pseudoleuziteinsprenglinge besonders hervortreten und sehr groß werden,
nennt man Leuzitsyenite auch Leuzitsyenitporphyre (Oberwerratal im Erzgebirge, Serra dos Poços de Caldas, Magnet Cove usw.).

Gangförmige *Nephelinsyenitaplite* mit aplitischem Gefüge kennt man
von manchen der genannten Vorkommen aber auch in der Serra de Monchique (Portugal), Bemerville in New Jersey, Bezzavonamassiv auf Mada-

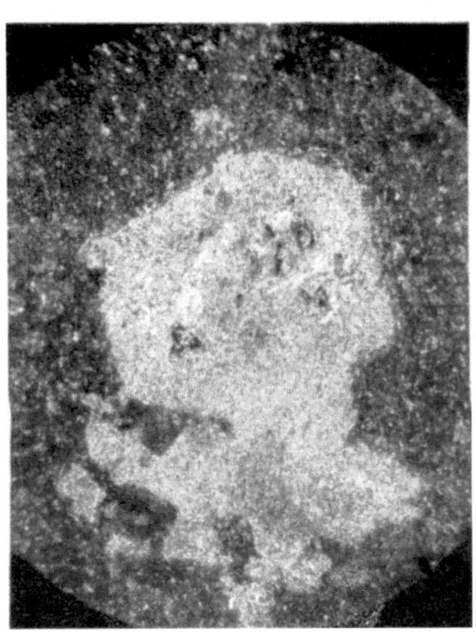

Abb. 48. Nephelinsyenitporphyr vom Val Coccoletti am Mte. Mulatto bei Predazzo. Große
Nepheline mit gitterförmigen Spaltrissen. Gewöhnliches Licht. Vergr. zirka 30fach.

Abb. 49. Liebeneritporphyr von Boscampo bei
Predazzo. Sechsseitiger Durchschnitt durch eine
Pseudomorphose von Muscovit nach Nephelin
(Liebenerit). Gekreuzte Nikols. Vergr. zirka 30fach.

gaskar. *Nephelinsyenitpegmatite* sind vom Christiania- (Oslo-) Gebiet bei
Låven und Frederiksvären beschrieben, die zum Teil zum Laurvikit gehören,
der eine Zwischenstellung zwischen Alkalisyenit und Nephelinsyenit ein-
nimmt. Diese pegmatitisch struierten Nephelinsyenitgänge sind die berühmten Fundstätten von Thorit, Polyxenit, Eukrasit, Katapleït, Wöhlerit,
Xenotim, Melinophan, Columbit, Tantalit. Ähnliche Mineralführung haben
sie auch auf der Halbinsel Kola.

Die Tinguáit-Sölvsbergitreihe. Ihre Glieder stehen zum Teil den Nephelinsyenitporphyren nahe, die quarzfreien sind von diesen nicht zu trennen.
An Aegirin in der Grundmasse reiche Abarten sind mehr oder weniger grün,
tritt Arfvedsonit an seine Stelle, sind sie dunkelgrau bis fast schwarz. Sie
sind dicht, meist körnig, seltener porphyrisch struiert, reich an Alkalien,
besonders an Na_2O und Fe, haben aber geringen Ca- und Mg-Gehalt. *Quarztinguáite* mit Einsprenglingen von Aegirin, Mikroklin (meist als Mikroperthit) in einer Grundmasse von isometrischem Natronorthoklas durch
etwas Quarzkitt verbunden und mit filzigen Aggregaten von Aegirinnadeln

bilden u. a. Gänge im Norden und Nordosten des Oslogebietes, bei Svarstad, Eftelöt und Komnäs, bei Grorud, dann bei Wind Butte in den Bearpawbergen Montanas, auch im Gebiete der schottischen Pulaskite und bei Saslavci und Budovo im Nordosten von Sofia. Man kann diese den granitischen Ganggesteinen zuordnen (Grorudite). Die allmählich in Quarztinguáite übergehenden *Sölvsbergite* von Sölvsberg im Oslogebiete, am Adelesee in Abessynien und anderen Orten enthalten Mikroklin und Albit, ihr Quarz ist manchmal durch Nephelin ersetzt, entsprechend der Kristallisationsfolge der lichten Gemengteile aus einer olivinbasaltischen Schmelze (nach B a r t h):

$$\text{Bytownit} \longrightarrow \text{Labrador} \longrightarrow \text{Andesin} \Bigg\langle \begin{array}{l} \text{Alkalifeldspat + Quarz} \\ \text{Alkalifeldspat + Nephelin} \end{array}$$

je nachdem die Gesteinsschmelze mit SiO_2 über- oder untersättigt war. In den Crazy Mts. enthalten diese Gesteine Sodalith, bei Julianehaab Arfvedsonit, am Regatta Point in Tasmanien enthalten sie Andradit, sind aber frei von Augit. Die häufigeren *Nephelintinguáite*, auch *Tinguáitporphyre* genannt, deren Feldspat mehr oder weniger durch Nephelin ersetzt ist, kennt man u. a. von der Serra de Tinguá (An 9) (namengebend) und der Serra de Mendonha des Cabo frio, Serra dos Poços de Caldas in Brasilien, bei Boston in Massachusetts, Hot Springs in Arkansas, besonders reich an Nephelin bei Kosciusco in Neusüdwales; reich an Sanidin treten sie uns als Kalitinguáite in den Highwood- und Bearpaw-Bergen Montanas und in den Black Hills Dakotas und bei Montreal entgegen. Verschiedene Typen dieser, auch schlechtweg Tinguáite genannten Ganggesteine bilden Gänge kleinsten Ausmaßes im Shonkinit des Katzenbuckels im Odenwald, etwas mächtigere in Begleitung von Phonolithen im Böhmischen Mittelgebirge (Mühlhörzen, Großpriesen), in der Serra Monchique in Portugal, Ditró in Siebenbürgen, ferner im Oslogebiet, auf der Kolahalbinsel, um nur einige Vorkommen zu nennen. In der Grundmasse und als Einsprenglinge führen die *Leuzittinguáite* idiomorphe Leuzite zum Teil an den gleichen Vorkommen, besonders am Umptek auf Kola, Magnet Cove in Arkansas, wo durch fast völliges Fehlen von Feldspat und Nephelin reine Leuzittinguáite vorkommen. Eudialyt enthalten Arfvedsonit-Leuzittinguáitgänge im Gebiet von Kangerdluarsuk auf Grönland. Sodalithtinguáit ist u. a. von Ratschin bei Saubernitz im Böhmischen Mittelgebirge beschrieben worden.

Chemismus der Nephelinsyenitgesteine. *al-alk* ist immer klein, manchmal negativ, *si* liegt meist unter 200, *qz* ist immer negativ mit Ausnahme der Quarztinguáite; *alk, al, fm, c* erreichen die Werte der Alkaligranite, *si* ist aber so klein, daß nur teilweise Bildung von Feldspat möglich ist. Im allgemeinen schließen sich die Foyaite chemisch ziemlich eng an die Alkalisyenite an, unterscheiden sich aber durch niedrigeren SiO_2-Gehalt, der denen quarzfreier Diorite entspricht, von denen sich die Nephelingesteine durch die niederen Werte für CaO und MgO und die höheren für die Alkalien unterscheiden. Die oft verhältnismäßig hohen Fe-Gehalte entsprechen den eisenreichen Alkaliaugiten und -hornblenden. Beim Vergleich mit Gesteinen der Alkalikalkreihe mit gleichem SiO_2-Gehalt (Diorit) kommt der alkalische (atlantische) Charakter der Foyaite durch die verhältnismäßig hohen Werte für Al_2O_3, Fe_2O_3 und besonders der Alkalien, die niedrigen für CaO und MgO wohl am deutlichsten im ganzen Gesteinssystem zum Ausdruck.

Die Familie der Trachyte.

Bei diesen Gesteinen, der Ergußform der Syenite, wird eine Vierteilung in die neovulkanischen Trachyte im engeren Sinne und die paläovulkanischen Orthophyre als die Vertreter der Alkalikalkreihe und in die neovulkanischen Alkalitrachyte und paläovulkanischen Keratophyre als solche der Alkalireihe vorgenommen. Das Gefüge aller dieser Gesteine ist immer porphyrisch, doch sind manchmal die Einsprenglinge sehr spärlich.

Trachyte im engeren Sinn. In zumeist holokristalliner, hell- bis dunkelgrauer, gelblicher, rötlicher, bräunlicher, dichter Grundmasse aus Sanidintäfelchen oder -leisten in oft fluidaler Anordnung, ab und zu etwas Quarz, auch Diopsid, seltener Glasbasis, fast nie Mikrofelsit, liegen Einsprenglinge von Sanidin, seltener Mikroklin und Anorthoklas, dann Andesin bis Labrador, wenig Biotit, braune Hornblende, daneben oder allein Diopsid. Bei Gehalt an basischem Plagioklas tritt Hypersthen oder Bronzit auf. Biotit und Hornblende, oft mit Resorptionserscheinungen, sind häufig chloritisiert. Aus der Zahl der Vorkommen seien erwähnt: Eugenienruhe am Scheerkopf im Siebengebirge (Rheinland), am Südrande der Karpaten, in den Euganeen, bei Piatigorsk im nördlichen Kaukasus, stark zersetzt bei Gleichenberg in Steiermark, so am Ausgang der Klause, frischer am Bärenkogel (An 10), am Mte. Amiata in Toskana als *Hypersthentrachyt*, in der Lava des Arsostromes von 1302 bei Epomeo auf Ischia (An 11). Basisch ist der Plagioklas des Trachytes von Bolsena (Vulsinit) bei Orvieto, glasreich bildet er den Mte. Amiata bei Siena (Toskanit genannt). Hypersthentrachyt kennt man auch vom Popocatepetl. Trachyte sind manchmal mild alkalisch tendiert. Sie treten auch in typischen Alkaliprovinzen auf, so auf manchen Inseln des Stillen Ozeans als kristallisationsdifferente Reste der Ozeanite.

Orthophyre haben durch Alterung farbige Grundmasse, derbes Aussehen der Feldspäte, starke Verwitterung der bei allen Trachytgesteinen wenig hervortretenden dunklen Bestandteile in Chlorit, Epidot, Karbonat. Sie kommen u. a. im Perm von Crok am Tafelberg, bei Tobarz in Thüringen, Blitzmühle bei Friedland in Schlesien (An 12), in Wetzlarer Schichten bei Vipazar in Montenegro, bei Luossavaara und Kirunavaara in Lappland vor.

Artenreicher sind die *Alkalitrachyte.* Die nach ihren Hornblenden Arfvedsonit, Riebeckit, Katophorit benannten Gesteine sind licht bis bläulich, auch grau. Einsprenglinge von Anorthoklas, Sanidin, Albit und verhältnismäßig wenig von den einzelnen Hornblenden liegen in einer Grundmasse aus sehr oft fluidal gefügten Sanidinleisten, unregelmäßig umgrenzten Hornblenden, zuweilen auch Quarz und Glas. Man kennt sie u. a. vom Hohenberg bei Borkum gegenüber dem Siebengebirge, Bourboule am Mt. Dore, Vulkan Ngorongoro, Naivashasee in Kenya (An 13). Die *Aegirintrachyte* mit nadeligem Aegirin und ab und zu auch einem Sodalithmineral treten u. a. bei Großpriesen nördlich von Aussig in Böhmen, auf der Insel San Thomé an der Küste Guineas, bei Angorony und anderen Orten auf Madagaskar, Glashausberge in Queensland, an den Turritablefällen bei Macedon nordwestlich von Melbourne in Australien auf. Sodalith mit Nosean und Hauyn als Übergemengteile enthalten die den Phonolithen ähnlichen *Sodalithtrachyte*, ab und zu mit Nephelin in der Grundmasse, die man aus dem Böhmischen Mittelgebirge (Gottesberg bei Wernstadt, Skritin bei Rongstock und anderen Orten), Marecocco auf Ischia, Polenaschlucht an der Vesuvsomma, vom Mte. Dore, den Azoren und Kanaren usw. kennt. *Leuzittrachyte* treten am Mte. Venere und bei Sorgente, in der Nähe von Viterbo auf.

Größere Mengen von Labrador bis Andesin neben weniger Sodalith führen die Trachyte vom sogenannten *Drachenfelstypus* und vom *Ponzatypus*. Erstere zeigen Annäherung an die Trachyte der Alkalikalkreihe mit Biotit, Hornblende und oft auch Diopsid, wie sie vom Drachenfels im Siebengebirge bei Bonn, Kelberg in der Eifel, im Odenwald, Haddington in Schottland, besonders in der Auvergne bekannt sind, wo sie reich an Glasbasis die Kuppen der Puykette, darunter den Puy de Dome (Domit) bilden. Im Ponzatypus ist zumeist Diopsid allein farbiger Gemengteil. Er tritt auf den Ponzainseln, auf Ischia, in den phlegräischen Feldern, am Mte. Ferru auf Sardinien, am Vicokrater bei Viterbo auf. Zusammen mit dem Drachenfelstypus kennt man ihn im Odenwald und im Böhmischen Mittelgebirge.

Bei den *Keratophyren* liegen Anorthoklas, Mikroperthit, Albit, Orthoklas, Arfvedsonit, Riebeckit, Aegirin, Aegirinaugit, Biotit in teils holokristalliner, aus isometrischen und länglich-leistenförmigen Alkalifeldspäten, manchmal etwas Quarz bestehender, aber auch durch verändertes Glas hypokristalliner Grundmasse. Solche Gesteine sind im Harz zusammen mit Diabasen (z. B. Hüttenrode, Bärenrücken), ähnlich im Fichtelgebirge und im Breuschtal der Vogesen verbreitet. Eine besondere Art sind die sogenannten *Lahnporphyre* im Rheinischen Schiefergebirge, z. B. Aull, Hambach, Steinberger Kopf, Hausen, Wirbelau, Altendiez, Hermannstein, Guckenberg (An 14), Heisterbach u. a., reich an Riebeckit und Alkaliaugit mit lokalen Anreicherungen sulfidischer, oxydischer und karbonatischer Erze. Zu den Keratophyren gehören die norwegischen *Rhombenporphyre*, die Ergußform der Laurvikite. In der kristallinen Grundmasse aus Anorthoklas, zum Teil Mikroklinperthit in kleinen Leisten liegen große Alkalifeldspateinsprenglinge, zumeist Anorthoklas, Augitkörner oft von Aegirin umrandet, ab und zu auch Olivin. Die Anorthoklase erreichen Durchmesser von 4 cm und haben durch gleiches Flächenwachstum von (110), ($1\bar{1}0$) und ($\bar{2}01$) rhomboedrische Tracht (Abb. 6 auf S. 10). Im Anbruch und u. d. M. ergeben sich spitzrhomboedrische oder gleichschenkelige Durchschnitte. Diese Gesteine bilden größere Decken und lange Gänge, aber auch die Randfazies der Lauvrikite zwischen Oslo und dem Langesundfjord, z. B. Skoumsaas, Strömstad, Kolsaas, Bärum, Aslegård, Ringeriket, Tyveholmen. Sie bilden aber auch die Kuppe des Kibo am Kilimandscharo, wo sie Leuzit, Nephelin, auch Nosean enthalten können.

Der Chemismus der Trachyte. Die verschiedenen Abarten der trachytischen Gesteine entsprechen auch im Chemismus durchaus den syenitischen Gesteinen. *al-alk* ist fast immer positiv aber klein, *si* übersteigt nur selten 250, liegt meist darunter, *c* erreicht kaum 20 und kann sehr klein werden, *fm* ist meist unter 25. Wie die Syenite sind diese Gesteine teils natron-, teils kalibetont. Zu den ersteren gehören z. B. die Leuzittrachyte, zu den zweiten die Aegirin-Arfvedsonit-Riebeckittrachyte. Wie bei den Syeniten die Alkalikalkglieder seltener sind und nur in größeren Alkalikalkgranitmassiven auftreten, so ist dies auch bei den Alkalikalktrachyten der Fall. Viele von ihnen neigen gleich den Syeniten zur Alkalireihe hin, wie etwa die Gesteine von Gleichenberg, die Trachyandesiten sehr nahestehen. So sind auch die Niggli-Werte vom Arsotrachyt und vom Leuzittrachyt vom Mte. Venere bei verschiedener mineralischer Zusammensetzung chemisch fast ident, obwohl der erstere zu den Alkalikalktrachyten gehört oder ihnen zumindest sehr nahesteht.

Die Familie der Syenite.

Syenite, die Tiefenfazies der Trachyte, sind quarzarme bis quarzfreie, hypidiomorph-körnige, aber auch porphyrisch struierte, fein- bis sehr grobkörnige Tiefengesteine, in denen zum Alkalifeldspat ein oder mehrere der farbigen Gemengteile Biotit, Diopsid, Hornblende, aber niemals in bedeutenden Mengen treten. Die Syenite der Alkalikalkreihe enthalten immer, oft in beträchtlichen Mengen Oligoklas bis Andesin, der den Syeniten der Alkalireihe fehlt oder nur als Übergemengteil vorkommt. Der Kalifeldspat der ersteren ist zumeist Na-armer Orthoklas, seltener Mikroklin oder Perthit, in den Alkalisyeniten Natronorthoklas, Mikroperthit, Mikroklinmikroper-

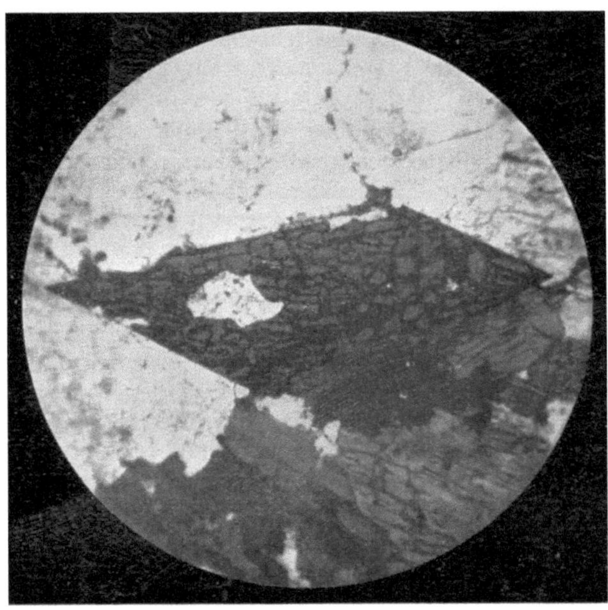

Abb. 50. Großer Titanitkristall im Hornblendesyenit von Plauenschem Grund in Sachsen. (Nach S t i n y.)

thit bzw. Anorthoklas, auch Kryptoperthit. Die Feldspäte sind weiß oder rot, wie die der Granite und treten nicht selten einsprenglingsartig hervor. Albit kommt nur in Alkalisyeniten, Quarz fast nur in denen der Alkalikalkreihe vor. Der zumeist idiomorphe Diopsid steht manchmal dem Hedenbergit nahe, er ist bei den Alkalisyeniten alkalihaltig und oft von Aegirinaugit oder Aegirin begleitet und auch vertreten. Die Hornblende der Alkalikalksyenite ist mehr oder weniger idiomorphe grüne gemeine Hornblende. Diopsid bildet oft den Kern der Hornblenden. In den Alkalisyeniten ist die Hornblende Ti- und alkaliführende tonerdereiche basaltische Hornblende oder eine dem Hastingsit, Barkevikit, Arfvedsonit nahestehende, während Riebeckit nur in geringen Mengen akzessorisch beobachtet wurde. Die Ausscheidungsfolge ist die der Granite. Titanit ist öfter in größeren Mengen als in granitischen Gesteinen enthalten und auch manchmal mit freiem Auge gut erkennbar (Briefkuvertform).

Die Verbindung mit Granitgesteinen ist häufig eng. Übergänge werden Quarzsyenit genannt, und man kann Syenite auch als SiO_2-arme Granite bezeichnen. Syenite der Alkalikalkreihe sind verhältnismäßig seltene Gesteine und werden von manchen Forschern nicht anerkannt, vielmehr alle Syenite als Gesteine der Kalireihe aufgefaßt. Die Verhältnisse sind somit gerade umgekehrt wie bei den Graniten, bei denen Alkaligranite viel seltener sind, was damit begründet wird, daß mit dem Sinken von SiO_2 in den Graniten der Alkalikalkreihe eine Zunahme von CaO und damit ein Überhandnehmen der Kalknatronfeldspäte über die Alkalifeldspäte derart vor sich geht, daß ein Übergang nicht in syenitische, sondern dioritische Gesteine erfolgt, was bei den kalkarmen Alkalisyeniten nicht geschehen kann. Man kann aber die Alkalikalksyenite auch als quarzarme und plagioklasreiche Granite und wie diese gebildet (vgl. S. 125) auffassen und in die granitodioritische Reihe einbeziehen.

Alkalikalksyenite, Biotitsyenite mit Biotit als herrschendem Gemengteil, gewissermaßen quarzarme Biotitgranite, stehen diesen auch äußerlich nahe, wie wir sie etwa von Meißen oder auch im riesigen Granitmassiv des kanadischen Laurentians kennen. Größere Mengen von Biotit enthalten die Syenitstöcke und Gänge im Gneis des Schwarzwaldes (Rench-Kinzigtal, Schapbach). *Biotitaugitsyenite* sind z. B. die roten Syenite am Mte. Mulatto bei Predazzo. Auch die *Hornblendesyenite*, wie wir sie z. B. vom Plauenschen Grund in Sachsen (An 15), dann in den südlichen Vogesen, im Odenwald (z. B. Kisselbusch bei Löhrbach), von Reichenstein und Glatz in Niederschlesien, Biella in Piemont, am Piz Giuf im Aarmassiv kennen, unterscheiden sich fast nur durch geringeren Quarzgehalt von den Hornblendegraniten. Die *Augitsyenite* vom Gröbatypus, reicher an Plagioklas und farbigen Gemengteilen, stehen den dioritischen Gesteinen näher, auch ist der Plagioklas basischer, reicht bis zum Labrador. Diese Gesteine bilden eine eigene Fazies im Meißner Granit.

Die abwechslungsreicheren *Alkalisyenite* nähern sich den Alkaligraniten (Nordmarkite, Pulaskite, Umptekite, Aegirinsyenite), seltener den Monzoniten (Laurvikite, Sodalithsyenite, Åkerite).

Die von Kalknatronfeldspäten freien *Natronsyenite, Nordmarkit* und *Pulaskit* unterscheiden sich durch den Quarzgehalt der ersteren und die größere Menge farbiger Gemengteile (Diopsid, Aegirinaugit, Arfvedsonit, Biotit) der letzteren. Nephelin und Sodalith können recht reichliche Übergemengteile sein, wodurch Beziehungen zu den Nephelinsyeniten bestehen. Nordmarkit bildet u. a. die Lakkolithe von Hillestadvand, Aneröd, Sande, Gjerpental, Skien im Norden von Oslo, Tonsenås in Nordmarken; er tritt im Ragundamassiv im schwedischen Ångermanland, im Foyatal der Serra Monchique, am Cabo Frio bei Rio, bei Ankaramy in Madagaskar, Narsak in Grönland usw. auf. Pulaskite kennt man z. B. von den Fourche Mts. in Arkansas, Cabo Frio, Serra Mendonha in San Paulo, Lövåsbucht im Oslogebiete, im Osten von Montreal, aus Julianehaab im Nordwesten Grönlands. An Hornblenden reicher sind die *Umptekite*, die man in nephelinhaltige und davon freie unterteilen kann. Sie wurden u. a. von Umpjaur am Umptek auf der Kola-Halbinsel, Cabo Frio, Albany in New Hampshire gefunden. Hieher gehört auch der Thuresit genannte Natronhornblendesyenit von Thures an der Thaya bei Raabs (An 17), reich an Mikroklin. Albitsyenite mit Albit als lichtem Hauptbestandteil, Barkevikit als dunklem Gemengteil, wurden im Fresno Co in Kalifornien gefunden. Aegirin ist der dunkle Hauptgemengteil der *Aegirinsyenite* von Grönne Dal östlich von Ivigtut in Südgrönland, Areira Preta am Iguapé in San Paulo, Ambongo an der Westküste von Madagaskar und anderen Orten.

Die *Laurvikite* zwischen Oslo und dem Langesundfjord, Tönsberg bei
Laurvik (An 18), Ambalika, Ampasibitika und im Bezzavonamassiv auf
Madagaskar, von der Insel Nosy Be und anderen Orten bestehen überwiegend
aus Alkalifeldspat, der zumeist Anorthoklas in der Rhombenfeldspatform
ist, wenig dunklen Gemengteile; Sodalith und Nephelin sind häufige
Übergemengteile, Plagioklas und Quarz fehlen fast immer. Die *Åkerite* von
Foß und Ramnäs in Südnorwegen, am Ullernaas und Vettakolln bei Oslo
unterscheiden sich von den Laurvikiten dadurch, daß im Åkerit bei gleichem
CaO-Gehalt Kalknatronfeldspat selbständig als Kern im Alkalifeldspat
auftritt, während im Laurvikit nur wenig Kalknatronfeldspat im Anorthoklas vorhanden ist. Als Unterabteilungen kann man unterscheiden: Laur-
vikit-Åkerit, mit wenig Plagioklas vom Vettakolln, Kjelsåsit, reich an
Plagioklas von Kjelsås bei Sörkedalen, Essexit-Åkerit als Randfazies von
Essexiten vom Lortlauptal bei Vikersund im Oslogebiet, als dunkle, an
Plagioklas reiche Abart. Die beiden letzten Åkerite gehören zur Mangeritreihe (vgl. S. 118).

Ganggesteine der Syenite.

Alkalikalksyenitporphyre. In dichter verschiedenfarbiger, fast immer
mikrogranitischer Grundmasse liegen Einsprenglinge von Kalifeldspat,
durch Entmischung oder Verwitterung oft rötlich, bräunlich, gelblich gefärbt, Oligoklas bis Labrador, wenig Biotit, Diopsid, Hornblende, die beiden
letzteren oft in Chlorit, Epidot, Kalzit umgewandelt. Die Unterteilung ist
die der Tiefengesteine. Man findet sie u. a. im Schwarzwald, in Thüringen,
am Harz, in den Vogesen (Talhorn), im Moldanubikum des Niederösterreichischen Waldviertels, in der Umgebung von Marbach an der Donau, im
Lojatälchen. Häufig treten sie in Gesellschaft von Granitporphyren auf.

Den *Alkalisyenitporphyren* fehlen die Einsprenglinge von Kalknatronfeldspat, die Hornblenden sind Arfvedsonit, Barkevikit, auch blauer Katophorit, Augit ist Diopsid mit Aegirinsaum, Aegirinaugit, Aegirin. Die Grundmasse enthält manchmal neben oft fluidal angeordneten Kalifeldspattafeln
oder auch isometrischen Alkalifeldspäten größere Mengen von Mikrolithen
der farbigen Gemengteile. Zu jedem Typus der Tiefengesteinsform gibt es
eine porphyrische, so z. B. Nordmarkitporphyre im Oslogebiet (Nakholmen,
Killingen, Huk, Linderudbråten, Bygdö, Näsodden), bei Ragunda in Schweden, Katzenstein bei Tischlowitz an der Elbe, bei Rongstock; Pulaskitpor-
phyre an der Foya (Sierra de Monchique), in den Highwood- und Bearpaw-
bergen in Montana; Åkeritporphyre im Oslogebiet, am Champlainsee und
bei Albany in Nordamerika; Aegirinsyenitporphyre von Ragunda, Black Hill
in Dakota, Grönland; Umptekitporphyre von Salem in Massachusetts,
oberes Ribeiratal in San Paolo, Insel Sokotra; Laurvikitporphyre von Tyveholmen im Oslogebiet; mehr schon zu den Nephelinsyenitporphyren gehört
der Nephelinlaurvikitporphyr von Vasvik bei Laurvik. Große Kalifeldspate
enthält der Aegirinsyenitporphyr vom Felsentor im Viezzenatal bei Predazzo.

Syenitaplite der Alkalikalkreihe sind verhältnismäßig selten, während
aplitische Ausbildungen feinkörniger Syenite öfter gangförmig vorkommen.
Echte Aplite treten u. a. in der Umgegend von Oberwiesental im Erzgebirge
und im Gebiet der Augitsyenite von Porschnitz bei Meißen auf. Als Albitit
wurde quarzfreier Albitaplit bezeichnet, wie er z. B. am Moccasinbach im
Toluomne Co in Kalifornien und am Koswinsky Kamen im Ural auftritt.

Die *Helsinkite* (Unanite) von der Insel Suursaari und anderen Orten in Finnland und Südnorwegen, ärmer an Epidot am Piz Bever, Piz Mulix bei Preda im Albulagranit der Errgruppe, enthalten neben Albit wechselnde, oft recht bedeutende Mengen von Epidot, geringere von Quarz und Kalifeldspat; es ist durchaus wahrscheinlich, daß diese Gesteine primäre Bildungen aus sehr wasserreicher Schmelze bei niedriger Temperatur sind (Cornelius).

Alkalisyenitaplite, reich an Quarz, treten u. a. am Umptek auf Kola (Lestiwarit genannt), bei Gloucester im Essex Co, Belknap Mt. in New Hampshire, bei Rio de Janeiro, reich an Riebeckit und Aegirin in den Alkaligraniten Korsikas auf. *Alkalisyenitpegmatite* kennt man u. a. aus dem Oslogebiet (z. B. Frederiksvären), ausgezeichnet durch schriftgranitische Verwachsung von Aegirin und Barkevikit und durch schillernde Feldspäte. Im Augitsyenitpegmatit von Nasarsuk bei Julianehaab auf Grönland treten in großer Zahl die bekannten seltenen Mineralien auf, die diesen Fundort zu einem der berühmtesten Mineralfundorte der Welt gemacht haben.

Zu den syenitischen Gesteinen von schwach alkalischem Charakter gehören die auch äußerlich den Syenitapliten nahestehenden *Bostonite*, bestehend aus Alkalifeldspäten (Mikroklin, Mikroklinmikroperthit, Anorthoklas und Albit), wenigen, meist zersetzten farbigen Gemengteilen. Bei den Quarzbostoniten tritt auch Quarz hinzu. Fluidal texturierte tafelige Feldspäte verleihen den grauen bis graugrünen Gesteinen Seidenglanz. U. d. M. zeigen sie Trachytgefüge, sie stehen auch chemisch den Trachyten nahe. Namengebend ist das Vorkommen vom Marblehead Neck bei Boston. Häufig sind Bostonite am Champlainsee in den Adirondacks, bei Montreal, bei Albany in New Hampshire, Sierra de Tinguá und Poços de Caldas in Brasilien, im Oslogebiet [Insel Lindö (An 19)], Nosy Comba auf Madagaskar, im Gebiet der Berowska reka nordöstlich von Sofia (Quarzbostonit), als Sodalithbostonite im Raum von Großpriesen-Pömerle im Böhmischen Mittelgebirge, dann vom Pik Maros auf Celebes. Größeren Gehalt an Andesin bis saurem Labrador und farbigen Gemengteilen besitzen die dunkleren *Gauteite* von der Gaute bei Mühlörzen (An 20) und vom Ziegenberg bei Nestersitz im Böhmischen Mittelgebirge, von Duppau in Böhmen, vom Tovo di Vena bei Predazzo, Pic Maros auf Celebes, von Madeira, den Highwoodbergen in Montana, Tufteholmen im Essexitgebiet von Oslo, als Sodalithgauteit bei Großpriesen, Rongstock, Zinkenstein, Analzim führend im Tollen Graben bei Wesseln und am Kahlen Berg bei Jakuben, alle im Böhmischen Mittelgebirge.

Der Chemismus der Syenite. Bei allen Syeniten ist $al-alk$ positiv und klein, nur beim Albitit und manchmal beim Quarzbostonit wird der Wert negativ, die si-Werte übersteigen 250 im Gegensatz zu den Graniten nicht wesentlich, liegen zumeist darunter, c erreicht niemals 20, fm bleibt meist unter 25. Diese Gesteine besitzen wenig einheitlichen Charakter. Die Alkalikalksyenite gleichen auch im Chemismus den Graniten, in die sie übergehen, die Plagioklasgehalte mancher Granite bleiben nicht hinter denen plagioklasärmerer Syenite zurück. Bei den Alkalisyeniten, die recht wenig dunkle Gemengteile enthalten, ist al und alk beiläufig gleich groß, si liegt zwischen 200 und 300; bei den Foyaiten nahestehenden Laurvikiten ist $al-alk$ nicht allzu klein, qz negativ. Die Schmelze der Bostonite und Gauteite ist zum Teil laurvikitisch. Die Menge der Oxyde ist bei den Syeniten größer als bei den Graniten, denn die Syenite sind reicher an dunklen Gemengteilen.

	1	2	3	4	5	6	7	8	9	10
SiO_2 ..	55,81	46,37	55,87	54,55	55,22	62,53	53,45	53,19	53,10	59,62
TiO_2 ..	0,40	0,98	0,79	1,40	0,59	n. b.	1,42	Spur	n. b.	1,21
Al_2O_3 .	23,02	17,27	20,85	19,07	22,59	18,72	17,39	22,57	19,07	16,78
Fe_2O_3 .	2,04	4,05	2,34	2,41	1,14	3,26	3,15	1,98	5,57	2,93
FeO ..	0,83	3,04	1,10	3,12	1,17	0,34	1,36	1,72	0,00	2,09
MnO..	0,18	0,28	n. b.	0,17	0,13	0,16	0,31	Spur	n. b.	0,09
MgO .	0,13	1,29	0,48	1,98	0,28	0,08	2,66	0,49	0,17	1,57
CaO ..	2,73	7,83	3,07	3,15	2,12	0,54	4,54	2,55	1,33	6,05
Na_2O .	10,02	8,04	4,81	7,67	8,76	11,77	7,02	8,86	9,41	3,64
K_2O ..	5,24	6,29	10,49	4,84	5,59	0,79	4,80	6,60	6,84	4,23
H_2O^+ .	0,00	1,50	0,34	} 0,72	1,77	} 0,68	3,11	} 1,47	} 3,98	1,02
H_2O^- .	0,00	0,54	—		0,39		0,43			—
P_2O_5 .	0,12	0,25	0,11	0,74	0,00	n. b.	0,04	Spur	n. b.	0,19
CO_2 ..	0,00	1,18	0,00	—	—	—	0,83	0,11	0,10	0,52
BaO ..	—	—	0,09	—	—	—	—	—	—	0,02
SrO ..	—	—	—	—	—	—	—	—	—	—
F	—	—	—	—	—	—	—	—	—	—
Cl	0,13	0,34	—	—	0,43	—	0,03	0,37	—	—
ZrO_2 .	—	—	0,07	—	—	1,08	—	—	—	—
SO_3 ..	0,28	1,03	0,14	—	0,09	—	—	—	—	—
S	—	—	—	—	—	—	—	—	—	0,07
FeS_2 .	—	—	—	—	—	—	—	—	—	—
	100,93	100,28	100,55	99,82	100,27	99,95	100,54	99,91	99,57	100,03
si	174	122	184	167	185	236	164	164	174	206
alk ...	40,5	31	37,5	32	40	45	30	39	44	21,6
al	42,5	26,5	40,5	34,5	44,5	41,5	31,5	41	37	34,1
fm ...	8	20,5	11	23	8	11	23,5	11,5	14,5	21,8
c	9	22	11	10,5	7,5	2,5	15	8,5	4,5	22,5
k	0,26	0,34	0,59	0,29	0,30	0,05	0,31	0,35	0,32	0,43
mg ...	0,08	0,25	0,21	0,40	0,18	0,04	0,51	0,19	0,06	0,37

Die Familie der Dazite und Quarzporphyrite.

Diese porphyrischen Ergußgesteine der Alkalikalkreihe, neovulkanisch als Dazite, paläovulkanisch als Quarzporphyrite bezeichnet, entsprechen petrographisch der Tiefenfazies der Quarzdiorite. In grauer bis schwarzgrauer, unfrisch bräunlich bis rötlichbrauner Grundmasse, die aus Oligoklas, Kalifeldspat und Quarz, manchmal Diopsid, seltener Biotit, oft viel Glas besteht, liegen Einsprenglinge fast stets zonar gebauter Andesin-Labradore, Quarz, Biotit, brauner, seltener grüner Hornblende, Diopsid, seltener Bronzit-Hypersthen. Tritt Sanidin als Einsprengling auf, dann ähneln diese Gesteine den Trachyten.

Biotit- und *Hornblendedazite* stehen den Lipariten nahe, sie haben oft mikrogranitische, manchmal auch glasige Grundmasse. Verbreitet sind sie u. a. im ungarisch-siebenbürgischen Erstarrungsgesteinsgebiete. z. B. Kis Sebes im Köröstal, Vlegyaszagipfel, Nagyag, Oradna, Nagybanya, Felsöbanya, am Südabhang des Javor- und Goljagebirges (Stara Raska) in Jugoslawien, im westlichen Teil des Bacherngebirges, z. B. am Vrhinik (An 1), dann bei Fere in Westthrazien dem Andesit nahestehend, Cabo di Gata bei Almeria in Spanien, in den südamerikanischen Anden, am Lassens Peak in Kalifornien. Sepulchre Mts. im Yellowstone-Park, bei Bulu Nipis auf Sumatra usw. Bis *syenite, Trachyte und Syenite.*

	11	12	13	14	15	16	17	18	19	20
SiO_2 ..	56,75	63,24	60,74	63,76	58,70	64,76	58,78	57,80	67,25	54,15
TiO_2 ..	1,24	Spur	1,05	0,54	0,95	0,70	0,88	1,15	0,37	Spur
Al_2O_3 .	18,03	16,83	15,58	17,11	17,09	17,13	13,47	18,82	15,43	18,25
Fe_2O_3.	2,22	4,86	3,66	5,09	3,17	1,87	2,35	1,60	1,39	3,62
FeO ..	3,04	0,07	3,55	0,18	2,29	1,25	1,87	3,50	1,58	2,09
MnO..	Spur	Spur	0,26	Spur	n. b.	0,19	0,04	0,14	0,18	n. b.
MgO .	2,02	0,57	0,38	0,20	2,41	0,33	4,89	1,48	0,45	2,56
CaO ..	4,68	0,72	0,97	0,22	4,71	1,48	4,54	3,72	0,28	4,89
Na_2O .	4,85	4,02	6,59	5,49	4,38	5,80	2,61	6,48	5,35	4,43
K_2O ..	5,92	7,37	4,62	6,96	4,35	5,70	7,88	3,97	4,78	6,56
H_2O^+.	0,18	1,13	1,20	0,29	0,89	0,20	0,88	0,64	1,00	3,69
H_2O^-.	—	—	1,21	0,15	0,23	0,21	0,52	0,02	0,10	
P_2O_5 .	0,34	0,15	0,07	Spur	0,23	0,11	0,86	0,55	0,02	0,41
CO_2 ..	—	0,00	Spur	0,03	0,00	—	0,06	0,10	0,68	—
BaO..	—	—	—	—	—	0,09	—	0,17	0,02	—
SrO ..	—	—	—	—	—	—	—	0,13	—	—
F	—	—	—	—	—	—	—	0,04	Spur	—
Cl	0,11	—	0,01	—	—	0,02	—	0,05	0,01	—
ZrO_2 .	—	—	0,19	—	—	0,11	—	—	0,29	—
SO_3 ..	—	0,49	—	—	—	—	—	—	—	—
S.....	—	—	0,05[1]	Spur	—	0,06	—	0,03	—	—
FeS_2 .	—	—	0,08	—	—	—	—	—	0,90	—
	99,38	99,40	100,21	100,02	99,40	100,01	99,63	100,39	100,08	100,65
si	181	265	233	262	218	269	190	190	324	165
alk ...	27	36	36	40	25,5	38,5	24,5	29	40	26
al	34	41,5	35	41,5	36	42	25,5	36,5	43	32,5
fm ...	23	19	25	17,5	26	13	34,5	21	15,5	25,5
c	16	3,5	4	1	12,5	6,5	15,5	13,5	1,5	16
k	0,45	0,55	0,32	0,45	0,34	0,39	0,66	0,29	0,37	0,49
mg ...	0,42	0,18	0,08	0,07	0,06	0,16	0,68	0,34	0,21	0,46

[1] $(Ce, Y)_2 O_3$.

5 cm große Sanidine enthalten die Sanidindazite von Zorkan und Sokolica im serbischen Ibartal. Ein 18 km² großes Dazitmassiv wird in Slakowica bei Valjevo in Serbien abgebaut, das lichte Gestein enthält nur wenig teilweise chloritisierten Biotit als dunklen Gemengteil. Hypersthen- und Augitdazite sind dunkler, man kennt sie u. a. aus dem südlichen Hargittagebirge in Siebenbürgen, am Cabo de Gata und in den Anden Süd- und Nordamerikas.

Die paläovulkanischen *Biotitquarzporphyrite* und *Hornblendequarzporphyrite* kennt man z. B. aus dem oberen Breuschtal im Elsaß, bei Landshut in Schlesien, im Nahegebiet, in der Lausitz, in der alpinen Trias bei Recoaro. Hieher gehören auch die Gänge des altitalienischen „porfido rosso antico" im Schiefergebirge des Wadi abu Maammel am Djebel Dokhan in Oberägypten. Dieses frisch dunkelgrüne Gestein verdankt sekundär gebildetem Manganepidot seine schöne rote Farbe und seinen Wert im alten Italien. Augitquarzporphyrite und Hypersthenquarzporphyrite trifft man u. a. im Harz, Thüringen, an der Spitze des Lamberges im Nahegebiet.

Dazitische Laven sind u. a. am Colson auf Martinique, reich an Tridymit und Cristobalit vom Keligebiet im mittleren Kaukasus bekannt, Dazitgläser ohne Einsprenglinge am Glen Leidle (An 2), Roß und Mull in Schottland, während die Laven der Innimorebay und von Pennygael auf Mull bis 4 cm große basische Plagioklase und Augite, die der Insel Great Cumbrae in Schottland Bytownit führen. Weiselbergite (An 3) sind sehr frische paläovulkanische Hyaloquarzporphyrite (Quarzporphyritpechsteine) im Rotliegenden von Weiselberg bei St. Wendel und Oberkirchen im Nahegebiet, mit zonar gebauten Einsprenglingen von Labrador und solchen von Augit.

Es ist durchaus wahrscheinlich, daß einige der arg zersetzten Gänge im Gefolge der periadriatischen Tonalite zu den Effusivformen der Quarzdiorite, also zum Quarzporphyrit oder Dazit gehören. Ihr Alterszustand läßt es allerdings als fraglich erscheinen, ob sie zum Ganggefolge der tertiären Tonalite gehören.

Daziten und Quarzporphyriten, ebenso wie den Quarzdioriten fehlen Äquivalente der Alkalireihe, sie sind auch nur Gesteinen der pazifischen Reihe vergesellschaftet. Es wäre aber durchaus möglich, daß unter den Alkalitrachyten, den Trachyandesiten und Trachylipariten solche Äquivalente verborgen sein könnten.

Im **Chemismus** schließen sich die dazitischen-quarzporphyritischen Gesteine ebenso den Andesiten an, wie die Quarzdiorite den Dioriten. *al — alk* ist bedeutend, ein großer Unterschied gegenüber den syenitischen Gesteinen, *c* und *alk* sind meist ziemlich gleich groß, nur das *si* ist höher und *qz* immer positiv. Die *si*-Werte sind die der SiO_2-ärmeren Granite, genau so wie die der Quarzdiorite.

Die Familie der Quarzdiorite.

Diese besonders in Faltengebirgen, allerdings mehr oder weniger in der Form kristalliner Schiefer verbreitete Familie umfaßt die basischeren, an Kalknatronfeldspäten und dunkleren Bestandteilen reicheren Glieder der großen Reihe granitisch-dioritischer Gesteine (der granitodioritischen Reihe). Ihre Bestandteile sind ebenso wie die der Syenite der Alkalikalkreihe die gleichen, wie die der Granite, in die sie übergehen. Größere Mengen von Quarz, Alkalifeldspat, Orthoklas neben Mikroklin treten öfter zum Plagioklas (Oligoklas bis Andesin); Albit ist kaum primär enthalten, sondern aus basischerem Plagioklas entstanden. Biotit tritt unter den dunklen Gemengteilen stark hervor, daneben oder an seine Stelle Hornblende, oft in Biotit umgewandelt, während Augit selten ist. Bei den Quarzdioriten sind die Zeitspannen der Ausscheidung der farbigen Gemengteile und des Plagioklases, trotz zeitweilig gleichzeitiger Bildung, doch oft strenger geschieden als bei den Dioriten; deshalb sind alle diese Bestandteile besser idiomorph, besonders die dunklen Mineralien. Zum Teil sind Quarzdiorite gegenüber den Dioriten im engeren Sinne an Kalifeldspat und Quarz ärmere, an Plagioklas reichere Granite. Solche an Kalifeldspat reichere Quarzdiorite kann man als *Granodiorite* bezeichnen. Typisch hiefür ist der Granodiorit der Serra Nevada in Kalifornien (Meadow Lake, Hecla Schacht, Graß Valley im Nordosten von Sacramento). Als europäisches außeralpines Beispiel sei der Granodiorit von Maria Schnee bei Freistadt im oberösterreichischen Mühlviertel (An 4) genannt. Hieher gehört eine Anzahl von Quarzdioriten der Westalpen, die in engster Verbindung mit Graniten stehen. Sie sind aber niemals ganz frei von Paralleltextur. Als Beispiele seien die Hornblendebiotitgranodiorite der Arollaserie des Valpelline in Aosta genannt (27 Teile Quarz, 17 Mikroklin, 31 Plagioklas, 14 Hornblende, 9 Biotit). Reicher an Plagioklas, ärmer an Hornblende ist der Granodiorit aus der Südwand des

Mte. Morion im Valpelline (An 5) und der mittelkörnige Quarzdiorit von Casa Cogniod im Aostatal.

Dem Granit ziemlich nahe steht der *Tonalit.* Dieser Quarzdiorit enthält neben Andesin und sehr zurücktretendem Kalifeldspat als dunkle Gemengteile Biotit und Hornblende in wechselnden Mengen, Hornblende oft in schlankeren, Biotit in dickeren Säulen. Besonders am Rande der ostalpinen Tonalitplutone gehen an Hornblende reichere Arten in solche arm an oder frei von Hornblende über. Tonalit ist das Hauptgestein des Adamello und der Presanella, wo er alle Hauptgipfel bildet, vom Passe Tonale stammt der Name (An 6), dann des Iffingers bei Meran; er bildet größere Partien im Brixener Granit-Tonalit, er ist der Hauptbestand vieler anderer Periadriatika. Er bildet den Kreuzberg bei Lana, die Hauptmasse und die Hauptgipfel der Rieserferner (darunter Hochgall und Wildgall), einen langen schmalen Streifen in der sogenannten Südkärntner Aufbruchzone, große Teile des Bacherngebirges (z. B. Josefstal). Aus den Westalpen sei das Massiv im oberen Teil des Val Savaranche erwähnt.

Ein lichter Biotitgranodiorit, der äußerlich dem Tonalit nahesteht, ist der *Trondhjemit* aus dem gleichnamigen Gebiet des kaledonischen Grundgebirges Norwegens, quarzreich mit Oligoklas bis Andesin, Biotit, wenig Orthoklas, der auch fehlen kann. Mikroklin, Hornblende oder Diopsid bzw. Hypersthen neben Biotit führt der dunklere *Opdalit* von Opdal bei Trondhjem (An 7), der in seiner chemischen Zusammensetzung der mittleren, aus Analysen errechneten Zusammensetzung aller Erstarrungsgesteine nahekommt (vgl. S. 21), was andererseits auch für den Monzonit der Fall ist. Ärmer an Biotit gegenüber dem Tonalit ist der Quarzdiorit von Weinheim im Odenwald und der von Alemtejo in Portugal. Nicht so nahe dem Granit steht z. B. der Quarzglimmerdiorit von Dornach bei Grein in Oberösterreich (An 8), dann Vorkommen in den Steigerschiefern bei Barr im Unterelsaß, Urfintal im östlichen Gotthardmassiv. Ein Teil der Klausenite (vgl. S. 86) östlich von Klausen im Eisacktal gehören ihrer Zusammensetzung nach zu den Quarzdioriten.

Häufig enthalten Quarzdiorite aller Arten (auch die Tonalite) sogenannte basische Konkretionen, die früher genetisch allgemein als basische Frühausscheidungen (Schlieren) aus dem Schmelzfluß galten. Sie kommen öfter, wie im Adamello, in Massen vor, gehen manchmal ins Hauptgestein über, bestehen aus basischeren, dunkleren Bestandteilen des Hauptgesteines, manchmal sehr scharf abgegrenzt, sie sind vielfach aber ganz anders struiert, reichen von Splittergröße bis zu der mehrerer Kubikmeter. Da die Entstehung der Tonalite wie der meisten Quarzdiorite und vieler Diorite die gleiche ist, wie wir sie heute für Granite annehmen (vgl. S. 34 und S. 125), so sind diese Einschlüsse wohl vielfach Reste unverdauten, aber doch veränderten Ausgangsmateriales, manchmal sedimentogener Abkunft. Nur so ist ihre Häufung am Rande solcher Massive erklärbar. Ein Teil der Dioritpartien verschiedener Größe im Mauthausener Granit von Dornach bei Grein im Oberösterreichischen Moldanubikum, in der Zusammensetzung einem Opdalit nahestehend, dürften Reste eingeschmolzener, älterer basischer Gesteine sein.

Der Chemismus der Quarzdiorite unterscheidet sich von dem der quarzarmen bis quarzfreien Diorite nur in ihrem saureren Charakter, durch ihr höheres *si*, die höhere *qz*-Zahl, höheres *al* als *alk*. Aus ihren Analysen kann man verhältnismäßig leicht auf den Mineralbestand schließen.

Die Familie der Liparite und Quarzporphyre.

Auch bei diesen, zuweilen mit dem Sammelnamen *Rhyolithe* vereinten Gesteinen, petrographisch die Ergußform der Granite, ist eine Vierteilung üblich: den neovulkanischen Lipariten und paläovulkanischen Quarzporphyren der Alkalikalkreihe entsprechen die Alkaliliparite (Trachyliparite, Comendite und Pantellerite) und die paläovulkanischen Quarzkeratophyre der Alkalireihe.

Liparite und *Quarzporphyre* enthalten in einer weißen, grauen, gelblichen, blaßrötlichen (Liparite) oder rötlichen bis roten, braunen, violettrötlichen, grünlichen (Quarzporphyre) Grundmasse Einsprenglinge von Alkalifeldspäten, Quarz, wenig Oligoklas, Biotit oft in verschwindenden

Abb. 51. Liparit von Do-Shahil im Irak (Persien). Dihexaederquarz mit Randeinstülpung. Vergr. 30fach. Gekreuzte Nikols.

Mengen. Quarzporphyre ohne Quarzeinsprenglinge werden *Felsitporphyre* genannt. Der Alkalifeldspat der Liparite ist meist Sanidin, bei den Quarzporphyren Orthoklas, seltener Anorthoklas und Mikroklin. Plagioklas tritt an Menge zurück, reicht aber bei glasigen Gesteinen bis zum Bytownit herunter. Quarz zeigt häufig Dihexaederform, zumeist mit durch Resorption gerundeten Ecken und Kanten, manchmal auch Randeinstülpungen (Abb. 51). Risse und Sprünge bis zur völligen Zersplitterung durchziehen ihn häufig, eine Folge der raschen Abkühlung bei und nach der Extrusion. Die Grundmasse besteht aus Alkalifeldspat, Quarz, Mikrofelsit, Glasbasis, die, angereichert zu vulkanischen Gläsern, Pechstein und Obsidian führen kann. Ist die Grundmasse holokristallin, aus isometrischen Feldspatkörnern und Quarz gefügt, oder Quarzkitt so zwischen den Feldspäten, daß ein regellos feinkörniges Gemenge entsteht, so bezeichnet man die

Grundmassen als mikrogranitisch und nennt solche Quarzporphyre *Mikrogranite*. Sind Feldspat und Quarz schriftgranitisch-granophyrisch (vgl. S. 50) verbunden, spricht man von *Granophyren,* ist sie mikrofelsitisch, von *Mikrofelsiten* oder *Felsophyren.* An Einsprenglingen reiche Liparite nennt man nach Vorkommen in der Sierra Nevada Nevadite, derartige Quarzporphyre aber Kristallporphyre, Quarzporphyre mit recht wenig, zumeist fürs freie Auge unsichtbaren Einsprenglingen *Felsit(fel)se.* Sind größere Teile der Grundmasse glasig, dann wendet man die Bezeichnungen *Vitrophyre, Pechsteine, Hyaloliparite, Hyalorhyolithe, Obsidiane, Bimssteine an.* Zumeist handelt es sich dabei um nicht tiefer reichende Oberflächenbildung. Mikrogranite und Granophyre bilden zumeist das Innere größerer Ergüsse, während die Felsophyre in Oberflächenergüssen und in den äußeren Teilen größerer Porphyrmassen vorherrschen, besonders deutlich im Kieneckental bei Barr in den Vogesen und bei Lugano zu beobachten. Sphärische Textur zeigen Granophyre und Felsophyre, wie etwa die Kugelporphyre (Pyromeride) z. B. von Rauhfels bei Wuenheim im Elsaß, Friedrichsrode in Thüringen, Vinaigreberg in Esterel (Frankreich), auf Korsika oder die feinkugeligen, sphärolithischen Liparite und Quarzporphyre. Ähnliche Bildungen sind die nur mikroskopisch erkennbaren Axiolithe und die kleinen, bis Dezimetergröße erreichenden rosettenartigen Lithophysen, die an aufgeblühte Rosen erinnern.

Liparite und Quarzporphyre bilden Ströme, Decken, oberflächennahe Intrusionen als lagerförmige Erweiterungen, Gänge und kleine Stöcke, die

Abb. 52. Säulige Absonderung des Quarzporphyres im Eggental, nördlich von Bozen. (Nach S t i n y.)

Quarzporphyre auch größere Plattenareale. Die Absonderungsformen, besonders der Quarzporphyre sind oft säulig und plattig (Abb. 52) (Bozen, Weinheim an der Bergstraße), auch brotlaibförmig bis kugelig.

Aus dem sehr großen Verbreitungsgebiet können nur einige Beispiele gebracht werden. *Liparite* sind in Ungarn verbreitet, so bei Schemnitz, in der Matra, bei Tokay, Eperies, Visegrad, in Siebenbürgens Erzgebirge, im

Schaufelgraben bei Gleichenberg (An 9), in den Euganeen, in der Maremme Toskanas, Cabo di Gata in Spanien, namengebend auf den Liparischen Inseln (z. B. am Giardinaberg), im Irak, wo sie auch den Demawend, Persiens höchsten Gipfel bilden, im Kaukasus, auf den Sundainseln usw. Alle Liparite sind tertiär.

Quarzporphyre, die besonders im Karbon und Perm in Strömen und Lagern auftreten, bilden unter vielen anderen die größte, völlig unverändert gebliebene Erstarrungsgesteinsmasse der Alpen, die permische Porphyrdecke (Platte) der äußerlich verschiedenfarbigen Bozener Quarzporphyre, die, trotzdem man mehrere Ströme und Ausflußgebiete kennt, chemisch und mineralogisch ziemlich einheitlich sind. Man hat von unten nach oben unterschieden: Blumauer Porphyr, Siegmundskroner Porphyr, der am lebhaftesten gefärbt ist (Unterbau des Ritten, Raschötz im Grödnertal), darüber, durch einen Tuffhorizont getrennt (Oswaldpromenade bei Bozen), der Eggentaler Porphyr (Montiggler Berge), der stellenweise besonders schön säulig abgesonderte Branzoller Porphyr, am meisten als Pflasterstein verwendet, dann der Hocheppaner Porphyr (Kohlern, Deutschnofen), der leuchtend dunkelrote Kastelruther Porphyr (Ritten, Oberbozen, Rittnerhorn, Villander Berge bis Sarnerscharte). Vom Rosengarten-Latemar überlagert, erscheint der Quarzporphyr wieder in den Fassaner Bergen, bildet das mächtige Berggebiet der Lusiakette mit den Hochgipfeln der Bocche und bildet den mit seinen Ausläufern bis in die Nähe von Trient reichenden, 25 km langen Fleimserkamm mit den Hochgipfeln Colbricon, Cima di Cecce, Cauriol.

In den triadischen Werfener Horizont gehören die Porphyre der Umgebung von Raibl. Zu den ältesten Quarzporphyren gehören die Felsite des Bushveldgebietes in Südafrika (An 10 am Gestein von Rietfontain im Pretoriadistrikt). Als Beispiele aus Deutschland seien die von Halle an der Saale, Flöha in Sachsen, Gegenbach im Schwarzwald, zwischen Schriesheim und Heidelberg an der Bergstraße (Weinheim, Heppenheim), von Eisenach, Auersberg am Harz, Zwickau, Chemnitz genannt. Dann Vorkommen von der Witenalpe im Aarmassiv, die Porphyrdecke von Wales (Kambrium bis Silur). Jurassisch sind die am Ostabfall der südamerikanischen Anden. Kretazisch sind die an der Ostseite des Ponsonbysundes auf Feuerland.

Saure Gesteinsgläser, Pechstein, Felsitpechstein, Perlit, Obsidian, schaumiger Bimsstein, die letzten drei nur an Lipariten, sind die vitrophyrischen Ausbildungsformen mit größerem oder kleinerem Wassergehalt. Je nachdem die rasche Oberflächenerstarrung Schmelzen mit mehr oder weniger intratellurisch gebildeten Kristallen erfaßt hat, je nach rascherer oder langsamerer Abkühlung, entstanden mannigfache, in ihrer Zusammensetzung leicht erklärbare Produkte. Die Obsidiane enthalten nur kristallisierte Entglasungsprodukte, Vitrophyre hingegen haben nur glasige Grundmasse, wie z. B. die quarzporphyrischen von Schloß Montan ober Auer südlich von Bozen und die von Tisens, Tagusens, Kastelruth, Terlan, die der Götterfelsen bei Meißen. Die Pechsteine sind Gläser, arm an Einsprenglingen, z. B. von Arran bei Island, Liparitvitrophyre bei Schemnitz, solche in den Euganeen, feinkugelig sind die Liparitperlite der gleichen Vorkommen und die vom Cabo di Gata u. a. m. Liparitobsidiane sind besonders bekannt vom Obsidian Cliff im Yellowstone-Park, aber auch in Ungarn, auf den Liparen, Krafla auf Island, Mte. Arci auf Sardinien, Obsidianberge in den Tewanbergen in Neumexiko. Die schaumigen Bimssteine, oft seidenglänzend, erfüllt von den leeren Räumen ehemaliger Luftblasen, reich an Mikrolithen, aber auch mit mikroskopisch sichtbaren Einsprenglingen, kennt man von den meisten Liparitgebieten, besonders in Ungarn, Cabo di Gata, Liparen, Katmai auf Alaska, Mt. Dore in der Auvergne. Als Bildung von subsequentem Vulkanismus im alpinen Orogen können die geringen Mengen von grauen bis gelblichbraunen, eine kleine Spalte füllenden Bimssteinen und die bimssteinartigen Überzüge auf mylonitisiertem Augengneis von Köfels ober Umhausen im Ötztal gelten.

Die *Alkaliliparite*, petrographisch die neovulkanische Fazies der Alkaligranite teilt man in Comendite und Pantellerite ein. *Comendite* enthalten reichlich Natronsanidin und Mikroperthit, Quarz, geringe Mengen von Aegirin, Arfvedsonit und Biotit als Einsprenglinge in mikrogranitischem, ab und zu granophyrischem oder poikilitischem Quarz-Alkalifeldspat-Aggregat mit oder ohne etwas Glas. Man kennt sie (namengebend) von Comende auf der Insel San Pietro an Sardiniens Westküste (An 11), von Mercuredu auf der Nachbarinsel San Antonio, ähnlich auf Korsika und Pantelleria, besonders verbreitet sind sie im Afarland und an der Somaliküste sowie im Gebiet des Tsadsees (z. B. Zinder), auf der japanischen Oki-Insel, auf Timor usw. Die selteneren alkalibetonteren *Pantellerite* enthalten Einsprenglinge von Anorthoklas, Diopsid oder Aegirinaugit und Cossyrit, manchmal reichlich Quarz, seltener Hornblende, manchmal Olivin. Plagioklas fehlt Pantelleriten und Comenditen. Die Grundmasse besteht bald aus Glas mit wenig Feldspat-Augit-Cossyrit-Mikrolithen, bald ist sie ein glasgetränkter Mikrolithenfilz. Man kennt sie z. B. von Costa Zeneti (An 12) und anderen Orten auf Pantelleria, reichlicher in Strömen bei Choa im Afarland, auf dem Abessynischen und dem Somaliplateau zwischen Djibuti und Addis Abeba in einem 500 km langen Zug zusammen mit Comenditen zwischen basaltischen Ergüssen. Glasreich sind Khagiarit vom gleichen Ort auf Pantelleria, reich an Aegirin der Okawait, ein Aegirin-Hyaloliparit von Toyokoro am Okawafluß in Japan.

Die paläovulkanischen *Quarzkeratophyre* enthalten in dichter, seltener feinkörniger Grundmasse meist nur wenige kleine Einsprenglinge von Albit, selten Mikroperthit oder Anorthoklas, Quarz, der als Einsprengling auch fehlen kann und nur wenig der üblichen dunklen Gemengteile saurer Alkaligesteine. Die aus ursprünglichem Glas gebildete körnige, selten mikrogranitische Grundmasse enthält oft granophyrische Feldspat-Quarz-Aggregate. Diese Gesteine sind sehr selten besser erhalten. In Europa kommen sie nur stark zersetzt und durch Bewegungsmetamorphose verändert vor, sie sind besonders stark verkieselt. Von ihrem Hauptverbreitungsgebiet werden sie als *Lenneporphyre* bezeichnet (Kirchhunden, Hofolpe, Benolpe, Silberg, Wiebelsaal und andere Orte im Gebiet der Lenne). Ähnliche Gesteine kennt man u. a. auch aus dem Fichtelgebirge z. B. von Alsenberg bei Hof in Bayern (An 13), im Tal der Mulde, zwischen Elbingerode und Rübeland im Harz. Etwas frischer sind die Quarzkeratophyre von Wales, Insel Maine, Irland usw.

Der **Chemismus der Liparite und Quarzporphyre** gleicht vollkommen dem der Granite. Bei den Gliedern der Alkalikalkreihe ist besonders die große Differenz von *alk* und dem viel kleineren *c* bemerkenswert, die *si*-Zahlen sinken nicht unter 300, liegen aber auch über 400, *mg* ist ebenso wie bei Graniten bei hohem *si* sehr klein. Bei den Alkalilipariten ist *al — alk* manchmal negativ wie bei den Alkaligraniten. Stofflicher Unterschied zwischen paläovulkanischen und neovulkanischen Formen ist nicht vorhanden, mit Ausnahme des Wassergehaltes auch nicht bei den Gläsern. Bei den Comenditen treten die Werte für MgO und CaO noch mehr zurück als bei

den anderen Lipariten. *alk* wird größer als *al*, es bilden sich daher Alkaliaugite und -hornblenden, bei den Pantelleriten ist dieser Unterschied noch
größer. Na_2O herrscht über K_2O vor, *si* und *al* ist etwas niedriger, Fe verhältnismäßig groß. Man kann daran diese kleine Gesteinsart leicht erkennen. qz ist stets positiv.

Die Familie der Granite.

Diese feinkörnigen bis sehr grobkörnigen, niemals dichten Tiefengesteine sind durch die Kombination von Quarz und Alkalifeldspat gekennzeichnet, zu der in wechselnden Mengen ein oder mehrere Mineralien der

Abb. 53. Granit vom Bettelberg-Bruch bei Maut-
hausen. Links unten Quarz, obere Hälfte großer
idiomorpher Plagioklas, rechts unten Mikroklin,
links am Rand Biotite. Gekreuzte Nikols. Vergr.
zirka 20fach.

Abb. 54. Biotitgranit von Nadelwitz bei Bautzen
(Sachsen). Große Biotite, Längsschnitt (dunkel)
und Querschnitte, zum Teil idiomorph. Gewöhnliches Licht. Vergr. zirka 30fach.

Glimmergruppe, der Hornblenden und Augite treten, während Glieder der
Kalknatronfeldspäte mit etwas höherem Anorthitgehalt den Alkaligraniten
fehlen, oder nur in sehr kleinen Mengen auftreten, bei den Alkalikalkgraniten aber einen recht ansehnlichen Bestand ausmachen können. Die
üblichen Nebengemengteile Apatit, Magnetit, Hämatit, Ilmenit, Zirkon,
Rutil, Pyrit usw. und die Übergemengteile Granat, Cordierit, Orthit (Turmalin) treten in wechselnden, fast immer recht geringen Mengen auf. Die
Alkalifeldspäte, weiß, grau, bläulich, durch Entmischung eines geringen
Fe-Gehaltes bei der Abkühlung in manchen Gesteinen rot gefärbt, sind meist
tafeliger, seltener säuliger, häufig nach dem Karlsbadergesetz verzwillingter Orthoklas, Mikroklin, entsprechender Perthit, Anorthoklas und Albit,
welch letztere als primäre Bestandteile auf die Alkaligranite beschränkt
sind. Orthoklas und Mikroklin treten für sich allein, häufiger aber mit-
sammen auf. Kalifeldspat ist oft in Kaliglimmer oder Kaolin umgewandelt.
Der fast nie rotgefärbte Kalknatronplagioklas reicht vom Oligoklas bis
zum basischen Andesin und ist sehr oft nach dem Karlsbadergesetz und

dem Albitgesetz, nach letzterem in vielfacher Aufeinanderfolge verzwillingt.
Die dadurch entstandene Streifung läßt bei genügender Größe die Unterscheidung beider Feldspäte makroskopisch zu. Zonarstruktur der Plagioklase
ist nicht so häufig wie bei den dioritischen Gesteinen. Plagioklas ist stets
besser idiomorph als der Kalifeldspat. Biotit, der bei weitem überwiegende
dunkle Bestandteil, ist meist Meroxen, selten idiomorph in Täfelchen oder
Blättchen, meist in durch Resorption schlecht umgrenzten Lappen ausgebildet. Muscovit ist niemals idiomorph, umwächst manchmal den Biotit
und dürfte öfters aus Biotit entstanden, manchmal, besonders in Alkaligraniten spätere pneumatolytische Bildung sein. Die meist dunkelgrüne,
seltener braune gemeine Hornblende der Alkalikalkgranite, arm an Al-

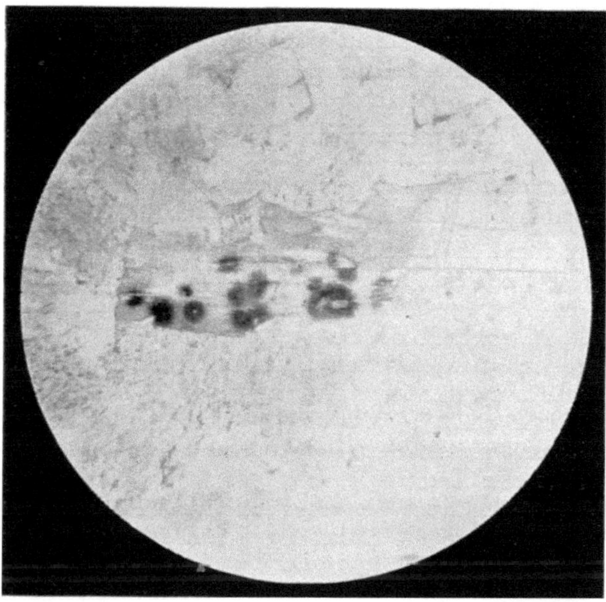

Abb. 55. Greisen von Altenberg im Erzgebirge. Pleochroitische Höfe um Zirkone im Biotit. (Nach
S t i n y.)

kalien, in selten terminierten Säulen, zeigt gute Spaltbarkeit. An ihrer
Stelle tritt in Alkaligraniten idiomorpher, blättriger Riebeckit oder Arfvedsonit. Augit ist in den Gliedern der Alkalikalkreihe meist grüner diallag-
artiger Diopsid, in denen der Alkalireihe, Aegirin, oft mit Hornblende verwachsen. Orthaugite sind selten, können aber in manchen Arten Bedeutung erlangen. Quarz bildet größere oder kleinere, öfter mosaikartig grup-
pierte Körneraggregate in den Zwischenräumen, er zeigt makroskopisch
Fettglanz und öfter rauchgraue, selten bläuliche, noch seltener rote Färbung;
er ist oft von manchmal streifenförmig verlaufenden Zügen von kleinen
und kleinsten Bläschen erfüllt. Die kleinen Quarzkörnchen werden auch,
völlig unbewiesen, als mechanische Zertrümmerungsprodukte gedeutet, sie
können manchmal als Reste des granitisierten Ausgangsgesteines gedeutet
werden. Zirkon bildet öfters pleochroitische Höfe in Biotit und Chlorit, der
aus den anderen dunklen Gemengteilen sekundär entstanden ist (Abb. 55).
Turmalin ist nirgends als ursprüngliche Bildung nachweisbar. Eine Anzahl
von Mineralien sind zufällige, oft durch die genetischen Verhältnisse be-

dingte Bestandteile, darunter Molybdänglanz, Wolframit, Zinnstein, Monazit, Beryll, Gold.

Die Struktur der Granite ist nicht immer die rein hypidiomorph körnige Normalstruktur, besonders durch größere, oft recht große Kalifeldspäte entsteht porphyrisches Gefüge. Ein Musterbeispiel ist der Weinsberger Granit des Niederösterreichischen Waldviertels, ein anderes der von Rumburg in Nordböhmen, der normalkörnig, grobporphyrisch und typisch granitporphyrisch struiert ist. Die Ausscheidungsbeginne: Apatit, Zirkon, Erze, Hornblende, Augit, Biotit, Plagioklas, Alkalifeldspat, Quarz. Plagioklas beginnt lang vor den Alkalifeldspäten, sie laufen aber dann lange nebeneinander.

Die Unterteilung der Alkalikalkgranite in 1. Zweiglimmergranit, 2. Biotitgranit (Granitit), 3. Muscovitgranit (selten ungeschiefert), 4. Hornblendegranit, 5. Diopsidgranit (Augitgranit), 6. Hypersthengranit besagt, daß bei 2, 4, 5 der im Namen angegebene Bestandteil über die anderen farbigen überwiegt oder allein vorhanden ist, daß bei 3 Muscovit über Biotit überwiegt oder allein als Glimmer vorhanden ist, bei 1 beide Glimmer da sind, wobei der Biotit zumeist überwiegt, keiner der beiden aber auf das übliche Maß eines Übergemengteiles absinkt, kein anderer dunkler Gemengteil dieses Ausmaß überschreitet. Aber die Grenzen dieser Teilung verfließen vollkommen, nur von 1 zu 4 und 5 sind Übergänge selten. Diese Einteilung besagt aber nichts über das Mengenverhältnis der dunklen zu den lichten Gemengteilen, ein Biotitgranit z. B. kann auch recht arm an Biotit sein. Namen, wie Mikroklingranit, die besagen wollen, daß Mikroklin der einzige oder doch wesentlich vorherrschende Kalifeldspat ist, werden gebraucht, sind aber als Einteilungsmerkmal unanwendbar.

Die Granite der Alkalikalkreihe sind über die ganze Erde verbreitet, zusammen mit Gneisen sind sie der Hauptbestand des unseren Beobachtungen zugänglichen Teiles der Erdkruste. Nur ganz wenige Beispiele können gebracht werden. Von den *Zweiglimmergraniten* seien die des Schwarzwaldes (z. B. Bärental am Feldberg, Hochfirst bei Neustadt), der Bressoirgranit der Vogesen, das Ramberg-Massiv im Harz, der Steinwaldgranit im Bayrischen Wald, die des Fichtelgebirges, der Bergeller Granit, Teile des Mauthausener Granites (An 14) und der Eisgarner Granit des Österreichischen Waldviertels hervorgehoben. *Biotitgranite* sind die weitaus häufigsten des Sials in den ältesten und jüngsten Gebirgen. Sie sind oft von Hornblendegraniten begleitet, in die sie übergehen, so daß man von *Hornblendebiotitgraniten* sprechen kann. Zu ihnen gehören als Beispiele viele Granite des Schwarzwaldes (Triberg, Durbach), von Barr und Andlau in den Vogesen, am Melibokus, der rote Granit der Trom, der bei Darmstadt, die letzten drei im Odenwald, der von Kirchberg im Erzgebirge, solche im Brocken, Harz, Riesen- und Isergebirge, viele in der Normandie, Bretagne, in den Pyrenäen, der von Baveno und von Elba, beide durch ihre großen Kalifeldspäte ausgezeichnet, Teile des Brixener Granit-Tonalit-Massivs, von der Cima d'Asta, solche in Irland, Schottland, Skandinavien einschließlich Finnland, die schwach metamorphosierten (geschieferten) der Westalpen (z. B. Arollagebiet und Valpelline), der des Chosika Plutones bei Lima in Perus Anden, der rote von Syene in Oberägypten (ehemals irrtümlich der namengebende Syenit). Als spezielle Beispiele von *Biotitgranit* seien erwähnt: der älteste Granit des österreichischen Waldviertels, der von Weinsberg, der vom Böllenfalltor bei Darmstadt, Demitz bei Bautzen (An 15), Zadel bei Meißen, Schneekoppe im Riesengebirge, des Gebietes von Karlsbad-Gießhübl in Böhmen, ein großer Teil des Granites von Biella, der rote und lichtrosafarbige von Predazzo, von Hammeren auf der Insel Bornholm Krogstrand in Schweden, Palois in Finnland, Pyramide Peak im Eldorado Co der Yosemitit genannte

Abb. 56. Die Granittürme der Hans Heiling-Felsen am Ufer der Eger zwischen Karlsbad und Ellbogen in Böhmen. Unter dem Einfluß der Klüftung erhalten gebliebene Gesteinspartien. (Nach Stiny.)

aus dem Yosemitetal (An 16) in Kalifornien, Pikes Peak, Crazy Mts. in Montana, Konyam Bay in Sibirien usw.

Von den *Hornblendegraniten* kann man die mit immer noch größerem Biotitgehalt auch als *Hornblendegranitite* bezeichnen, ohne daß es eine Grenze zu den Biotithornblendegraniten gäbe. Solche Granite sind viel häufiger als echte Hornblendegranite. Hieher gehören unter vielen anderen der Fornogranit im Bergell (An 17), der des Ilsetales im Harz, viele des

Odenwaldes (z. B. Walderlenbach, Birkenauertal, Galgenberg, Heubach),
von Ulfön in Schweden, Onas in Finnland, Knudsbacke auf Bornholm, der
porphyrisch struierte *Rapakiwi* mit grauen und tiefroten Kalifeldspäten, oft
von grauem Plagioklas ummantelt, typisch von Radö, dann aus der Gegend
von Wiborg (Wiborgit, Tirilit, Pyterlit), Gesteine, die ganz leicht alkalisch
tendiert sind; ähnlich sind Gesteine von Cosauti am Nistru in Rumänien.
Echte *Hornblendegranite* sind unter vielen anderen die von Korsuni und
Malin bei Kiew, Stepanowka in Wolhynien, im südlichen Ural, Essquibo-
fluß und Mazurani in Britisch-Guyana.

Selten sind *Muscovitgranite* mit einigermaßen sichergestelltem primärem
Muscovit. In den Alpen zeigen sie fast immer deutliche Spuren von Schiefermetamorphose, wie die der Seswenagruppe (Piz Seswena) in den Münster-
taler Alpen, im Martelltal der Ortlergruppe (bis gegen die Schlüsselspitze),
im Gebiet des Mte. Polinar in der weiteren Umgebung von Meran, alles Gesteine, die man ebensogut als Gneise bezeichnen kann. Zu den Muscovit-
graniten gehören Gesteine von Goryczkowi Posredni im Tatragebiet, solche
von den Grizzlibergen in Kalifornien, von Omeo in Viktoria usw.

Von den gleichfalls seltenen *Augitgraniten* (Diopsidgraniten, Diallag-
graniten) seien die aus dem Dollerental bei Oberbruck in den Vogesen,
solche am Kyffhäuser, Ettersgrund am Harz, Magnetberg im südlichen Ural
erwähnt, während man als Augitbiotitgranite u. a. Gesteine von Laveline in
den Vogesen, Ilsetal im Harz, im Dameridagh im Kaukasus bezeichnen kann.

Die *Hypersthengranite* enthalten Enstatit-Bronzit-Hypersthen nur in
recht geringer Menge als einzigen farbigen Gemengteil. Sie sind bekannt
aus dem Gebiete von Eckersund und Soggendal in Südnorwegen in Begleitung von Anorthosit, das Vorkommen von Birkrem im Eckersundgebiet wurde
Birkremit (An 18) genannt: ähnlich an mehreren Stellen in der Vorderindi-
schen Präsidentschaft Madras (z. B. vom St.-Thomas-Berg) als *Charnockit*
bezeichnet, der aus Mikroklin und Quarz mit wenig Plagioklas und
Hypersthen besteht und etwas granulitischen Habitus zeigt (daher auch
Hypersthengranulit genannt worden ist). Birkremit gilt als Endprodukt der
Mangeritreihe vom Anorthosit bis zum Birkremit mit Mangerit und monzonitischen Zwischengesteinen, eine auch als Mangerit(reihe)stamm bezeichnete „petrographische Provinz", der schwach alkalischen (mediterranen)
Kalireihe; die Ausgangsschmelze wurde noritisch angenommen; der ganze,
auch Bergen-Jotum-Stamm genannte Stamm ist arm an Hornblende und Biotit,
der schon früh ausgeschiedene Orthaugit hält bis in das sauerste Endglied,
den Birkremit an, die Schmelzen scheinen gegenüber chemisch ähnlichen
dioritischen Stämmen und der granitischen Schmelze überhaupt relativ
trocken gewesen zu sein. Es unterliegt keinem Zweifel, daß die Schmelzen,
aus denen sich die Mangeritreihe und die ähnliche Charnockitreihe gebildet
haben, verschiedenartiges Nebengesteinsmaterial, wohl auch Sedimentgesteins-
anteile assimiliert haben. Die Zusammensetzung der Stammschmelze und die
Natur der assimilierten Gesteine bedingen Verschiedenheiten der Kristallisationsprodukte bzw. Differentiationsprodukte. Der Reaktionsverlauf nach
Barth kann durch das Schema (vgl. S. 119) dargestellt werden.

Aplitartige, an Oligoklas reiche Granite, wie das Gestein der Plata mala
bei Remus im Unterengadin, wurden *Engadinite* genannt; der Alkalireihe
etwas näher steht der Quarznordmarkit, während der sogenannte „Quarzmonzonit" vom Typus Walkerville bei Butte in Montana typischer Alkalikalk-
granit ist, eine Bezeichnung, die daher zu vermeiden ist, da der Name für
etwas quarzreichere Monzonite benötigt wird (vgl. S. 91).

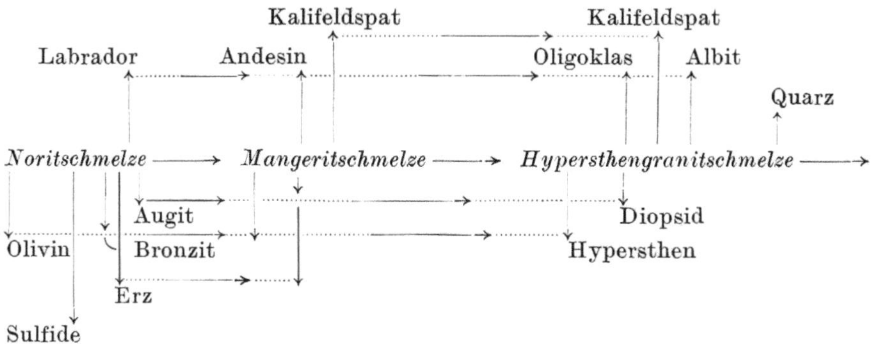

Pegmatitgranite und *Aplitgranite*. Manchmal wird der Granit größerer
Massive gegen den Rand zu bei Zurücktreten farbiger Bestandteile reicher
an SiO₂ und das Gefüge dabei gröber, pegmatitisch, ohne daß das Gestein
als Ganggestein bezeichnet werden könnte. Noch häufiger wird das Gefüge feinkörniger, aplitischer. Im ersteren Falle spricht man von Pegmatit-
graniten, im zweiten von Aplitgraniten. Die Entwicklung eines riesen-
körnigen Pegmatitgranites mit tiefroten Kalifeldspäten aus dem roten Pre-
dazzanergranite kann man in der Südwestrunse des Mte. Mulatto sehen,
dessen Kalifeldspat-Karlsbaderzwillinge Längen von 15 cm erreichen. Als
Beispiel eines Aplitgranites sei der von Fürstenstein bei Königshain nordwestlich von Görlitz angeführt; auch der Engadinit kann so struiert sein.
Hieher gehört auch der Alaskit vom Fluß Skwentna in Südalaska; strukturell
gehören auch manche Birkremite und Charnockite hieher. Peripherische
dunklere (lamprophyrische) Granitpartien wurden nach der Randfazies des
Granites von Durbach im Schwarzwald Durbachit genannt, der hohen MgO-
Gehalt, syenitischen Charakter besitzt und fast quarzfrei ist.

Alkaligranite treten der Zahl nach bedeutend gegen die der Alkalikalkreihe zurück. Hier erscheinen die farbigen Bestandteile noch viel wechsel-
voller, so daß die bei den Alkalikalkgraniten übliche Einteilung kaum anwendbar ist. Mikroklinperthit ist häufiger als Orthoklasperthit. Albit tritt
in äußerlich dem Kalifeldspat ähnlichen weißen, gelblichen, selten bläu-
lichen Kristallen auf. Als Beispiel seien die sekundär Turmalin und stellenweise Topas enthaltenden Granite von Eibenstock in Sachsen und die zwischen Oslo und dem Langesundfjord verbreiteten, dann die von Ragunda
im Jemtland, Tennberg in Dalekarlien, Åtvida in Ostgotland, die am Pel-
voux in den Grajischen Alpen, die aus der Bucht von Passindava auf Madagaskar, vom Djebel Filfila an der Algerischen Küste, die bei Cheren in
Abessynien, am Pikes Peak in Kolorado und bei Julianehaab in Grönland
angeführt. *Aegiringranite* kennt man u. a. von Öie in Norwegen, granat-
führend bei Assynt im Sutherland, von Löcken bei Holmestrand in Norwegen, die an der Westküste von Korsika, von Miass im Ural. *Riebeckit-
granit* von der Insel Sokotra am Eingang zum Meerbusen von Aden, von
Ras-Zeit in der arabischen Wüste Ägyptens (An 19), am Tsadsee, bei Evisa
an der Westküste Korsikas. *Arfvedsonitgranit* aus dem großen artenreichen
Alkaligesteinsgebiet von Julianehaab in Grönland, wo die Reihe vom Essexit
bis zum Arfvedsonitgranit reicht.

Die sekundäre Natur des Turmalins im sogenannten *Turmalingranit* zeigt
eindeutig das an Turmalin reichste Gestein, der sogenannte Luxullianit vom
gleichnamigen Ort in Cornwall, wo dieses Mineral fast allen Kaliglimmer,

zum Teil auch Feldspat verdrängt hat; ebenso deutlich ist der Turmalin im Granit von Predazzo sekundäre pneumatolythische Bildung (Turmalinsonnen). Ähnliche Gesteine kennt man vom Djebel Filfila östlich von Philippeville an Algeriens Küste, in der Bucht von Passindava im Nordwesten von Madagaskar, bei Cheren in Abessynien. *Alkaliaplitgranit* tritt z. B. bei Dahamis auf der Insel Sokotra im Roten Meer mit Riebeckit und Aegirin auf. Der *Ekerit* von Sanden bei Hurdalen im Oslogebiet mit etwas Arfvedsonit ist reich an Anorthoklas.

Kugelgranite (Orbiculite) zeigen Kugeln verschiedenster Größe von 1 cm bis zu Kopfgröße, kreisrunder, ovaler, elliptischer Formung, bei denen diese sphärisch texturierten Teile entweder nur aus konzentrisch-schalig angeordneten Biotiten, oder aber aus allen Bestandteilen in konzentrischer Anordnung bei oft radiären Einzelgruppen um einen Kern bestehen. Die selteneren ersten, auch Puddinggranite genannt, kennt man u. a. in der Umgebung von Meissen, von Craftsbury in den Vereinigten Staaten, St. Hilaire de Loulay in der Vendée. Bei den häufigeren der zweiten Art ist der Mineralbestand der Sphäroide entweder basischer oder saurer als das Hauptgestein. Die Kugelkerne bildet manchmal je ein Feldspatkristall, wie etwa im Gestein von Ghistorrai bei Fonni in Sardinien, Krötenloch bei Schwarzbach im Riesengebirge. Er kann aber auch ein normales Gemenge der Granitmineralien sein, und manchmal sind beide Arten am gleichen Vorkommen zu treffen. Oft wechseln dunkle und lichte Zonen in mehr oder weniger regelmäßiger Weise ab. Die Kugeln liegen oft in basischeren Partien der Granite. Solche Vorkommen sind u. a. die von Enviken in Dalekarlien, Norr-Husby im Kirchspiel Kumla in Schweden, Kangasniemi in Finnland, Riaillé in der Vendée. Saurer und heller sind die Kugeln im Kugelgranit bei Stockholm und am Mte. Maggiore bei Calvi im Nordosten von Korsika. Die Art des Kugelmateriales zeigt aber, daß manche durch spätere Prozesse entstanden sind. Vielfach handelt es sich dabei um unverdaute Reste andersartigen, auch sedimentogenen Materiales. Dies gilt auch für eine sehr beträchtliche Anzahl der sogenannten basischen Konkretionen, ähnlich wie bei den Dioriten (vgl. S. 109). Die Verwandtschaft mit Kugelbildungen ist unverkennbar. Solche Bildungen kennt man u. a. im Weinsberger Granit im Moldanubikum des Waldviertels, des Biotitgranites von Burg Landsberg bei Barr im Elsaß, im Hornblendegranit vom Wehratal im Schwarzwald, im Biotitgranit von Tampio Pausania auf Sardinien, im Aegiringranit von Evisa auf Korsika. Die meisten dieser Gesteine haben ihre heutige Formung durch Aufschmelzung oder Auflösung von basischerem Material, z. B. von Amphiboliten erhalten, denn es gibt kein Granitgestein, dessen Schmelzlösung nicht irgendwie assimiliert hat, oder das nicht selbst durch Palingenese entstanden, oder durch Granitisationsmetasomatose irgendwie umgeändert worden ist.

Aufschmelzungen, Mischgesteinsbildungen mit hohem Hornblendegehalt, z. B. mit Amphiboliten oder ähnlich zusammengesetztem, manchmal auch sedimentogenem Material, sind einmal *Redwitzite* oder *Engelburgite* genannt worden, z. B. vom Fürstenstein im bayrischen Wald bei Passau, auch aus der Aufbruchzone Südkärntens, sie sind wohl keine typischen Gesteine, sondern nur unfertige Zwischenprodukte einer verbreiteten Bildungsart granitisch-dioritischer Gesteine.

Granitgesteine mit Parallelgefüge können durch eine Art Fließbewegung der noch nicht zur Gänze erstarrten Gesteinsmasse entstanden sein, eine Annäherung an die Fluidaltextur der Ergußgesteine. Sie ist nur im Stadium bereits weitgehender Verfestigung möglich und besonders am Rande größerer Massive zu beobachten. Eine solche Fließbewegung kann aber bei der sehr allmählichen und langandauernden Auskristallisierung eines Tiefengesteines nur bei dauerndem Einfluß irgendwie gerichteten Druckes möglich sein, so daß diese Erscheinung in den Bereich der Metamorphite fällt. Häufig zeigen solche Gesteine noch andere Merkmale solcher Beeinflussung, Biegung der Spaltflächen der Feldspäte und Glimmer, Verschiebung der Blättchen gegeneinander, Auftreten von Quetschflächen, Zertrümmerungserscheinungen am Quarz, sogenannte Kataklase einzelner empfindlicherer Bestandteile, Beginn der Umwandlung, die als Mylonitisierung (vgl. S. 261) bezeichnet wird. Granite mit beginnendem Kataklasgefüge wurden früher allgemein als *Protogine* bezeichnet (im Mont-Blanc-Granit, den Aiguilles, besonders Verte, Dru, Charmoz, Greppon). Als Beispiel eines ganz schwach parallelgefügten Granites sei der Albula-Julier-Granit (An 20 vom Cho d'Valetta-Nordseite) in der Schweiz erwähnt, charakterisiert durch die reichliche Muscovit-Saussuritfüllung (vgl. S. 193) und bläuliche Färbung seiner Plagioklase und durch die frisch oft rötlichen, verwittert tiefroten Mikrokline, erwähnt. Manchesmal wird die Paralleltextur solcher Granite dadurch erklärt, daß ein Teil bei der Bildung aus dem Schmelzfluß irgend welcher Art, oder bei der Bildung (Umkristallisierung) durch Granitisation unter richtendem Druck gestanden hat, durch die soge-

Abb. 57. Die Aiguille du Dru im Mont Blanc-Stock (Protogin). Nach Guido Rey, Bergakrobaten (Wehrli-Verlag).

nannte Piezokristallisation (Weinschenk) entstanden ist, die für die Bildung mancher Gneisgesteine angenommen werden kann (vgl. S. 185).

Granitische Ganggesteine.

Granitporphyr. Der Mineralbestand ist der der Granite. In einer mittel- bis feinkörnigen, seltener dichten Grundmasse aus Alkalifeldspat und Quarz, selten mit geringen Mengen von Plagioklas, Biotit, Muscovit und Hornblende, liegen die Granitmineralien als Einsprenglinge. Mikroklin ist etwas seltener als bei den Graniten. Die Unterteilung ist die der Granite, nur fehlen Gangformen der reinen Augit- und Hornblendegranite. Solche Gesteine sind in Granitgebieten häufig, wo sie kilometerlang verfolgbare Gänge bilden können, wie z. B. der 8 bis 15 m mächtige, 7 km lange Bodegang des Ramberggranites im Brockengebiet am Harz. An den Salbändern wird die Grundmasse dieses Gesteines vollkommen dicht, führt auch etwas Glas, enthält wenig Einsprenglinge, der Granitporphyr ist zum einsprenglingsarmen Quarzporphyr (Felsit) geworden, eine Faziesverteilung von Tiefen-, Gang-

Analysen der Dazite, Quarz-

	1	2	3	4	5	6	7	8	9	10
SiO_2 ..	64,72	61,69	62,62	66,44	64,82	59,62	62,25	57,60	69,91	72,03
TiO_2 ..	0,50	1,00	0,99	0,54	1,00	0,76	0,94	1,46	0,57	0,63
Al_2O_3 .	16,38	14,43	13,88	16,39	15,59	17,30	15,15	16,15	14,29	11,30
Fe_2O_3 .	2,24	1,23	2,18	1,58	1,62	1,14	0,96	1,13	0,24	1,37
FeO ..	1,35	5,86	4,36	1,78	3,38	4,14	4,49	6,14	1,44	3,78
MnO..	0,05	0,30	0,20	0,03	0,12	0,09	0,07	0,07	0,05	0,09
MgO .	2,04	2,81	1,48	1,21	1,53	2,60	3,92	3,25	0,51	0,05
CaO ..	4,12	4,97	4,31	3,28	3,37	6,45	4,47	5,61	0,94	0,81
Na_2O .	4,25	3,20	4,65	4,18	3,82	2,42	3,30	2,80	5,17	5,09
K_2O ..	2,54	1,72	1,29	2,80	3,02	2,43	3,50	4,05	4,42	4,50
H_2O^+ .	0,92	2,32	3,58	0,62	1,46	2,51	0,57	0,98	1,43	0,66
H_2O^- .	0,89	0,25	0,30	0,52	0,06	—	0,05	—	0,09	0,08
P_2O_5 .	0,18	0,24	0,07	0,16	0,40	0,28	0,16	0,82	0,14	0,08
CO_2 ..	—	—	0,24	0,15	—	0,00	0,06	—	—	—
BaO..	—	0,04	0,06	0,06	—	—	0,06	0,11	—	—
SrO ..	—	—	—	—	—	—	—	—	—	—
Zr_2O_3 .	—	—	Spur	0,02	—	—	—	—	—	—
F	—	—	—	—	—	—	—	—	—	—
Cl....	—	0,02	—	—	—	—	—	—	—	—
SO_3 ..	—	—	—	—	—	—	—	—	—	—
S.....	—	—	0,03	Spur	—	—	0,04	0,06	—	—
FeS_2 .	—	—	—	—	—	—	—	—	—	—
	100,18	100,08	100,24	99,76	100,19	99,74	99,99	100,21[1]	100,20	100,64
si	257	218	242	282	261	205	210	181	358	368
alk ...	22,5	15	20,5	25	33	13	18,5	16,5	40	40
al	37,5	30	31,5	41	37	35	30	30	44	34
fm ...	23	36	30	19	26	28	35	34,5	11,5	22
c	17	19	18	15	14	24	16,5	19	4,5	4
k	0,28	0,26	0,16	0,31	0,34	0,40	0,41	0,49		0,37
mg ...	0,52	0,41	0,29	0,40	0,36	0,47	0,57	0,44		0,01

[1] 0,02 für O = S.

und Ergußgesteinscharakter auf kleinem Raum, denn im Inneren größerer Ganganschwellungen herrscht körnige Tiefengesteinsstruktur. Als Beispiele von Granitporphyren seien die von der Loja bei Persenbeug an der Donau in Niederösterreich mit zonaren Plagioklasen von sehr großen Unterschieden des An-Gehaltes (z. B. 75% im Kern, 13% in der Hülle), die von Reith bei Persenbeug, dann die des Breuschtales in den Vogesen, im Rheintal bei Waldshut, Gernsbach im Schwarzwald, Modau und Ramstadt im Odenwald, Elba und Campiglia Maritima in der Maremme, die als tertiär gelten, angeführt.

Die *Alkaligranitporphyre* unterscheiden sich durch das Fehlen der Kalknatronfeldspäte und durch das Eintreten von Alkaliaugit und Alkalihornblende neben oder an Stelle von Biotit. Sie sind u. a. im Gebiete des Langesundfjordes verbreitet, man findet sie z. B. im Zindergebiet im Sudan, bei Grut-Wells auf den Shetlandsinseln (Riebeckitgranitporphyr); bei Grorud im Oslogebiet ist Aegirin führender Granitporphyr Grorudit genannt worden. Der Karlsteinit aus natronreichem Kalifeldspat, Quarz und wenig Riebeckit bestehend, von der Straße zwischen Göpfritzschlag und Edlitz an der Thaya und von Jarolden bei Waidhofen in Niederösterreich ist in einem Alkalikalkgebiet genetisch kaum zu erklären.

diorite, Liparite und Granite.

	11	12	13	14	15	16	17	18	19	20
SiO_2..	74,76	69,79	67,90	69,50	66,03	71,08	64,63	73,47	75,22	69,20
TiO_2..	Spur	0,89	0,24	0,48	0,69	0,22	0,46	0,12	0,13	0,42
Al_2O_3.	11,60	11,91	14,36	15,19	15,68	15,90	15,95	15,42	9,93	14,55
Fe_2O_3.	3,50	5,35	4,36	0,30	0,80	0,62	1,02	0,26	2,31	1,00
FeO..	0,19	1,43	1,44	2,28	3,99	1,31	2,67	0,67	2,19	2,36
MnO..	n. b.	0,20	0,32	0,04	—	0,15	0,07	n. b.	0,17	0,03
MgO .	0,18	0,25	0,22	1,05	1,56	0,54	2,09	0,20	0,09	0,23
CaO..	0,07	0,25	1,34	1,98	2,89	2,60	3,71	1,35	1,08	1,90
Na_2O.	4,35	5,66	6,89	3,25	3,70	3,54	3,50	5,57	4,78	4,86
K_2O..	4,92	4,59	1,85	4,98	4,06	4,08	4,60	3,64	4,06	3,59
H_2O^+.	0,64	0,17	1,52	0,44	} 1,15	0,30	} 0,78	n. b.	} 0,31	1,85
H_2O^-.	—	0,04	—	—		—		n. b.		0,02
P_2O_5 .	Spur	0,13	—	0,17	0,18	0,10	0,29	n. b.	n. b.	0,08
CO_2 ..	—	—	—	—	—	—	—	—	—	—
BaO..	—	—	—	0,06	—	0,04	—	—	—	—
SrO ..	—	—	—	—	—	0,02	—	—	—	—
Zr_2O_3 .	—	—	—	0,05	—	0,08	—	—	—	—
F	—	—	—	—	—	—	—	—	—	—
Cl....	—	—	—	—	—	—	—	—	—	—
SO_3 ..	—	—	—	—	—	—	—	—	—	—
S.....	—	—	—	0,05	—	0,02	—	—	—	—
FeS_2 .	—	—	—	—	—	—	—	—	—	—
	100,21	100,66	100,44	99,82	100,73	100,60	99,77	100,70	100,27	100,09
si	431	325	297	328	267	343	251	281	418	333
alk ...	42	39	34,5	30	25	29	24,5	40	40	44
al	39,5	32,5	37	42,5	37	45,5	36,5	47	32	41
fm ...	18	27	22	17,5	25,5	12	24	5,5	21,5	15
c	0,5	1,5	6,5	10	12,5	13,5	15	7,5	6,5	10
k	0,42	0,35	0,15	0,50	0,42	0,43	0,46	0,30	0,36	0,33
mg ...	0,10	0,06	0,07	0,42	0,37	0,33	0,51	0,28	0,04	0,10

Die leukokraten *Granitaplite,* Aplite schlechtweg, licht, feinkörnig bis dicht, bilden ein panallotriomorphes Gemenge von Kalifeldspat (Orthoklas-Mikroklin-Mikroperthit), Quarz, saurem Oligoklas-Oligoklasalbit, wenig Muscovit und Biotit, die alle in ihrem Mengenverhältnis sehr abwechseln und einzeln auch fehlen können. Übergemengteile sind Turmalin, Granat, Cordierit (meist als Pinit-Pseudomorphosen) und einige seltenere Mineralien. Ihre Gänge, meist von geringer Mächtigkeit, sind häufig die jeweils jüngsten eines Gebietes. Durch ihren Verwitterungswiderstand ragen sie nicht selten aus dem zersetzten Nebengestein heraus. Sie fehlen kaum einem Granitgebiet bzw. Gneisgebiet. Es gibt auch seltenere Hornblendeaplite, z. B. in der Mangerit-Charnockitreihe bei Farsund im südöstlichen Norwegen, Rapakiwi-, Nordmarkit- (Quarzmonzonit-) Aplite. Manche Aplite enthalten nur Albit neben Quarz, wie die im Gefolge der Zentralgranitgneise der Hohen Tauern, bei denen auch der Quarzgehalt niedrig sein kann (Plagioklas- bzw. Albitaplite). Kleine Einsprenglinge von Quarz enthalten die Alsbachite des Melibokus im Odenwald, etwas porphyrisch sind die an Albit reichen Beresite von Berjosowsk, Newjansk, Syssert im Ural, Belmont in Nevada, die wie manche der Alpen durch Abnahme der Feldspäte in Quarzgänge übergehen können. Nur Orthoklas neben überwiegend Quarz enthält der Arizonit von Helvetia in Süd-Arizona.

Bei den *Alkaligranitapliten* treten die Alkalifeldspäte in den Vordergrund, Alkalihornblenden und -augite kommen hinzu. Da diese letzteren aber oft fehlen, gleichen sich die Aplite beider Reihen vollständig. Entscheidend ist wie immer der Verband. So gibt es im Oslogebiet Pulaskitaplite. Ein Alkaliaplit aus dem Erongo Pluton in Südwestafrika wurde Brandbergit genannt, solche mit Einsprenglingen von Natronsanidin, die Quarz und Riebeckit enthalten, wurden vom Vorkommen am Paisano-Paß und vom Mosquez Cañon in Westtexas Paisanite genannt. Albit-Paisanit ist der Dahamit von Dahamis auf der Insel Sokotra im Roten Meer.

Granitpegmatite, Pegmatite schlechtweg, sind grobkörnige, zum Teil sehr grobkörnige, gleich den Apliten bei niedrigen, 300⁰ kaum übersteigenden Temperaturen gebildete Ganggesteine, bestehend aus gleichzeitig gebildetem Quarz und Kalifeldspat, meist Mikroklin, auch Perthit, manchmal Albit, seltener Orthoklas. In einem Feldspatindividuum liegen die Quarze oft untereinander angenähert parallel, wodurch auf Spaltflächen der Feldspäte nach (010) ein an orientalische Schriftzeichen erinnerndes Gefüge — das schriftgranitische — entsteht, wobei die Feldspatmengen immer bedeutend größer sind als die von Quarz. Als Übergemengteile kommen helle Glimmer, Muscovit, Lithionglimmer in wechselnden oft recht großen Mengen vor, zu denen Turmalin, selten Biotit treten kann. Sehr groß ist die genetisch wohl begründete Zahl seltenerer Übergemengteile (vgl. S. 37) oft in bestausgebildeten Kristallen, die man auch als Pegmatitmineralien zu bezeichnen pflegt. Über die Bildung dieser Mineralien und Gesteine, die sehr mannigfaltig sein kann, ist das Nötigste bereits S. 36 gesagt worden. Pegmatitische Gänge sind in sehr vielen Granitmassiven verbreitet. Als Beispiele seien nur die im Staate Maine hervorgehoben, von denen drei Arten unterschieden worden sind: 1. Solche, die reich an SiO_2 sind und zumeist in Quarzgänge übergehen, 2. solche, in denen Na und Li angereichert ist, weshalb sie Akzessorien, wie Turmalin, Amblygonit, Petalit, Triphylin, Lithiophyllit, aber auch Beryll usw. enthalten. Die dritte Gruppe ist durch Anreicherung von F gekennzeichnet und enthält daher viel Fluorit, Topas, Herderit, Apatit, Hamlinit.

Alkaligranitpegmatite oder kurz Alkalipegmatite können in gleicher Weise den Alkaligraniten zugeordnet werden wie den Graniten die Pegmatite der anderen Reihe. Als Beispiele dieser verhältnismäßig seltenen Gesteine sei der Akmitpegmatit von Rundemyr bei Eker im Oslogebiet genannt, der auch Ekeritpegmatit genannt wird, berühmt durch das Vorkommen der schönsten Akmite der Erde.

Der Chemismus der Granite. Bei den Graniten der Alkalikalkreihe ist die *qz*-Zahl natürlich positiv, *si* schwankt zwischen 200 bis 400, *al* liegt zwischen 30 und 50. In diesen *si*-reichen Gesteinen ist *al* weit größer als *c*, *alk* reicht nicht aus, um Alumosilikate im Verhältnis 1 : 1 zu bilden, denn *al* ist größer als *alk*. Die Differenz *al—alk* steigt mit sinkendem *si* bis über 15. Im allgemeinen ist *k* größer als 0.33, zumeist größer als 0,40, *fm* nimmt mit sinkendem *si* zu und überholt in den *si*-ärmeren das *c*, wird aber nicht merklich größer als *al*. Das *mg* ist kaum größer als 0,6, ist bei hohem *si* oft niedrig. Neben Alkalialumosilikaten können Ca-Alumosilikate, die immer da sind, niemals dominieren. Da *k* verhältnismäßig groß ist, muß normal Kalifeldspat und natronreicher Plagioklas zugegen sein, letzterer kann besonders bei *si*-ärmeren Gesteinen über Kalifeldspat wesentlich überwiegen, wobei Biotit das Verhältnis für Kalifeldspat noch ungünstiger gestaltet. Bei alkaligranitischen Gesteinen schwankt *si* noch weit über 400 bis unter 200, *al—alk* ist nicht groß und beträgt nur selten 7 bis 8, das *alk* kann sogar etwas größer werden als *al*. Das *k* ist kleiner als 0,5, oft kleiner als 0,3; *mg* sehr niedrig, *fm* fast immer unter 20 bis 25, das *c* bleibt unter 15. Natrium-aluminiumsilikate treten gegenüber den Alkalikalkgraniten hervor, Silikate von Ca und Mg zurück. Kalkplagioklas kann nicht hervortreten, der hohe Na-Gehalt muß zur Bildung entsprechender Hornblenden und Augite führen, *si* genügt zur vollständigen Feldspatbildung.

Die Genesis der granitodioritischen Gesteine.

Kein granitisches Gestein vom Archäikum bis zum Tertiär ist Differentiationsrest der komplexen, gravitativen Kristallisationsdifferentiation des unveränderten, schwach alkalischen basaltischen simatischen Urmagmas. Jedwede Schmelze, aus der ein granitisches Gestein allmählich in langen, vielleicht vielfach unterbrochenen Bildungsperioden, in den verschiedenen, keineswegs immer großen Tiefen auskristallisiert ist, hat vorher Veränderungen, oft von verschiedener Art mitgemacht, die durchaus von der jeweiligen geologischen Position, die eine solche Schmelzlösung innehatte, bedingt war. Aber wahrscheinlich nur der kleinere Teil dieser Granite ist aus einem echten Schmelzfluß entstanden. Noch sind wir nicht in der Lage, anzugeben, wie viele granitische Gesteine durch Granitisation (Transformismus) aus den verschiedensten bereits vorhandenen Gesteinen ihre heutige Form erlangt haben. Diese vorgebildeten Gesteine haben ihre eigene Geschichte, ihre eigene Bildungs- und Umbildungsperiode, die letzten Endes bis auf das Ursial zurückgehen muß. Man kann die Möglichkeiten der Bildung granitischer Gesteine, wie sie auch im Diagramm Abb. 18 auf S. 40 dargestellt sind, in vier Arten zusammenfassen.

1. Bildung aus einer Restschmelze, die durch gravitative komplexe Kristallisationsdifferentiation einer durch Assimilation veränderten ursprünglich simatischen Schmelze entstanden ist, oder als Auskristallisation einer durch Assimilation zu granitischer Schmelze gewordenen simatischen Schmelze ohne Kristallisationsdifferentiation.

2. Bildung aus einer durch Anatexis (Wiederaufschmelzung ohne Zufuhr magmatisch-simatischer Schmelze nur durch Temperaturerhöhung, also durch Mobilisation) entstandenen Schmelze, somit durch Palingenese, entweder durch Auskristallisierung in situ oder durch Intrusion in andere Räume, oder aber durch Differentiation einer solchen Schmelze, wenn sie differentiationsfähig, also basischer als die granitische Zusammensetzung war.

3. Bildung durch selektive Refusion, Abwanderung (orogenetische Ausquetschung) der partiell anatektischen Schmelze und darauf erfolgte Erstarrung in situ oder in anderen Räumen.

4. Durch Granitisationsmetasomatose (Transformismus) in situ ohne Aufschmelzung der granitisierten Gesteine, wobei alle Bestandteile oder nur ein Teil des Ausgangsgesteines umkristallisiert sein können, also Bildung durch Ichorese oder Durchtränkung mit granitischer Schmelzlösung oder anderen Tiefenlösungen von verschiedenartigem Ursprung.

Als Beispiel für 1 seien die Gesteine des Bushveldmassivs in Afrika und der Chosika Pluton bei Lima in Peru angeführt. 2 und 3 sind schwer zu trennen, 3 wird möglicherweise nur beschränkte Anwendbarkeit haben. Diesem Komplex, vornehmlich 2, dürften manche Granitgesteine des Varistikums (Waldviertel, Mitteldeutschland) angehören, in den Alpen z. B. der

Adamellopluton. Beispiele von 4 bilden große Massen der fennoskandischen granitischen Gesteine und viele der Alpen, darunter große Teile der Tauern-Zentralgranitgneise. Zu dieser Gruppe gehören wohl die meisten granitodioritischen (granitischen, granodioritischen) Gesteine, vor allem viele Gneise. Wir stehen aber erst am Beginn der Erforschung, nähere feldgeologische Einzeluntersuchungen und Einzelerkenntnisse werden allmählich klarer sehen lassen.

Ähnliche Vorstellungen gehen für die Granitisierung in Orogenen von einer ultrabasaltischen Stammschmelze aus und nehmen drei Möglichkeiten an (Reynolds-Backlund):

1. Alkalien und wohl auch Tonerde werden aus ultrabasischen Magmen SiO_2-reichen Schichten zugeführt.

2. Aus entarteten (hybriden) ultrabasischen Magmen entstandene plagioklasitische, syenitische und basischere Schmelzen durchtränken Sedimentgesteine und deren Metamorphite.

3. Hybride aus ultrabasischen Magmen abgeleitete intermediäre Schmelzen dringen unter Alkalizufuhr in SiO_2-reichere Sedimentgesteine und deren Metamorphite.

Die Schätzung des *absoluten Alters* der granitischen Gesteine ist dann eine recht unsichere, wenn nicht aktive oder passive Beeinflussung von oder durch altersbekannte Nebengesteine zu Hilfe kommt, so daß aus dem relativen Alter auf das absolute geschlossen werden kann. Aus geotektonischen Erscheinungen ist zwar häufig die Tatsache feststellbar, daß die letzte Beeinflussung einzelner Partien des Gesteines durch diese oder jene Orogenese, diesen oder jenen Prozeß erfolgt sein muß, ohne daß es aber immer möglich ist, zu erkennen, ob das Gestein *dieser* Orogenese seine *Entstehung* verdankt. Es kann sich ein Granit oder Granitgneis durch mehrere in ganz verschiedenen Abständen erfolgte anatektische Prozesse oder metasomatische Granitisationen aus irgend einem früher vorhandenen Gestein gebildet haben, oder er kann aus der Tiefe aufsteigend aus migmatischer Schmelze gebildet, intrudiert sein, wie dies von manchen für die als tertiär aufgefaßten Granite von Biella angenommen wird. Im ersteren Fall ist eine einheitliche Altersbestimmung unmöglich, weil die Bildung des Gesteines keine einheitliche war. Unter günstigen Umständen können Relikte aus früheren Zeiten feststellbar und für die Altersschätzung verwendbar sein. Wie sehr die Gesteinsbeschaffenheit eines Granites von der des Nebengesteines abhängt, ist an vielen Stellen zu beobachten, besonders gut studiert am Fornogranit im Bergell. Die zentrale Masse des Bergeller Granites ist, abgesehen von dunklern Einschlüssen, ziemlich einförmig. An den Rändern aber liegen große Assimilationszonen, die besonders im Gebiete des Mte. di Bado, Piz Trubinasca—Piz Porzellizzo Migmatitbildungen großen Stiles geliefert haben. Wo Glimmerschiefer und Gneise benachbart sind, entstand Biotitgranit, in der Nachbarschaft von Kalksteinen, Amphiboliten, Grünschiefern entstand Hornblendegranit (Drescher-Kaden).

Der Granit kann also sein heutiges Gepräge dadurch erhalten haben, daß in tieferen Räumen existente oder mobilisierte Schmelze (hybrides Magma, anatektische, refusive Aufschmelzung, aufsteigender Ichor von verschiedener Zusammensetzung) in höhere Räume drang und dort Gesteinsteile aus der Nachbarschaft einschmolz, sich mit ihnen vermengte, wobei sich ihr Chemismus weitgehend veränderte, oder er ist durch metasomatische Umwandlung aus verschiedenen vorgebildeten Gesteinen entstanden. Man kann sich aber die Bildung auch in umgekehrter Richtung denken, indem man die randlichen Partien des Granites mit dem aufgenommenen Fremdmaterial nur als einen Übergang auffaßt, den die gesamte Masse des Granites durchgemacht hat, so daß der heutige Zustand der zentralen Hauptteile des Gesteines die Weiterbildung dieses metasomatischen Prozesses bis zur restlosen Aufnahme des assimilierten Materiales darstellt. Dafür sprechen die vielen, nicht nur im Bergeller Massiv erhaltenen sogenannten basischen Schlieren und dunklen Einschlüsse, die nunmehr als Reste wenig oder doch nicht gänzlich umgewandelten Materiales erscheinen. *Aus dem Gneis ist der Granit geworden* und nicht umgekehrt, eine Anschauung, die für grönländische und andere fennoskandische Granite seit langem vertreten wird und daher wohl auch für andere Gebiete gelten wird. Nimmt man also bei der Granitbildung die Umbildung von Gneisen und Glimmerschiefern als gegeben an, dann ist auch der K_2O-Gehalt des Granites erklärt, während die erhöhte Na_2O-Menge zugeführt werden muß, da sie auch nicht aus Amphibolit, Grüngesteinen oder Kalkstein stammen kann. Daß die Zusammensetzung des Ichors eine lokal sehr verschiedenartige sein muß, geht aus mehreren Überlegungen hervor. Unter der Annahme, daß seine primären Anteile im Sinne von Eskolas Porenlösung (vgl. S. 23) gewissermaßen Destillate aus dem Sima sind, werden derartig aufsteigende Lösungen, die Schmelzlösungen wohl in mancher Beziehung nahestehen, sich durch die Aufnahme der verschiedenen Substanzen, je nach den Gesteinsschichten, die sie durchwandern, verändern müssen. Es ist also durchaus wahrscheinlich, daß diese Lösungen der einzelnen Migmatitfronten, die in unregelmäßigem Nacheinander die metasomatische Umwandlung bewirkt haben, durchaus verschieden zusammengesetzt und auch verschieden temperiert gewesen sein müssen. Darnach ist so gebildeter Granit, und es ist kaum daran zu zweifeln, daß diese Entstehungsart für viele granitische und granodioritische Gesteine besonders in Faltengebirgen angenommen werden kann, kein richtiges Erstarrungsgestein mehr, sondern ein Metamorphit, der in Eskolas vorgeschlagene vierte Reihe, die Reihe der Migmatite gehört.

Deshalb stellt Read, der 1946 eine Dreiteilung aller Gesteine in neptunische, vulkanische und plutonische vorgeschlagen hat, die metamorphen, migmatischen und granitischen Gesteine in die letzte Gruppe, eine durchaus zutreffende Einstellung. Die vulkanischen Gesteine umfassen die magmatischen, vorwiegend effusiven und basischen Gesteine, die neptunischen alle Sedimentgesteine, die ja vorwiegend marin sind. Nach dieser Einteilung gehören Glimmerschiefer, also auch Kalkglimmerschiefer, Phyllite und Paraamphibolite also echte Metamorphite zu den Plutoniten, was wohl nur dann dem Bildungsraum nach zutreffen würde, wenn man unter plutonisch auch die Epizone erfassen würde (vgl. S. 188).

Daß sich die Granitbildung über alle geologischen Zeiträume verteilt, daß sie im Sinne von Stilles Magmenzyklen in Faltengebirgen an die Orogenese gebunden ist, also syntektonisch ist, diese alte Erkenntnis wird durch derartige Vorstellungen nur gefestigt. Archäisch-präkambrische Granite beherrschen in enormen Massen weite Gebiete, die alten Faltengebirge Skandinaviens, Großbritanniens (Kaledoniden), Kanadas legen ein klares Zeugnis von der riesigen Erstreckung dieses weitaus verbreitetsten aller Silikatgesteine ab. Als paläozoische Typen können die zahlreichen varistischen Granitstöcke und Granitmassive der Mittelgebirgszonen, Waldviertel, Böhmische Masse, Sudeten, Riesengebirge, Böhmerwald, Schwarzwald, Odenwald, Sachsen, Lausitz, Harz, Brocken, Vogesen usw. gelten. Mesozoisch, aber teilweise wohl auch tertiär sind die Granite der südamerikani-

schen Kordilleren. Tertiär sind zahlreiche Granitgesteine der Ost- und Westalpen, des Karakorum und Himalaja bzw. deren letzte Formung. Tertiär
sind auch viele kleine Massive und Intrusionen in allen Kontinenten. Besonders die Alkaligranite gelten im allgemeinen als jung. In sehr vielen
Fällen aber ist das Alter granitodioritischer Gesteine umstritten, vielfach
wohl unbestimmbar. Als Beispiel großer Ansichtenspanne sei der kleine
Pluton der Cima d'Asta in den Südalpen genannt, die vom Archäikum bis
zum Tertiär reicht.

Wenn auch manche Vorstellungen von den hier und im allgemeinen Teil
S. 29 nur in Umrissen dargestellten Bildungsmöglichkeiten nicht oder noch
nicht streng physikalisch fundierbar sind, so stehen sie doch mit vielen
beobachtbaren Tatsachen, vor allem mit der mengenmäßigen Verteilung
und der Art der möglichen Platznahme der Erstarrungsgesteine in Übereinstimmung. Die Zeit der Erklärung fast aller Tiefengesteine durch Kristallisationsdifferentiation ist endgültig vorbei, denn bei allen Deutungsver-
suchen muß von den beobachteten und beobachtbaren Tatsachen, also von
der Natur selbst ausgegangen werden und dann erst die Übereinstimmung
mit chemisch-physikalischen Gesetzmäßigkeiten, die ja doch vielfach nur
Regelmäßigkeiten in ganz beschränktem Anwendungsbereich sind, gesucht
werden. Niemals darf der umgekehrte Weg beschritten werden, der uns von
der Natur entfernt. Aus den starren Gleichgewichten der Gleichgewichtslehre sind für die Gesteinslehre die elastischeren charakteristischen Ungleichgewichte geworden, die jene ersetzen; bei der Bildungsweise der Metamorphite bereits angewendet, werden sie auch für die Tiefengesteine und
ihre Bildungsräume gelten. Wir müssen uns mit der *Tatsache* abfinden, daß
in der Tiefe herrschende Verhältnisse, nur sehr beiläufig durch das Druck-
Temperaturverhältnis darstellbar, in viel höhere Räume gebracht werden
können und ebenso, daß die Sedimentgesteine, mit denen wir uns jetzt zu
beschäftigen haben werden, ihrer chemischen Substanz nach einmal sogenannte Erstarrungsgesteine waren, ihre Umwandlungsprodukte aber im
Endzustand die gleichen sein können wie die der Erstarrungsgesteine, ein
Kreislauf, der im Naturgeschehen an Großartigkeit kaum seinesgleichen hat.

Die Sedimentgesteine.

Sediment und Sedimentgestein. Sedimente sind die wiederabgelagerten
Zerstörungsprodukte von Gesteinen aller Art, Sedimentgesteine sind die
durch verschiedenerlei Verfestigungsvorgänge wieder zu Gesteinen gewordenen Sedimente. Die Bildung eines Sedimentgesteines hat zumeist vier
Prozesse zur Voraussetzung. 1. Zerstörung eines bereits vorhandenen Gesteines, 2. Transport der mechanischen Zerstörungsprodukte oder chemisch
gelöster Stoffe, 3. Ablagerung bzw. Ausfällung, Wiederabsatz des Sedimentes, also der Sedimentationsprozeß, 4. die Verfestigung des so entstandenen
Sedimentes zum Sedimentgestein, die *Diagenese.* 1 und 2 sind die Voraus-
setzungen für 3 und 4. In manchen Fällen kann 2 und 3 nicht benötigt werden, wenn die Bildung des Sedimentes am Ort des ganz oder teilweise zerstörten Ausgangsgesteines erfolgt. Der Transportweg kann lang oder kurz
sein. Biogene Vorgänge spielen bei der Bildung von Sedimenten (biogene
Sedimente), besonders bei den marinen Sedimenten oft eine große Rolle.
Den Sedimentgesteinen fehlt jeder Zusammenhang in der Mineralisation, jede chemisch-physikalisch stützbare Ausscheidungsfolge, jede Art
von Gesteinsverwandtschaften in dem Sinne, wie diese Begriffe bei den Erstarrungsgesteinen verwendet worden sind.

Die optischen Methoden zur Untersuchung von Erstarrungsgesteinen und
die quantitative Analyse reichen sehr oft nicht aus, die Gesteine zu bestimmen, sie scheitern auch häufig an der geringen Teilchengröße (dem
hohen Dispersitätsgrad) und an der großen Gleichförmigkeit der Bestandteile vieler Sedimentgesteine. Man ergänzt diese Methoden durch mechanische Trennungsverfahren durch Schlämmung und Scheidung in schweren
Flüssigkeiten (vgl. S. 7) und durch die Anwendung statistischer Methoden,
Trennungen und Scheidungen nach Korngrößen durch besondere Siebsätze.
In der stratigraphischen Geologie und in der Geotektonik muß bei Mangel
an bestimmbaren Fossilien notgedrungen immer noch mit lithologischer
Parallelisierung gearbeitet werden, trotz der durch fazielle Unterschiede
geologisch gleicher Horizonte und durch fazielle und lithologische Übereinstimmung geologisch verschiedener Horizonte wesentlich erhöhten Un-
sicherheit.

Bei der großen Verbreitung und der verhältnismäßig gleichförmigen Art
der Entstehung, bei der großen Verschiedenheit im äußeren Gepräge eines
Teiles der Sedimentgesteine, bei der geradezu unerreichten Einförmigkeit
anderer Sedimente und Sedimentgesteine (Tone, Tiefseetone und Tiefsee-
schlamme, Kalksteine und rezente Riffbildungen) ist die Zahl der Beispiele
sehr beschränkt worden.

Die Bildung der Sedimente.

Wie bei allen Gesteinen, ist auch hier die Genesis das schwierigste Problem, dadurch noch wesentlich erschwert, daß die Systematik der Sedimentgesteine und die beschreibende Sedimentgesteinspetrographie noch in den Anfängen liegt, obwohl sie in neuerer Zeit für das deutsche Sprachgebiet besonders von Correns wesentlich gefördert worden ist, dessen Forschungsergebnissen hier vielfach gefolgt wird.

Die Zerstörung der vorgebildeten Gesteine. Sie beginnt sofort nach erfolgter Bildung unter den Bedingungen der *Verwitterung,* der Zerstörung der Gesteine, auch der Sedimentgesteine selbst, an der Erdoberfläche und in ihrer unmittelbaren Nähe durch die Einwirkung aus dieser Oberfläche stammender Vorgänge. Zu den Ursachen der Verwitterung gehören keine tiefenbedingten Prozesse. Diese Verwitterung kann eine mechanische oder eine chemische sein, die, trotzdem sie kaum je für sich allein auftreten, doch meist in ihren Anteilen auseinandergehalten werden können. Je schwerer zerstörbar ein Mineral ist, um so mehr wird es im Sediment angereichert, der Quarz ist der Hauptbestandteil zahlreicher Sedimente und Sedimentgesteine.

Die wirksamste Art der *mechanischen Verwitterung* ist die Temperaturverwitterung, die in Sonnenbestrahlung (Insolation) ihre Hauptursache hat, und die damit zusammenhängende Frostverwitterung; ferner die Kristallisationssprengung, in bedeutend geringerem Ausmaß die Zerstörung durch den Pflanzenwuchs. 40^0 erreichen auch in unseren Klimaten Tag- und Nachtschwankungen der Temperaturen, sie liegen in heißen Zonen manchmal viel höher. Die zerstörende Wirkung beruht in der stärkeren Ausdehnung an der Oberfläche gegenüber der Gesteinsmasse im Innern, eine Art der Verwitterung, die sehr von der Natur des Gesteines abhängt. Frostsprengung, besonders wirksam bei der Erosion der Gebirge, beruht auf dem größeren Volumen der vorherrschenden Art des Eises gegenüber dem Wasser beim Gefrierpunkt. Absprengung von Gesteinsmaterial kann durch die Kristallisationskraft auskristallisierender Mineralien in Spalten und Spältchen und durch Volumzunahme bei der Hydrierung (z. B. Anhydrit zu Gips) verursacht sein. Wichtig ist auch, daß die mechanische Verwitterung durch Aufrauhen und durch Zerkleinerung die Angriffsfläche für die chemische Verwitterung erhöht oder erst schafft; das Fehlen der mechanischen Verwitterung ist die Ursache der schwachen submarinen Verwitterung. Die *chemische Verwitterung* setzt eine bestimmte Wassermenge als Träger der wirksamen Anionen voraus, sie fehlt daher in Gebieten ewigen Frostes. Daß wenig Wasser genügt, beweisen die Verhältnisse in den Wüsten. Die wirksamen Anionen sind H_2CO_3 bzw. CO_2, wegen ihrer Seltenheit von geringerer Bedeutung H_2SO_4 und HNO_3, dagegen anscheinend wirksamer die allerdings immer noch wenig bekannte Humussäure. Die weitaus stärkste Wirkung hat H_2CO_3, die aber nur zirka 1% des im Wasser gelösten CO_2, der Kohlensäure des Sprachgebrauches, ausmacht. In Regenwasser gelöste Luft enthält zirka hundertmal mehr CO_2 als die gewöhnliche Luft. Bei ihrer geringen Verbreitung bedeutet die große CO_2-Löslichkeit der Karbonatgesteine, die nur zirka 5% der Erdoberfläche ausmachen, wenig gegenüber den Lösungsmengen der Feldspäte, die schon geringfügig von H_2O, bedeutend stärker von Wasser + CO_2 angegriffen werden. Bei der natürlichen Verwitterung sind Alkalien in der Lösung beständig, Kalk, Magnesia und Eisen werden in CO_2-haltigem Wasser transportiert, wobei sich Mg und Ca ziemlich stabil verhalten, Fe leicht zu Ferryhydroxyd oxydiert wird, hingegen Al_2O_3 und SiO_2 schwerlösliche Verbindungen oder kolloide Lösungen bilden. Bei der Wiederausscheidung kann sich außer $CaCO_3$ wahrscheinlich auch Muscovit und Feldspat neubilden. Am leichtesten erfolgt die Wiederausfällung von Al_2O_3 und SiO_2, bei deren experimentellen Überprüfung sich Bereiche ergeben haben, in denen SiO_2 leichter löslich, Al_2O_3 aber fast unlöslich ist, Verhältnisse, wie sie in der Natur wohl bei der Lateritbildung vorliegen. SiO_2 flockt nur bei höheren Konzentrationen von Elektrolyten aus, die Tonerde geht verhältnismäßig leicht in niederdisperseren, kristalloiden Zustand über und sie wandert daher im Gegensatz zum SiO_2 - Sol nicht weiter. Das wichtigste Sedimentationsgebiet für die Karbonatbildung durch Organismen ist das Meerwasser, dessen Na-, K-, Ca-, Mg-Gehalt von vornherein submarine Verwitterung verhindert oder doch erschwert. Die spärliche Tiefseeforschung hat an manchen Stellen frische Feldspäte, Olivine, Augite, den Tiefenkratogenen entstammend, aber keine Verwitterungsprodukte gefördert. Bei der Abtragung der Gebirge wird zuerst die lösende Einwirkung des Wassers mit seinen Agentien, vornehmlich CO_2, die Gesteine angreifen, dann erfolgt der mechanische Angriff, die Erosion. Beim chemischen Angriff spielt die Interganulare (vgl. S. 30) als Auflösungsbahn die wichtigste Rolle.

Die Bildung der Sedimentgesteine aus den Sedimenten (Diagenese). Diagenese ist die Zusammenfassung aller Vorgänge, durch die aus losen, unzusammenhängenden Sedimenten (Schutt, Gerölle, Geschiebe, Sand, Schlamm, also Detritus jeglicher Art) feste, zusammenhängende Gesteine werden, also nur ein Verfestigungsvorgang, der keine tiefere Wirkung an den Bestandteilen ausübt, oft ohne wesentliche Mineralneubildung noch Abfuhr. Diagenese hängt oft unmittelbar mit der Sedimentation zusammen, aber auch die Abgrenzung gegen die Metamorphose ist nicht immer scharf; geringfügige Schieferung kann namentlich bei feinkörnigen Sedimentgesteinen nur eine erhöhte Diagenese sein (z. B. bei Tongesteinen). Wirksame Faktoren bei der Diagenese sind Druck, Temperatur und Zeit. Kornvergrößerung und Sammelkristallisation von feinem, hochdispersem Detritus werden durch diese Faktoren unterstützt. Druck darüberlastender Massen schließt Hohlräume und Zwischenräume zusammen, verringert den Wassergehalt, der oft einen großen Teil lockerer Sedimente ausmacht; höhere Temperatur hat die gleiche Wirkung, ermöglicht Wiederauflösung kleinster pulveriger Teilchen, die Bildung einer kompakten Masse verhindern. Kolloide Teilchen kristallisieren dabei zu größeren Körpern, labile Modifikationen gehen in stabilere, Hydrate in Anhydride über. Organische Stoffe geben in gewissem Ausmaße Bestandteile zur Neubildung anorganischer widerstandsfähiger Mineralien ab, Ungleichgewichte werden stabilisiert oder aufgelöst. Zu den geologischen Ursachen der Diagenese gehören Trockenlegung, Temperaturerhöhung durch Absinken (z. B. von Geosynklinalsedimenten), bei anhaltender Oberflächenlagerung auch der Klimawechsel. In ursprünglicher Lage erhalten sich Sedimente oft lange unverändert, kambrischer Ton kann von rezentem manchmal nicht unterschieden werden, Ablagerungen von Globigerinenschlamm am Boden des Atlantik sind uralt. Tone erhalten sich lange plastisch, wie die gering überlagerten kambrischen Tone der Russischen Tafel, während alttertiäre Tone junger Faltengebirge in Tonschiefer umgewandelt sind. Die Verfestigung von tonigem Sediment kann durch Druck unter Umkristallisation unter Kornvergrößerung zu festem, auch geschichtetem, leicht geschiefertem Ton er-

folgen, die Erhärtung wird durch wässerige Lösungen unterstützt, wobei
Teile (sogenannte Konkretionen) oder die ganze Masse verkittet werden
können. Diese Verkittung kann in den chemisch-biogenen Kalksedimenten
durch teilweise Umkristallisation erfolgen, wobei die Korngröße eine bedeutende Rolle spielt, da die Lösung für die größeren Teilchen schon übersättigt, für die kleinsten aber untersättigt sein kann; die letzteren werden
aufgelöst, die größeren bleiben erhalten und wachsen auf Kosten der kleinen. Aus Foraminiferenschalen können z. B. bei Verwesung des organischen
Bindemittels und Zerfall der Kalzitschalen zu Pulver und durch deren Auf-

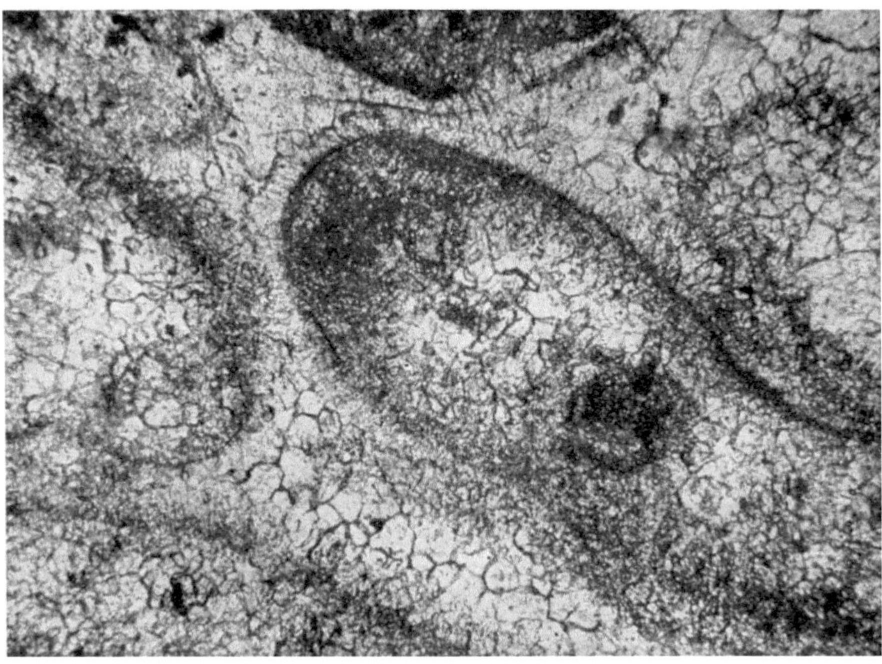

Abb. 58. Kalkstein von Marzano in Istrien. Sehr reiner Kalkstein; durch die Diagenese sind die
Fossilreste fast unkenntlich geworden. Einzelne dunkle, erst bei stärkerer Vergrößerung gut sichtbare Linien sind ihre letzten Spuren. Gewöhnliches Licht. Vergrößerung 115fach. (Nach K i e s-
l i n g e r, Zerstörungen an Steinbauten, bei Deuticke, Wien.)

lösung kompaktere Kalksteine entstehen. Ähnliches kann bei kieseligem
Detritus zur Bildung von Kieselgesteinen führen, wobei die Kieselschalen-
reste völlig verschwinden können. Sande, besonders Quarzsande, verfestigen
sich ohne Bindemittel (Kitt) nicht, wenn dieses auch oft nur in sehr geringen
Mengen vorhanden ist. In Sanden mit kalkigen Resten, die oft von Kalkorganismen herrühren, kann Wanderung und Wiederauskristallisierung von
Kalk erfolgen, wobei durch Porenausfüllung das Gestein verfestigt wird
(z. B. Nagelfluhsandsteine des Alpenvorlandes). Es kann aber in gleicher
Weise SiO_2 in Lösung gehen und sich durch Wiederausfällung oder Koagu-
lation ein kieseliges Bindemittel bilden. Bei den grobmechanischen Sedimenten, Sanden, Kiesen, Geröllen, Geschieben, Grus, Schotter usw. wird durch
Diagenese der oft bis 40 Volumprozent betragende Porenraum durch zugeführte
oder aus den feinen Teilchen der Gerölle ausgelöste und wieder ausgefällte
Kieselsäure verkittet. Bei tonigen Sedimenten kann schon bei der Verfesti-

gung Muscovit (Serizit), vielleicht auch Chlorit neu gebildet werden. Bei der Diagenese von Kalken erfolgt sowohl Zerstörung der Fossilformen als auch Aufspaltung der organischen Substanzen und Umbildung zu neuen Verbindungen. Nur ein kleiner Teil der Fossilien in nicht mergelig-tonigen Kalksteinen ist — überwiegend in Steinkernen — erhalten geblieben, die meisten Fossilien sind bis zur völligen Unkenntlichkeit zerstört worden. Die selten erhaltene Gehäusesubstanz ist wohl zumeist umkristallisiert. Es gibt aber auch Sedimentgesteine, bei denen die Diagenese mit weitgehender Umbildung verbunden ist. Ein solcher Fall liegt bei der metasomatischen Dolomitgesteinsbildung vor, wenn man nicht vorzieht, die Dolomitbildung dem Bereich der Metamorphose zuzuweisen.

Systematik und Nomenklatur der Sedimentgesteine.

Die Namengebung der einzelnen Sedimentgesteine gehört in den Bereich der Geologie, nur der Geologe kann z. B. den einzelnen Kalksteinen, Sandsteinen usw. eine Bezeichnung geben, die ihm bei seiner Horizontierung der stratigraphisch verschiedenen Glieder dienlich ist. Bei den einzelnen Gliedern der Sedimentgesteinsfamilien überwiegen daher Lokalbezeichnungen. Ein befriedigendes System der Sedimentgesteine gibt es nicht. Die hier gewählte Anordnung lehnt sich an die von Kayser-Brinkmann gebotene an, wobei Sedimente mit l = locker, Sedimentgesteine mit f = fest bezeichnet sind.

I. Klastische (mechanische) Sedimentgesteine (Trümmergesteine).

A. *Psephite* ($\Psi\varepsilon\varphi o\varsigma$ = Brocken), grobkörnig, Durchmesser > 2 mm

    1. eckiger Schutt (l) ⟶ Brekzie (f), verkittetes eckiges Material.

    2. gerundeter Kies (Rundschotter) (l) ⟶ Konglomerat (f), verkittete Gerölle und Geschiebe.

    Unterabteilungen nach Gehalt: monogen, polygen.

B. *Psammite* ($\Psi\alpha\mu\mu o\varsigma$ = Sand), mittelkörnig, Durchmesser 2 mm bis 0,02 mm.

Sand (l) ⟶ Sandstein (f).

Unterabteilungen nach Gehalt: monogen, polygen oder auch nach überwiegenden Bestandteilen: Kalksandstein[1], Quarzsandstein, Arkose, Grauwackensandstein usw.

Nach dem Bindemittel: Kalksandstein[1], kieseliger Sandstein, toniger Sandstein, Quarzitsandstein.

C. *Pelite* ($\pi\varepsilon\lambda o\varsigma$ = Schlamm), feinkörnig, Durchmesser < 0,02 mm.

    1. Ton (l und f) ⟶ Schieferton (f).

    2. Kalkschlamm (l) ⟶ Kalkstein zum Teil (f).

    3. Ton + Kalkschlamm (l zum Teil f) ⟶ Mergel (f).

D. *Vulkanische Asche* (l) und *Auswürflinge* (l) ⟶ *Tuffe* und *Tuffite* (f).

---

[1] Sowohl für Sandsteine, deren Sandmaterial aus Kalk besteht, als auch für Sandsteine mit kalkigem Bindemittel, wird der gleiche Name gebraucht, obwohl der Ausdruck kalkiger Sandstein für die zweiten besser wäre. Die Bezeichnung Kalksandstein wird hier nur für die erste Art gebraucht.

II. *Chemische Sedimente* und *Sedimentgesteine.*

   A. *Niederschlag von Auslaugung ohne überwiegenden Anteil von Organismenresten.*

     1. Kalkschlamm zum Teil (l) --→ Kalkstein zum größten Teil (f), Arten sind: Dichter Kalk, spätiger Kalk, oolithischer Kalk, Mergel zum Teil (Gemenge von Kalk und Ton) usw.

     2. Gemenge von Ca-Mg-Karbonat, zum Teil Hydrat + Kalkschlamm (l) —→ Dolomit (f) und dolomitischer Kalkstein (f), dolomitischer Mergel (f).

   B. *Chemische Sedimente und Sedimentgesteine zum großen Teil bis ausschließlich aus Organismenresten von Hart- und Weichtieren und Pflanzen aufgebaut.*

     1. Organogene kalkige Sedimente und Sedimentgesteine.
       a) Organischer Meeresschlamm, Globigerinenschlamm, Foraminiferenschlamm usw. (l) --→ organogener Kalkstein (f).
       b) Korallenkalke und Riffkalke (f).
       c) Schill (l) —→ Lumaschelle (f).
       d) Knochenbrekzie (Bonebed).

     2. *Kieselige Sedimente und Sedimentgesteine.*
       a) Radiolarienschlamm (l) —→ Radiolarite (f) Spongiolite usw. (f).
       b) Kieselgur, Diatomeenerde (l) —→ Hornsteine, Kieselschiefer usw. (f).

     3. *Bitumen.*
       a) Torf (l) —→ Kohlen (f).
       b) Sapropel (Faulschlamm) (l) —→ Ölschiefer (f).

   C. *Präzipitatgesteine, Eindampfungsgesteine.*
     1. Gips und Anhydrit.
     2. Halite, Steinsalz, Salzgesteine.
     3. Kalisalz- und Magnesiasalzgesteine.

Diese Einteilung ist durchaus nicht einheitlich, da chemische, mechanische, organische Bildungen am Aufbau ein und desselben Sedimentgesteines beteiligt sein können (z. B. Kalkstein). Bei der Diagenese mechanischer Sedimente wirken in oft bedeutendem Ausmaße chemische Prozesse mit. Die Präzipitatgesteine können ebenso gut auch als Unterabteilung von II A aufgefaßt werden, da sie aber die einzigen, von Fossilien vollkommen freien Sedimentgesteine sind, entstanden ohne Beteiligung eines organischen Anteiles, ohne Diagenese, erscheint ihre Sonderstellung wohl berechtigt.

Die klastischen Sedimentgesteine (Trümmergesteine).

Die Entstehung der Ansammlung von Trümmerbestandteilen der verschiedensten Größenordnungen, deren verkittete Verfestigungsprodukte die klastischen Sedimentgesteine sind, kann durch Abrutschung mechanisch zerstörten Materiales am Fuße steiler Hänge und Wände erfolgen (Geröllhalden der Hochgebirge). Während eines solchen, oft sehr kurzen Transportes eckigen Schuttes ohne jegliches Transportmittel kann durch die Schwerkraft allein eine Auslese nach der Größe der Schuttbestandteile erfolgen, oben das feinere, unten das gröbere Material. Diese Massen können diagenetisch zu Brekzien mit sehr großen Trümmeranteilen neben bedeutend kleineren verkittet werden. Solche Trümmer können aber auch die Bestandteile für den weiteren Transport durch Wasser und Eis liefern, wobei aus eckigen Körpern, je nach Härte, Zähigkeit und Spaltbarkeit der einzelnen Bestandteile, je nach Länge, Geschwindigkeit, Gefälle, Ungleichmäßigkeit des Transportes verschieden geformte Gerölle und Geschiebe werden können. Im allgemeinen wächst mit Abnahme der Größe die Zahl der rundlichen, besonders der kugeligen Formen, während die Zahl der mehr stengelig-walzenförmigen unverändert bleibt, die der flachen Geschiebe abnimmt. Ein Teil des zerkleinerten Anteiles wird als Suspension unverändert weitergeführt. Aber auch die chemische Einwirkung des Wassers kann besonders bei Kalksteinmaterial zu weitgehender Auflösung, aber nur selten zur Sättigung fließenden Wassers an $CaCO_3$ führen.

Beim Liegenbleiben der Geschiebe muß beachtet werden, daß die nötige Kraft, um ein bereits zur Ruhe gekommenes Geschiebe wieder fortzubewegen, größer sein muß als die Kraft, welche dasselbe Gesteinsgeschiebe in Schwebe zu erhalten vermag. Die Wasserbewegung am Grund des Flußlaufes ist oft gegenüber der an der Oberfläche turbulent (wirbelig), wodurch die Sedimente an schwererem Material angereichert werden. Das Mengenverhältnis von Suspension und Geröll wechselt sehr, im Inn bei Kufstein ist es 1 : 2, im Unterlauf des Mississippi 1 : 9, in der Wolga bei Astrachan 1 : 5000. Die durch die Flüsse aus ihrem Einzugsgebiet zugebrachten Schottermassen sind sehr groß, vom Rhein nahm man an, daß er vor seiner Regulierung jährlich 47 000 m³ in den Bodensee gebracht hat. Die mittlere Schlammführung einiger Flüsse beträgt (nach Penk) in Mittelwerten von Messungen in jedem Monat in Milligramm für den Liter:

Für die Elbe bei Geesthacht 31,2
 „   „   Donau bei Budapest 125
 „   den Nil an der Mündung 256
 „   „   Mississippi an der Mündung . . . 629
 „   „   Amu Darja bei Nukuss 1593
 „   „   Hugli bei Kalkutta 1234
 „   „   Hoangho . . . . , ... 5000

Allerfeinste Teilchen werden erst bei andauernder Ruhelage zu Boden gebracht. Ihre Abscheidung ist aber auch von Temperatur und chemischer Zusammensetzung des Wassers abhängig; besonders in den Meeren werden durch die Salze die Suspensionen ausgeflockt. In der Meeresbrandung sind Transport und Ablagerung von der Beschaffenheit der Wellen abhängig, deren Bewegung (Orbitalbewegung) rechnerisch in Kreisbahnen zerlegt, erkennen läßt, daß ihre Wirkung in Abrollen und Zerkleinern des Materials besteht. Strandgerölle sind im allgemeinen runder als Flußgerölle, aber ursprünglich flache Gerölle von Schiefergesteinen bleiben flach, so daß im großen gesehen die mechanische Beanspruchung durch die Brandung nicht wesentlich von der in Flüssen verschieden ist. Die Wirkung der Gezeiten ist die von Wellen mit großer Wellenlänge.

Geschwindigkeit und Turbulenz von *Luft* und *Wind* als Transportmittel sind bedeutend größer als die von Wasser, aber die Tragfähigkeit der Luft ist um vieles geringer als die des bewegten Wassers, nur kleineres Material kann vom Winde bewegt, nußgroßes nur noch verschoben werden, staubfeines aber kann in große Entfernungen verfrachtet werden. Durch Windtransport wird das Material abgerundet, aber eine derartige Abrundung ist durchaus kein Beweis für solchen Transport, da auch Wassertransport gleichmäßige Abrundung recht feinen Materiales verursachen kann. Die mögliche Transportweite durch die Luft zeigen geschätzte Mengenverhältnisse von Saharastaub durch Schirokko vom Jahre 1901:

Tunis und Küstengebiet von Nordafrika ..... über 150   Mill. t
Italien .... 1,314 Mill. t
Damaliges Österreich-Ungarn .... 375 Mill. t
Norddeutschland und Dänemark .... 92,700 t

Wie weit vulkanische Asche verweht werden kann, beweisen die farbigen Staubregen, besonders am Schnee gut sichtbar (farbiger Schnee), die sehr fernen Vulkangebieten entstammen können.

Durch sehr große Reibung und sehr geringe Transportgeschwindigkeit, große Tragfähigkeit, aber geringe Absinkgeschwindigkeit ist der *Eistransport* charakterisiert. Dabei fehlt jede Auslese; das am Gletscherende angehäufte Sedimentmaterial vereint die fast unveränderten Schuttmassen der Oberfläche mit dem feinen Zerreibsel der Ränder und des Grundes, dem ein großer Teil der feinsten Trübe (Gletschermilch) der Gletscherbäche und der von solchen gespeisten Flüsse und Ströme entstammt. Durch feines Material, lose verbundene, nach Abschmelzen der Gletscher der Vor- und Jetztzeit zurückbleibende Massen werden als Gletschermergel bezeichnet. Wie weit Gletscher der Vorzeit auch Trümmer bedeutender Größe auf weite Strecken gefördert haben, beweisen die erratischen Blöcke der alten Gletscher Skandinaviens auf mitteleuropäischem Boden.

Das *Gefüge* der klastischen Sedimentgesteine kann zur Deutung der Entstehung dienen, nur darf nie unbeachtet bleiben, daß Sedimente der verschiedensten Herkunft völlige Übereinstimmung in der Korngrößenverteilung zeigen können. Aber mehr oder weniger deutliche Paralleltextur, besonders an der Lagerung organischer Reste kenntlich, gibt die Strömungsrichtung an; aus der Orientierung der Längsachsen der Geschiebelagen können Schlüsse auf die Richtung der Fluß- und Gletscherbewegung gezogen werden. Aber auch bei der Ablagerung aus weniger bewegten Medien, Meer- und Seewasser, findet Einordnung nach der Gestalt statt, wie die sogenannte *Primärschieferung*[1] mancher klastischer Sedimentgesteine, z. B. glimmerhaltiger Tone und Sandsteine zeigt, Schichtungen, die aber nichts mit echter Schieferung zu tun haben, Texturen, die auch Fossilreste erfassen. Die Schichtung ist die bezeichnende Textur der Sedimentgesteine, sie heißen ja auch Schichtgesteine. Sie ist der Ausdruck von Schwankungen in der Materialzufuhr und der Bewegungsgeschwindigkeiten des Transportmittels, wodurch gröberes und feineres Material abwechseln; Ebbe und Flut, Hochwasser, Unwetter, längere Wetterschwankungen, die Jahreszeiten gehören mit zu ihren Ursachen. Es bildet sich im Sommer eine erwärmte Oberschicht des Wassers von geringerer Dichte, sie ist bewegter, feine Trübe bleibt in ihr erhalten, im Winter ist die Materialzufuhr geringer. So beobachtet man in Alpenseen, z. B. im See von Lunz den Wechsel von heller Sommerschicht und dunklerer Winterschicht. Die erstere ist gekennzeichnet durch ihre gröberen, durch die Niederschläge in den See gebrachten Bestandteile, größere Mengen von Kalk durch die höhere Tätigkeit der Organismen, aber durch wenige Reste dieser Organismen selbst, da sie bei der höheren Temperatur rasch oxydiert werden. Die dunklere Winterschicht enthält feinste tonige Trübe und nicht ganz zersetzte organische Bestandteile.

---

[1] Richtiger: Einregelung parallel zur Ablagerungsfläche.

Die Familie der Psephite (Brekzien und Konglomerate).

Diese Familie vereint Sedimentgesteine von Korngrößen über 2 mm im Durchmesser, deren verkittetes Trümmersediment nach seiner Größe verschieden benannt worden ist. Hier sei die Bezeichnung nach Tiedemann gegeben:

über 70 mm	von 70 bis 30 mm	von 30 bis 5 mm	von 5 bis 2 mm
Steine	Grobkies	Mittelkies	Feinkies

Die letztere Größenordnung kann aber auch Bestandteilen der Psammite (gröberen Sandsteinen) zukommen. Psephite mit vorwaltenden festverkitteten eckigen Bestandteilen nennt man *Brekzien,* solche mit vorwiegend runden *Konglomerate.* Das lose eckige Sediment verschiedener Größenordnungen wird am besten mit dem Sammelnamen Schutt, das gerundete der Konglomerate als Rundschotter bezeichnet. Psephite mit größeren Mengen beider Sedimentgestaltungen kann man Konglomeratbrekzien nennen. Man unterscheidet monogene (monomikte) und polygene (polymikte) Brekzien bzw. Konglomerate. So gibt es Quarz-, Kalk-, Gneis-, Porphyr- usw. Brekzien und Konglomerate, je nachdem einer dieser Bestandteile vorhanden ist oder doch vorwaltet. Angenähert monogene Psephite entstehen aus polygenen primären Gesteinen durch mechanische Auslese und durch langen Transport, wodurch manche Komponente des Ausgangsgesteines unterdrückt sein kann, oft aber auch durch Zerstörung eines einheitlichen primären Gesteinskörpers, wie z. B. die tektonischen Reibungsbrekzien durch tektonische Zerreibung nur eines Gesteines bei orogenetischen Bewegungen gebildet sind. Aus dem Inhalt der Psephite (und der Psammite) kann man auf die Herkunft des Materiales schließen, doch sind z. B. Flußschotter in Gestaltung und Inhalt nicht nur von ihrem primären Gesteinsverband, sondern auch von ihrem Verhalten während des Transportes, von der Transportweite, vom Flußgefälle, von der Abnutzbarkeit aber auch vom Klima abhängig. Im ariden Klima ist die Wirkung der chemischen Verwitterung geringer, der Schutt ist gröber und beim Transport widerstandsfähiger; in feucht-warmen und feucht-gemäßigten Klimaten herrscht kleinere Korngröße und reichlich Quarz vor. Wenig wissen wir von den Bildungsmöglichkeiten eckigen Schuttes in früheren geologischen Perioden vor dem Jungtertiär und dem Diluvium. Man hat an Schuttströme arider Gebiete, raschen und kurzen Transport durch Wüstenbäche bei seltenen aber starken Regenfällen gedacht (Gosaubrekzie).

Brekzien sind weniger häufig als Konglomerate und bilden nur selten selbständige geologische Einheiten. Tektonische Brekzien haben in manchen Teilen von Faltengebirgen größere Verbreitung, aber meist recht beschränkte Ausdehnung und Mächtigkeit. Brekzien sind häufiger monogen als Konglomerate, sie liegen öfter als diese im unmittelbaren Bereich der Ausgangsgesteine, wie etwa die tektonischen Reibungsbrekzien. Gehängebrekzien am Fuße steiler, zumeist aus Kalkstein bestehender Hochgebirgshänge und -wände, oder die Porphyrbrekzien und andere Erstarrungsgesteinsbrekzien. Eine solche ist z. B. die rot-grüne Porphyrbrekzie von Kaltwasser bei Raibl im ehemaligen Südkärnten, wo felsitischer Quarzporphyr von grünem, aus wechselnden Mengen von Feldspat und Pinitoid[1] gebildetem, zum Teil aus zersetztem Erstarrungsgesteinsmaterial bestehendem Bindemittel verkittet wird. Als Beispiel einer abwechslungsreichen älteren (vielleicht liassischen)

---

[1] Gemenge von Tonmineralien mit Glimmer.

Brekzie kann die Tarntaler Konglomeratbrekzie angeführt werden, die eine geschlossene Masse von größerer Ausdehnung in den Lizumer Bergen der Tuxer Voralpen in Tirol bildet und alle Arten der dort auftretenden Triaskalke und -dolomite und der Kössener Kalke bzw. Dolomite in den verschiedenen Größenordnungen von 0,5 cm bis zu 3 m enthält. Bald ist diese Brekzie vielfarbig, polygen, dann wieder einfarbig grau und monogen aus grauem dolomitischem Kalk mit fast ebenso grauem kalkigem Bindemittel, daß ihre klastische Natur besser an verwitterten Stellen zu sehen ist. Lagen mit größeren Mengen gerundeter Bestandteile wechseln mit solchen aus viel mehr eckigem Material bis zu reinen Brekzien und Konglomeraten ab. Das Bindemittel ist teils kalkig, teils quarzig. Interglazial zwischen Ries und Mindeleiszeit ist die Höttinger Brekzie nördlich der Innbrücke bei Hötting einem Außenbezirk von Innsbruck, die bis unter den Langen Sattel der Nordkette auf 2000 m hinaufreicht. Sie enthält Schuttmaterial bis zu Blockgröße aller Gesteine der Solsteinkette, Muschelkalk, Wettersteinkalk, Buntsandstein, aber auch Fremdmaterial, wie z. B. Amphibolit. Ähnliche junge Brekzien kommen an mehreren Stellen der Alpen vor, wie die Hochlandbrekzie im Karwendel, die Brekzie am Südfuß des Kaisergebirges; noch jünger dürfte die Kalkbrekzie an der Südseite der Mieminger Kette (Handschuhspitze) sein, die Viererspitzbrekzie östlich von Mittenwald, die Nagelfluh bei Sterzing. Zum Mindel-Ries-Interglazial gehört auch die Nagelfluhbrekzie des Mönchsberges in Salzburg. Die Hornsteinbrekzien z. B. im Flysch der Umgebung von Wien sind durch ihre Buntfarbigkeit ausgezeichnet.

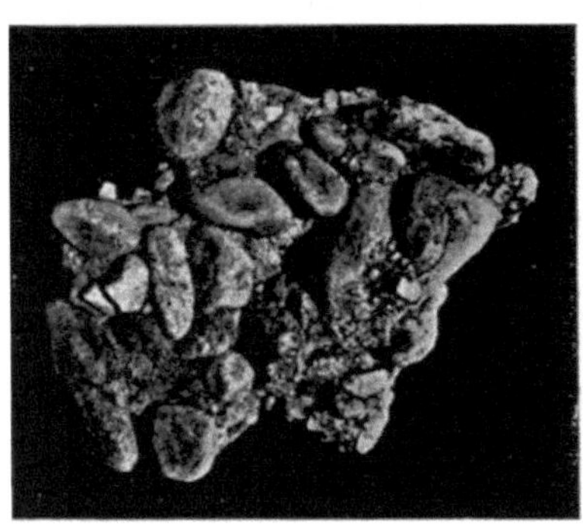

Abb. 59. Nagelfluh-Konglomerat aus dem Mürztal b. Bruck-Diemlach. (Nach Stiny.)

Konglomerate sind häufiger als Brekzien. Der überwiegende Teil der Nagelfluh[1] in der Schweiz, Vorarlberg (Bodenseegebiet) verbreitet, ist ein tertiäres bis diluviales Konglomerat, das aus Kalksteinen, Dolomit, Sandstein, Quarz, Granit, Gneis, seltener auch noch aus anderen Gesteinen mit teils kalkigem, teils kalkig-sandigem, seltener quarzigem Bindemittel, das an Menge sehr zurücktreten kann, besteht. Dieses meist polymikte, mehrfarbige, aber manchmal auch monomikte (roter Kalkstein = rote Nagelfluh) Konglomerat enthält auch eckiges Material und geht in Brekzien über. Älteren Konglomeraten kommt sehr oft die Trennung verschiedener Horizonte zu, so z. B. den früher Verrucano[2] genannten Quarzkonglomeraten an der Basis des ostalpinen Mesozoikums (Basalkonglomerate), die auch Quarzporphyr, manchmal Melaphyr, Phyllit enthalten, mit quarzigen, tonigen, glimmerig-serizitischen Bindemitteln, die bis zum Verschwinden zurücktreten können, oder das Basalkonglomerat des Bozener Quarzporphyrs. Hieher gehört auch das Präbichlkonglomerat an der Basis der alpinen Trias der nördlichen Kalkalpen, das wahrscheinlich zum Werfener Schiefer gehört, ein Brandungskonglomerat des vordringenden Triasmeeres. Es ist

---

[1] Flue = Gestein (Schweizer Mundart), Nagel durch nagelartiges Hervortreten harter Gemengteile bei der Verwitterung dieser Konglomerate.

[2] Name von heute für bedeutend jünger erkannten Sandstein vom Mte. Verruca bei Pisa.

zum Teil eine Konglomeratbrekzie und besteht aus Geröllen von Faust- bis Erbsengröße aus dem Material der Unterlage mit reichlich runden oder eckigen Trümmern von Quarz (oft rötlich), von tonigem Material verkittet. Gute Aufschlüsse liegen u. a. am Hirschwanger Knappenberg und bei Altenberg im Raxgebiet. Als Quarzsandsteine sind diese Basalbildungen an der Südseite des Dachsteins, des Tennengebirges und des Steinernen Meeres entwickelt, aber in den Kitzbüheler Bergen wieder in der Form der Präbichlkonglomerate. Allen diesen Konglomeraten ist die diskordante Auflagerung gemein. Ähnliche Bildungen kennen wir z. B. als Auflagerung auf dem Ötzkristallin (am Piz Lad bei Nauders in Tirol) an der Basis des Brenner Mesozoikums. Die äußere Ähnlichkeit mit Augengneis ist stellenweise sehr groß, so hat sich ein „Verrucano" aus dem oberen Vintschgau neuestens als echter Gneis erwiesen. Berühmt ist das Randkonglomerat, das Quarzkonglomerat der größten Goldlagerstätte der Erde in Transvaal, insbesondere das Konglomerat der Main-Reef-Gruppe mit den Banket Reef genannten Main-Reef-Leader-Konglomeratschichten, mit gut gerundeten Quarzgeröllen von der Durchschnittsgröße eines Hühnereis bis zur Haselnußgröße, mit quarzigquarzitischem, ehemalig sandigem Bindemittel, das erst später durch Kieselmasse sehr fest zementiert worden ist, wobei Au-haltiger Pyrit bis zu 3 Volumprozent ins Bindemittel kam. Sparagmit ist ein kambrisches Quarzkonglomerat Skandinaviens. Tapanhoacanga (auch kurz Canga genannt) ist ein diluviales brekziöses Konglomerat von Minas Gerães, dessen nur wenig gerundete Bestandteile Lydit, Quarzit, Limonit, Amphibolit, Magnetit durch Fe-reiches limonitisch-magnetitisches sandiges Bindemittel verkittet sind, ein Gestein, das stellenweise Gold und Diamant führt, der reichlicher im unverkitteten Sediment, dem Cascalho, enthalten ist oder war. Im Obolus-konglomerat, das eine dünne Schichte auf kambrischem Sandstein des Leningrader Gebietes bildet, hat man nach lithologischen Merkmalen der Entstehung und des Transportes eine Gruppierung der Gerölle versucht (Nekrassow). 1. Sturmgerölle bestehend aus Teilen der kambrischen Sandsteine. 2. Brandungswellengerölle. 3. Abrasionsgerölle, gebildet in der inneren Zone des Strandteiles, der niemals trocken war, sondern dem ununterbrochenen Vorgang der Abschleifung durch die Wellen ausgesetzt war. 4. Sporadische kleine kugelige Gerölle von 7 bis 12 mm Durchmesser, bei der Bildung des dritten Typus übriggebliebene Körper. 5. Flache Detritusgerölle als Ausspülung der zeitweise trocken gewordenen Sandbankgebiete.

Die Familie der Psammite (Sandsteine).

Die Größe der Teilchen liegt zwischen 2 und 0,02 mm. Nach Tiedemann kann man je nach der Korngröße benennen:

von 2 bis 1 mm	von 1 bis 0,2 mm	von 0,2 bis 0,1 mm	von 0,1 bis 0,02 mm
Grobsand	Mittelsand	Feinsand	Mehlsand

Die Größe der Grobsandkörner kann 2 mm übersteigen, denn es gibt keine Grenze zwischen Psammiten und Psephiten.

Genesis, Ausgangsgesteine, Art ihrer Verwitterung und Zerstörung, Transportwege und Transportmittel, Auslese des Materials, Neubildungen am Transport, Einfluß der Zähigkeit, Spaltbarkeit und Härte auf den Widerstand bei der Zerstörung sind so ziemlich die gleichen wie bei den Psephiten. Quarz spielt noch mehr die Hauptrolle, Sand und Quarzsand sind im Sprachgebrauch ein und dasselbe. Der Feldspatanteil ist gewöhnlich größer als früher vielfach angenommen worden ist, aber meist stark zersetzt, er reicht aber selten aus, um *Arkose* als Namen zu rechtfertigen, der nur angewendet werden soll, wenn Feldspat einen merklichen Anteil am Gesteinsbestand hat. Schlüsse auf das Ausgangsgestein sind bei der gleichmäßigen Beschaffenheit des Quarzes eher noch aus der Größe des Feldspatgehaltes möglich, obwohl er bei längerem Transport zerstört werden kann. Höherer Gehalt an frischem Feldspat läßt auf verhältnismäßig geringes Ausmaß der chemischen Verwitterung im Abtragungsgebiet schließen, also auf arides Einzugsgebiet oder auf kürzeren Transport. Der umgekehrte Schluß ist aber nicht zulässig, da andere Arten der Zerstörung, Zersetzung auch während des Transportes möglich sind. Anderseits kann Feldspat, wenn auch in beschränktem Ausmaße, im Sediment bzw. im Sedimentgestein neugebildet worden sein.

In neuerer Zeit hat man der Verteilung der *Schweremineralien* von der Eigenschwere größer als 2,9, die in wechselnden Mengen in vielen Sedimenten und Sedimentgesteinen, besonders aus der Familie der Psammite enthalten sein können, immer mehr Beachtung gezeigt. Art, Anzahl, Größe, Lage, Verteilungsweise dieser immer nur in geringer Menge vorhandenen Mineralien kann Schlüsse auf das Ausgangsgestein erlauben. Trotz der Schwierigkeiten der Untersuchung solcher durch verschiedene Verfahren (vgl. S. 7) isolierter Mineralien, die gewöhnlich in mehreren Korngrößenklassen vorliegen, die getrennt werden müssen, die durch Auszählung statistisch erfaßt werden müssen, hat ihre Anwendung in Wissenschaft und Praxis sehr an Bedeutung gewonnen. Zur Feststellung des Einzugsgebietes muß aber auch diese Methode versagen, wenn das Einzugsgebiet durch längere geologische Zeit das gleiche geblieben ist, oder wenn die unentscheidbare Möglichkeit besteht, daß das zu untersuchende Material aus mehreren Einzugsgebieten stammt oder stammen kann, denn auch die Gesteinsnatur des gleichen Einzugsgebietes ändert sich. Man hat aber in manchen Gebieten, z. B. in Erdölgebieten, schöne Erfolge erzielen können, die zu Vergleichszwecken, weniger zur petrographischen Erkenntnis des diagenetisch aus solchem Material verfestigten Sedimentgesteines brauchbar sind. Diese Schweremineralien sind im wesentlichen: Granat, Hornblende, Epidot, Staurolith, Disthen, Rutil. Die verschiedenen Arten der Verteilung, die absoluten und relativen Mengenverhältnisse lassen die Feststellung von Sedimentprovinzen zu.

Die Verbreitung der Sandsteine ist in den obersten Schichten unserer Kruste eine sehr große. *Quarzsandstein,* der häufigste, läßt zumeist wenig vom meist kieseligen Bindemittel erkennen, das auch fast fehlen kann. Solche Sandsteine werden *Quarzitsandsteine,* leider auch manchmal Quarzite genannt, womit nur solche Sandsteine in geschiefertem Zustand bezeichnet werden dürfen (vgl. S. 224). *Arkosen* sind Sandsteine mit merklichem Gehalt an Feldspat der verschiedensten Art, die durch Glimmergehalt manchmal einem Granit oder Gneis so ähnlich werden können, daß sie erst u. d. M. erkannt werden können. Der Feldspat der Arkosen ist aber oft mehr oder weniger kaolinisiert oder in Muscovit umgewandelt. Arkosen sind meist aus wenig weit transportierten Zerstörungsprodukten von Graniten, Gneisen, auch von Quarzporphyren gebildet und liegen nicht selten diesen Ausgangsgesteinen auf und gehen in sie über. Da durch Granitisation aus Sandsteinen Granit und Gneis entstehen können, so haben wir hier einen rundgeschlossenen Kreislauf der Naturgeschehen vor uns, dessen Ablauf sich auf große geologische Zeiträume erstrecken kann. *Kalksand-*

steine, durch alle Übergänge mit Kalkstein verbunden, bestehen aus Kalksand, zum Teil aus Fossilresten, meist durch Kalkzement verkittet. Ton- bzw. Mergelsandstein bildet Übergänge zum Ton und den Mergelarten. Glaukonitsandsteine enthalten dieses, dem Biotit nahestehende, die Gesteine bläulich oder grünlich färbende Eisensilikat. Glimmersandsteine sind zumeist Quarzsandsteine oder Arkosen mit stark auffallenden Mengen von Muscovit, der oft schichtweise angereichert ist. Schweremineralien sind zumeist für das freie Auge nicht sichtbar und können niemals zur Gesteinsbezeichnung verwendet werden. Je feiner das Korn ist, um so deutlicher tritt die schichtige Textur hervor, unterstützt durch färbende, vielfach organische Einlagerungen im Bindemittel. Farben des ganzen Gesteines sind durch Eisengehalt rot, braun, gelb, durch Mangan dunkel usw.

Einige Beispiele. Der rote, durch Auslaugung grünliche oder graue, im Grödnertal und dessen weiterer Umgebung verbreitete Grödener Sandstein, durch die Zerstörung des Quarzporphyrs und seiner Tuffe entstanden, ist auf den Höhen zwischen Etsch und Eisack stellenweise noch mit dem Ausgangsgestein verbunden. Er ist ein Quarzsandsein mit tonigem Bindemittel. Im karnischen Kamm liegt zwischen ihm und dem Porphyr im Gebiete von Innichen—Sexten ein ziemlich mächtiges Konglomerat, das allmählich in Sandstein übergeht. Die sogenannten Werfener Schiefer, richtiger Werfener Sandsteine, der unterste Horizont der alpinen Trias, rot, braun, grau, auch grünlich, mit meist schieferig erscheinender Schichtung, vom Vorkommen bei Werfen in Salzburg so benannt, bestehen aus feinkörnigem Quarzsand (Feinsand), toniger Substanz, feinen oft deutlich sichtbaren Muscovitblättchen; sie sind wohl Seichtwasserbildungen. Diese Vertreter des außeralpinen Buntsandsteines sind sehr verbreitet, rot ist die charakteristische und auch bevorzugte Farbe. Die Sandsteine der Flyschfazies beherrschen die Umgebung Wiens in den Inoceramenschichten der Kreide und im Glaukoniteozän als sogenannter Wienerwaldsandstein. Die Inoceramensandsteine sind dünnplattige, harte, feinkörnige, mehr oder weniger quarzige Kalksandsteine von splittrigem Bruch, grau in allen Arten; sie gehen vielfach in kieselig-splittrige, sehr harte Kalkmergelbänke über, seltener in weichere „Ruinenmarmore" (Leopoldsberg) mit ruinenartigen Zeichnungen. Die eozäne Glaukonitsandsteinfazies überlagert die Inoceramensandsteine und steht mit ihnen in stratigraphischem Verbande. Sie sind durch den Glaukonitgehalt in frischem Zustand etwas grünlichbläulich, verwittert bräunlich gefärbt und ähneln dem Inoceramensandstein oft sehr, sind aber in frischem Zustand härter, quarzreicher, haben oft auch quarziges Bindemittel, das manchmal winzige Quarzkriställchen enthält. Diese kieseligen Kristallsandsteine sind meist sehr dunkelgrau. Es überwiegen aber auch im eozänen Glaukonitsandstein solche mit kalkig-tonigem Bindemittel. Varietäten mit größeren Quarzkörnern gehen stellenweise in Konglomerate über. Den Eozänsandsteinen fehlt die mergelige Fazies. Beide Sandsteinarten, besonders die letztere, sind sehr stark von Kalzit durchädert. Ein hellgelber Quarzsandstein des Eozäns, typische Seichtwasserbildung, ebenso, wie es auch die Innoceramensandsteine sind, ist der Greifensteiner Sandstein, der im Gebiet zwischen dem Tullnerfeld und der Linie Kritzendorf—Kierling—Mauerbach—Gablitz—Tullnerbach das herrschende Gestein ist, das bei Höflein durch große Brüche aufgeschlossen ist und bei Kritzendorf und Gablitz fossile Harze (Kopalin, Schraufit) enthält. Der Quarzsandstein der Umgebung von Melk, meist feinkörnig bis mittelkörnig, oft recht lose durch limonitisch-kalkiges Bindemittel verkittet, ist wahrscheinlich ein Zerreibsel

varistischer Gneise und Granite. Grobkörniger als der Melker Sandstein ist
der liassische Grestener Sandstein zwischen Enns und Erlauf, der aber auch
in der Klippenzone des Wienerwaldes, z. B. im Lainzer Tiergarten auftritt,
er enthält stellenweise vereinzelt rosenrote Quarzkörner und hat kaoliniges
Bindemittel, einzelne eckige Quarze erreichen 2 cm. das Gestein nähert sich
einem Konglomerat. Als Beispiel von *Arkosen* sei der mürbe, plattige, grobkörnige Sandstein aus dem Neokom von Wolfpassing am Rande des Wienerwaldes erwähnt, der Partien mit zahlreichen stark zersetzten Feldspäten
enthält, ein Zustand, der bei Arkosen ziemlich allgemein ist. Eine Arkose
ist u. a. auch der graugrüne, glimmerreiche Jalipursandstein aus dem

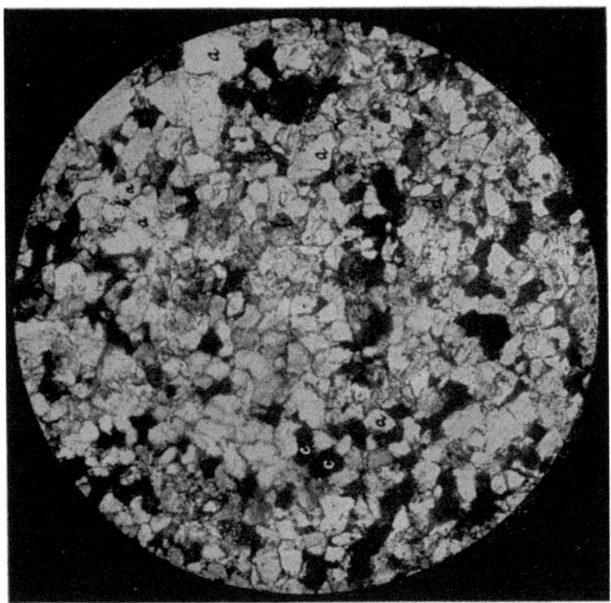

Abb. 69. Eozäner Flyschsandstein von Greifenstein a. d. Donau. (Nach S t i n y.)

Industal, der seine Bestandteile, Quarz, Plagioklas, Biotit, etwas Hornblende,
Kalifeldspat, Diopsid, Muscovit, Granat, Turmalin, Epidot aus dem Massiv
des Nanga Parbat bezog. Zum größten Teil aus gerundeten Brocken eines
dioritischen Ergußgesteines mit Quarzittrümmern besteht der in den Diable-
rets verbreitete Taveyannazsandstein (Taveyannazalpe) im helvetischen
Flysch an der Grenze Eozän-Oligozän, dessen Plagioklas ziemlich frisch ist.
Von ganz besonderer Mächtigkeit sind die devonischen Old-Red-Sandsteine
Schottlands. Der mittlere Old-Red-Sandstein ist bis 5000 m, der untere
größtenteils Konglomeratsandstein, bis 3400 m mächtig. Der tertiäre rote
Sandstein von Corocoro in Bolivien mit seiner Cu-Führung kann fast 600 km
lang verfolgt werden.
    Als Beispiele von *Kalksandsteinen* seien die sarmatischen (Brüche von
Breitenbrunn), aber auch tortonen (St. Margarethen) Leithakalksandsteine
vom Rande des Wiener Beckens, die aus zertrümmerten Resten von Nulliporen und Muschelschalen, spärlichen Quarzkörnern und lockerem Kalzit-
kitt bestehen, die Nummuliten- und Foraminiferenkalksandsteine des Tertiärs
der Umgebung von Wien angeführt. Manchmal kontrahiert sich das Binde-

mittel zu teilweise sehr großen rhomboedrischen Kalzitkristallen, die vollkommen von Sandkörnern erfüllt sind, entstanden durch die hohe Kristallisationskraft des $CaCO_3$, wie sie besonders von Fontainebleau, Schönau bei Heidelberg, Sievering in Wien bekannt sind. Zum Kalksandstein gehört auch der weitverbreitete Löß, ein teilweise geschichteter, teilweise lockerer, feinkörniger, meist gelblicher Sandstein, ein Gemenge von eckigen und kantengerundeten Quarzkörnern mit (oft über 30%) Kalzit, auf weite Strecken von großer Einförmigkeit, mit Konkretionen, Kalk- und Sandschmitzen, Resten von Organismen, besonders verwesten Pflanzenwurzeln. Das Gestein ist stellenweise allmählich von oben nach unten fortschreitend entkalkt, so daß es schließlich zu Flugsand und Lehm wird. Löß enthält aber auch stellenweise Feldspat, Muscovit, Hornblende, Staurolith, Disthen, Turmalin, Titanit, Ilmenit, Rutil. Er bildet trotz lockeren Gefüges steile Wände. Nicht nur der chinesische, sondern auch der europäische pleistozäne Löß gilt als äolisch. Gegen diese Art der Entstehung sind für den europäischen Löß im Donautal der Strecke Tulln—Krems Bedenken zugunsten fluviatiler Entstehung vorgebracht worden (Kölbl).

Als Beispiel der Vielseitigkeit psephitisch-psammitischer Trümmergesteine seien die Gosauschichten der oberen Kreide angeführt, die als einzelne Becken erfüllende Reste einer einst verbreiteten diskordanten zusammenhängenden Auflagerung einen höchst charakteristischen Horizont der nördlichen Kalkalpen darstellen. Diese Konglomerate, Brekzien, Sandsteine, aber auch Kalksteine, mit meist kalkigem Bindemittel enthalten neben mehr oder weniger gut gerollten Bestandteilen der Unterlage (hauptsächlich Wettersteinkalk und Hauptdolomit) neben Quarzgeröllen manchmal auch solche der unmittelbaren Umgebung fremden Materiales, sogenannte exotische Gerölle (der schlecht gewählte Name ist leider eingebürgert), wie Quarzit, Grauwackensedimentgesteine, schwarze Kieselschiefer, Quarzporphyr, Porphyrit, Diabas, Serpentin. Dem Quarzporphyr[1] fehlt jede Spur einer Metamorphose, während dieses Gestein in der Grauwackenzone niemals unverändert geblieben ist. Den selteneren Brekzien fehlen diese etwas weiter transportierten Bestandteile. Konglomerate und Brekzien gehen nach oben zu in graue, rötliche, braune Sandsteine, aber auch in Kalksteine und Mergel über (Gosaukonglomerate, Gosaubrekzien, Gosausandsteine, Gosaukalksteine, Gosaumergel). An manchen Stellen, z. B. oberhalb Gießhübl, tritt die Gosau auch in Flyschfazies auf. Hauptvorkommen sind: Muttekopf bei Imst, Eisenspitze bei Flirsch, das Tal der Brandenberger Ache, Gosau im Salzkammergut, zwischen St. Gallen und Großraming (Oberösterreich), Neue Welt in Niederösterreich, Vöstenhof bei Ternitz, am Törlweg auf der Rax, Preintal bei Schwarzau, Dreistätten bei Wiener Neustadt, bei Puchberg am Schneeberg, im Höllensteinzug bei Mödling-Gießhübl. Bei Gießhübl enthalten die Gosau-Trümmergesteine zumeist roten, an Crinoideenresten reichen Hierlatzkalk des Jura.

Als Sammelname paläozoischer, wenig definierbarer Trümmergesteine und Tonschiefer wird immer noch die Bezeichnung *Grauwacke* auch petrographisch verwendet, die für eine ganze Zone namengebend geworden ist. Diese Gesteine enthalten wechselnde Mengen von Quarz, Feldspatkörnern,

---

[1] Der Quarzporphyr der Gosau entstammt wohl einem permischen nordalpinen Gegenstück zum Bozener Quarzporphyr der Südalpen, das entweder erodiert oder unter der Molasse begraben ist. Die Quarzporphyre der Grauwackenzone dürften prävaristische Ausflüsse sein, die durch die varistische Orogenese zu Porphyroiden und Serizitgesteinen metamorphosiert worden sind.

runde und eckige Trümmer von Quarzit, Gneis, auch Diabas, mit geringen Mengen von Bindemitteln, bestehend aus feinen, seltener gröberen Tonschieferbestandteilen, Glimmer, Quarz, Karbonatsubstanz. Manche dieser Gesteine enthalten auch dunkle Silikate, wie Augit, Hornblende, Granat, Turmalin. Die Gesteine gehen sehr oft in Schiefer über, wobei sich beide Glimmer, Quarz und Feldspat neu bilden. Die Größe der verbundenen Bestandteile ist sehr verschieden.

Die Familie der Pelite (Tongesteine).

Tone sind die Absätze der feinsten Trübe der Gewässer, ein Gemisch von Mineralteilchen der verschiedensten Entstehung, die Reste der mechanischen Verwitterung in feinster Verteilung, vermengt mit Neubildungen bei der Verwitterung, am Transport und beim Absatz, oft mit einem Anteil von biogenen, kalkigen, kieseligen und organischen Substanzen. Der recht variablen Benennung liegt die Einteilung nach der Größenordnung: von 0.02 mm bis zu $2\,\mu$ als Grobton oder Grobschluff, von 2 bis $0.2\,\mu$ als Feinton, Feinschluff, darunter Kolloidton, Schweb- oder Rohton zugrunde. Nach oben zu gehen die Tone oft in Feinsand bis Mehlsand über, wobei sich die mineralogische Zusammensetzung allmählich ändern kann. Die Tongesteine bestehen zumeist aus mehreren Tonmineralien, die nicht immer leicht zu trennen sind. Untersuchung u. d. M. versagt dabei zumeist und nur röntgenographische Unterscheidung ist möglich, die aber durch die größere Zahl gitterähnlicher Tonmineralien erschwert wird. Es läßt sich feststellen, daß die Tone neben Quarz, Feldspat, Glimmer, seltener dunkle Bestandteile, die schon im Lauf der Verwitterung gebildeten Tonmineralien, einzeln oder mehrere zusammen, enthalten können. Die drei wichtigsten sind:

Tabelle 7.

Mineralname	Chemische Formel	Lichtbrechung	Doppel-brechung	Beschaffen-heit
Kaolinit	$\overset{2}{\infty}\,Al_2^{[6]}\,(OH)_4\,[Si_2O_5]$ $Al_2O_3 \,.\, 2\,SiO_2 \,.\, 2\,H_2O$	$N = 1{,}56$ bis $1{,}57$ $>$ Kanadabalsam	deutlich	meist feine Blättchen
Halloysit	$\overset{2}{\infty}\,Al_2^{[6]}\,(OH)_4\,[Si_2O_5] \,.\, H_2O$ $H_4Al_2Si_2O_9 + aqu.$	$N = 1{,}54$ bis $1{,}55$ $\sim$ Kanadabalsam	nicht zu sehen	feine Blättchen
Montmorillonit	$\overset{2}{\infty}\,Al^{[6]}\,(OH)_2\,[Si_4O_{10}] \,.\, 2\,H_2O$ $n\,(Ca, Mg)\,O \,.\, Al_2O_3 \,.\, 4\,SiO_2 \,.$ $.\, H_2O \,.\, mH_2O$ $m = 4\text{---}5$	$N =$ zirka $1{,}53$ meist etwas niedriger oder gleich Kanadabalsam	mittel, stärker als bei Kaolinit	meist Aggregate mit rauher Oberfläche

Der bei 150° getrocknete Montmorillonit entspricht der Zusammensetzung $Al_2(OH)_2Si_4O_{10}$. Als *Bentonit* wurden unreine, an Montmorillonit reiche Tone bezeichnet, die aus vulkanischen Tuffen entstanden sind. Allmählich werden überhaupt an Montmorillonit reiche Tone als Bentonit bezeichnet, so daß dieser Name ein Gesteinsname geworden ist, er wäre aber besser zu vermeiden.

Montmorillonit unterscheidet sich von den beiden erstgenannten Tonmineralien durch seine Fähigkeit zu quellen. Beidellit ist kaum ein selbständiges Mineral. Daneben treten noch auf: Nontronit $H_4Fe_2Si_2O_3$, Diaspor $AlO\,.\,OH$, Hydrargillit $Al(OH)_3$ und der kolloide Böhmit $Al_2O_3\,.\,H_2O$, deren

Mengen aber nur gering sind. Alle diese Mineralien sind Verwitterungsbildungen, während Quarz, Feldspat und Glimmer zumeist Verwitterungsreste sind. Quarz und Glimmer sind als Neubildungen noch nicht absolut sichergestellt, aber durchaus wahrscheinlich. Hiezu kommen die biogenen Neubildungen; bis über 50% $CaCO_3$ kann durch Zerfall von Kalkschalen in Ton auftreten, wie die rezenten Tiefseesedimente und tertiären Tone beweisen. Humöse Substanzen können in Tonen verhältnismäßig leicht erhalten bleiben. In wechselnden Mengen kann biogene Kieselsubstanz vorhanden sein. Als weitere Gruppe kommen noch die im Sediment bzw. Sedimentgestein selbst neugebildeten Substanzen, wie Eisenbisulfid sowohl als kolloider Melnikowit, als auch als kristallisierter Pyrit, dann Glaukonit, Breunnerit (Magnesit), Dolomit vor. Angereicherte Sulfide ergeben sedimentäre Lagerstätten (z. B. Mansfelder Kupferschiefer). Es kommt noch die Adsorption. das Festhalten von Ionen an inneren und äußeren Grenzflächen (Intergranulare) und die Veränderung durch den sogenannten Basenaustausch hinzu, der darin besteht, daß ein Mineralgemenge, wie der Ton aus einer Lösung mit Kationen einen Teil davon aufnimmt und einen äquivalenten Teil der im Ton enthaltenen Ionen abgibt. Am meisten Austauschbarkeit bietet der Montmorillonit, aber Humussubstanz soll den Montmorillonit darin übertreffen. Wenn auch ein Teil der Tonbestandteile mengenmäßig zu den Kolloiden gehört, ist amorphe Substanz selten. Organische Substanz, im Ausfällungsgebiet selbst entstanden, entstammt den Organismen des Meeres über dem Absatzgebiet des Sedimentes, also einem anderen Ort als die vom Lande zugeführte Tonsubstanz. Die Teilchengröße der Tone ist innerhalb der Grenzen eine ebenso verschiedene, wie die chemische und mineralische Zusammensetzung und Verteilung, so daß daraus keine Schlüsse auf ähnliche Entstehung gezogen werden können. Die Absatzgeschwindigkeit der Tone ist sehr verschieden, am landfernen Meeresboden ist sie sehr gering, die Sedimentationshöhe von 1000 Jahren wird für den landfernen Roten Tiefseeton auf weniger als 0,5 cm, für den Faulschlamm des Schwarzen Meeres z. B. auf 1 bis 2 cm geschätzt.

Das lose Tonsediment und die diagenetisch verfestigten Tonsedimentgesteine, bei denen ein Bindemittel kaum nachweisbar ist, da die Tone selbst ja Bindemittel sind, kann man kaum abgrenzen, erst leichte Schieferung (Schiefertone) gibt der Masse festen Zusammenhalt. Bei dieser Diagenese werden sich ebenso wie bei Sandsteinen Kalziumkarbonat und Kieselmasse bilden; andere Mineralneubildungen bei der Diagenese entstehen wohl nur unter Einwirkung schwacher metamorphosierender Agentien.

Als Beispiele von Tonen seien die pelagischen Tone unserer Meere angeführt. In Tiefen unter 5000 m bildet sich der *Rote Tiefseeton*, der, ein Viertel der gesamten Erdoberfläche bildend, das am weitesten verbreitete aller Sedimente ist, die sich noch heute bilden, ein quarzreicher, toniger, meist brauner bis rotbrauner Schlamm, der wechselnde Mengen der drei Hauptmineralien der Tone nebst vulkanischen Aschenteilchen, Bimssteinfasern, Obsidiansplittern, kleinsten Teilchen von Augit und Plagioklas, stellenweise größere Glimmermenge enthält. Die relativ größere Menge der vulkanischen Bestandteile gegenüber den weniger landfernen Tonen ist leicht verständlich, Festlandteile gelangen nur in geringen Mengen feinster Trübe ins Weltmeer hinein, die vulkanischen Aschenteilchen aber werden durch die Luft gleichmäßig verteilt. Die Farbe des Tones entspricht der starken Oxydation der Fe-Bestandteile durch das O-reiche Tiefenwasser. Stellenweise ist er durch höheren Mn-Gehalt in Form von Manganknollen, konzentrisch um

Bimsstein- oder organische Teilchen angelagert, ausgezeichnet. Genetisch ist der Rote Tiefseeton der beim Absatz des Globigerinenschlammes noch in Lösung oder in feinster Suspension gebliebene terrigene Rückstand. Der *Globigerinenschlamm*, nach den vorwaltenden Globigerinaarten so benannt, bedeckt ein ebenso großes Areal des Erdbodens, im Niveau 2000 bis 5000 m, zusammen mit dem Tiefseeton also die halbe Erde. In seiner Zusammensetzung kann man ab und zu noch die des nächstliegenden Festlandes erkennen. Der *Blauschlick* (Grünschlick) der Kontinentalabhänge im Niveau bis zu 1500 bis 2000 m ist in seinem Bestand von den terrigenen Komponenten bedingt, er variiert daher sehr nach den Einzugsgebieten. Foraminiferen, Clypeaster, Ostrakoden, Bryozoen, Mollusken, unvollständig oxydiert, herrschen unter den biogenen Beimengungen vor. Die Blaufarbe rührt vom Eisensulfidgehalt her. Die Silikatzusammensetzung ist naturgemäß der des Roten Tiefseetones ähnlich, dessen gröberes Material er darstellt. In den Meeresteilen mit kühlem Einzugswasser, besonders in den Polarmeeren, bildet sich in größeren Tiefen *Diatomeenschlamm,* an die glazial-marinen Bildungen der Polarmeere heranreichend. Seitdem unsere Meere ihre dermalige Gestaltung angenommen haben, bilden sich diese Sedimente in gleicher Weise bis auf die heutigen Tage. Im Sinne des Aktualitätsprinzips kann angenommen werden, daß die Meere früherer geologischer Perioden, die heute Festland gewordene Gebiete bedeckt hatten, wie etwa das große Triasmeer oder das Tertiärmeer, wie uns auch Vergleiche mit erhalten gebliebenen alten Sedimenten und Sedimentgesteinen zeigen, ähnliche Sedimente erzeugt haben, die uns heute vielfach verändert, z. B. verschiefert, in ihrer Zusammensetzung aber ähnlich entgegentreten. Kalkreiche und kalkarme Tone waren häufiger als kalkfreie Tone. Kalkreiche Tone, in kontinuierlichem Übergang vom fast kalkfreien Ton zum tonfreien Kalkstein, können in ihren Zwischenstufen als *Mergel* in der Reihung: Kalkstein — Kalkmergel — Mergelkalk — mergeliger Kalkmergel — mergeliger Ton — Mergelton — Tonmergel (Tegel) — Ton bezeichnet werden. Kalk- und Tonanteil sind gleichzeitige Bildungen. Sandmergel enthalten Sandkörner, sehr harte werden auch Steinmergel genannt. Die Mergel zerfallen in Wasser zu erdig-krümeligem Sediment oder zu Brocken. Auf das Bindemittel beziehen sich Namen wie Gipsmergel, Glaukonitmergel, Glimmermergel; bituminöse Mergel werden auch Brandschiefer genannt, stark geschichtet sind die Mergelschiefer.

Als Beispiele typischer Tongesteine seien die roten Schiefertone der Inoceramenschichten des Wienerwaldes, rote, gelbe, grüne Schiefertone und schwach geschieferte Mergel und die gleich horizontierten Tonschiefer (Tonschichten) in den Nierentaler Schichten des Salzkammergutes, die schwach geschieferten Fleckenmergel des Lias in Vorarlberg und Nordwesttirol (z. B. Gatschkopf und Passeyer Spitze), aber auch die des Wienerwaldes mit dunkelgrauen, streifigen, bald massigen, bald hauchdünnen bituminösen Flecken, genannt. Tonmergel feinsten Dispersitätsgrades sind die sogenannten Tegeltone z. B. im Torton des Wiener Beckens, die neben Tonbestandteilen, Glimmerschüppchen, feinsten Quarzsand, geringen Kalkgehalt besitzen. Zur Zementbereitung werden die unteroligozänen Häringer Schichten (Zementmergel) zwischen Rattenberg und Kufstein am Inn, besonders bei Häring verwendet. Hieher gehört u. a. auch der rote Ton der Zechsteinsalzlager ebenso wie der Tonanteil im Haselgebirge der alpinen Salzlager. Verwitterungstone, z. B. basaltischer Gesteine, sind die Terra rossa und der aus Silikatgesteinen gebildete rote Laterit tropischer Klimaten.

der zum größten Teil aus Eisenhydroxyd oder Eisenoxyd, Aluminiumhydroxyden besteht. Ein Laterit früherer geologischer Perioden ist der Bauxit. Sehr stark gefaltete alluviale Tone und Mergel in großer Mächtigkeit traf die D y h r e n f u r t h - Expedition bei Skardu am Eingang vom Industal zum Karakorum.

Die Familie der Tuffe und Tuffite.

Vulkanische Sedimente aus Aschenbestandteilen, Auswürflingen, Bruchstücken von Ergußgesteinen werden *Tuffe* genannt, solche mit klastischen oder chemischen Sedimenten in ursprünglicher Sedimentgesteinsform oder in metamorphem Zustand werden *Tuffite* genannt. Man kann zumeist mit ziemlicher Sicherheit auf das Ursprungsgestein, mit dem manchmal mechanische Verbindung besteht bzw. auf die Ursprungsschmelze schließen. Tuffbildungen sind immer Zeugen vulkanisch-explosiver Tätigkeit; ausgestoßene Gase rissen kleine und kleinste Teile, schon verfestigt oder noch flüssig, aus der Tiefe mit. Auch schon feste Gesteinsteile, Laven und andere Gesteinsbestandteile aus dem Untergrund, konnten mitgerissen werden und Tuffe und Tuffite wechsellagern mit Lavaergüssen und Sedimentgesteinen. Aus horizontierbaren Sedimentgesteinszwischenlagerungen kann das Alter von Tuffgesteinen und Ergußgesteinen festgestellt werden, aber auch Tuffe selber enthalten Fossilienreste.

Die Bezeichnung der Tuffe erfolgt nach dem zugehörigen Ergußgestein (Lava). Wenn es nur zur Tuffbildung ohne Lavaerguß gekommen ist, erfolgt die Bezeichnung nach der mineralogischen Zusammensetzung des Tuffes. Basalt- bzw. Melaphyrtuffe sind ebenso in der Überzahl, wie die basaltischen Gesteine gegenüber den anderen Ergußgesteinen. Nach der Form der Bestandteile unterscheidet man *Agglomerattuffe,* Verkittung größerer Auswurfsmassen neben feingefügten Aschen- und Staubtuffen. Zu den Agglomerattuffen gehören Kugeltuffe und Lapillituffe mit runden und mit ovalen Bestandteilen, die man auch als Tuffkonglomerate bezeichnen kann, während man solche mit eckigen Ergußgesteinsbestandteilen als Tuffbrekzien bezeichnen kann. Beide Formen können als Tuffitbrekzien und Tuffitkonglomerate Bestandteile von anderen Sedimentgesteinen enthalten. Palagonittuffe sind basaltische, ziemlich lockere Massen von gelblicher oder grauer Farbe, bestehend aus feinster Asche mit dunkleren kleinen Lapilli und eckigen Teilen mit Pechglanz. Sie zerfallen rasch in HCl unter Rückstand winziger Kriställchen von Augit und Plagioklas. Diese Tuffe sind nach Vorkommen von Palagonia auf Sizilien benannt, man findet sie u. a. in Island, auf den Galapagosinseln, aber auch u. a. im Gebiet von Gleichenberg in Steiermark. Glas enthalten die sogenannten Sideromelane. Palagonittuffe kennt man auch von neovulkanischen Basalten. Melaphyrtuffe haben u. a. große Verbreitung im Gebiet der Seiseralpe, der südlichen Marmolate, besonders im Buffaurestock, aber auch sonst im ganzen Gebiet der Südtiroler Melaphyre-Labradorporphyrite, so auch im Gebiet von Predazzo. Quarzporphyrtuffe kennt man z. B. vom Ölberg bei Schriesheim im Odenwald, an der Oswaldpromenade bei Bozen als eigenen Tuffhorizont. Erstaunlich groß war die Auswahl verschieden geformter Tuffe und Tuffite (Lapillituffe, Kugeltuffe, Tuffitbrekzien usw.) in den Blocklehmschichten des Lainzer Tiergartens bei Wien, die beim Bau eines großen Wasserbehälters zutage gekommen sind und einem nahegelegenen Vulkan entstammen müssen (Vulkan von Wien), der auch spärlich alkalibasaltische Lava gefördert hatte. Alle diese Bildungen waren fast völlig karbonatisiert. Meist reich an fremder

Gesteinssubstanz sind die seltenen Phonolithtuffe aus dem Hegau und dem Laacherseegebiet. Häufiger sind Liparittuffe der verschiedensten Art, besonders auch der Pantellerite und Comendite.

Nicht immer sind die Tuffe als solche erkennbar, einesteils gleichen sie besonders bei vorgeschrittener Zersetzung ebenso zersetzten Ergußgesteinen, andererseits sind sie oft von Atmosphärilien oder chemischen Agentien so verändert, daß ihre Zuweisung zu Ergußgesteinen nur regionalgeologisch oder durch Reliktstrukturen möglich ist, wie dies auch für die aus Tuffen und Tuffiten gebildeten Schiefergesteine der Fall ist (z. B. Diabasschiefer).

Die chemischen Sedimente und Sedimentgesteine.

Bei den Gesteinen dieser Hauptgruppe überwiegt die Masse der Bestandteile, die durch chemische Prozesse (Auflösung, Wiederausfällung) entstanden sind, während bei den Psammiten-Psephiten chemische Vorgänge wesentlich nur bei der Bildung des Bindemittels beteiligt sind, bei den Peliten der kleinere Teil Ausfällungsprodukt mit und ohne organische Mitwirkung ist. Bei der Bildung mancher der hier eingereihten Gesteine sind auch mechanische Prozesse beteiligt, eine strenge Scheidung ist unmöglich. Die Sedimentation selbst erfolgt durch Änderung der Lösungsbedingungen der betreffenden Substanz, durch Ausfällung oder Eindunstung, bei den Karbonatgesteinen z. B. durch Entzug der das Gleichgewicht bedingenden CO_2-Mengen. Diese Änderung der Lösungsbedingungen kann mit und ohne Beteiligung von Organismen erfolgen; die Ausfällung von $CaCO_3$ im Kalkgehäuse von Organismen durch deren CO_2-Verbrauch und die Ausfällung durch andersartige CO_2-Abgabe, z. B. durch Temperaturerhöhung, ist letzten Endes der gleiche Vorgang. Da wir annehmen müssen, daß ein großer Teil der Organismenreste in langen Zeiträumen zerstört worden ist, haben wir kein Maß für die Mengen des Anteiles der Organismen bei der Kalksteinbildung früherer geologischer Perioden. Fossilleere marine Kalksedimentgesteine müssen keineswegs als Ausfällungsprodukte ohne Mitwirkung von Organismen durch Schalenanteile der Tier- oder Pflanzenkörper entstanden sein. Dennoch kann kein Zweifel bestehen, daß in der Trübe von terrigenen Zuflüssen in die Meere festes $CaCO_3$ enthalten ist und war. Die beiden Unterteilungen dieser Hauptgruppe stehen einander in jeder Beziehung nahe und sind genetisch kaum zu trennen.

A. Ausfällungen, zum Teil unter Mitwirkung von Organismen.
Die Familie der Kalksteine.

Die im Wasser lösliche Menge von $CaCO_3$ ist vom Anteil der Menge gelöster H_2CO_3, die nur 1% der gelösten CO_2-Menge ausmacht und vom CO_2-Gehalt abhängig, die mit Temperaturerhöhung stark abnehmen, im Intervall 0 bis 20° fast um die Hälfte, sie wird auch durch die Menge des marinen Salzgehaltes verringert. Die $CaCO_3$-Löslichkeit hängt natürlich auch vom Dispersitätsgrad des $CaCO_3$ ab. In der Tiefe der Meere wirkt sich die erhöhte Löslichkeit von CO_2 bei steigendem Druck und niedriger Temperatur aus. Neuere Untersuchungen haben gezeigt, daß die Löslichkeiten des $CaCO_3$ im Meerwasser und im reinen Wasser ziemlich gleich sind, Übersättigung an $CaCO_3$ kann in den verschiedenen Lösungen recht lange erhalten bleiben, sie wird erst durch Kristallkeime von $CaCO_3$ aufgehoben.

Aus einer an CO_2 gesättigten Lösung von $CaCO_3$ in Wasser fällt durch Eindunsten oder Ausfällung (z. B. $CaCl_2$-Lösungen durch ein lösliches Karbonat) das $CaCO_3$ in drei Kristallarten aus. Bis 30⁰ ist Kalzit die nächstliegende Form, über 30⁰ in einer sonst von Salzen freien Lösung der Aragonit. Sind auch nur geringe Spuren von Kalzitkeimen vorhanden, dann wird auch ober 30⁰ Kalzit allein oder neben Aragonit auskristallisieren. Sind in einer Lösung größere Mengen von leicht dissoziierbaren Salzen, besonders $MgCl_2$ oder $MgSO_4$ vorhanden, so kann sich bei einem gewissen temperaturbedingten Mengenverhältnis von $CaCO_3$ und Lösungsgenossen auch im Existenzfelde des Kalzites unter 30⁰ Aragonit bilden. Der metastabile Aragonit kann sich durch geologische Perioden erhalten, wie alttertiäre Aragonitschaler beweisen; die Umwandlungsgeschwindigkeit steigt erst bei höherer Temperatur, und bei 400⁰, der Existenzgrenze des Aragonites, ist diese Umwandlung spontan (Umwandlungspunkt). Bei älteren vortertiären Fossilien ist aber aller Aragonit in Kalzit umgewandelt, oder man müßte annehmen, es hätten in der Zeit vor dem Tertiär keine Aragonitschaler gelebt, eine Annahme, für die keine Belege zu erbringen sind. Die dritte Kristallart des $CaCO_3$, der Vaterit (Vatersche dritte Modifikation) bildet kleine optisch zweiachsige Nädelchen von geringerer Doppelbrechung als Aragonit in Sphärolithform. Er bildet sich im Laboratorium bei sehr rascher Ausfällung aus konzentrierter Lösung oder bei Gegenwart von reichlich NH_4-Salzen, eine Bildungsart, die im Bereich absterbender Organismen durchaus gegeben ist. Es ist sehr wahrscheinlich, daß sich ein großer Teil von $CaCO_3$ direkt als Vaterit gebildet hat, der, wie die Laboratoriumsversuche gezeigt haben, sich in seinem wässerigen Bildungsmedium sehr rasch in Kalzit oder Aragonit umwandelt, weshalb man ihn bisher noch nicht in der Natur eindeutig feststellen konnte. Kalzit und Vaterit sind wohl die beiden häufigsten nächstliegenden Phasen bei der Kalksteinbildung. Kolloides $CaCO_3$ wird sich in der Natur bilden können, es ist auch im Laboratorium erhalten und haltbar gemacht worden, wandelt sich aber noch rascher, in statu nascendi, in eine der drei kristallisierten Phasen um, es ist aber durchaus möglich, daß auch Kalksteinbildung zuerst in kolloider Form erfolgen kann.

Terrigene Kalksteinbildungen haben gegenüber der marinen nur geringe Bedeutung. Süßwassersinter werden aus kalkreichen Gewässern an manchen Stellen rezent, vor unseren Augen gebildet (z. B. oberhalb Obermauer und in der Schlucht zwischen Ober- und Untermauer bei Virgen in Osttirol) und überkrusten die Vegetation, Gras, Blätter mit lockerer kalkiger Schicht. Derartige ältere Bildungen werden (unrichtig) als Kalktuffe, besser allgemein als Travertin, bezeichnet, lockere, kavernöse, bankig abgesonderte Bildungen mit Tier- und besonders Pflanzenresten, die aber nur überkrustet werden und nicht am Aufbau beteiligt sind, wie etwa der Travertin von Tivoli bei Rom, die Kalksinterterrassen des Yellowstone-Parkes (z. B. Hot Springs), die von Cannstatt, Nördlingen, Steinheim u. a. Aus Kalzit und Aragonit besteht der weiße, gelbliche, auch grünliche sogenannte Onyxmarmor aus Ägypten, Puebla in Mexiko, in Oran, der weder ein Onyx noch ein Marmor, sondern ein Kalkstein ist. Oberflächenbildungen in ariden Klimaten sind u. a. in Südafrika verbreitet, entstanden durch Wasserverdunstung während der Trockenzeit. Rezente und ältere anorganische Fällungen durch CO_2-Verlust in Binnenseen und Teichen, oder auch die Tätigkeit von Organismen bilden am Boden die feinen Massen der Seekreide (Bergkreide), stellenweise mit Organismenresten in den oberen Schichten; sie haben eine ziemlich große lokale Verbreitung und die Zusammensetzung des Abtragungsmateriales. Ähnliche Bildungen können aber auch durch Absinken feiner, mechanischer Trübungen entstehen. Als Beispiel seien Bergkreideablagerungen der Umgebung von Ischl im Salzkammergut genannt.

Die marine Kalksteinbildung. Der $CaCO_3$-Gehalt des Meeres reicht keinesfalls aus, um nur durch Ausfällung als Folge der Übersättigung die Bildung der marinen Kalksteine zu erklären, 37% des Bodens der heutigen Meere sind vom Globigerinenschlamm, mit durchschnittlich 65% $CaCO_3$, bedeckt. Die Kohlensäure der Ozeane steht mit der Atmosphäre nur in einer Schicht bis höchstens 1000 m in Wechselwirkung. Diese Troposphäre, in der noch Bewegung herrscht, bedeckt die Stratosphäre, die mächtige ruhigere Meereszone, in der Gleichgewicht mit dem Boden angestrebt aber nur allmählich erreicht wird. An der Oberfläche bis zirka 50 m wird ein Teil der CO_2 durch das Phytoplankton verbraucht. In 500 bis 1000 m steigt der CO_2-Gehalt, nimmt aber nach der Tiefe zu wieder ab. In flachen Meeresteilen gelangen die abgestorbenen Organismen unzersetzt zu Boden. Das Wasser der Meeresoberfläche ist bei allen Temperaturen an $CaCO_3$ übersättigt, bei niedrigeren entsprechend der größeren Löslichkeit am geringsten, bei höheren Temperaturen in den Tropen steigt sie auf das Dreifache. Sie wird nur schwer und nur bei Anwesenheit von Kristallkeimen aufgehoben. Die ausgefällten Kalkteilchen können im freien Meer beim Absinken in größere Meerestiefen im CO_2-Maximum wieder aufgelöst werden. In den flachen Meeresteilen ist anorganische Ausfällung von $CaCO_3$ durchaus möglich, der durch die Wellenbewegung und die Brandung aufgewühlte Kalkschlamm und Kalksand kann die Übersättigung aufheben. Daß die biogene Bildung von $CaCO_3$ durch Ausscheidung im Meerwasser, das an $CaCO_3$ ge- oder übersättigt ist, am lebhaftesten erfolgt, beweist der Reichtum an abgesondertem Kalk in den tropischen Meeren; Kalkorganismen selbst finden die besten Lebensbedingungen im warmen Wasser nahe der Oberfläche. Wieweit in tropischen und subtropischen Flachmeeren, dem Gebiet stärkster Kalksedimentation, durch Mitwirkung von Bakterien der Stickstoff des Meerwassers in Ammonium umgewandelt wird, das als $(NH)_2CO_3$ das Ca des im Meerwasser reichlich vorhandenen $CaCl_2$ und $CaSO_4$ als $CaCO_3$ fällt, ist nicht feststellbar. In küstennahen Gebieten ist die Beimengung an kalkigem, aber auch andersartigem Detritus toniger, silikatischer, quarziger Natur, der im Verein mit biogenen Kieselanteilen (Chalzedon-Hornstein) die Verunreinigung des Kalksteines, des diagenetisch aus diesem Schlamm verfestigten Gesteines bildet, weit größer als im küstenfernen Meer. Diese Verunreinigungen, besonders tonige Substanz, können hohes Ausmaß erreichen. Übergänge in Tongesteine bilden die verschiedenen Mergelarten (vgl. S. 146). Nach der Form ihrer Bestandteile können die dynamisch unveränderten, hier eingereihten Kalksteine, die stets anorganisch gebildete Anteile und mechanische Sedimente mit wechselnden organogenen vereinen, als *pelitische Sedimentgesteine* bezeichnet werden.

Übergemengteile und *Nebengemengteile,* die bei den Sedimentgesteinen kaum zu trennen sind, können in Kalksteinen nur in geringen Mengen festgestellt werden. Am häufigsten ist Quarz, oft in kleinen Kriställchen, die Neubildungen sein, aber auch aus dem Festlanddetritus stammen können. Ab und zu sind Chalzedon in der Hornsteinform durch Verkieselung entstanden, angereichert gehen solche Gesteine als Kieselkalke in die Kieselgesteine (vgl. S. 160) über. Erze, Pyrit, Bleiglanz, Zinkblende entstehen durch hydrothermale Beeinflussung, Rutil, Zirkon entstammen den Ausgangsgesteinen. Organischen Ursprungs sind Phosphoritknollen. Anhydrit und

Gips entstammen als sehr seltene Beimengungen in küstennah gebildeten Kalksteinen dem Meerwasser, noch seltener sind Baryt und Cölestin (z. B. im unteren Muschelkalk der Umgebung von Würzburg). Verbreiteter ist Neubildung von Kalifeldspat in der Mikroklinform in Kalken der Trias, des Jura und der Kreide, aber auch des Tertiärs, z. B. in der Dauphiné, im Pariser Becken, in der Normandie. Man hat aber in Triaskalken, Keupermergeln und dolomitischen Kalken auch Adular gefunden, ein Beweis ihrer niedrigen Bildungstemperatur. Auch Albit und saure, seltener basischere und basische[1] Plagioklase sind in Kalksteinen nachgewiesen. Wasserklare 2 mm große Albitkristalle wurden in letzter Zeit z. B. in tertiären Kalken von Maltern in Niederösterreich an der burgenländischen Grenze (Köhler und Erich) und in gleichaltrigen Gesteinen aus dem Kanton Bern (Füchtbauer) beschrieben.

Durch Diagenese, aber auch durch geringfügige dynamische Störungen im Gesteinsgefüge, denen gegenüber Kalkstein und Dolomitgestein sehr widerstandsfähig ist[2], werden die Fossilreste vielfach zerstört, so daß die unter Gruppe B hier abgetrennten Kalksteine nur durch faziellen Unterschied bei sonst gleichen Bildungsbedingungen von den unter A zusammengefaßten Gesteinen getrennt sind. Über den Vorgang der Diagenese selbst ist schon S. 131 berichtet worden.

Bei Fossilführung ist die geologische Position der Kalksteine leicht durchzuführen; fehlt diese, dann ist bei der Mannigfaltigkeit der Kalksteine an allen nur möglichen Farbarten, bei einem Gefüge, das von völlig dicht zu gröberem Korn alle Zwischenstufen umfaßt, bei Absatzformen, die von völliger Regellosigkeit bis zu den mannigfachsten durch die Sedimentation bedingten Formungen reichen, eine lithologische Parallelisierung sehr erschwert. Oolithisch gefügte, konzentrisch schalige, manchmal radialfaserige, rundliche, oft kugelige Gebilde (Ooide), die in der Mitte einen mineralischen Kern anderer, z. B. organischer oder der gleichen Zusammensetzung enthalten, bauen ab und zu Kalkgesteinspartien auf. So werden oolithische mergelige Kalksteine mit regelmäßig ausgebildeten Oolithen von Erbsengröße aus China globulitische Kalksteine genannt, deren Bildungsmechanismus noch kaum geklärt ist. Im allgemeinen aber ist das Gefüge der Kalksteine durchaus uncharakteristisch.

Außer den der Zahl nach bei weitem überwiegenden Lokalnamen und Gefügenamen, kommt einigen Bezeichnungen nach hervorstechenden Eigenschaften allgemeinere Bedeutung zu. Tonige Kalksteine, kieselige Kalksteine (Kieselkalke), Hornsteinkalke mit SiO_2 in der Chalzedonform, sandige Kalksteine, Sandkalke als Übergang zum Quarzsandstein, Bitumenkalke (bituminöser Kalk); Anthrakonite, Stinkkalke mit bituminösem Geruch beim Zerschlagen durch spontane Oxydation der in den Poren enthaltenen Gase, deren organische Stoffe durch Zersetzung von Organismen entstanden sind; solche mit Pyrit, Markasit, Melnikovit geben H_2S- Geruch. Texturelle Bezeichnungen sind z. B. Zellkalk, Schaumkalk, Knotenkalk, Nierenkalk (Kramenzelkalk), Knollenkalk und andere. Dünnplattige Schieferkalke oder Kalkschiefer, besonders längs Bewegungsflächen gebildet,

---

[1] Basische Plagioklase werden in der HCl-Lösung, in der man zur Untersuchung des Rückstandes den Kalkstein auflöst, zersetzt werden. Dünnschliffuntersuchungen, die allerdings nur in großer Zahl sinnvoll sind, könnten das Feldspatverhältnis in den Karbonatgesteinen feststellen.

[2] Den stellenweise tektonisch stark beanspruchten Nördlichen Kalkalpen fehlen Marmore durchaus.

zeigen u. d. M. Verzahnung und Druckzwillinge, man kennt sie besonders in Faltengebirgen. Besonders dünnschieferig sind die sogenannten Solenhofer Schichten oder Schiefer vom gleichnamigen Ort in Bayern, wegen ihrer Verwendung auch lithographische Steine genannt.

An Stelle einer nur willkürlich möglichen Auswahl von Beispielen soll eine ganz kurze Übersicht über die mesozoischen Kalksteine, vornehmlich der Trias, der nördlichen Kalkalpen, gegeben werden. Über den Präbichlschichten (ehemals Verrucano) und den skythischen Werfener Schichten liegen die anisischen, stellenweise Hornstein enthaltenden Reichenhaller, im Osten Österreichs auch Gutensteiner Kalke genannt, fossilfreie bis fossilarme, oft plattige, dunkelgraue, im Osten auch lichtere Kalksteine, die in Tirol größtenteils als zellig-löcherige, gelbbraune bis gelbgraue gut geschichtete „Rauhwacke" entwickelt sind. Die Hauptverbreitung liegt im Karwendel und im nördlichen Kaisergebirge, sie treten aber auch in der (Mödlinger) Klippenzone am Ostrand der Alpen auf. Über diesem Horizonte liegen als eine Art Einschaltung knollige Hornsteinkalke, z. B. in der Innsbrucker Nordkette, bei Reutte, bei Großreifling im Ennstal, die fossilreichen (Cephalopoden, besonders Ammoniten) Reiflinger Kalke; an deren Stelle sind im Karwendel dunkelgraue bis schwärzliche Muschelkalke, im Gebiet des Plassen bei Hallstatt die Schreyeralmkalke, die unterste Stufe der farbigen Hallstätter Fazies, entwickelt. In den obersten Zonen dieser Gesteine treten stellenweise lichte, dem Wettersteinkalk gleichende Kalksteine auf. In der ladinischen Stufe folgen in Vorarlberg zuerst die dünnen, schwarzen, tonigen Mergel der Partnachschichten mit dünnen Kalkbänken (Westteil der Mieminger Gruppe, Zirler Martinswand, Schloß Thauer). Darüber liegen die Arlberger Schichten, graue deutlich geschichtete Kalke, in die bei Lech Melaphyre eingedrungen sind. Gegen Osten werden diese Schichten zum mächtigen Wettersteinkalk, dem einen der beiden Hauptgesteine der nördlichen Kalkalpen, ein heller, lichtgrauer, manchmal weißer, bald gut geschichteter, bald ungeschichteter, tonarmer Kalkstein, der an Verunreinigungen ärmste Kalkstein der Kalkalpen. Aus ihm bestehen zum größten Teil: Heiterwand, Zugspitze, Mieminger Gruppe, der Hauptteil des Karwendel, beide Kaisergebirge, Kienberg, Hochstaufen, Drachenwand am Mondsee, der nördliche Unterbau des Schafberges, Höllengebirge, Traunstein, Kremsmauer, Sengsengebirge, Kaiserschild, der größere Teil des Hochschwabzuges, Hohe Veitsch, der größte Teil von Rax und Schneeberg. Besonders gut geschichtet ist der Bettelwurf, ungeschichtet Rax und Schneeberg. Stellenweise dolomitisiert, trägt er auch die Namen Wettersteindolomit oder Ramsaudolomit, dann besitzt er oft die typische Zuckerkörnigkeit des Dolomitgesteines. Solche Gesteine bilden das untere Gehänge der Hochtorgruppe, die untere Nordseite der Gesäuseberge und des Johnsbachtales, in dem man das zackig Ruinöse, Zerhackte dieser Gesteine gut beobachten kann. Ähnlich sind diese Gesteine an einigen Stellen im unteren Südwestabfall der Rax in dieser Fazies entwickelt. Im Partnachgebiet am Arlberg, im oberen Stanzer Tal ersetzen die Partnachschichten den gesamten Wettersteinkalk.

In der karnischen Stufe folgen nun Gesteine mit Ton und Sand, besonders gut ausgeprägt im Lunzer Faziesgebiet in Niederösterreich. Zuerst die Aonschiefer, ein dunkler leicht verwitternder Kalkschiefer (benannt nach Favosites Aon), dann die Reingrabener Schichten, schwarze, weiche Schiefertone, dann die Lunzer Sandsteine, darüber der Opponitzer Kalk, z. B. im Ybbstal, ein grauer Kalkstein, der auch mergelige Partien enthält.

Im Gebiet der Hinterbrühl am Anninger sind diese Schichten in lückenloser Aufeinanderfolge zu sehen. Gegen Süden tritt an Stelle des Opponitzer Kalkes ein Gestein, das vom norischen Hauptdolomit nicht zu unterscheiden ist. Diese Schichtfolge ist im Südhang des Hochschwab nur mehr durch die Entwicklung der hier fast immer in drei voneinander gut trennbaren Zügen geteilten Reingrabener Schichten vertreten, während in der Rax sowohl Reingrabener Schichten, Lunzer Sandstein, zwischengeschaltete dunkle gut geschichtete „Mürztaler Kalke" und Mergel und Opponitzer Kalke gegen Osten zu allmählich völlig verschwinden. Die Lunzer Schichten, ganz anders faziell entwickelt, entsprechen in der Lage den Raibler Schichten der einfacher entwickelten südalpinen Trias, speziell der Dolomiten.

Die *Hallstätter Fazies* entwickelt in der karnischen Stufe am Raschberg zwischen Ischl und Aussee und am Feuerkogel östlich von Aussee bunte, zumeist rote Kalke, umgemein reich an Ammoniten, deren Entwicklung am Feuerkogel berühmt ist.

In der norischen Stufe der nördlichen Kalkalpen folgt nun der Hauptdolomit, dunkler als der ladinische Ramsaudolomit, meist geschichtet, aber oft vom Wettersteinkalk lithologisch kaum zu unterscheiden. Trotz seiner Verbreitung baut er nur im Rhätikon (Scesaplana), in den Allgäuern (z. B. Biberkopf, Hohes Licht, Wilder Mann, Mädelegabel, Trettachspitze, Hochvogel), in den Lechtalern (Mohnenfluh, Braunarlspitze, Ameshorn, Vorder-

Abb. 61. Die Mandlwände bei Mitterberg im Hochkönig. Riffazies des Dachsteinkalkes. (Nach Ztschr. D. Ö. A. V. 1931, S. 202.)

seespitze, Spielerturm) große Felsberge auf, während er gegen Osten nur mehr Berge von voralpinem Charakter, so den Göller bildet. Nach oben geht er in den dünnplattigen Plattenkalk über. Gegen Süden geht diese Dolomitfazies in Kalkfazies über, das Gestein wird immer heller und bildet den Dachsteinkalk, die zweite große Einheit der nördlichen Kalkalpen, ein lichter gut gebankter Kalkstein, in seiner klassischen Einförmigkeit, nur durch Reste von Megalodon triqueter (Kuhtritt) unterbrochen. Er bildet die meisten Hochgipfel der Loferer und Leoganger Steinberge, Steinernes Meer und Hochkönig, Hagen- und Tennengebirge, Dachstein, Totes Gebirge, die ragenden Wände und Pfeiler der Gesäuseberge, Hochkar, Teile des Hochschwabs, Dürrensteines, Ötscher. Die Hallstätter Fazies liefert wieder rote und hellgraue, kaum geschichtete, an Ammoniten reiche Kalksteine, die zusammen mit denen der karnischen Stufe unter dem Sammelnamen Hallstätter Kalke zusammengefaßt werden. Es gibt eine eigene Dachsteinkalkriffazies ohne Schichtung mit vertikaler Klüftung, wodurch Zackengrate, wie der Gosaukamm, der Thorstein, südliche Teile des Tennengebirges, die Mandelwände am Hochkönig, u. a. auch der Ebenstein im Hochschwabgebirge entstanden sind. In der rhätischen Stufe folgen die Kössener Schichten, dunkle Schiefertone, Mergel und Kalksteine, die fossilreichsten der alpinen Trias. Sie erreichen bedeutende Mächtigkeit in der

Abb. 62. Die Wetterspitze in den Lechtalern. (Ztschr. D. Ö. A. V. 1911, Titelbild, Photo B e n e s c h.)

Osterhorngruppe am Wolfgangsce. In Tirol bilden sie im Oberräth lichte gut gebankte Kalke. die u. a. die Prachtgestalt der Wetterspitze in den Lechtalern und den Hochiß im Sonnwendgebirge bilden. In der Klippenzone, z. B. des Lainzer Tiergartens, bilden sie dunkelgraue dünnplattige Mergelkalke und Schiefermergel.

Aus dem nordalpinen Lias seien die Kieselkalke und der Hierlatzkalk erwähnt, der z. B. dem aus Dachsteinkalk gebauten Hierlatz bei Hallstatt aufgesetzt ist, ein weißer bis hellroter Kalkstein, reich an Crinoideenresten und Brachiopoden. Im Steinernen Meer, Hagengebirge, Tennengebirge. Dachstein, Toten Gebirge liegt er Dachsteinkalk auf und greift in ihn ein. Im Höllensteinzug bei Mödling bildet er die Basis der Gosau, deren häufigster Bestandteil er dort ist. In anderer Fazies tritt er als Cephalopodenkalk, z. B. in den Adneter Schichten als Adneter roter, an Ammoniten reicher,

dichter Kalkstein auf fälschlich Marmor genannt. Dogger ist in den Nordalpen seltener als Lias. Verschiedenfarbig, tiefrot, graublau tritt Dogger-
kalk z. B. im Höllensteinzug bei Gießhübl auf. Die Radiolarite des Malm
sind grauen tonigen Kalksteinen eingelagert. Ein Vertreter des Malm ist der
Plassenkalk im Salzkammergut, ein weißer Riffkalk, der die Hallstätter
Fazies vertritt, im Plassen und in der Trisselwand am Altausseer See sehr
mächtig wird. Dem Plassenkalk entspricht in Vorarlberg der Sulzfluhkalk,
der diesen Berg und die Drusenfluh im Rhätikon bildet. Für die nordalpine
Oberkreide ist die Gosau charakteristisch (vgl. S. 143), zu der z. B. in der
Gosau der Umgebung von Salzburg der rote Kalksandstein gehört, der unter
falscher Flagge als Untersberger „Marmor" segelt.

Die Familie der Dolomitgesteine.

Aus einer CO_2-haltigen wässerigen Lösung von $MgCO_3$ scheidet sich bei
Temperaturen über zirka 4^0 nicht das wasserfreie Karbonat, sondern das
rhombische $MgCO_3 . 3 H_2O$, das käufliche Magnesiumkarbonat aus, das in
der Natur wenig beständig ist, aufgelöst, oder in kolloiden dichten Magnesit
$MgCO_3$, unter Druck aber in den trigonalen, dem Kalzit gleichgestalteten
Magnesitspat (Spatmagnesit) umgewandelt wird. Bei Temperaturen unter
4^0 bildet sich das gleichfalls unbeständige $MgCO_3 . 5 H_2O$. Der Magnesit
kann daher unter den Bedingungen der Kalksteinbildung nicht direkt entstehen, sondern nur durch Umkristallisieren aus einem Hydrat, entweder
durch allmähliche Umwandlung dieses Hydrates oder durch erhöhten Druck.
Auf die erstgenannte Weise bildet sich der dichte sogenannte Gelmagnesit,
der nirgends in solchen Mengen auftritt, daß man ihn als Gestein bezeichnen könnte. Der größere Massen bildende Spatmagnesit, an vielen Stellen in
der ostalpinen Grauwackenzone (Eichberg am Semmering, Veitsch, Ober-
dorf, Wald, Breitenau bei Mixnitz in Steiermark, Radenthein bei Millstatt
in Kärnten, Fieberbrunn, Leogang, Wanglalpe bei Mayrhofen in Tirol und
mehrere kleinere Vorkommen) entsteht direkt aus dem Hydrat durch Druck
(epizonale Metamorphose, vgl. S. 188). Das Hydrat entsteht wohl auf verschiedene Weise, entweder durch Ausfällung, Karbonatisierung von Silikaten, oder auch auf metasomatischem Wege, der aber keinesfalls der einzige ist, wie manchmal behauptet worden ist. Dolomit aber kann auf diese
Weise nicht gebildet worden sein.

Das in der trigonal rhomboedrischen Klasse kristallisierende Mineral
Dolomit ist ein Doppelsalz der beiden trigonal skalenoedrisch kristallisieren-
den Komponenten Kalzit und Magnesit, die nur in sehr beschränktem Ausmaße mischbar sind, wie es dem viel größeren Ionenradius des Ca gegenüber
dem Mg entspricht. Die dolomitischen Kalksteine, die bei größerem Dolomit-
gehalt zumeist als Dolomitgestein bezeichnet werden und die Hauptmasse
der „Dolomite" ausmachen, auch die der Dolomiten der Südalpen, sind
mechanische Gemenge von $CaCO_3$ und dem Dolomitmineral $(MgCa)C_2O_6$.
In der Natur hat sich Dolomit zusammen mit Kalzit im gleichen Bildungsraum gebildet, und die Annahme, daß die Dolomitbildung im großen Ausmaße durch Umwandlung (Metasomatose) aus $CaCO_3$ erfolgt ist, muß,
experimentell und durch Naturbeobachtung gestützt, als Tatsache gelten.
Laboratoriumsversuche ergaben besonders die Umwandlungsmöglichkeit des
energiereicheren Aragonites durch Einwirkung von $MgSO_4$- und $MgCl_2$-
Lösungen, die an NaCl konzentriert waren, bei Temperaturen von 62^0 in ein
Mischsalz von der Zusammensetzung des Dolomits, das wohl schon unter den

Bedingungen der Diagenese in Dolomit umkristallisieren kann. Ähnliche Bildungsbedingungen sind in tropischen Meeren um so mehr gegeben, als in der Natur auch das in längeren Zeiträumen bei etwas niederer Temperatur gebildet werden kann, was in der kurzen Zeit der Laboratoriumsversuche nur bei etwas höherer Temperatur möglich ist. Untersuchungen an Atollen im Indischen und Stillen Ozean ergaben die Umwandlung von $CaCO_3$ in Dolomit, wobei festgestellt werden konnte, daß starke Bewegung des Wassers diese Vorgänge begünstigt, die sich nicht weit unter der Wasseroberfläche abspielen. Tiefbohrungen auf dem Atoll Funafuti der Ellice-Inseln im Stillen Ozean, das aus Korallen und Kalkalgen besteht, ergaben nebenstehendes Profil (Abb. 63). Die Kurve gibt den Magnesiagehalt an. U. d. M.

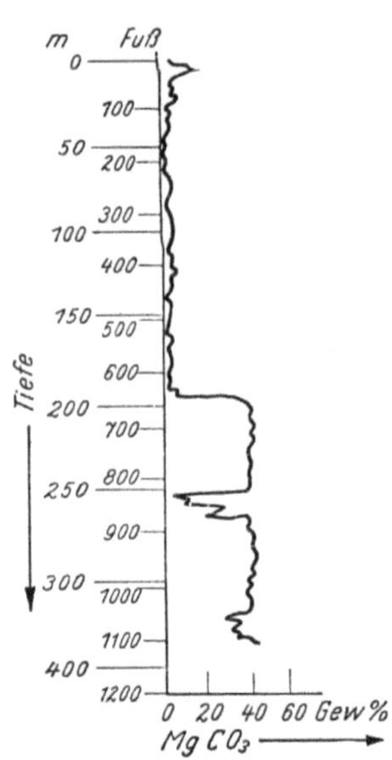

Abb. 63. Die MgCO₃-Werte der Bohrung auf dem Atoll Funafuti. (Nach R e u l i n g.)

ließ sich erst ab 195 m Dolomit in Kristallen nachweisen, erst bei diesem Punkte nimmt das bis dahin leicht zerreibliche Gestein festeres Gefüge an und wird in größerer Tiefe noch dichter und härter. Der mittlere Teil des Bohrkernes bestand fast ganz aus Kalzit, im oberen Teil überwiegt der Aragonit. Man kann sonach schließen, daß Dolomit durch Einwirkung von Mg-Lösungen auf eben gebildetes Kalziumkarbonat, das zum Teil nicht in der stabilen Form, sondern als Aragonit oder Vaterit vorgelegen hat, entstanden ist, und daß die Dolomitbildung ein frühdiagenetischer Vorgang ist, der sich in gleicher Weise wie heute auch bei der Bildung der Dolomitriffe früherer geologischer Perioden vollzogen hat.

Dolomit bildet sich auch direkt durch Ausfällungssedimentation, es kann aber die Reichweite dieser Bildungsart nicht festgestellt werden. Sie ist erwiesen in der 105 km langen und 52 km breiten sogenannten Etoschapfanne im ehemaligen Deutsch-Südwestafrika in den südwestafrikanischen Oberflächenkalken, unter denen es mehrere gibt, die geringen, 8% nicht übersteigenden MgO-Gehalt besitzen, in Gegenden mit langer Trockenheit. Diese Dolomitbildung beruht auf der größeren Löslichkeit von $MgCO_3$ gegenüber $CaCO_3$, das früher ausgeschieden wird, wodurch Zuflußlösungen aus den regenreicheren Gebieten von Otavi an $MgCO_3$ angereichert werden. Solche Bildungsweisen sind in engbegrenzten und abgeschlossenen Meeresbecken der Vorzeit durchaus möglich. Die überwiegende Menge der Dolomitgesteine und dolomitischen Kalksteine sind aber wohl Umwandlungsbildungen von $CaCO_3$ durch Mg-Lösungen des Meerwassers, die an Stellen reicherer Dolomitgesteinsbildungen in größeren reaktionsfähigeren Mengen vorhanden waren oder doch größere Mengen reaktionsfähigeren Kalkes (Vaterit, Aragonit, hochdispersen Kalzit aus Organismen) gefunden haben werden. Auf diese Weise finden auch die wechselnden $CaCO_3$-Gehalte der dolomitischen Kalksteine ihre Erklärung.

Dolomitgestein ist vom Kalkstein äußerlich kaum zu scheiden; bei lichten Abarten ist ein gewisser zuckerkörniger Habitus festzustellen, der dem Kalkstein fehlt, im Gelände ist der größere Widerstand gegenüber der Verwitterung manchmal erkennbar. Gipfelgestalten vierkantiger Türme, wie etwa der Bergerturm in der Sellagruppe, oder die Gran Odla in der Geißlergruppe fehlen den Kalksteinen. Am Gestein selbst ist der Unterschied durch stärkeres Aufbrausen in HCl (größere Löslichkeitsgeschwindigkeit) des Kalksteines nur bei grobspätigem Gestein, das bei Dolomit nicht häufig ist, brauchbar; u. d. M. aber ist eine Unterscheidung durch Vergleich der Brechungsquotienten mit Monobromnaphthalin leicht zu bewerkstelligen, denn N_γ (der größere Brechungsquotient) des Kalzites (in Spalt-Pulverpräparaten) ist gleich dem der Einbettungsflüssigkeit, N_γ des Dolomites aber liegt etwas höher[1].

Einige Bezeichnungen von Dolomitgestein sind: dichter Dolomit, zelliger Dolomit (Rauhwacke), Dolomitmergel mit allen Übergängen zum Ton (wie beim Kalkstein), Dolomitsandmergel, Dolomitmergelschiefer. Dolomitgestein kommt in allen geologischen Perioden der Erde vor, tritt aber in manchen Horizonten regional besonders hervor, so Zechsteindolomit im Obersilur (Gotlandium Nordamerikas), die oberkarbonen, zum Teil untersilurischen (ordovicischen) über 1000 m mächtigen Knoxdolomite der Nordamerikanischen Südappalachen. Als Beispiel soll eine kurze Entwicklung der Schichtenfolge der namengebenden Serie der Dolomitgesteine in der südalpinen Trias gebracht werden.

Auf die Campiler Schichten, die Vertreter der nordalpinen Werfener Schichten, folgt als unterstes Anisien ein nur stellenweise auftretendes Muschelkalkkonglomerat aus Geröllen des jeweiligen Untergrundes, darüber schieferige Muschelkalke, aus denen sich allmählich die erste große Einheit, der mit Ausnahme des südlichen Latemars allgemein verbreitete Mendeldolomit entwickelt, ein grauer bis schwarzgrauer dolomitischer Kalkstein, stellenweise 100 m an Mächtigkeit erreichend. Im Mendelgebirge besteht die über 500 m hohe Wand vom Gampenjoch bis zur Salurner Klause im unteren Teil aus diesem Gestein, geht aber ohne lithologische Trennungsmöglichkeit nach oben zu in den Schlerndolomit über. Mendeldolomit bildet die Karbonatgesteinsbasis der nun mit dem Ladinien beginnenden Hauptmasse der Dolomiten, zugleich der Beginn fazieller Verschiedenheiten. Die grauen bis schwärzlichen, stellenweise kieseligen Kalksteine der Buchensteiner Schichten leiten das Ladinien ein, in ihre Zeit fällt der Beginn der vulkanischen Fazies im Gebiet der Seiseralpe — südliche Marmolata — bis gegen die Dolomiten von Agordo hin mit Labradorporphyriten und Melaphyren (vgl. S. 83). Über den Buchensteiner Schichten oder wo diese fehlen (z. B. Sextener Dolomiten, Palagruppe), über dem Mendeldolomit liegt der stellenweise über 1000 m mächtige Schlerndolomit, das herrschende Gestein der westlichen Dolomiten. Hell, weiß, gelblich, lichtgrau, niemals dunkelgrau, manchmal leicht rötlich anwitternd, meist fest, aber stellenweise porös, fossilarm, selten geschichtet, bildet er riesige Wände, die nur manchmal in den obersten Teilen geklüftet sind, typische Riffbildungen. Im Langkofel ist er 1000 m mächtig, in der Sellagruppe nur mehr 500 im Durchschnitt, er ist stärker dolomitisiert als der Dachsteindolomit. Schlerndolomit bildet: Schlern, Rosengarten, Peitlerkofel, Geislerspitzen, Langkofel, den unteren Teil der Sella mit ihrer riesigen Steilwand, die Palagruppe. Im Norden ist er am Aufbau der Sextener Dolomiten beteiligt. Im Marmolata- und Latemargebiet wird er durch den gebankten, oft SiO_2-haltigen Marmolata- bzw.

---

[1] Sehr gut bewährt hat sich die Trennung durch Kochen in alkaloider Lösung von Diphenylcarbazid (F e i g e l). Kalzit und Dolomit bleiben unverändert, Magnesit färbt sich rot; Dolomit wird im Gegensatz zum Kalzit nach dem Anglühen (durch das Lötrohr) ebenfalls rot.

Latemarkalk ersetzt, der u. a. außer der Marmolata den Sasso Vernale, Sasso di Val fredda, Punta del Uomo, Cima di Costabella usw. bildet. Im Latemarkalk liegen die zahlreichen Diatremen der Porphyrite-Melaphyre, die dann in der darauffolgenden Wengener Zeit des Ladiniens die Einschaltung der vulkanischen Fazies mit ihren Laven und Tuffen bilden, während die Wengener Schichten die mit vulkanischem Material vermischten marinen Bildungen der kalkig-dolomitischen Fazies sind. Aus diesen weniger verbreiteten Schichten entwickeln sich die hellen, leicht verwitternden Kalke der Cassianer Schichten. Damit enden die faziellen Unterschiede, und in der karnischen Stufe folgen nun die Raibler Schichten, rötliche oder bräunlichgelbliche, gut geschichtete, kalkig-mergelige dolomitische, aber auch sandige

Abb. 64. Die Sellagruppe von Maria Wolkenstein (Maria in Selva) aus. Unter der durch Geröllbedeckung im Bilde lichten Terrasse der Raiblerschichten der ladinische Schlerndolomit, darüber der norische Dachsteindolomit. (Nach einem Bild aus dem Besitz von Prof. H. Sölch.)

Gesteine, treffliche Wasserspeicherer des überlagernden Dachsteindolomits, durch reichlichen Quellenaustritt gekennzeichnet. Trotz ihrer 50 m selten übersteigenden Mächtigkeit treten sie deutlich aus dem Landschaftsbild hervor, schützen die darunter liegenden Schlerndolomite vor der Erosion. Sie bilden u. a. die weithin sichtbare Terrasse der Sellagruppe und sind überall, auch in den Ampezzaner Dolomiten (Antelao z. B.) verbreitet. In der Langkofelgruppe liegen sie am Gipfel der Grohmannspitze und am Langkofeleck. Wo sie fehlen, sind die Schlerngesteine zu Türmen zerrissen, wie im Rosengarten und in der Geißlergruppe. Im Schlern bedecken sie das ganze Plateau wie eine Tafel; das unzerklüftete Schlernmassiv und daneben der zerrissene Rosengarten bilden die denkbar schärfsten Gegensätze. Über den Raiblerschichten ragt der Dachsteindolomit konkordant bis über 1000 m Mächtigkeit auf und bildet die Hochzinnen der Sellagruppe, die Berge der Puezgruppe, er herrscht in der Kreuzkofelgruppe vor, bildet u. a. die Fanes, Tofana, Cristallo, Croda da lago, mittlere Teile des Antelao und der Civetta, die Gipfel der Clautaner Dolomiten; in den Sextenern bildet er nur die obersten Höhen. Er ist das Gestein einiger der kühnsten Dolomittürme, Torre di Diavolo, Cadinspitzen, Campanile di Val Montanaja. Der norische Dachsteindolomit ist von hellgrauer, beinahe weißer Farbe, ein dolomitischer Kalkstein, gut und gleichmäßig geschichtet.

In keinem Gebiet der Dolomiten kann man die Verteilung der Hauptgesteine mit solcher Klarheit sehen als im Sellagebiet, nirgends sind sie so horizontgebunden, nirgends verlaufen die Geländeänderungen so gleichmäßig mit dem Schichtenwechsel, nirgends wieder bietet die geologische Karte (Reithofer) ein so geschlossenes, einheitlich klares Bild. Umschlossen von den Cassianer Schichten, wo sie aus dem Schutte hervortreten, steigen wie aus einem Ring die steilen ungeschichteten Wände des hier zu einer Einheit verschmolzenen Mendel-Schlerndolomits zur großen, durch die Einlagerung der Raibler Schichten gebildeten Terrasse auf. Steilste und zerklüftete Türme ragen aus diesen Wänden, wo ihr Raiblerschichtenschutz durch Erosion entfernt ist, wie die Sella-, die Murfreittürme, Murfreitspitze, Bindel-, Campidell-, Bambusturm. Zur Terrasse führen die Anstiegstäler Val Culeja, Val Setuse, Val Mesdi, Val Lasties, sie sind so eingetieft, daß sie Schlerndolomit und Dachsteindolomit durchreißen. Aus der Terrasse ragen die Türme und Spitzen des Dachsteindolomits auf, die flache Kuppe des Piz Selva, der Piscadu mit den steilen Piscadutürmen, der schlanke Dente de Mesdi, der Spitzsteinerturm, der phantastische Bergerturm, Vierer- und Tomasonturm u. a., dann die klobige Gestalt der Bambergerspitze, die Mesules, die Gamsburg und im Osten die edle Pyramide der Boe mit ihren Trabanten Eisseespitze und Boeseekofel, dann der Piz Lasties und der Hexenkopf (Punta dal Siella) im Rahmen des Val Lasties. Die Raiblerschichten folgen mit wunderbarer, für hochalpine Verhältnisse geradezu einmaliger Präzision allen Einbuchtungen ohne jeden Unterbruch, nur stellenweise durch Gerölle verschüttet. Unvergleichlich ist die Symmetrie, mit der die Raiblerschichten geschlossen z. B. um die Steilhänge des Vallon de Mesdi ebenso verfolgbar sind, wie um das breite Val Lasties mit seinen Seitenschluchten. Auf den Murfreittürmen bilden sie nur mehr den Rest einer dünnen Auflage.

B. Die fast ausschließlich aus Organismenresten aufgebauten chemischen Sedimente und Sedimentgesteine.

Die Abtrennung dieser rein biogenen chemischen Sedimentgesteine von der Gruppe A ist genetisch nur bei den Kieselgesteinen und Kohlen begründbar, bei den Kalksteinen aber durchaus willkürlich. Sie geschah hier (Kayser-Brinckmann folgend) deshalb, weil sie feldgeologisch eine Abtrennung zuläßt, Fossilreichtum sich leicht erkennen läßt und ihr Bildungsgebiet oft lokalisiert werden kann. Keinesfalls aber gefährdet diese Abtrennung eine Systematik, weil wir überhaupt keine halbwegs begründbare Systematik der Kalksteine haben. Die unter A und B gereihten Kalksteine und Dolomitgesteine unterscheiden sich nur faziell voneinander.

Die Familie der organogenen kalkigen Sedimentgesteine.

Untersuchungen u. d. M. haben gezeigt, daß nur ein Teil der Schlammbildungen in den verschiedenen Meerestiefen nachweisbar *nur* aus tierischen Schalenresten und solchen planktonischer Einzeller besteht. Auszählungen im Globigerinenschlamm haben gezeigt, daß es Sedimente mit recht hohem Kalkgehalt gibt, in denen nur verhältnismäßig geringe Mengen von Foraminiferen enthalten sind, und Correns hat vorgeschlagen, als Globigerinenschlamm nur solche Sedimente zu bezeichnen, die in den groben

Fraktionen über 25% Foraminiferen enthalten. Pteropodenschalen aus Aragonit und Kalkalgen (Kokkolithophoriden) gehören auch zum Bestand des Tiefseeschlammes. Ein großer Teil des Tiefseeschlammes im Atlantik an der Äquatorzone besteht aus feinkörnigem Kalk kleiner als 2 μ mit zirka 50% $CaCO_3$, der aber nur von der Organismentätigkeit (Verwesung) herrühren kann, vielleicht durch Zerfall bei der Auflösung des Kerotinbindemittels entstanden. Fusulinen des Oberkarbon und des Perm, alttertiäre Nummuliten und Alveolinen bauen die gleichnamigen Kalke auf. Einzelglieder der Foraminiferenkalke reichen vom Paläozoikum bis in die jüngste Zeit. Flachseebildungen sind vielfach Kalksedimente aus den zahlreichen benthonischen Organismen. Während einzelne lockere Korallenstöcke bis über 2000 m hinunterreichen, entstehen und entstanden (Mesozoikum) die Korallenriffe selbst nur in geringer Tiefe, sie bevorzugen das warme Wasser tropischer Flachseen mit geringen Temperaturschwankungen, klares Wasser, das ihre Poren nicht verstopft; sie scheiden das $CaCO_3$ als Aragonit und wohl auch als Vatcrit aus, sie leben gemeinsam mit Kalkalgen, von denen auch einige (z. B. die Schlauchalge Halimeda) Aragonit ausscheiden, während die Nulliporen und andere Korallinaceen und Korallineen Kalzit liefern. Zu den Riffe bildenden Korallen gehören die Madreporiden, im Mesozoikum vor allem die Tetrakorallen, im Zechstein waren besonders die Bryozoen Riffe bildend, im oberen Jura die Rudisten, die große Flächen in den Kreidemeeren bewohnten. Aber auch Brachiopoden, Muscheln, Schnecken, Cephalopoden, Echinodermen, Clypäaster, Arthropoden (Ostrakoden) können Hauptbestandteile von Kalksteinen sein, z. B. die Schillkalke, die Lumachelle (Molluskenschalen). Aus Foraminiferenschlamm ist die lose, lockere, diagenetisch nur wenig verfestigte Meerkreide entstanden, die Bruchstücke von Muschelschalen, Echinodermenreste, Bryozoen, Korallen usw. enthält, aber auch feinsten Kalk und kieselige Bestandteile (Diatomeen, Spongien). Man kann mergelige Kreide, Kreidemergel mit mehr oder weniger toniger Substanz abtrennen. Brekzien aus Muscheln und Knochen werden als solche bezeichnet, haben auch klastisches Gefüge, sind aber doch rein biogener Entstehung. Bonebed besteht aus Zähnen und Knochensplittern von Sauriern und aus Fischschuppen. Einige von den Gesteinen, die bei den Übersichten über die nördlichen Kalkalpen und die Dolomiten erwähnt worden sind, gehören in diese Abteilung.

Die Familie der Kieselgesteine.

Mit diesem Namen werden die vorwiegend biogenen Ausfällungen aus echten oder kolloiden Lösungen bezeichnet, die zum größten Teil bei der chemischen, zum kleineren bei der mechanischen Verwitterung entstanden sind und wohl noch entstehen. So gebildeter Detritus verhärtet durch Diagenese zu harten, für das freie Auge fast immer dicht erscheinenden Gesteinen von splittrigem Bruch. SiO_2 liegt in der feinfaserigen kristallisierten Abart des Chalzedons, aber auch als sehr feinkörniger Quarz vor, doch ist anzunehmen, daß sehr häufig größere Mengen dieser Gesteine, als die noch erhaltenen Opalmassen zeigen, aus diesem kolloiden, erhärteten Kieselgel entstanden sind und entweder schon in statu nascendi oder später, eventuell bei der Diagenese in Chalzedon übergegangen sind. Kieselsäuresole können sehr weit transportiert werden, die Wiederausfällung kann also, warme, trockene Gebiete vorausgesetzt, an der Oberfläche in der Nähe des Ursprungsgebietes, aber auch weiter davon entfernt, erfolgen; unausgeflockte SiO_2-Lösungen können aber weit in die Meere hinausgetragen werden und den Kieselorganismen (den Diatomeen und Radiolarien vor allem) den Baustoff liefern. Die Schalen der Diatomeen (Kieselalgen) bilden auch die *Kieselerde (Tripelerde)* der Binnenseen. In den kalten Meeren, vor allem in den Polarmeeren in Zonen zwischen 1000 und 4000 m Tiefe bildet Diatomeenschlamm zirka 7,5%, Radiolarienschlamm zirka 1.5% des Weltmeerbodens. Aus der Verfestigung solcher Absätze entstanden die fossilen *Diatomite* und *Hornsteine (Radiolarite)*. Als *Diatomeenpelit* bezeichnet man dünnblättrige, lichte, lockere Gesteine. Bedeutend stärkere Diagenese zeigen die vielfach aus Diatomeen bestehenden Polierschiefer, die SiO_2 vielfach als Opal enthalten. Vorkommen liegen u. a. in der Braunkohlenformation von Bilin in Böhmen, in der Lausitz, Habichtswald in Hessen, Little Trukee-River in Nevada. Hiezu gehört auch der tertiäre Klebschiefer von Menilmontant bei Paris. Trippelerde kommt u. a. bei Maissau in Niederösterreich, in der Lüneburger Heide, Hochsimmer am Laacher See, am Vogelsberg, bei Franzensbad in Böhmen vor.

Der nur als marines Sediment bekannte Radiolarienschlamm liefert die harten Chalzedongesteine, Hornsteinradiolarite des Mesozoikums besonders in der Kreide und im Jura (z. B. in den Apthychenkalken). Grau, rot, braunrot, gelb, grün, manchmal verschiedenfarbig geflammt, oft fettig glänzend, niemals in zusammenhängenden Massen, häufig bankig angeordnet, kennt man sie z. B. im Wienerwald bei Mauer (St. Antonshöhe), im Sonnwendgebirge, in den Julischen Alpen. Diatomeengesteine und Hornsteine enthalten aber auch andere Kieselorganismen, die lokal gehäuft zu Namen wie Spongiolithe, Silikoflagellithe geführt haben. Allerdings gibt es immer größere Partien in diesen Gesteinen, die heute nur wenig von diesen Fossilien noch erkennen lassen, obwohl an der biogenen Natur des gesamten Gesteines nicht zu zweifeln ist. Biogene Hornsteine sind auch die *Feuersteine* der oberen Kreide, die allerdings nur in Knollen vorkommend, kaum den Gesteinen zugerechnet werden können. Ob die Hornsteine und mit ihnen die Feuersteine Sedimentationsbildungen oder metasomatische Verkieselungen von Kalksteinen sind, ist eine unerledigte Streitfrage, es können in der Natur wohl beide Bildungsmöglichkeiten gegeben sein. Ein Teil der Feuersteine dürfte durch primäre Ausflockung entstanden sein, während die Hornsteine des ostalpinen Mesozoikums (Radiolarite) zum Teil eher als Verkieselungen anzusehen sind, da ihr Übergang in Kieselkalke und in SiO_2-freie oder daran arme Kalksteine beobachtet werden kann, und gemeinsame Lebensbedingungen und gemeinsame biogene Sedimentation von $CaCO_3$ und SiO_2 auf Grund der Schlammverteilung in den heutigen Meeren nicht angenommen werden können. Durch Auflösung von feinstverteiltem $CaCO_3$ wird das recht beständige SiO_2-Sol neutralisiert und schwach alkalisch, wodurch aber Ca^{+2}-Ionen ihrerseits SiO_2-Ionen ausflocken können, die Hüllen um Kalzitkristalle bilden, die zur Verkieselung führen. Die meisten Hornsteine der Alpen enthalten auch Kalzitkristalle, als Relikte der ehemaligen Kalksteine. Kieselkalke und Hornsteinschichten sind im Oberjura unserer Kalkalpen verbreitet, sie bilden u. a. in den Lechtalern die Gipfelfelsen der Passeyerspitze und ihrer Nachbarn, dann die Feuerspitze (den Nachbar der Wetterspitze), die vom roten Hornstein ihren Namen hat, dann die Freispitze und die Raggspitze bei der Valluga.

Als *Lydite, Kieselschiefer, Phthanite* werden sehr harte, dunkelgraue bis schwarze, geschichtete Kieselgesteine bezeichnet, die sich nur durch sehr starke Diagenese, teilweise feinkörniges neben faserigem Gefüge und wechselnde Mengen kohliger Substanz von den Hornsteinen unterscheiden; durch etwas Limonit werden sie bräunlich, durch Chlorit grünlich. Die Verteilung dieser drei Beimengungen bedingt öfters streifige Textur. Schwache Schieferung weist ihnen einen Platz am Übergang zu den Metamorphiten an. Als Beispiel dieser vom Altpaläozoikum bis in den Kulm reichenden Gesteine von stets nur lokaler Verbreitung seien die von Triebenreut im Fichtelgebirge, Hengstrücken bei Lerbach am Harz, im belgischen Kohlenkalk und die ostalpinen obersilurischen von Leiten bei Kartitsch im Gailtal erwähnt.

Die *Kieselsinter* nehmen genetisch eine Zwischenstellung zwischen den Ausfällungsgesteinen (II a) und den Eindampfgesteinen (III) ein. Sie sind bald feste, bald lockere und poröse, zum Teil aus Opal bestehende, vielfarbige Absätze heißer Quellen vulkanischer Gebiete, wie die der Geysire des Yellowstone-Parkes (z. B. Upper Geysir, Bassin am Firehole River), die der heißen Quellen im Rotomahanasee auf Neuseeland und der Geysire Islands, Gesteine, die hauptsächlich durch Abkühlung, aber wohl auch unter Mitwirkung von Organismen ausgefällt sind. In Europa kennt man solche Bildungen u. a. am Mt. Dore-les-Bains in der Auvergne und von Sta. Fiore in Toskana.

Die Familie der Kohlengesteine.

Kohlen sind *Biolithe*, da sie brennbar sind, *Kaustobiolithe*, deren Hauptbestandteile *organische Substanzen sind*, nicht wie bei den anderen Gesteinen dieser Gruppe *organogene anorganische Substanzen*, während anorganische Verbindungen in den Kohlen nur als Nebengemengteile bzw. Verunreinigungen auftreten. Das lose Sediment sind u. a. Sapropel (Faulschlamm) und Gyttja (Detritus reich an Algen, Pollen, Sporen). Etwas verfestigtes Sediment ist der Torf, Sedimentgesteine sind die Kohlen. Diese kann man nach verschiedenen Gesichtspunkten unterteilen und unterscheiden, nach Kohlenstoffmenge vornehmlich in Anthrazit, Steinkohle, Glanzkohle, Kannelkohle, Braunkohle, nach Bestandteilen in Vitrit, Durit, Fusit, nach Baustoffen C, O, H, N, Gehalt an Lignin, Humussubstanz, Bitumen, Harz, Gummi usw. Über die Mengenverhältnisse der vier organischen Hauptelemente orientiert die Übersicht:

	C	H	O	N
			Prozent	
Holz	50	6	43	1
Torf	55 bis 60	6	34 bis 39	2
Braunkohle	67 „ 78	5	17 „ 28	1
Steinkohle	80 „ 90	5	4,5 „ 15	1
Anthrazit	96	2	2	Spur

Das geologische Alter ist für die Arten der Kohle im einzelnen nicht absolut maßgebend. Wenn auch in den älteren Perioden, namentlich im Paläozoikum und da wieder vornehmlich im namengebenden Karbon die Steinkohle, im Känozoikum (Tertiär) Braunkohle, oft auch Tertiärkohle genannt, überwiegt, so gibt es doch an einzelnen Stellen, z. B. im Unterkarbon des Moskauer Beckens Braunkohle, in anderen Gebieten im Tertiär steinkohleartige Glanzkohle, zumeist allerdings durch tektonische Prozesse aus der gewöhnlichen Braunkohle gebildet. In Nordamerika tritt im gleichen Kohlengebiet manchmal die ganze Reihe der Kohlenarten vom reinen Anthrazit und der Steinkohle über Pech- und Glanzkohle bis zur erdig-mulmigen Braunkohle auf. Obwohl diese Reihe, wie bei fast allen Gesteinen, eine durchaus ineinanderfließende ist, muß doch die Unterscheidung Steinkohle-

Braunkohle als Grundlage der Kohlenpetrographie gelten, sie ist nicht immer ganz einfach und läßt sich etwa so wie in Tab. 8 dargestellt, zusammenfassen. In den drei oberen Reihen sind nach G o t h a n die wichtigsten Unterscheidungsmerkmale gegeben, im unteren Teil der Tabelle einige ergänzende Eigenschaften zusammengestellt.

Tabelle 8.

	Braunkohle	Steinkohle
1. Strich	meist braun, selten schwarz	schwarz, sehr selten braun
2. Beim Kochen in Alkalilösung (KOH)	starke Dunkelfärbung der Lösung	keine Dunkelfärbung
3. Lignin- (Methoxyl-) Reaktion: Rotfärbung beim Kochen mit 1 : 9 verdünnter Salpetersäure	deutliche Rotfärbung	fehlend
Hygroskopizität (H_2O-Gehalt)	15% und mehr, erdige Braunkohle über 40%	kaum über 7% mit seltenen Ausnahmen
Destillat	sauer	ammoniakalisch
Extraktion mit siedendem Benzol	fluoreszierend	nicht fluoreszierend
Erwärmung mit konzentrierter Schwefelsäure und Salpetersäure	starke Erwärmung	kaum Erwärmung
Kaliumbichromat + H_2SO_4	meist Auflösung	keine Auflösung, schwarzer, brennbarer Rückstand

Vom Torf zur Steinkohle. Bei der Zersetzung von Holz und anderen Pflanzenkörpern unter teilweisem Luftabschluß bleiben Produkte zurück, die wir als Moder bezeichnen, diese Zersetzung selbst als Vermoderung. Bei der Verwesung, der Zersetzung bei ungehemmtem Luftzutritt, werden die Pflanzen restlos zersetzt und verschwinden vollständig. Geht die Zersetzung unter fast völligem Luftabschluß vor sich (gänzlicher Abschluß ist fast nie verwirklicht), dann tritt Vertorfung ein; wenn dabei auch Bakterien mitwirken, dann tritt daneben auch Fäulnis (Bituminierung) ein. Der Moder verschwindet auch im tropischen Wald nach wenigen Jahrzehnten durch die Einwirkung von Wasser, Kohlensäure und Ammoniak. Nur dort, wo Torfbildung größeren Ausmaßes, die üppige Vegetation voraussetzt, und Senkung des Torfmoores zusammentrafen, sind die Bedingungen für Kohlebildung in größeren Massen gegeben. Daß Braun- und Steinkohlen, die kaum mehr etwas äußerlich davon erkennen lassen, aus Torf entstanden sind, beweisen geringe Mengen in Steinkohlenlagern erhalten gebliebener Torfsubstanzen, in anscheinend ursprünglich in sehr hochdisperser Aggregation entstandenen, durch spätere Sammelkristallisation höher kristallin gewordenen Dolomitkristallen, Torfdolomit genannt, also gewissermaßen versteinerte Torfsubstanz. Diese Torfpflanzengewebe sind in ihrer ursprünglichen Form erhalten geblieben.

Während man die Bildung der Holzkohle, also eine unvollständige Verbrennung bei geringem Zutritt von Luftsauerstoff, als Verkohlung bezeichnet, nennt man die Kohlebildung unter Luftabschluß aus Torf *Inkohlung* oder

Kohlereifung. Sie setzt den Vorgang der Vertorfung gewissermaßen fort und stellt eine allmähliche Verminderung des Sauerstoffgehaltes dar, mit der Erhöhung des C-Gehaltes verbunden sein muß, da kein O mehr zugeführt werden kann. Das O der Torfsubstanz und der noch wenig reifen Kohlearten wird immer mehr und mehr zur Bildung von H_2O und CO_2, der H-Gehalt zur Bildung von Methan verbraucht. So entsteht über die Braunkohle die Steinkohle als Bildung höherer Kohlereifung bis zum Anthrazit. Die Ansichten aber, aus welchem der beiden pflanzlichen Baustoffe, aus Zellulose oder Lignin die Hauptmasse der Kohlen entstanden ist, gehen auseinander. Die erstere Ansicht ist verbreiteter, denn die Kohle ist nicht nur aus verholzten Pflanzen, sondern zu großen Teilen auch aus unverholzten Pflanzen entstanden, die aus Zellulose bestehen. Der Chemismus der Inkohlung im einzelnen ist noch keineswegs gelöst. Der Vergleich der Formeln für Zellulose bis Anthrazit ergibt die relative Anreicherung an C bei Abnahme von O und H:

$$\text{Zellulose} = C_{12}H_{20}O_{10}$$
$$\text{Huminsäure} = C_{24}H_{13}O_{11}$$
$$\text{Braunkohle} = C_{22}H_{16}O_{6}$$
$$\text{Steinkohle} = C_{20}H_{16}O_{2}$$
$$\text{Anthrazit} = C_{16}H_{8}O_{0,25}$$

Arten der Steinkohle. Nach der Reifung der Kohle und daher zugleich nach dem Gasgehalt, dadurch auch nach dem praktischen Wert, reiht man:

1. Flammkohle . . . . 45 bis 40% Gasgehalt
2. Gasflammkohle . . . . 39 „ 34% „
3. Gaskohle . . . . 33 „ 29% „
4. Fettkohle . . . . 28 „ 19% „
5. Eßkohle . . . . 18 „ 12% „
6. Magerkohle (Halbanthrazit) 11 „ 8% „
7. Anthrazit . . . . 7 „ 4% „

Im allgemeinen gilt die Hiltsche *Regel,* daß in den tieferen Horizonten eines und desselben Kohlenbeckens die am meisten ausgereifte Kohle, oben die am wenigsten ausgereifte liegt. Die Reifung wird durch tektonische Vorgänge beschleunigt, was zu Unterschieden im gleichen Kohlenrevier (Kohlenbecken) führen kann. An besonders tektonisch beanspruchten Stellen hat die Kohlebildung einen größeren oder kleineren Reifungsvorsprung erhalten. Aus dieser tektonischen Beanspruchung ergeben sich Beziehungen zur Gestaltung des Nebengesteins, so sind im Ruhrgebiet und in Oberschlesien die Tone der Umgebung der Gasflammkohle noch sehr quellbar, während sie im Bereich von Fett- und Magerkohle fester und weniger quellbar sind.

Nach dem Äußeren und der Struktur unterscheidet man *Glanzkohle, Mattkohle, Holzkohle.* Die meisten Steinkohlen sind durch dickere oder dünnere Lagen glänzender und matter Kohlenmasse gestreift. Die Unterscheidung von Mattkohle und Glanzkohle gilt für alle Kohlearten. Von der Mattkohle kann man meist eine harte, kaum abfärbende, eigentliche Mattkohle, und eine feine rußige Abart, Rußkohle, auch Faserkohle genannt, eine fossile Holzkohle unterscheiden, die stellenweise noch Holzstruktur erkennen läßt. Die Namen Glanzkohle und Mattkohle werden gewöhnlich für größere Partien gebraucht, während man für feiner struierte, erst mit der Lupe oder u. d. M. sichtbare Streifung die Namen *Vitrit* für glänzende, *Durit* für matte und *Fusit* für die Rußkohle (Holzkohle) verwendet. In größeren Massen schichtenweise oder für sich allein flözartig auftretende Mattkohle wird oft als *Kannelkohle* (Kennel, Kännel, Candelit, Plattelkohle) bezeichnet, eine muschelig brechende, zähe, an schwereren Kohlehydraten reiche, für Gas- und Koksgewinnung geeignete Kohle, eine Bildung aus tieferem, schwach bewegtem Moorwasser. Ähnliche, etwas bräunlichere, aber aus stillestehendem Wasser gebildete Steinkohlen sind die *Bogheadkohlen* mit zahlreichen Unterabteilungen (Kerogenschiefer, Kerosinschiefer, Torbanit, Wallongongit, Kerosene, Hartleyit, Papierkohle usw.).

Arten der Braunkohlen. Bezeichnung und Einteilung ist durchaus nicht einheitlich und nach den verschiedenen Gebieten verschieden. In Mitteleuropa unterteilt man sie jetzt zumeist in 1. *Weichbraunkohle* mit sichtbaren, von Holz stammenden Bestandteilen; sie kann erdig sein, daher der Name *Erdbraunkohle,* die häufigste aller Braunkohlenarten in Mitteleuropa; sie kann schieferig sein und man spricht dann von schieferiger Weichbraunkohle; hieher gehört z. B. die Kohle von Köflach in Steiermark. 2. *Hartbraunkohle* ohne sichtbare Einschlüsse. Als Unterabteilung dieser Braunkohlenart kann man die massige *Mattbraunkohle* (der amerikanische lignites) mit mattem Glanz auf dem Querbruch ansehen; sie staubt nicht wie die Erdbraunkohle, färbt auch nicht ab wie diese, bricht würfelig, selten muschelig und ist immer braun gefärbt. Zu ihr gehören u. a. die meisten böhmischen Kohlen der Reviere von Brüx und Dux. Öfter ist sie matt oder glänzend gestreift, was besonders im bergfeuchten Zustand beobachtet werden kann. Als weitere Unterabteilung kann man die der Steinkohle äußerlich ähnliche Braunkohlen-Glanzkohle (die amerikanische blacklignites), auch Pechkohle genannt, annehmen. Sie hat glänzenden Bruch von muscheliger und würfeliger Form, ihre Farbe ist braunschwarz bis vollkommen schwarz, ab und zu aber auch braun (geringe Teile der böhmischen Braunkohle, viele kleine ostalpine Vorkommen, Leoben-Seegraben, Eibiswald, Häring bei Wörgl, Trifail). Eine andere Abart sind die Schwelkohlen von lockerem Gefüge, bräunlich, mit hohem Bitumengehalt. Sie treten als kleine Lagen in Flözen von anderer Hauptbeschaffenheit auf. Besonders harzreiche Abarten werden Pyropissit genannt. Verkohltes Holz von Braunkohlenbeschaffenheit, besonders in den Erdbraunkohlen, führt den Namen *Lignit,* besser *Xylit.* Pulverige Braunkohle, eine Art fossiler Holzbraunkohle (Rußkohle, Faserkohle, Braunkohlenfusit genannt), zeigt ähnliche Beschaffenheit wie der Steinkohlenfusit, ist aber zumeist nur in kleinen Teilchen oder Splittern bis Kopfgröße enthalten.

Mikroskopische Untersuchungen der Kohlen. Dünnschliffuntersuchungen u. d. M. können nur an härteren Kohlearten ausgeführt werden, man hat daher mit Erfolg Anschliffmethoden verbunden mit Ätzungen, wie sie bei Erzuntersuchungen bekannt sind, verwendet; aus der Botanik und Phytopaläontologie hat man Mazerationspräparierungen übernommen, die besonders bei Kohlen von geringerer Reifung brauchbar sind, manchmal führen Staubpräparate zum Ziel. Auf Grund solcher Untersuchungen hat man die folgenden Bestandteile unterschieden.

I. Als *Vitrit* (Glanzkohlenlagen) werden die glänzenden Lagen in Steinkohlen bezeichnet, die im Anschliff oft erhaltenes Zellgefüge zeigen, besonders beim Anätzen. Peridermgewebe (Bindegewebe) herrscht gegenüber Xylem (Holzgewebe) vor, manchmal ist auch Mesophyll (Blattmittelgewebe) erhalten. Man kann nach Stach drei Vitritabarten unterscheiden. 1. Provitrit, Zellgefüge zeigender Vitrit kann nach dem Zellgefüge Periderm-,

Parenchym-, Xylem-, Phyllovitrit sein. Peridermvitrit ist am häufigsten, Parenchymvitrit ist in Vitrit umgewandeltes Mesophyll, dem der vornehmlich aus Blattoberhäuten (Kutikulen) bestehende Phyllovitrit beigeordnet werden kann. Xylemvitrit (Holzvitrit) tritt gegenüber Peridermvitrit zurück. 2. Der gefügelose Euvitrit ist oft nur scheinbar gefügelos, zumeist kann durch entsprechende Methode auch hier Gefüge sichtbar gemacht werden. Es ist nicht sicher, ob es tatsächlich aus kolloider Humuslösung gebildete Euvitritlagen gibt. 3. Vitritischer Detritus, ein Haufwerk von Teilchen zerfallener Rinde, Holz, pflanzliche Gewebeteile. Wenn Vitrit größere Teilchen von Sklerotien (Reste von Pilzen), Kutikulenteilchen, unauflösliche Opaksubstanz enthält, kann man ihn auch schon als Humodurit (siehe unten) bezeichnen. Als Ausgangsprodukt für Vitrit kann man Humustorf annehmen.

II. Die härteren matten Lagen, *Durit* (Mattkohlenlagen) genannt, können breiter werden als die dünnen Streifen des Vitrites, sie können über 3 cm dick werden, aber auch mikroskopisch dünn sein. In meist unauflöslicher, undurchsichtiger, oft schwarzer Opaksubstanz liegen häufig dichtgeballte Gewebemassen, die neben Holzkörpern vor allem Sporen- und Pollenmassen oft in sehr großen Mengen gehäuft enthalten. Die Riesenmengen von Sporen sind vor allem durch die große Widerstandsfähigkeit der Sporenhäute gegen die Zersetzung bedingt. Die Sporen können botanisch bestimmt werden (Sporen- und Pollenanalyse). Daneben findet man auch Kutikulen, Splitter von Fusit und mehr oder weniger Vitrit in der Grundmasse. In der opaken Grundmassensubstanz liegen Unmassen weißer, kleiner C-reicher, nicht näher bestimmbarer Körnchen, Mikrinit genannt. Petrographisch kann man nach Stach drei Duritarten unterscheiden, die gewissermaßen eine Übergangsreihe zum Virit bilden:

Vitrit . . . . . . 100 — 96% Vitrit
Humodurit . . . 95 — 51%   „   (Übergang des Durites in Vitrit)
Eudurit . . . . 50 — 11%   „
Opakdurit . . . 10 — 0%   „ .

Diese Reihung beruht auf dem Mengenverhältnis von Bitumen + Opaksubstanz zur humosen Grundsubstanz. Hauptgemengteile des Humodurites sind humose Stoffe, die im Anschliff als vitritische Teilchen erscheinen, die aus Xylem-Parenchymzellwänden, aus Periderm, aber auch aus Mesophyll, Geweben von Flechten und Moosen entstanden sind. Im Eudurit ist die Menge der Opaksubstanz bedeutend größer, besonders in der Kannelkohle (Kanneldurit). Opakdurit besteht fast nur aus Sporen und Opaksubstanz. Zum Durit gehören die wesentlich aus Sporen bestehenden Kannelkohlen und Bogheadkohlen. An Bitumen reiche tertiäre Braunkohlen (z. B. von Falkenau bei Karlsbad) kann man als Vorstadien des Durites auffassen. Als Ausgangsmaterial des Durites kann man Gyttja bzw. gyttjaähnliche bitumenreiche Fäulnisbildungen annehmen.

III. *Fusit* (Faserkohle) gilt als verkohlte Pflanzenreste, entstanden durch Waldbrände der Vorzeit[1]. Er bildet meist geringe, spröde, brüchige Mengen in Kohlenflözen, nach denen Kohlenstücke leicht brechen. Seine Pflanzensubstanz ist meist Holzgewebe, daneben Farne, vor allem stammt er von Cordaiten (gingkoähnlichen Gymnospermen). Fusit ist im Anschliff durch seine leeren Zellhohlräume, die im Vitrit mit Humusstoffen erfüllt sind, be-

---

[1] Dies ist mehrfach angezweifelt und verschiedene andere Bildungsarten angenommen worden.

sonders gut kenntlich. Man kann Übergänge zu Vitrit feststellen. Der häufigere Weichfusit ohne Zellausfüllung organischer oder anorganischer Art besteht aus lockerem, unverfestigtem Zellgewebe und ist leicht zerreiblich. Hartfusit enthält im Zellgewebe oft anorganische Substanz, Kalzit, Pyrit, die das Zellgewebe verfestigen; die Zellwände treten auch deutlich im Anschliff hervor. Übergänge zu Vitrit können Vitrofusit bzw. Fusovitrit genannt werden.

Als vierte Substanz kann man den *Clarit* vom Durit abtrennen, ein Durit ohne Opaksubstanz, mit durchsichtiger Grundmasse, ein Übergang vom Durit zum Vitrit, der mit der Zwischenstufe Humodurit übereinstimmt.

In etwas anderer Weise ist 1935 eine Einigung einer größeren Anzahl von Forschern über die Bezeichnungsarten erfolgt, die zum Teil neue Bezeichnungen einführt:

Streifenarten der Kohle	Mazeralien der Gefügebestandteile
1. Fusit	1. Fusinit
2. Vitrit	2. Semifusinit (Halbfusinit)
3. Clarit	3. Vitrinit { Collinit / Telinit
4. Durit	4. Resinit
	5. Exinit
	6. Mikrinit.

Fusinite sind Fusitpartikel. Vitrinit sind Vitritteilchen, die entweder Collinit, das ist primär strukturlos, oder Telinit, das ist struiert, z. B. Holzteile, Gewebeteile sein können. Resinit sind Harzpartikel, durchscheinende, strukturlose Körperchen. Exinit sind Außenhäutchen von Sporen, Blättchen, also das, was man zumeist als Sporen, Pollen, Blatthäutchen bezeichnet.

Danach besteht der Vitrit vornehmlich aus Vitrinit
,,   ,,   ,, Fusit   ,,   ,, Fusinit
,,   ,,   ,, Clarit   ,,   ,, Vitrinit und Exinit
.,   ,,   ,, Durit   ,,   ., Mikrinit und Exinit.

Die Zwischenglieder Fusovitrit und Vitrofusit wurden anerkannt. Diese Bezeichnungsweise deckt sich im allgemeinen mit der früher ausgeführten.

In der Braunkohle kommt von den drei Hauptbestandteilen in etwas größeren Mengen nur der Fusit vor, tritt aber im Gegensatz zu den Steinkohlen mehr vereinzelt und verstreut auf. Von den beiden anderen Arten kennt man hier nur Vorstufen. Im Anschliff zeigen Braunkohlen zumeist humöse Grundmasse aus unkenntlichen Pflanzenresten und Absätzen kolloidaler Humuslösungen, in der Einschaltungen pflanzlichen Ursprunges größerer und kleinster Splitter inkohlten Holzes mit oft noch erhaltenem Korkmantel, Bruchstücke oder Nadeln von fossiler Holzkohle liegen. Die Träger des Bitumengehaltes sind Pollenkörper und Holzkörner, welch letztere die Hauptbestandteile der Schwelkohle bilden.

Die Entstehung der Kohlen. Die größeren Kohlenlager sind autochthone Bildungen aus Flachmooren. Neben den Massen der Algen, Pilze und anderer niederer Pflanzen sind die wichtigsten Großgewächse baumartige Farne und farnartige Pflanzen der Gattungen Pecopteris (Kammfarn), Alloiopteris, Mariopteris, Neuropteris, Alethopteris, Lonchopteris, dann die Megaphyten, die Kalamiten (Schachtelbäume), z. B. Calamita Sukowi und carinatus, Cordaiten, Sigillarien (S. elegans, S. cristata); besonders verbreitet waren auch die Lepidophyten (Schuppenbäume), z. B. Lepidodendron (L. aculeatum, L. obovatum), Bothodendron usw. In der jüngeren Kreide und im Tertiär traten auch zahlreiche Angiospermen hinzu, Stauden, Kräuter, Sträucher, Laubbäume aller Arten, besonders reich waren die Koniferen (Nadelbäume), vornehmlich im Tertiär entwickelt.

Die für die Kohlebildung wichtigen Gerüstsubstanzen der Pflanzen sind Zellulose, Lignin und Bitumen. Diese letzteren Substanzen sind von größter Widerstandsfähigkeit und bleiben ohne bedeutende chemische Veränderungen durch große Zeiträume erhalten. Diese Stoffe aus der „Erdölverwandtschaft", fettartige Körper (z. B. Kutin, Sporopollenin, Suberin) Harz, Pflanzenwachs sind besonders in Sporen, Pollenkörpern, Kutikulen, daher also vornehmlich im Durit enthalten. Erst bei hohem Reifungsstadium verlieren die Bitumenkörper ihr H und bilden in den Flözen Methan in größeren Mengen. Bei sehr fortgeschrittener Reifung verlieren Vitrit, Durit und Fusit ihre besonderen Eigenschaften und damit auch ihre Erkennungsmerkmale immer mehr und mehr, im Anthrazit sind sie fast vollkommen verschwunden. Bei der Vertorfung werden die Pflanzen zu kolloiden Hydrosolen und Hydrogelen, durch Wasserabgabe bei zunehmender Reifung zu unlöslichen Gelen. Kohlen sind somit ihrem Zustande und ihrer Entstehung nach irreversible Gele, also *kolloide Körper.*

Die Kohlenbecken sind Senkungsgebiete, oberste Teile von Geosynklinalen. Ihre Flöze liegen in Horizonten ruhigster Sedimentation, in Ruhepunkten, denn die Torfbildung mußte mit der Senkung gleichen Schritt halten (Gothan). Voraussetzung ist die Autochthonie der Kohlenbecken, Moorbildung an den Orten, wo heute die Kohlen liegen, eine Ansicht, die heute die Mehrzahl der Forscher vertritt. Stärkere Sedimentation führte zur Zuschüttung der gebildeten Kohle mit Sedimentmaterial, aber dieser Übergang zum hangenden Kohlenschiefer erfolgte allmählich. Durch Gebirgsbildung wird die Kohlengeologie verwickelter, man erkennt die Wirkung von Faltungsvorgängen in ihrer Lage im Verbande der Hauptfaltungsgebiete der paläozoischen Orogenese. Das Gebiet solcher Senken kann zeitweilig vom Meer überflutet worden sein, solche Reviere nennt man paralisch (Beispiel: Oberschlesien) im Gegensatz zu den limnischen (Beispiel: Saargebiet, Niederschlesien, Zentralfrankreich), denen das Meer fernblieb. Zahlreich sind Zwischenglieder, bei denen die zeitliche Meeresbedeckung eine mehr oder weniger beschränkte Rolle gespielt hat (Beispiel: Ruhrgebiet). Durch Temperaturerhöhung, durch die Nähe oder den Kontakt mit Erstarrungsgesteinen im Geosynklinalstadium oder im Orogenstadium kann die Kohle je nach der Nähe veredelt, höher gereift, aber auch zu Graphit werden. Einseitiger Druck bei der Orogenese kann ebenfalls zur höheren Reifung, also zur Veredelung führen, aus Braunkohlen können Steinkohlen werden. Es ergeben sich also auch hier Beziehungen zu den Metamorphiten.

Wenn man die lockere Torfmasse als Sediment auffaßt, dann ist der zum Sedimentgestein Kohle führende Inkohlungs- (Reifungs-) Prozeß die Diagenese, die hier der fortschreitende Prozeß, der das Sediment selbst geliefert hat, ist, wie dies auch bei der Diagenese vieler Ton- und Kieselgesteine, mancher Kalke und Sandsteine der Fall ist.

Die Verbreitung der Kohlengesteine. Aus der übergroßen Zahl der Vorkommen seien nur einige der wichtigsten Steinkohlenreviere genannt. Das Ruhrbecken (Halbanthrazit, Magerkohle, Fett-, Gas-, Gasflammkohle), das Aachener Revier, Oberschlesien, Niederschlesien, die Saar-Saale-Senke, die alpinen Vorkommen (die Grünbacher Gosausteinkohle, die Stangalpe bei

Turrach, ein mylonitisierter Anthrazit), das Ostrau-Karwiner Revier, Pilsener Revier, Kladno-Rakowitzer Revier, das Becken von Valencienne, Commentry, Autun, Epinac, Le Creuzot, St. Etienne (Loirebecken), Gardbecken, Mayenne, La Mure bei Grenoble, Briançon, Herve-Lüttich, Hennegau, Limburg in Holland, Südwales (Anthrazit), Somerset, Gloucester, Yorkshire, Lancastershire, Staffordshire, Warwick, Leicestershire, Nordwalesbecken, Northumberland-Durham, das Newcastlebecken, Midlothian bei Edinburgh, das Clydebecken, Ayrshire, Asturien, Südhang der Kantabrischen Kordilleren und die südlichen Becken der Sierra Morena, das Donezbecken mit mehreren 100 Flözen, die Kubanvorkommen, das Moskauer Becken, in dem sich unterkarbone Braunkohle erhalten hat, als Ursache der geringen Reifung gilt die geringe Bedeckung und das Fehlen tektonischer Vorgänge, das Kuznezbecken (360 km lang, 120 km breit), Minussinsk usw. Von außereurasischen Vorkommen seien das riesige Appalachische Becken (1300 km lang) mit den Pennsylvanischen Anthrazitlagern des nördlichen Teiles und dann das riesige nur schwach gefaltete bituminöse Appalachische Kohlenbecken, das große fast ungestörte Illinoisbecken, genannt. Von den zahllosen Braunkohlenvorkommen seien genannt: Erdbraunkohlen am Niederrhein im Vorgebirge ober der Ville bei Köln-Bonn, solche im Rheinischen Schiefergebirge, Westerwald, Kasseler Gebiet, Messel bei Darmstadt. Von Basalten durchbrochen bei Trysa, Homburg, Wabern, Fritzlar, Kassel, dann die Vorkommen im Harz (Odenrode, Düderode), im Geiseltal bei Halle an der Saale, die kleinen Vorkommen im Mur- und Mürztal und im Wiener Becken, die Glanzkohle von Fohnsdorf bei Knittelfeld und Seegraben bei Leoben, Mattbraunkohle von Göriach bei Seewiesen, St. Kathrein am Hauenstein, Hart bei Gloggnitz, Zillingsdorf bei Wiener Neustadt, das Revier von Köflach-Voitsberg-Eibiswald, zum Teil mit Glanzkohle. In der Tschechoslowakei liegen die Reviere von Handlova (Glanzkohle), zum Teil von Basalt durchbrochen, die Egerer Kohlenmulde, Falkenauer Becken (hoher Gasgehalt), das Revier von Teplitz-Brüx; Mesozoische (Jura) Glanzkohle findet man bei Tscheljabinsk und Bogoslowsk im Ostural, Irkutsk, Transbaikalien, im Amurgebiet, an vielen Stellen im Westen der Vereinigten Staaten, besonders am Osthang der Rocky Mountains (oberkretazisch und eozän, laramische Phase), Texas, in Neu-Mexiko, durch Basalte höher gereift, Kohlenzüge von Montana bis tief nach Kanada hinein, kretazisch bei Vancouver. In Südamerika dürfte Chile am reichsten an Kohle sein, vornehmlich tertiäre Braunkohle, mehrere Vorkommen liegen auch in Kolumbien, so bei Bogotá.

Ölschiefer (Sapropelite). Ölschiefer sind zum Teil geschieferte, häufig im Zusammenhang mit Erdölvorkommen auftretende Gesteine, aus denen das Öl (Steinöl, Schieferöl usw.) durch Destillation gewonnen werden kann. Manche Forscher bezeichnen alle Bitumina enthaltenden Mergel(schiefer), Kalksteine, Dolomite usw. als „Ölschiefer". Nur ein Teil dieser Gesteine sind Schiefer. Die Entstehung der Ölschiefer und der in ihnen enthaltenen Bitumina ist noch keineswegs völlig geklärt, ihnen ist eine sehr umfassende und sehr widerspruchsvolle Literatur gewidmet. Bitumina sind (nach E. Engler) gasförmige, flüssige und feste Stoffe, im wesentlichen aus C und H bestehend, die aber auch O, N und S enthalten können; sie entstammen Tier- und Pflanzenkörpern, vor allem deren stickstoffreichen Fetten und dem Cholesterin. Viele Forscher nehmen vor allem Plankton jeglicher Art als Ausgangsorganismen an, Sapropel (Faulschlamm) ist daraus durch unvollständige Zersetzung entstanden (Bituminierung). Ölschiefer sind vornehmlich Seichtwasserbildungen in Lagunen, Buchten und Meeresarmen.

Keineswegs geklärt ist der Zusammenhang von Ölschiefern und Erdöl. Man hat auch bei den Ölschiefern Altersverschiedenheiten festgestellt, verbunden mit Ansteigen von C. Man kann mehrere Stadien der Reifung unterscheiden. Sapropel entspricht jungem Torf, Saprokoll dem reifen Torf, Saprodil den Braunkohlen und Sapanthrakon den Steinkohlen. Die Entwicklung auf chemischer Grundlage wird verschieden ausgelegt. Die nebenstehende Tabelle ergibt einen Vermittlungsvorschlag Hradils zwischen Engler und Potonié. Keinesfalls dürfen die Ölschiefer als Asphaltgesteine bezeichnet werden, denn sie sind nur Vorstufen des Asphaltes.

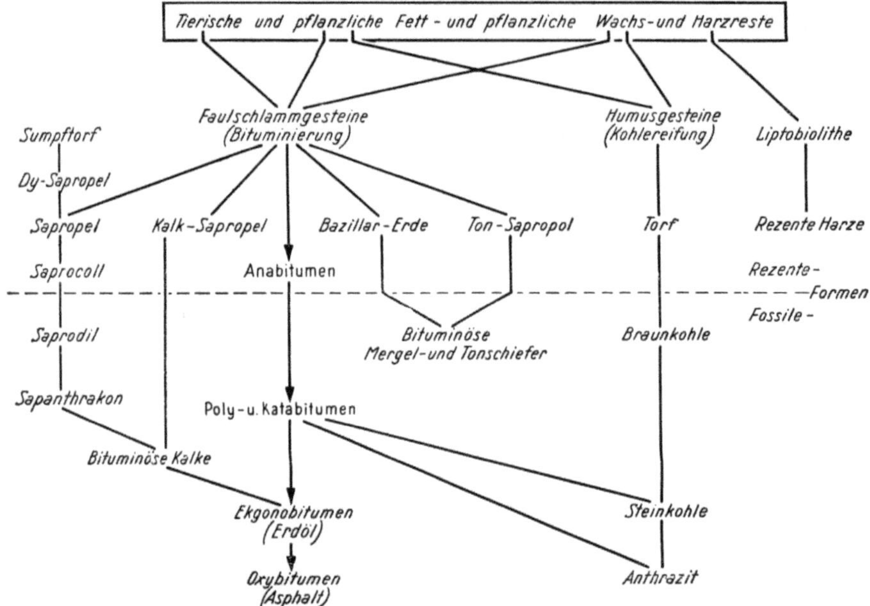

Abb. 65. Die Abstammung der Ölschiefer im Vergleich zum Erdöl und den Kohlen. Nach einem Vermittlungsvorschlag von Hradil zwischen Engler und Potonié (aus Hradil: Die Ölschiefer Tirols, bei Barth, Leipzig).

Das Bitumen selbst ist (Sander) spröde bis knetbar, gelblich bis rotbraun, u. d. M. durchsichtig, stellenweise doppelbrechend. Es kann mit der Schichtung der Ölschiefer gleichzeitig entstanden sein, oder später in das Gestein eingewandert sein, es kann gleichmäßig verteilt sein, manchmal Hohlräume ausfüllen. Die Farbe der Ölschiefer reicht von Gelb und Hellgrau bis zu stumpfem Schwarz. Von den zahlreichen Vorkommen seien die wichtigsten in Tirol genannt. Triadisch sind die von Seefeld, die größten Tirols, Plansee, Reutte, Scharnitz, im Gebiet des Fernpasses, Hinterriß, Kaisertal bei Kufstein, bei Lienz. Zum Jura gehört das Vorkommen von Bächental im Nordwesten des Achensees, kretazisch ist das von Mollaro im Nonstal im ehemaligen Südtirol. Zum Tertiär gehören die bedeutenden Lager von Häring zwischen Kufstein und Wörgl.

C. Die Präzipitatgesteine.

Diese Auskristallisationsprodukte durch Eindampfungen, Eindunstungen, ohne jede Mitwirkung von Organismen entstanden, bilden ohne Zwischenstadium lockerer Sedimente, ohne bedeutende spätere Kornvergrößerung, also ohne wesentliche und allgemeine Diagenese, feste Gesteine, mögen auch spätere Umlagerungen und Umkristallisationen die Formung mancher dieser Gesteine verändert haben. Diese Gruppe ist durch die Gesteine der Salzlager vertreten.

Die Salzlagerstätten und ihre Bildung. Nach L y e l l, G. B i s c h o f und O c h s e n i u s sind die großen Salzlager des Zechsteines dadurch entstanden, daß Meeresbuchten durch seichte Barren teilweise vom Meer abgeschnitten, ohne Landwasserzufuhr geblieben sind. Durch periodischen Zustrom über die Barre oder durch schmale Kanäle wird neues Meerwasser zugebracht; durch andauerndes Verdunsten muß auf diese Weise die Salzlauge im abgetrennten Teil immer konzentrierter werden, bis es unter günstigen Bedingungen zur teilweisen oder völligen Eindunstung kommen kann (Barrentheorie). Joh. W a l t e r geht von der Salzbildung abflußlos gewordener Reste alter größerer Meere (Beispiel Totes Meer), bei denen die Verdunstung stärker als der Zufluß von Landwasser war, aus. Er hält die Zechsteinlager Deutschlands für Restbildungen eines großen, durch allmähliches Eindunsten bei aridem Klima entstandenen Binnensees (Binnenmeeres), der einmal vom Ural—England—Skandinavien bis zum Donauraum gereicht haben soll. Die randlichen Ausscheidungen wurden aufgelöst und dem Innern des Beckens zugeführt, bis schließlich in Norddeutschland dieses Zechsteinmeer zu völliger Trockenheit kam. Gegen die Barrentheorie spricht das Fehlen von Tierresten in den Zechsteinlagern, wie wir sie heute unter ähnlichen Bedingungen im Karabugasbusen des Kaspischen Meeres beobachten können.

Tabelle 9.

Name	Zusammensetzung
I. *Sulfate.*	
Anhydrit	$CaSO_4$
Gips	$CaSO_4 . 2 H_2O$
Kieserit...................	$MgSO_4 . H_2O$
Hexahydrat	$MgSO_4 . 6 H_2O$
Epsomit (Bittersalz)	$MgSO_4 . 7 H_2O$
Thenardit.................	Na_2SO_4
Glaubersalz	$Na_2SO_4 . 10 H_2O$
Glauberit	$Na_2SO_4 . CaSO_4$
Syngenit	$K_2SO_4 . CaSO_4 . H_2O$
Vanthoffit	$3 Na_2SO_4 . MgSO_4$
Bloedit (Astrakanit)	$Na_2SO_4 . MgSO_4 . 4 H_2O$
Loeweït	$2 Na_2SO_4 . 2 MgSO_4 . 5 H_2O$
Leonit...................	$K_3Na(SO_4)_2 . 2 MgSO_4 . 8 H_2O$
Langbeinit................	$K_2SO_4 . 2 MgSO_4$
Schoenit	$K_2SO_4 . MgSO_4 . 6 H_2O$
Glaserit	$3 K_2SO_4 . Na_2SO_4$
Polyhalit	$K_2SO_4 . MgSO_4 . 2 CaSO_4 . 2 H_2O$
II. *Chloride.*	
Steinsalz..................	$NaCl$
Sylvin	KCl
Bischofit	$MgCl_2 . 6 H_2O$
Tachhydrit	$CaCl_2 . 2 MgCl_2 . 12 H_2O$
Carnallit	$KCl . MgCl_2 . 6 H_2O$
Kainit....................	$KCl . MgSO_4 . 3 H_2O$

Die Reihenfolge der Auskristallisierungen richtet sich nach der Löslichkeit, zuerst scheidet sich die geringe im Meerwasser enthaltene $CaCO_3$-Menge als Kalkstein, dann $CaSO_4$ als Gips mit Steinsalz und endlich Anhydrit mit Steinsalz aus, wie man es z. B. im miozänen Becken von Calata Yud in Aragonien kennt. Damit war in früheren Perioden in den meisten Fällen der Prozeß beendet, die Restlösung lief über die Barre zurück, oder es kam neuer Zustrom, und der Prozeß setzte sich fort. Ungeklärt ist die Frage, wann sich Gips und wann sich Anhydrit bildete. Beim Eindampfen von Meerwasser bekommt man immer Gips, aus dem Zechstein war aber Anhydrit die erste Sulfatausscheidung, und man müßte an spätere Umwandlung von Gips in Anhydrit denken, da auch die experimentelle Erforschung der Existenzfelder beider Sulfate für Gipsbildung spricht.

Nach der Ausfällung des $CaSO_4$, die fast immer nur in Begleitung oft viel größerer Mengen von Steinsalz erfolgte, begann bei den Zechsteinlagern und vielen anderen Salzlagerstätten die Auskristallisierung der leichter löslichen Salze. Bildungen, die von zahlreichen Forschern, zuerst in klassischer Weise von van 't Hoff und seinen Schülern, experimentell und in der Natur durchforscht worden sind, wobei sich aber sehr beträchtliche Unterschiede zwischen Laboratorium und Natur ergaben. Man kann die in Salzlagern auftretenden Mineralien wie Tab. 9 gruppieren, in der die häufigeren Verbindungen durch den Druck hervorgehoben sind.

Abb. 66. Dünnschliff durch einen faserigen Anhydrithalit von Wittelsheim im Elsaß. Licht (doppelbrechend) ist Anhydrit, dunkel (isotrop) ist Steinsalz. Gekreuzte Nikols. Vergr. 15fach. (Nach Görgey.)

Sowohl das Auftreten größerer Massen eines dieser Mineralien, besonders der im Druck hervorgehobenen, als auch das Zusammenvorkommen zweier oder mehrerer wird als *Salzgestein* bezeichnet, und wir kennen Ansätze zu einer eigenen Salzpetrographie mit chemischen und optischen Untersuchungsmethoden. Die gebrauchten Gesteinsnamen haben allerdings größere Verbreitung in der Technik und im Bergbau als wie in der Gesteinslehre. Als Carnallitgestein bezeichnet man das Gemenge Steinsalz-Carnallit-Kieserit, als Hartsalz oder Hauptsalz ein Gestein aus Steinsalz-Sylvin-Kieserit, als Sylvinit wird Steinsalz + Sylvin bezeichnet, Steinsalz + Kainit als Kainitit. Wenn man Steinsalzgestein als Halit bezeichnet, kommt man sehr einfach zur Benennung der Hauptgesteine: Anhydrit-Halit, Polyhalit-Halit, Glauberit-Halit, Kieserit-Halit, Sylvin-Halit bei vorwaltendem Steinsalz; oder als Halit-Anhydrit, Halit-Carnallit, Kieserit-Halit-Carnallit, beim Vorwalten der anderen Komponente. Seltener sind Halit-Sylvin, Sylvin-Kieserit-Halit und Kainit-Halit. Durch adjektivistische Bezeichnung kann man noch eine Komponente einführen, wie etwa anhydritischer Kieserit-Halit-Carnallit.

Im Meerwasser der Jetztzeit sind folgende Ionen im mittleren Mengenverhältnis des *Meersalzes* von 55,3% Cl, 7,8 SO_4, 0,2 CO_3, 1,5 Ca, 3,7 Mg, 1,1 K, 30,5 Na enthalten (nach Erdmann), die daraus verrechenbaren Mengenverhältnisse auf 100 Gewichtsteile Steinsalz und die sich daraus ergebenden Schichthöhen der Hauptmineralien stimmen mit den im Staßfurter Steinsalzlager, dem beststudierten des Zechstein, durchaus nicht überein. Ebenso ergeben die aus zahllosen synthetischen Untersuchungen zur Abgrenzung der Existenzfelder ausgeführten Berechnungen bedeutende Abweichungen. Aus Berechnungen und graphischen Darstellungen, darunter auch der Kristallisationsbahn des bei 25° eingedunsteten Meerwassers läßt sich das Verhältnis der quantitativen Mengen und die Kristallisationsfolge der einzelnen sich bildenden Salze verfolgen, die aber durchaus nicht mit der tatsächlichen Menge und der tatsächlichen Abfolge übereinstimmt. Diese Unstimmigkeit ändert sich nur wenig, wenn man für die natürlichen Verhältnisse bei der Bildung der Salzgesteine höhere Temperatur oder eine andere Zusammensetzung des Meerwassers zur Zechsteinzeit annehmen würde, für die aber eine Begründung kaum gegeben werden könnte. Auch die Annahme von Strömungen, die eine verschiedene Konzentration besitzen, könnte nur in sehr beschränktem Ausmaße gemacht werden, eher spätere Umlagerungen, vornehmlich durch Zuzug frischen Meerwassers während des Hauptkristallisationsverlaufes, womit die Beobachtung mehrerer Salzfolgen nacheinander übereinstimmt.

Nach Everding kann man nachfolgendes Profil von Staßfurt geben, das die Ablagerungen in Gruppen zusammenfaßt:

Unterer Buntsandstein

	20 bis 30 m roter Ton
	50 m Steinsalz
	1 bis 5 m Anhydrit + Steinsalz
	5 bis 10 m roter Salzton
	100 bis 150 m jüngeres Steinsalz
	40 bis 90 m Hauptanhydrit
Oberer Zechstein	4 bis 10 m grauer Salzton
	30 bis 40 m Carnallitregion (35% Steinsalz, 55% Carnallit, 10% Kieserit, Kainit, Sylvin)
	20 bis 40 m Kieseritregion (65% Steinsalz, 17% Kieserit, 13% Carnallit, 5% Chlormagnesium, 2% Anhydrit)
	40 bis 60 m Polyhalitregion (91% Steinsalz, 7% Polyhalit)
	300 bis 500 m Anhydritregion (95% Steinsalz, 5% Anhydrit)

Mittlerer Zechstein

Die Bildung von Salzton unterbrach in Staßfurt die Salzablagerungen vor der Endauskristallisation, Restlaugen wurden weggeführt und Ton wurde durch neuzuströmendes Meerwasser zugebracht und sedimentiert. Für diese Sedimentation können nur recht verdünnte Salzlösungen angenommen werden. Über dem Salzton liegt als Rekurrenzbildung der Hauptanhydrit und das jüngere Steinsalz, das oft wiederum verwertbare Kalisalze enthält. Im Hauptlager bilden die beiden unteren Horizonte Anhydritregion und Polyhalitregion, deren Hauptinhalt das Steinsalz ist, das produktive Salzlager von großer Mächtigkeit, Kieseritregion und Carnallitregion das Lager der Abraumsalze mit ihrem hohen Kaligehalt (Kaliregion).

Das sogenannte *deszendente Salz* entsteht durch Auflösung und Wiederabsatz, der schon frühzeitig, zum Teil noch im Zechstein erfolgen kann. Es
gibt auch tertiäre deszendente Steinsalz-Kalisalz-Lager, wie das von Mühl-
hausen im Elsaß, dessen Material dem Zechstein entstammen kann. Sehr
kompliziert sind die Dislokationserscheinungen in den älteren Salzlagern,
besonders im Zechstein, die Störungen in der horizontalen Lagerung der
Salzflöze ausgelöst haben, deren Ursachen die sogenannten Salzhorste, Ek-
zeme, Salzauftriebe sind. Sie äußern sich im wesentlichen als Auspressun-
gen, die nur mit der stärkeren Plastizität des Salzkörpers gegenüber der
Umgebung zusammenhängen können. Dabei handelt es sich nach neueren
Ansichten eher um mechanische Emporpressungen als um Lösungserschei-
nungen und Rekristallisationen. Die Salztektonik ist aber keineswegs schon
heute ein gelöstes Problem.

Einige Vorkommen. Man kennt Salzlager aus den geologischen Zeit-
altern nach dem Archäikum. Untersilurisch sind die der Saltrange im östlichen Punjab, obersilurisch die der kanadischen Onondogasalzgruppe,
Karbon sind die aus Michigan und Virginien. Zum Zechstein gehören die
Lager von Staßfurt, Leopoldshall, im Südharz zwischen Harz und Thürin-
ger Wald, die im Werra-Fulda-Gebiet, die Lager bei Hannover, Segeberg in
Holstein, die Lager Mecklenburgs bis Innowrazlaw in Polen. Alttriadisch
sind die ostalpinen Lagerstätten. Zum mittleren Muschelkalk gehören die
Lagerstätten Badens und die schwäbischen im Neckargebiet, im Kocher-
gebiet, im oberen Schwarzwald, z. B. bei Dürrheim, östlich von Basel im
Rheintal. Zum Keuper stellt man die lothringischen Vorkommen, kretazisch
sind die von Djefa in Algerien. Tertiär sind die Lager im Elsaß (Wittelsheim), die galizischen von Bochnia-Wieliczka-Kalusz-Stebnik, die von Bar-
celona in Spanien.

Etwas anders als in Staßfurt ist die Salzgesteinsführung im sogenannten
Südharztypus, mit geringer Mächtigkeit des älteren Steinsalzes mit einem
Kalilager aus „Trümmercarnallit" und Hartsalz in regellosem Wechsel. Im
Trümmercarnallit liegen in rötlicher Masse von Carnallit verschieden große
Bruchstücke von Steinsalz, Kieserit und Hartsalz. Im hessischen Werra-
typus sind zwei Kalilager im älteren Steinsalz eingeschaltet, das jüngere
Steinsalz ist von geringer Mächtigkeit. Der Hannover Typus ist durch
mächtige Entwicklung der jüngeren Salzfolge mit ein bis zwei jüngeren
Kalilagern und durch stärkere tektonische Beeinflussung gekennzeichnet. Im
oligozänen, bei Wittelsheim fast 600 m mächtigen Steinsalz-Kali-Lager des
Elsaß wird die Hauptsteinsalzzone durch ein toniges Zwischenmittel in
zwei Lager geteilt, von denen das obere im liegenden Teil Kalisalze führt.
Mächtig ist roter Carnallit entwickelt. Bei Wieliczka und Bochnia südöstlich
von Krakau besteht älteres Salzgebirge aus rasch wechselnden Schichten von
Ton, feinsandig mit schwachem Salzgehalt und von Steinsalz, Anhydrit und
Gips, überlagert von braunem, dem ostalpinen Haselgebirge ähnlichem Ton.
In Kalusz können drei Sylvinitlager festgestellt werden, die vor allem Syl-
vinhaltgestein enthalten. Die drei Lager dürften eine stark geneigte Falte
darstellen.

Die *ostalpinen Salzlager* von Hall in Tirol, Hallein in Salzburg, Berchtes-
gaden in Bayern, Ischl, Hallstatt in Oberösterreich, Aussee in Steiermark
liegen im Werfener Horizont. Die Hauptsalzführung ist an das sogenannte
Haselgebirge, eine ziemlich regellos gebaute tonige Sedimentgesteinsmasse
von brekziösem Charakter, gebunden. Verschieden große, oft gerundete
Brocken von dunkelgrauem, auch rötlichem Ton, Schieferton bis Tonschiefer,

Mergel, sandigem Ton, feinem mehr oder weniger tonigem Sandstein von Werfener Schiefercharakter sind durch ein oft stark hervortretendes Bindemittel von tonigem, seltener gröberem Gefüge mit wechselndem, oft hohem Salzgehalt verbunden. An manchen Stellen geht dieses Trümmergestein in dunkle, stellenweise bituminöse Tonschiefer über, die längs anhaltender Bewegungsflächen den Charakter von Glanzschiefern annehmen. Die Tonschieferbrocken enthalten besonders in Hall und Hallstatt rote, verdrückte Steinsalzwürfel, wohl eine Neubildung im plastischen Zustand der Tone (irrtümlich für jodhaltig gehalten und Kropfsalz genannt). In diesem Haselgebirge liegen in den sogenannten „Kernstrichen" in vielfach gewundenen örtlichen Zügen und Falten Massen von weißem, grauem oder rotem, feinkörnigem bis sehr grobkörnigem Steinsalz, sehr oft mit Anhydrit, die scharf gegen den Salzton abgegrenzt sind. Das Haselgebirge enthält größere Mengen verschiedenfarbiger, fein- bis sehr grobkörniger, spätiger, oder auch massiger, nach Art von Feldspatleisten zusammengefügter, monogener Anhydritgesteine. Manchmal aber tritt der Anhydrit in großen vereinzelten, vielfach aber zu Stöcken vereinten, besonders in Ischl oft sehr großen Kristallen auf. Außer in Hall kommt manchmal recht reichlich grob- bis feinfaseriger, seltener grobspätiger oder dichter, meist roter Polyhalit vor. Seltener sind Glauberit und das schönste Mineral alpiner Salzlagerstätten Astrakanit (Blödit), besonders in Hallstatt in schönen Kristallen, sehr selten Löweit, Kainit, Langbeinit, Vanthoffit, Kieserit, ganz besonders selten Sylvin; niemals kommt Carnallit vor. Der Steinsalzgehalt des Haselgebirges, der in der obersten Zone oft ausgelaugt ist, erreicht, wenn man die massigen Steinsalzeinschlüsse abrechnet, 60%.

Die ostalpinen Salzlager haben die alpidische Orogenese mitgemacht, das Haselgebirge ist eine tektonische Brekzie. Ob diese Salzlagerstätten in den Werfener Schichten, deren Bildung auf arides, für Salzlagerstätten günstiges Klima schließen läßt, entstanden sind, orogenetisch veränderte Salzhorste aus tieferem Werfener Horizont sind, oder ob das heute sichtbare Salz nur geringmächtige Auftriebe größerer permischer Salzmassen der Tiefe sind, von denen sie später tektonisch entfernt worden sind, kann nicht entschieden werden. In Hallstatt werden die Verhältnisse noch durch das Auftreten von Melaphyrpartien, größeren, voneinander getrennten Blöcken und kleineren Brocken und von grünlichem melaphyrisch-tuffigem Gestein mit deutlich wahrnehmbaren Melaphyrteilchen kompliziert. Dieses Erstarrungsgestein besitzt voralpidisches Alter und ist wohl in die Reihe der Ophiolithe zu stellen.

Die Metamorphite.

Die Bande, welche die einzelnen Glieder dieser Hauptreihe zusammenhalten, sind womöglich noch loser als dies bei den beiden anderen der Fall ist. Sie bestehen lediglich darin, daß diese Gesteine durch geänderte chemisch-physikalische Bedingungen, geänderte Temperatur-Druck- (T/P) Verhältnisse, durch Umwandlungsreaktionen verschiedener Art aus Gliedern der beiden anderen Hauptreihen entstanden sind. Die Art der Umwandlung und die Natur des Ausgangsgesteines festzustellen, ist das eigentliche Ziel der Erforschung der Metamorphite, ein Ziel, das bisher nur in recht bescheidenem Ausmaße erreicht werden konnte. Wir belassen bei den Metamorphiten Gesteine, von denen man annehmen kann, daß sie nur unter anderen Druckverhältnissen entstanden sind als manche Tiefengesteine, denen sie im Mineralbestand gleichen und nur die äußere Form, vor allem das Gefüge der Hauptgruppe der Metamorphite, der kristallinen Schiefer, haben, so daß sie von diesen nicht zu unterscheiden sind. Anderseits zeigen uns die mutmaßlichen Bildungsverhältnisse der Tiefengesteine, daß ein vielleicht sogar recht bedeutender Teil von ihnen, eher zu den Metamorphiten oder zu einer neu zu schaffenden Gruppe von Migmatiten zu stellen wäre. Auch die Abgrenzung der Metamorphite gegen die Sedimentgesteine ist schon lange als völlig offen bekannt, denn die geringeren Stärkegrade der im Prinzip gleichen Einwirkung verursachen oft diagenetische Verfestigung lockerer Sedimente zu Sedimentgesteinen, aber bei stärkerer und längerer Einwirkung die Umbildung dieser Sedimente und auch der Sedimentgesteine zu kristallinen Schiefern.

Die Metamorphosen.

Da die weitaus häufigsten Metamorphite, die zugleich wohl den Hauptbestand des gesamten Sials ausmachen, die kristallinen Schiefer sind, so ist es verständlich, daß man zur Ergründung ihrer Entstehung die größte Mühe aufgewendet hat, so daß man kristalline Schiefer und Metamorphite beinahe identifizieren kann. Die große Schwierigkeit dieser Aufgabe geht am klarsten aus der Tatsache hervor, daß trotzdem die Zahl der Forscher, die sich ihr Studium zur ganz besonderen Lebensaufgabe gemacht haben, groß ist (es seien einige genannt: Angel, Backlund, Barrow, Becke, Bianchi, Cornelius, Drescher, Erdmannsdörffer, Eskola, V. M. Goldschmidt, Grubenmann, Harker, Heim, Niggli, Read, Reinhard, Sander, Scheumann, Sederholm, F. E. Sueß, Tilley, Turner, Weinschenk), wir noch weit von klaren Vorstellungen der wesentlichsten Vorgänge entfernt sind, ja daß wir gerade heute wieder einmal im Stadium weitgehender Umformung in der Erklärung von Tatsachen sind, denen wir uns schon recht nahegekommen zu sein wähnten. Es kann daher hier nur eine allgemein gehaltene, zweifellos lückenhafte Auswahlübersicht gegeben werden, die wohl auch in gewissem Sinne etwas einseitig sein muß, denn was heute für wesentlich gehalten wird, das kann leicht schon morgen für nebensächlich gelten. Es ist auch kaum möglich, allen Meinungen gerecht zu werden, da es deren sehr viele gibt. Auch wurde bei der Auswahl der Beispiele so vorgegangen, daß naheliegende Gebiete noch mehr berücksichtigt wurden als bei den beiden anderen Hauptgruppen.

Man kann (mit Eskola) bei der Ergründung und Bezeichnung der Arten der Metamorphose und deren Produkte von verschiedenen Gesichtspunkten ausgehen.

1. Vom Chemismus des für ursprünglich erkannten oder dafür gehaltenen und dem des neugebildeten Gesteines, oder

2. vom mineralischen Bestand des ursprünglichen und des neugebildeten Gesteines, oder

3. von den physikalischen und chemisch-physikalischen Zustandsbedingungen, unter denen sich die Metamorphose vollzogen hat.

Man muß dann bestrebt sein, diese Gesichtspunkte zu einem Gesamtbilde zu vereinen, wobei aber immer von den *beobachtbaren Tatsachen in der Natur* ausgegangen werden muß. Gesteine, nur durch Atmosphärilien allein verändert, sind aus dem Bereich der Metamorphose, wie sie hier verstanden sein will, ausgeschlossen. Wie die Gesichtspunkte 1 bis 3 zusammenhängen, geht z. B. klar aus der Tatsache hervor, daß die einzige etwas größere Gruppe von Metamorphiten, die *nur* durch Temperaturerhöhung, aber nicht durch noch von außen hinzukommende Druckerhöhung umgeformt sind, die *Kontaktgesteine* in solche nach den Bedingungen von 1 im Chemismus gleich bleibende und in andere nach den Bedingungen von 1 und 2 verschiedene (mit und ohne Stoffzufuhr) getrennt werden können. Von grundlegender Bedeutung für die Bildung vieler, aber durchaus nicht aller kristallinen Schiefer ist die Entscheidung, ob das Ausgangsgestein ein Erstarrungsgestein bzw. dessen Abkömmling oder ein Sedimentgestein war, ob der neugebildete Metamorphit demnach als *Orthogestein* oder als *Paragestein* bezeichnet werden kann. Bei den Paragesteinen ist die Abstammung manchmal deutlich erkennbar und der räumliche Zusammenhang von Ausgangsgestein und Metamorphit sichtbar, die Reihe Ton-Tonschiefer (Phyllit)-Glimmerschiefer-Paragneis, je nach der Stärke der Metamorphose, kann als durchaus gesichert gelten. Diese Metamorphose beruht vornehmlich auf fortschreitender, durch Druck und Temperaturerhöhung begünstigter Kornvergrößerung der im Ton vorhandenen Bestandteile. Wie im Sinn der klassischen Petrographie aus einem Granit ein Orthogneis (Granitgneis) wird, ist bis jetzt trotz der jahrzehntelangen Bemühungen zahlreicher Forscher keineswegs geklärt. Es ist in vielen Fällen nicht zu entscheiden, ob ein Orthogneis durch Metamorphose, die wir dann mit Recht Schiefermetamorphose nennen können, aus einem Granit entstanden ist, oder ob dieser Gneis durch Granitisation (Migmatisation, Migmatitfront, vgl. S. 34) aus einem anderen Gestein von verschiedener Art entstanden ist, so daß dieses Gestein nur deshalb zum Gneis geworden ist, weil es unter tektonischem Druck, also syntektonisch, synorogen gebildet bzw. umgebildet worden ist (Weinschenk). Reststrukturen (Restgefüge, Palimpseste) in Metamorphiten, die in allen Deutlichkeitsgraden erhalten geblieben sein können, werden in vielen Fällen die Entscheidung erleichtern, doch wird von den verschiedenen

Forschern nicht alles in gleicher Weise gedeutet, weil undeutliche, also schwer deutbare Restgefüge, die das Gefüge des Ausgangsgesteines nur undeutlich abbilden, bei weitem überwiegen; noch viel häufiger aber fehlen solche Merkmale vollständig. Jedenfalls aber kann als gesichert gelten, daß Gneise, die ihrer Zusammensetzung und ihrem Verbande nach als Orthogesteine bezeichnet werden müssen, durch Granitisation auch aus Sedimentgesteinen entstanden sein können. Ebenso ist es in vielen Fällen unmöglich, manche Paragesteine, die ihrem Verbande nach oder durch Reststrukturen als solche erkannt werden, durch optische Untersuchungen und quantitative Analyse von Orthogesteinen, die man als Metamorphite von Graniten annimmt, zu trennen. Andererseits wieder wird durch die Annahme von Granitisation (Transformismus) die sonst unerklärliche Stellung mancher Orthogneise mitten im engsten Verbande großer Paragesteinsreihen eines Faltengebirges verständlich. Aber auch der umgekehrte Fall kann beobachtet werden, denn es ist eine nun leicht erklärbare Tatsache, daß echte Orthogneise in Paragneise übergehen. Dieses häufige Zusammenvorkommen und Ineinanderübergehen, die Unentscheidbarkeit einer Ortho- oder Paragesteinsnatur kann durch die Grenzen der oft stufenweise, etappenweise fortschreitenden Granitisation, die ja irgendwo zum Stillstand gekommen sein muß, also durch das Ende der Migmatitfronten bedingt sein (vgl. S. 34).

Verwirrend, überreich ist die Bezeichnung der Gesteine und der Art der Metamorphose nach dem dritten Gesichtspunkt. Viele der hier angenommenen Bildungsbedingungen wirken so zusammen, daß sie nicht zu trennen sind. Geht man lediglich vom Mechanismus eines Prozesses aus, der zur Bildung von Metamorphiten führt, so könnte man Metamorphosen, die vornehmlich durch Veränderung von Temperatur und dieser zugehörigem Druck als Folgeerscheinungen von Dislokationen, Absinken in tiefere, daher heißere oder Ansteigen in höhere und daher kältere Zonen, Überlagerung mit Sedimentmaterial, entstanden sind, von solchen, die *nur* durch mechanische Beanspruchung hervorgerufen wurden, trennen. Die letztere kann man als mechanische Umformung oder kinetische Metamorphose bezeichnen, bei der vor allem das Gefüge des Gesteines verändert wird, die Festigkeitsgrenze überschritten werden kann und irreversible Verformung, *Deformation* eintreten kann. Die erstere Art der Metamorphose verändert die Gleichgewichtsverhältnisse im Mineralbestand der betroffenen Gesteine, wobei instabil gewordene Bestandteile neue Bindungen eingehen können, daher die Bezeichnung Umkristallisationsmetamorphose, die, wie gezeigt werden wird, das kristalloblastische Gefüge, die Kristalloblastese der kristallinen Schiefer bedingt. Man nannte diese häufigere Art der Metamorphose früher auch Dynamometamorphose. Aber man kann selten eine dieser Metamorphosen für sich allein annehmen, sie gehen ineinander über, bald überwiegt die erste, bald die zweite, welche die *Mylonite* liefert. Beide haben gemeinsame Ursache: die *Orogenese.* Im Zusammenwirken beider entstehen die kristallinen Schiefer. Die nur mechanisch beanspruchten Mylonite (Tektonite) vor allem granitischer Gesteine zeigen Stellen größter und stärkster tektonischer Bewegungen an (ruptuelle Beeinflussung), z. B. längs Überschiebungen, sie bewirken Deformationen bis zur völligen Zertrümmerung. Die dadurch gebildeten Mylonite gehören nicht mehr streng genommen zu den kristallinen Schiefern, sie werden daher auch zumeist getrennt behandelt, allerdings nur dann, wenn sie später, nach dieser ruptuellen Beanspruchung keine weitere Einwirkung der Umkristallisationsmetamorphose erlitten haben. Häufiger ist der Fall, daß solche nur mechanisch deformierte Gesteine.

durch darauffolgende Umkristallisierung, manchmal im engsten Anschluß in der gleichen Orogenese, in einem Stadium, in dem die Faktoren der Umkristallisierung wirksamer waren, zu echten kristallinen Schiefern wurden, sei es, daß Restgefüge den ehemaligen Zustand noch abbildet oder daß nur geologische Gründe auf vorausgehende Deformation schließen lassen. Beide Prozesse sind immer synorogen. In umgekehrter Weise erleiden durch Umkristallisationsmetamorphose zu kristallinen Schiefern gewordene Gesteine später oft ebenfalls synorogen schwächere oder stärkere Deformation häufig erst in der letzten Phase der Orogenese. Es können aber auch die beiden Prozesse von verschiedenen Orogenesen verursacht sein. Ein Sedimentgestein oder ein Orthogestein der Alpen kann z. B. durch die varistische Orogenese zu einem kristallinen Schiefer umkristallisiert, durch die alpidische nur noch deformiert worden sein. Den anderen Fall, den der vorangehenden Deformationsmetamorphose, wird man wahrscheinlich öfter annehmen können als er beobachtbar ist. Durch die Umkristallisierung können die Deformationsschäden wieder ausgeheilt werden, diese Ausheilung täuscht einen plastischen Zustand vor und man sprach früher von bruchloser Umformung. Die mehr rein mechanisch deformierend wirkende tektonische Bewegung kann allmählich in eine langandauernde, immer im gleichen Sinn gehaltene Bewegung bei gleichmäßig in bestimmter Richtung wirkendem Druck übergehen, der nun im Verein mit Lösungen von verschiedener Bildung und Zusammensetzung in der gleichen Orogenese, also syntektonisch, Umkristallisierung (Kristalloblastese) bewirken kann. Längs Bewegungsflächen wird die mechanische Wirkung des Druckes vorherrschen, weiter von den Bewegungsflächen entfernt wird die Umkristallisierungsmetamorphose über die rein mechanische das Übergewicht erlangen können. Die Art des Druckes, die bei der langdauernden Umkristallisationsmetamorphose vorherrscht und besonders wirksam ist, wird als *gerichteter Druck,* auch als *Streß* bezeichnet, die wichtigste und wirksamste Komponente des gesamten Druckes, am wirksamsten in den oberen Partien einer orogen bewegten Masse. Er wird in größerer Tiefe bei wachsendem Widerstand der Massen allmählich in allseitigen hydrostatischen Druck umgewandelt. Durch die vielen Möglichkeiten von Teilbewegungen der ja nur sehr langsam vor sich gehenden, vielfach unterbrochenen Orogenesen wird in den oberen Teilen von Faltengebirgen (Epirogen) im Gegensatz zum sogenannten Grundgebirge immer ein gewisses Ausmaß von gerichtetem Druck wirksam sein. Vom Mechanismus dieser Vorgänge sind wir in neuester Zeit durch das Studium der Gefüge besser unterrichtet, von einer Klarstellung der Verhältnisse aber noch weit entfernt. Im gewöhnlichen Sprachgebrauche bezeichnet man das Zusammenwirken von Deformation und Umkristallisation, wobei die Umkristallisationsmetamorphose als Kristallisationsschieferung die vor allem formende ist, als *Schiefermetamorphose.*

Die *Temperatur,* die zweite, besonders bei der Umkristallisation wirkende Komponente, zahlenmäßig kaum erfaßbar, nur selten an die niederste Temperatur der Tiefengesteinsbildung heranreichend, ist nach der Lage der betreffenden Zone verschieden. Ihre Wirksamkeit setzt Dislokation nach unten, Einsinken bei der Orogenese oder mächtige Überlagerung oder aber Aufstieg von Migmatitfronten voraus, wie wir sie in Faltengebirgen annehmen. Hier wird jedweder Übergang von reiner Thermometamorphose, deren wichtigstes Produkt Kontaktgesteine sind, bis zur Mitwirkung und zum Vorwalten der Wirksamkeit gerichteten Druckes möglich sein; Kontaktgesteine gehen oft in kristalline Schiefer über.

Sowohl Umkristallisation wie Deformation können gegenüber einem bestimmten tektonischen Geschehen zeitlich verschieden sein. Die Verformung (Deformation) kann während, vor oder nach der Kristallisation, also parakristallin, präkristallin oder postkristallin, die Kristallisation daher para-, post-, prätektonisch erfolgen. Ein Gestein wird z. B. nach der Erstarrung tektonisch umgeformt, also postkristallin deformiert, während die Kristallisation prätektonisch war, es erscheint uns nun kataklastisch verändert, deformiert. Präkristalline Deformation, also posttektonische Kristallisation, zuerst die Deformation, dann die Kristallisation bildet Gesteine, in denen die Spuren der Deformation verwischt und diese bestenfalls nur mehr als eine Art Abbildungskristallisation erkennbar ist, nur mehr die Lage der Mineralien ist durch die Bewegung beeinflußt, die Kristallisation aber ist durch die chemisch-physikalischen Verhältnisse nach der tektonischen Hauptbewegung bedingt. Der Fall der Kristallisation noch während der Deformation, also parakristallin und paratektonisch (auch syntektonisch genannt), wird als Deformationskristalloblastese bezeichnet. Ein Gesteinskomplex kann sich also in der langen Zeit der Umformung gegenüber Zerstörung und Neukristallisation sehr verschieden verhalten haben. Wir sehen zumeist nur das Endergebnis der Kristallisation, es läßt sich aber feststellen, ob die Bewegung bis in die letzten Phasen der Kristallisation gewirkt hat oder ob die Kristallisation die Bewegung überdauert hat. Im letzteren Falle liegen in einem durch die Bewegung eingeregelten Gefüge jüngere Kristallisationen, die sich der Regelung nicht gefügt haben (Querbiotite, S a n d e r s Tauernkristallisation). Viele Forscher glauben an eine überwiegende Gleichzeitigkeit von Deformation und Umkristallisation (Kristalloblastese); dieser Gleichzeitigkeit sollen die meisten kristallinen Schiefer ihr Gefüge verdanken; es wird aber doch immer der eine oder der andere Vorgang dominieren. Ein kristallines Schiefergestein kann somit eine recht abwechslungsreiche Geschichte im Werdegang eines Faltengebirges mitgemacht haben, sie zu erfassen ist oft eine schwierige, recht häufig unlösbare Aufgabe.

Diese Aufgabe kann durch das sogenannte *Reliktgefüge* erleichtert werden. Das Nacheinander vom Ausgangsgestein bis zum letzten Zustand kann unter günstigen Umständen erkennbare Spuren hinterlassen haben, die wir als Reliktgefüge zusammenfassen können. Aber nur dann kann man daraus auf die Richtung, die Art der Umwandlung schließen, wenn feststellbar ist, was reliktisch, also *proterogen* und was *hysterogen* nach der betreffenden Umkristallisation gebildet ist. Im besonderen läßt das Reliktgefüge Schlüsse auf die Natur des Ausgangsgesteines zu.

Der *Chemismus der Umkristallisation* bei der Gesteinsmetamorphose kann nur im Zusammenhang mit dem Mechanismus verstanden werden, beide sind charakterisiert durch das Bestreben der Gesteinsbestandteile der Metamorphite, stabile oder doch metastabile Gleichgewichte, also solche mit dem kleinsten Betrag freier Energie zu bilden, bestimmt durch ein gegebenes, aber zumeist wenig bekanntes Verhältnis von Temperatur und Druck. Stabile Gleichgewichte werden anscheinend nicht immer angestrebt, denn sonst könnte Andalusit und Disthen in kristallinen Schiefern nicht auftreten, man kennt aber Disthen in paläozoischen Gesteinen. Metastabile Formen können sich, wie die Kristallchemie gezeigt hat, wie stabile Formen verhalten. Es gibt anscheinend recht stabile Ungleichgewichte, auf die Gleichgewichtsgesetze immerhin anwendbar sind. Für die Kristallisation unter den Existenzbedingungen kristalliner Schiefer gilt die *Volumregel,* nach der sich unter Druck Mineralien und Mineralkombinationen mit dem kleinsten Volumen bilden, wenn auch das klassische Musterbeispiel:

$$2\ CaSiO_3\ +\ CaAl_2Si_2O_8\ =\ Ca_3Al_2Si_3O_{12}\ +\ SiO_2$$

| Wollastonit | Anorthit | Grossular(granat) | Quarz |

Mol.-Vol.: 180,1   150,5

nicht allzu häufig verwirklicht ist. Auch bei der Erforschung der Entstehung kristalliner Schiefer kann die Phasenregel (vgl. S. 24): — „Die Zahl der Gesteinsgemengteile kann die Zahl der Komponenten nicht übersteigen" — angewendet werden. Die Erfahrung zeigt, daß die Zahl der Komponenten niemals die der neun Hauptbestandteile SiO_2, Al_2O_3, Fe_2O_3, FeO, MgO, CaO, Na_2O, K_2O, H_2O erreicht, so daß häufig nur drei bis vier Phasen vorhanden sind. Sehr viele Schiefergesteine sind an Hauptgemengteilen ärmer als die Erstarrungsgesteine.

Bei der Metamorphose von Gesteinen sind Reaktionen im festen Zustand von großer Bedeutung (vgl. S. 36). Sie werden begünstigt durch Baufehler, Leerstellen, im Gitter an falscher Stelle eingebaute Bausteine, die besonders an der Kristalloberfläche herrschen. Die *Intergranulare* ist der Hauptweg für die Stoffwanderungen; zu beiden Seiten der Sprünge und Mineralgrenzen usw. liegen die nicht allseits gleichmäßig entwickelten Bausteine, die nach außen hin ungesättigten Oberflächenteilchen, deren Bau nicht vollständig sein kann, die reaktionsfähiger als die nächstfolgende Schicht sind, da sie nach einer Richtung nicht mit Nachbarteilchen verbunden sind. Der *Intergranularfilm* (Grenzfilm), wie die Zusammenfassung der Intergranulare in stofflicher Hinsicht genannt wird, ist ein ungeordneter, dem flüssigen nicht unähnlicher Zustand, in dem bei erhöhter Atombeweglichkeit Reaktionen stattfinden, wobei unter Temperaturzunahme immer mehr Stoffe in diesen Grenzfilm eintreten, so daß der Zustand allmählich einer Schmelzlösung ähnlich wird. Die zugeführten Stoffe wandern in ihm, und durch Reaktion mit den vorhandenen Stoffen können neue Verbindungen entstehen, wobei die Masse des Grenzfilms sehr allmählich, aber immer mehr in die tieferen, von der Kristallkornoberfläche entfernten Partien eindiffundiert, neugeformte Kristalle wachsen, frühere Gemengteile verschwinden können. Aber nicht ganz reaktionsfähige, widerstandsfähigere Reste können als Relikte (Palimpseste) erhalten bleiben. Allerdings können auch gleichartige, schon vorhandene Gesteinspartien von neugebildeten nicht immer unterschieden werden. Dieser von W e g m a n n formulierte Mechanismus der Stoffwanderung liegt auch der Granitisation (vgl. S. 33) zugrunde. Das Verhalten der Mineralien an Grenzflächen ist im großen und ganzen zweifellos *gitterbedingt.* So werden Granat, Olivin mit ihren festgefügten Gittern von ihren Rändern aus längs verschiedenartiger Risse, die keineswegs Spaltrisse sein müssen, umgewandelt; Feldspäte aber mit ihren loser gefügten Gerüstgittern, besonders Plagioklase und Nephelin sind im Inneren von Umwandlungsmassen, aus Muscovit, Zoisit-Epidot (Saussurit) bestehend, erfüllt, an den Rändern aber meist frisch. Das Aufsprossen schilfiger, neugebildeter grüner, gemeiner oder strahlsteinartiger Hornblende aus älterer primärer dunkler Hornblende oder aus Augiten (in Amphiboliten) gehört hieher. Es kommt dabei zu Stoffwanderungen, Zufuhr und Wegfuhr. Bei Granat und Olivin geht diese Umwandlung von der Intergranulare aus, beim Feldspat aber nicht.

Daß die *Durchbewegung*, also Bewegung + Druck die Umkristallisierung begünstigt, ist überall zu sehen, sie wirkt reaktionsbefördernd, sie verursacht Löslichkeitsanisotropie. Die physikalischen Verhältnisse in durchbewegten Gesteinen gestatten wohl kaum die Erreichung statischer Gleichgewichte, doch können latente Ungleichgewichte bei Durchbewegung durch neue Reaktionen verschwinden, indem empfindlichere Gitter zerstört und Kristallverbindungen chemisch aufgespalten werden (S a n d e r).

Für das Verständnis der Bildung von Metamorphiten, besonders der kristallinen Schiefer, ist der Zusammenhang mit den Bewegungsvorgängen während der Orogenese, also auch mit der Tektonik eines Gebirges, das uns heute als flaches Hügelland entgegentreten kann, grundlegend. Einzelne Teilbewegungen, in die ein großer orogenetischer Vorgang aufgelöst werden kann, ihr Ausmaß, ihre Richtung, aber auch ihr Alter können irgendwie im Gestein abgebildet sein. Auf diesem Zusammenhang, auf derartigen Schlüssen beruht letzten Endes alles, was wir über die Tektonik eines Gebietes aussagen können. Es ist begreiflich, wie wertvoll da jede Einzelbeobachtung sein kann, wie schwierig die Lösung tektonischer Fragen ist; es ist durchaus verständlich, daß die Weiterentwicklung nur über manchen, in sehr widersprechender Weise gedeuteten Erscheinungskomplex führen muß, der aber oft gerade diesen erkannten Widersprüchen seine Klärung verdankt. Nicht die Widersprüche im Bau tektonischer Theorien gefährden die Weiterentwicklung, sondern das unbeachtet Gebliebene, das Übersehene und das einmütig falsch Gedeutete.

Das Gefüge der Metamorphite ist zur Erkenntnis ihrer Bildung von Bedeutung. Den Metamorphiten fehlt eine strenge Gesetzmäßigkeit in der Reihenfolge der Mineralbildungen, denn eine im Ausgangsgestein eventuell vorhandene Gesetzmäßigkeit wird durch die Metamorphose verwischt. Man hat den Zustand der neugebildeten Schiefermineralien auf B e c k e s Vorschlag *kristalloblastisch*, den einzelnen neugebildeten, neugewachsenen Kristall *Kristalloblast* genannt. Größere Einzelkristalle nennt man in Analogie mit der porphyrischen Struktur *Porphyroblast*, im Fall berechtigter Annahme, daß er ohne primären, bereits vorhandenen Kern kristalloblastisch vollkommen neu gewachsen ist *Holoblast*. Sind größere, mehr oder weniger *deformierte*, z. B. kanten- und eckengerundete Einsprenglinge aus früherem Zustand, also proterogen gebildet, in den neuen Gesteinsverband aufgenommen, so bezeichnet man diese als *Porphyroklasten*. Ist die Struktur der Schiefergesteine xenoblastisch im Sinne der Strukturbezeichnungen der Erstarrungsgesteine, so gibt es doch auch in kristallinen Schiefern selbständig begrenzte *Idioblasten*, die nicht Relikte aus einer früheren Erstarrungsgesteinsstruktur sind. Die Idioblasten sind keineswegs vor den anderen Bestandteilen gebildet, noch auch liegt ihr Bildungsbeginn, wie etwa bei der Ausscheidungsfolge (von R o s e n b u s c h) der Erstarrungsgesteine, vor dem der anderen Bestandteile, man schreibt ihnen aber größere Formenergie zu. B e c k e hat auf Grund der Erfahrung nach abnehmender Formenergie gereiht:

1. Titanit, Rutil, Magnetit, Hämatit, Ilmenit, Olivin, Granat, Turmalin, Staurolith, Disthen.
2. Epidot, Zoisit.
3. Augit, Hornblende.
4. Albit, Breunnerit, Dolomit.
5. Glimmer, Chlorit.
6. Quarz, Plagioklas.
7. Kalifeldspat.

Albit ist aber häufig erst in die sechste Reihe zu stellen. Im großen und ganzen nähert sich diese Reihe der Reihung bei den Erstarrungsgesteinen, nur steht Quarz an früherer Stelle. Diese Reihe findet ihre Erklärung in den Kristallstrukturen der Silikate (Machatschki). Am Beginn stehen Silikate großer Formenergie, aufgebaut aus selbständigen Tetraedern und Tetraedergruppen, wie Titanit, Granat, Disthen, Staurolith, Cordierit, Zirkon. Ihnen folgen Silikate mit Kettengittern, wie Epidot, Zoisit, Pyroxen, Hornblende und dann solche mit Schichtgittern (Netzsilikate), Glimmer, Chlorit, Talk. Die Mineralien beider Gitterarten bilden besser geformte Kristalle nur nach Richtungen von Ketten und Netzen, bei den Glimmern und Chloriten die Basisflächen, bei Epidot und Hornblende die Richtung der Längsachse; die anderen Flächen treten nicht in Erscheinung. Diese Mineralien sind auch vornehmlich die, welche eingeregelt die Schieferung erkennen lassen. An letzter Stelle stehen in der Reihe die lockerer gebauten Gerüstsilikate, die Feldspäte und der Quarz. Die weiter vorn stehenden Mineralien bilden auch die Porphyroblasten und die Holoblasten, wie Granat, Staurolith, Hornblende. Nur Kalifeldspat und Albit machen eine Ausnahme, die noch der Erklärung bedarf. Albit ist sehr häufig, möglicherweise sogar in der Regel Neubildung; Kalifeldspat-Porphyroblasten (sehr oft Holoblasten) sind wohl besonders in Gneisen zu finden, die durch Granitisation entstanden sind, also durch Ichorese (Kalifeldspatisierung) entstanden oder gewachsen.

Die *Struktur* der kristallinen Schiefer ist auch durch die Häufigkeit von Einschlüssen, besonders in Porphyroblasten ausgezeichnet, die oft zu einer reinen Siebstruktur führen. In bestimmter Stellung eingeregelte Lagen von Quarz, Apatit, Eisenerz, Graphit oder auch anderen Mineralkörnern in Idioblasten, besonders in wachsenden Porphyroblasten und Holoblasten, vor allem im Granat, ergeben helizitisches Gefüge. Diese Einschlüsse können in verschiedenen Lagen im Porphyroblasten angeordnet sein, sie können der Einregelung der anderen geregelten Bestandteile des Gesteines völlig entsprechen, die Schieferungsrichtung des Gesteines geht durch den Porphyroblasten hindurch, er ist also während der Metamorphose paratektonisch gewachsen und ist im wesentlichen gleichzeitige Bildung mit den anderen Bestandteilen (Abb. 73). Es kann aber der Porphyroblast, besonders der Granat, Bewegungen erkennen lassen, das helizitische Gefüge im Porphyroblasten liegt in einer S-förmigen Anordnung (vgl. Abb. 67), der Porphyroblast ist noch paratektonisch weiter gewachsen. Es können aber im Porphyroblasten die Einschlüsse in anderer Form als wie die anderen Bestandteile des Gesteines eingeregelt sein, eine andere Schieferung anzeigen, also Reliktgefüge nach einer früheren Metamorphose sein, somit prätektonische Kristallisation in bezug auf die Tektonik, die das Schiefergestein geformt hat, so wie es jetzt vor uns liegt (Abb. 70 und 72). Diese Reliktstrukturen usw. sind wichtige Hinweise für die Geschichte des Gesteines. Voraussetzung für solche Deutung ist die Gewißheit, daß diese Einschlüsse keine hysterogenen (späteren) Neubildungen aus der Substanz der Porphyroblasten sind. Porphyroblasten mit gerundeten Ecken werden oft auch als *Augen* bezeichnet (Augengneis), sie können para- oder posttektonisch gewachsene Porphyroblasten oder neu entstandene Holoblasten sein, sie können aber auch Relikte aus einem älteren prämetamorphen Zustand, z. B. ehemalige Einsprenglinge von Erstarrungsgesteinen, also auch deformierte Porphyroklasten sein.

Besonders in tieferen Zonen zeigen die Gesteinsbestandteile von manchen Gneisgesteinen für sich allein keine der Lage nach bevorzugte Richtungen, sie sind nicht einzeln, sondern nur lagenweise eingeregelt, folgen nur lagenweise der Paralleltextur der kristallinen Schiefer. Man spricht dann von *granoblastischem* Gefüge, einem typisch körnigen Gefüge, dem der Tiefengesteine vergleichbar (Abb. 68). In manchen Gesteinen, besonders in basischeren, durchdringen sich zwei oder mehrere faserige, stengelige Mineralien in büschelförmigen Aggregaten zu *diablastischem* Gefüge oder einfach Diablastik genannt. Solches Gefüge ist bei Amphiboliten und Eklogitgesteinen häufig (Abb. 69).

Alle Schiefergefüge erfüllen, dem Volumgesetz folgend, den Raum vollständig.

Von ganz besonderer Bedeutung sind die *Texturen,* deren wichtigste die namengebende Schiefertextur, auch Paralleltextur (Parallelgefüge) ist. Über die Entstehung des Parallelgefüges sind die Meinungen verschieden. Die

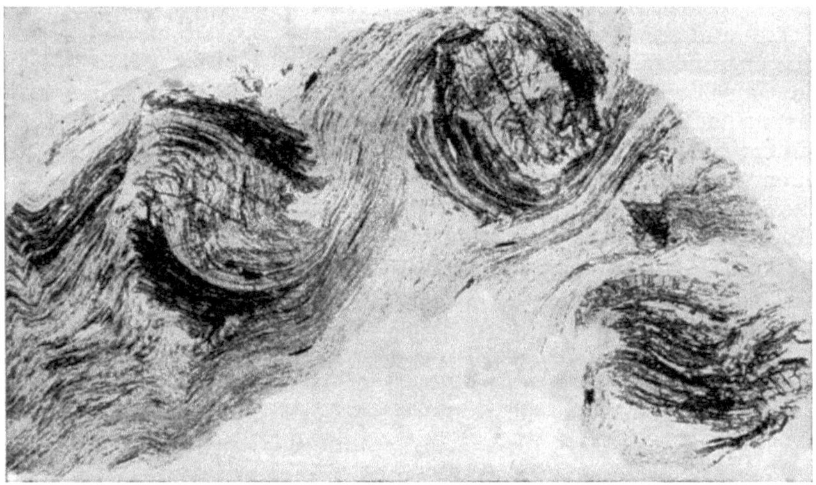

Abb. 67. Helizitisch angeordnete Einschlüsse im Granat (Wirbelgranaten) aus Granatglimmerschiefer der Tremolaserie, Val Pioza, Tessiner Seite des Gotthardmassives. Vergr. zirka 30fach. (Nach Eskola.)

Annahme von gleichzeitiger (im geologischen Sinne gleichzeitiger) Deformation und Umkristallisierung, also synorogener Kristallisation, parakristalliner Deformation, erscheint vielen Forschern den beobachteten Tatsachen am meisten gerecht zu werden, wirksam vor allem in langandauernden und vielfach unterbrochenen orogenen Perioden, die abwechselnd bald mehr umformende „tektonoklastische", also deformierende Perioden, bald mehr kristalloblastische Umkristallisation erzeugende „tektonoblastische" Perioden waren. Die kristalloblastische Umkristallisierung ist nach Meinung vieler Forscher durch die Wirkung von hydrostatischem, also allseitigem Druck und der Temperaturerhöhung bewirkt, die Paralleltextur durch den gerichteten Druck, den Streß. Über das Ausmaß der Temperaturerhöhung sind wir nur auf Vermutungen angewiesen. Alle sogenannten geologischen Thermometer, ausgehend von charakteristischen, im Laboratorium ermittelten Umwandlungspunkten, versagen bei der Anwendung in anderen Druckgebieten. Auf Grund des Fehlens basischer Plagioklase, die sich kaum unter 500° bilden, könnte man vielleicht diese Temperatur als Obergrenze, 200 bis 300° als das Temperaturgebiet der Schieferbildung in jüngeren Faltengebirgen — aber durchaus spekulativ — annehmen.

Daß sich kristalline Schiefer granitisch-quarzdioritischer Zusammensetzung in bedeutendem Ausmaß durch Granitisation bilden können, ist bereits erwähnt (vgl. S. 33). Es wird aber auch eine gewissermaßen primäre Entstehung von Orthogneisen granitischen Gefüges aus Schmelzfluß von verschiedenerlei Entstehung unter den Druck/Temperaturbedingungen der Schiefermetamorphose durchaus möglich sein. Vor allem anatektische Auf- und Ausschmelzungen können im weiteren Verlauf einer Orogenese durch tektonische Verlagerung unter Druck zum Teil mit starker Streßkomponente in der Schieferform auskristallisieren, Bestandteile durch Druck im noch nicht ganz verfestigten Gestein parallel gerichtet werden. Weinschenk hat einen solchen Vorgang *Piezokristallisation* genannt, wobei

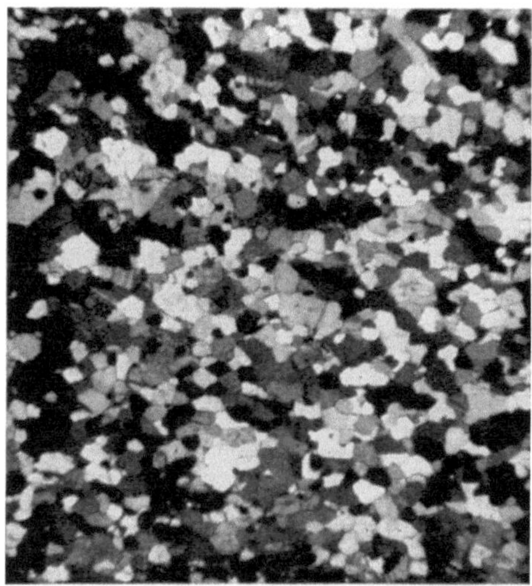

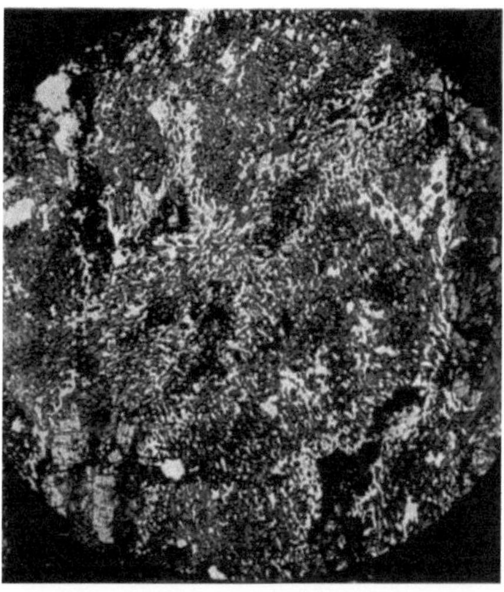

Abb. 68. Granoblastisches Gefüge, Gneis von Kalanti in Finnland. Gekreuzte Nikols. Vergr. zirka 20fach. (Nach Eskola.)

Abb. 69. Amphibolit vom Steinbruch Marberger bei Umhausen im Ötztal. Mikroblastik von Augit—Hornblende—Feldspat. Gewöhnliches Licht. Vergr. zirka 40fach.

durch Kontaktmetamorphose (Piezokontaktmetamorphose) die Nebengesteine weitgehend beeinflußt werden können. So gebildete Gneise können außer Glimmer primär gebildete hydrierte Mineralien, wie Chlorit enthalten. Durch Granitisation und durch Piezokristallisation kann das Zusammenvorkommen und Ineinanderübergehen von Granit und Gneis erklärt werden, die Bedingungen der Piezokristallisation verhinderten die Weiterwirkung der Granitisation, die nur in Ruhelage möglich ist, soll ein körniger Granit und kein paralleltexturierter Gneis entstehen. So findet das verhältnismäßig seltene Auftreten von reiner Tiefengesteinsformung granitisch-dioritischer Gesteine in jungen Faltengebirgen eine Erklärung. Darnach ist Gneis kein verschieferter Granit, sondern ein unter den T/P-Verhältnissen der Piezokristallisation gebildeter Granit. Die Häufigkeit von Gneisen, die „Fast-Granite" sind, wie wir sie in Orogenen beobachten, ist dadurch erklärt.

Die Formregelung, die Einregelung aller oder einzelner Bestandteile ist die äußere Erscheinungsform der Schieferung, man hat ihrem Studium unter dem Namen Gefügeregelung als Eigenschaft große Bedeutung zuerkannt, die *Gefügekunde* ist zu einer eigenen Wissenschaft geworden, die versucht, sich exakter Methoden zu bedienen (W. Schmidt und besonders Sander), obwohl ihre Anwendung auf größere Gebirgsteile sehr zeitraubend ist, da sie eine große Zahl von Einzeluntersuchungen erfordert. Hiezu ist der natürlichen Lage nach genau orientiertes Material erforderlich. Ist so die Formregelung in gewissem Sinne zur exakten Wissenschaft ausgebaut, so sind die Kräfte, die sie verursachen, physikalisch noch nicht erfaßbar.

Die Schieferungsrichtung, gekennzeichnet durch die Längserstreckung eingeregelter Bestandteile und die Lage der Ebene der Schieferung sind die wichtigsten Gefügerichtungen eines Gesteines, sie können mit freiem Auge oder erst im Dünnschliff sichtbar sein. In einem Gestein, das zwei Orogenesen mitgemacht hat, kann an manchen Bestandteilen (z. B. Granat) die Spur der älteren Schieferung = Einregelung als Reliktgefüge noch erkennbar sein. Da die Schieferung durch Orogenese, also durch Teilbewegungen, im Faltengebirge innerhalb der Decken *Scherung* als Hauptbewegungsart zeigt, so sind es Scherbewegungen, die vornehmlich die Schieferung erzeugen. Scherbewegung kann physikalisch als *laminare Gleitung* gedeutet werden. Bei der laminaren Gleitung legen sich die Kristalle in der Scherfläche in die Richtung der wirksamen Kraft, der Überschiebung oder einer entsprechenden Teilbewegung. Im sogenannten Grundgebirge, in dem Scherbewegungen und Streß unwirksam werden können, kann man *gerade Pressung*, auch *Plättung* oder reine Schiebung genannt, dem allseitigen Druck entsprechend annehmen[1], dabei werden sich die Bestandteile senkrecht zu dieser Richtung ordnen. In der Natur ist zusammengesetzte Verformung aus laminarer Gleitung und reiner Schiebung (Plättung) am häufigsten, doch überwiegt auch in tieferen Teilen des bewegten Faltengebirges die laminare Gleitung.

Zur Erklärung des Wachstumsgefüges, entstanden durch Einregelung bei der Umkristallisierung gebildeter neuer Kristalle und weitergewachsener, bereits vorhandener ist früher ganz allgemein das Rieckesche Prinzip, in neuerer Zeit immer mehr das Wegsamkeitsprinzip herangezogen worden. Man ist vielleicht berechtigt, das erstere in größeren Tiefen, im Bereich der Plättung als vorherrschend anzunehmen, während in den oberen Teilen vielleicht eher das Wegsamkeitsprinzip in Betracht kommen dürfte. Nach dem Rieckeschen Prinzip[2] werden die am meisten der Pressung ausgesetzten Teile der Mineralbestandteile, die am stärksten gepreßten Stellen, gelöst, hingegen in der Richtung geringsten Druckes, in der sie ausweichen können, aus den in den kapillaren Klüften zirkulierenden Lösungen weiterwachsen und dadurch vergrößert werden, also eine hydrostatische und keine dynamische Schieferung, wie die Wirkung der Scherung. Es muß aber ausdrücklich betont werden, daß derartige Vorgänge auch in höheren Zonen möglich sind, daß sie auch im Bereich von Migmatitfronten auftreten können und keinesfalls in direktem Gegensatz zu der Vorstellung von der Granitisation stehen, wenn man bei dieser Bildungsart den Wirkungen der Lösungen, über deren Zusammensetzung von den Anhängern des Rieckeschen Prinzips nichts weiter ausgesagt wird, die Hauptrolle zuschreibt, während ihnen früher nur

---

[1] In festwandigem Gefäß, erfüllt mit Plastelin, in das regellos ganz kleine Stäbchen eingebettet liegen, werden sich bei Pressung des Plastelins von oben her die Stäbchen senkrecht zur Pressung, also horizontal, ordnen.

[2] Das Rieckesche Prinzip lautet: Der Schmelzpunkt eines Minerals wird proportional dem Quadrat des Druckes erniedrigt, wodurch die Löslichkeit des Minerals im gleichen Verhältnis erhöht wird.

eine sehr vage, meist überhaupt nicht näher bezeichnete Stellung eingeräumt
worden ist.

Im Bereich der Deckenbewegungen-Scherbewegungen gilt zweifellos das
Sandersche *Wegsamkeitsprinzip.* Die Intergranulare fungiert als Weg
des Stofftransportes, Kristalle, deren Richtung schnelleren Wachstums in
der Schieferungsfläche liegen, werden in der Schieferungsrichtung durch
rascheres Weiterwachsen verlängert (Beispiel Hornblendegarbenschiefer).
Nicht nur in der Auswirkung stehen beide Prinzipien einander recht nahe.
Man kann die Schieferung gewissermaßen als die Abbildung von Scher-
flächen erkennen und im Sinne des neugebildeten kristalloblastischen Gefüges von Abbildungskristalloblastese sprechen, die sich vor allem in einer
mechanischen Oberflächenvergrößerung der Komponenten äußert. Bei
dieser kristallmechanischen Gefügeregelung bildet die sogenannte Gitter-

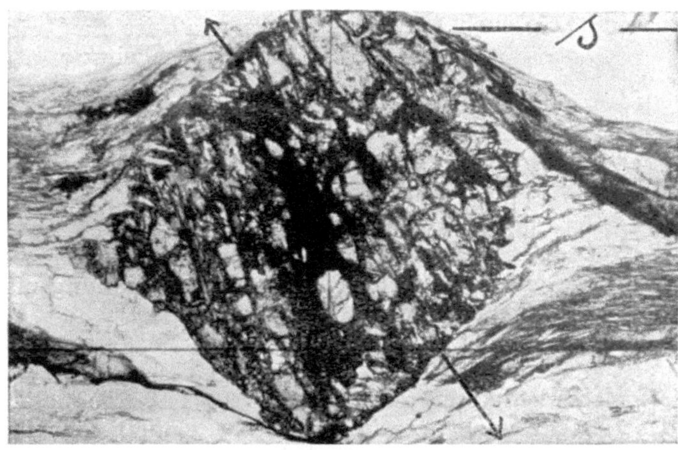

Abb. 70. Verlagertes si. Die Einschlüsse im Granat sind in anderer, ungefähr diagonaler Richtung
gelagert, als die beiläufig horizontale Schieferung, das s des Glimmerschiefers. Gewöhnliches Licht.
Vergr. 35fach. (Nach Sander.)

regelung anisotroper Kristalle insofern die Grundlage, als ein Kristall in der
dem plastischen Zustand angenäherten Konsistenz sich nur so lange bewegen
wird, bis seine Translationsebene, also die des geringsten Widerstandes gegen
Schubrichtung jeglicher Art (z. B. Scherbewegung), mit der Schieferungsfläche übereinstimmt, und der Kristall seine Endlage erreicht hat. Ein
Kristall ohne Translationsfähigkeit (z. B. Granat) muß sich daher so lange
bewegen, als die Beanspruchung anhält. Aber auch ein translationsfähiges
Mineralkorn kann mehrere Umdrehungen ausführen, bis es in die Lage
kommt, zu gleiten. Beim Quarzkorn aber entspricht die Lage nicht ganz
den nach seiner Kristallstruktur möglichen Translationsflächen, und die
Basis als Translationsfläche ist nicht die häufigste Stellung, die mehr bei
der Plättung bevorzugt erscheint, während Anordnungen nach der z-Achse,
aber auch nach den Rhomboederflächen anscheinend häufiger bei laminarer
Gleitung zu beobachten sind.

Die Gefügeanalyse, eine wissenschaftliche Arbeitsmethode, bezweckt die
Lagefeststellung wichtiger Richtungen, Formorientierung einzelner Gemengteile, solche von Rissen und Klüften, Achsenlagen usw. im Gelände selbst.
sie will der Großtektonik dienen, aus einigen wenigen Proben aber sind
Schlüsse auf die Großtektonik, den Hauptzweck der Gefügeanalyse, un-

zulässig. Bei der Gefügeuntersuchung werden Flächen oder Richtungen in Schiefern, die sich irgendwie durch bevorzugtes oder charakteristisches Verhalten hervorheben als s oder s-Flächen bezeichnet, deren wichtigste das Schieferungs-s ist, während Einregelungen von s-Bestandteilen, die anders eingeregelt sind, Einregelungen eines früheren Formregelungsprozesses, der heute reliktisch z. B. als Helizitgefüge feststellbar ist, als si bezeichnet werden. Solche si können für die Geschichte des Gesteines von Bedeutung sein. Aus der S-Kurve in einem Granaten mit „Einschlußwirbel" kann Richtung und Betrag der Drehung in s berechnet werden. Man kann demnach das Schieferungs-s der Gleitebene vom Plättungs-s der geraden Pressung unterscheiden. Die Gleitrichtung kann in einem rechtwinkeligen Koordinatensystem, das dem in der Kristallographie üblichen gleicht, als a-Achse eingetragen werden, dann ist im Achsenkreuz (Abb. 71) b die tektonische Achse der Bewegung, entweder Bewegungsachse oder Faltenachse oder Rotationsachse, je nach Art der Bewegung; a b ist die Gleitebene, also

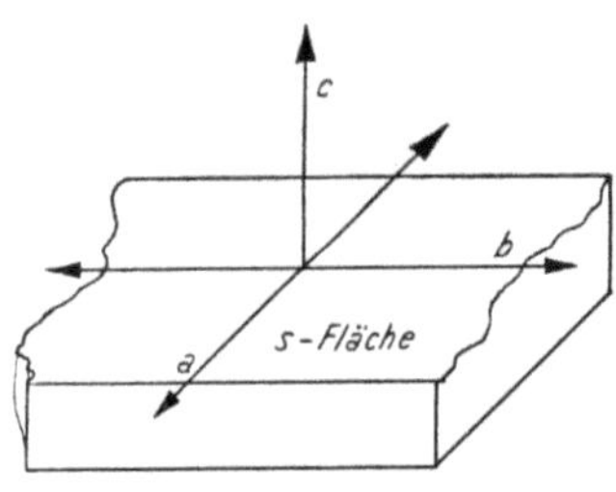

Abb. 71. Gefügekoordinatensystem
nach S a n d e r .

das s der laminaren Gleitung, a c die Verformungsebene. c ist die Senkrechte auf die Gleitebene s. Feststellung der b-Achsen ist eine der wichtigsten Aufgaben der Erforschung der Tektonik, die namentlich in schlecht aufgeschlossenen Gebieten das einzige ist, was Schlüsse auf tektonische Richtungen zuläßt. Sie ist oft durch die Striemung, das ist die deutlich lineare Anordnung mancher Gemengteile in s erkennbar.

Die Tiefenstufen und Eskolas Fazieslehre. Vergleiche von Gesteinen, geprägt in höheren Zonen, mit solchen tieferer Zonen zeigen, daß die letzteren vollständiger das Gleichgewicht erreicht haben. Dabei können allerdings geringere Korngröße also größere Intergranulare als Reaktionsraum (Pelite kristallisieren leichter um als Psammite) und die größere und geringere Reaktionsfähigkeit der Mineralien eine Rolle spielen. Diese Tiefenunterschiede haben zur Annahme von drei Tiefenstufen mit verschiedenen T/P-Verhältnissen geführt, Katazone, Mesozone und Epizone. Charakteristische (typomorphe) Mineralien der tiefsten Katazone sind: Augite, vor allem Diopsid und Omphazit, Hornblenden, Olivin, Granate, Cordierit, basische und saure Plagioklase (Wollastonit, Vesuvian), Alkaliaugite und Alkalihornblenden, Kalifeldspat, Biotit, Sillimanit (Andalusit). Die in Klammer gesetzten sind Mineralien der Kontaktbildungen. Für die Mesozone gilt als typomorph: Hornblende, zum Teil auch Strahlstein, Almandin-Granat, Epidot, Zoisit, Disthen, saurer Plagioklas, seltener Kalifeldspat, dann Muscovit, Biotit, Staurolith, Alkalihornblende, wohl auch schon Chlorit. Für die Epizone ist typomorph: Granat, Aktinolith, Glaukophan, Chlorit, Chloritoid, Epidot-Zoisit, Serpentin, Talk, Albit, Muscovit (meist als Serizit), Biotit. Quarz, Albit, Titanit, Biotit, wahrscheinlich auch Disthen, treten in allen drei Stufen auf, Albit aber ist in der Katazone durch sekundäre Albitisierung entstanden. Es ist kaum möglich, Leitgesteine für die einzelnen Tiefenstufen anzugeben, wenn auch Gneise, Quarzit (vielleicht auch Eklogit) in der Katazone, Amphibolit, Glimmerschiefer in der Mesozone, bevorzugt sind, Phyllit, Grünschiefer aller Art, Talkschiefer nur in der Epizone auftreten. Es gibt aber, z. B. im archäischen Grundgebirge, mesozonale Gneise, und zumindest für einzelne Teile der Tauerngneise wird mesozonaler bis epizonaler Bildungsraum anzunehmen sein. In die Epizone gehören auch die kataklastisch veränderten Granitgesteine und wahrscheinlich die Porphyroidschiefer. Erhöhte Temperatur infolge aufdringender Schmelzmassen oder Migmatitfronten können die Bedingungen der Katazone in höhere Zonen bringen. Es gibt allzu viele Ausnahmen von dieser Tiefenstufenregel, die allzu starr ist, um die natürlichen Verhältnisse zu erklären. Eskolas *Fazieslehre* versucht die Tiefenstufen elastischer zu gestalten, sie versucht eine Gruppierung der Metamorphite nach Mineralbeständen verschiedener Zusammensetzung, die sich unter gleichen T/P-Verhältnissen miteinander im chemischen Gleichgewicht befinden. Darnach werden zu einer bestimmten Mineralfazies Gesteine gestellt, die bei gleicher Pauschalzusammensetzung, ermittelbar durch die quantitative Gesteinsanalyse, einen bestimmten gleichen Mineralbestand haben, deren Mineralzusammensetzung aber bei wechselnder Gesamtzusammensetzung sich nach bestimmten Regeln ändert. Dabei ist keineswegs die Erreichung wirklicher chemischer Gleichgewichte gefordert. Die Fazieseinteilung ist von der Entstehung des Gesteines unabhängig, sie ist zwar vor allem auf Metamorphite eingestellt, gestattet aber die Anwendung auch auf manche Tiefengesteine, wenn sie analoge Zusammensetzung haben (Granit—Gneis, Hornblendegabbro—Amphibolit). Kristallarten (Mineralien) und deren Vergesellschaftungen, die nur in einer bestimmten Mineralfazies auftreten, in jeder anderen instabil sein würden, werden als kritisch bezeichnet. Neben diesen und solchen in bezug auf die Fazies syngenetisch gebildeten typomorphen Mineralien sind noch proterogene Relikte, zwar theoretisch instabil gewordene, aber wegen der langsamen Umwandlungsgeschwindigkeit und Erreichung eines Gleichgewichtes erhalten gebliebene, charakteristisch. Außerdem können später gebildete Mineralien, solche in anderen, z. B. höheren Zonen typomorphe Mineralien vorhanden sein, also für die betreffende Fazies hysterogene Mineralien, wenn das Gestein in andere, z. B. höhere Zonen gelangt ist, ohne aber den Charakter der ursprünglichen Fazies verloren zu haben, ein sehr häufiger Fall. Dieser letztere, namentlich durch Beckes Forschungen erkannte Vorgang rückläufiger Metamorphose, wurde *Diaphthorese* genannt, und Gesteine, die dabei das Gepräge der höheren Zone erhalten haben, *Diaphthorite*; sie haben besonders in der Epizone von Faltengebirgen größere Verbreitung. So gelten manche epizonalen Phyllite, für die später der Name Phyllonite geprägt worden ist, als Diaphthorite von mesozonalen oder auch katazonalen Gneisen, sogar Orthogneisen, bzw. Glimmerschiefern. Diaphthorese ist bei Gesteinen, die zwei Orogenesen mitgemacht haben, eine verbreitete Erscheinung, aber der Nachweis ist mangels eines Reliktgefüges nicht immer zu erbringen.

Die Anordnung der einzelnen Fazien erfolgt nach steigendem Druck und steigender Temperatur, wie es die Tab. 10 angibt:

Tabelle 10.

	Katazone	Mesozone	Epizone
Steigender Druck ↓	Sanidinitfazies	—	Grün-schiefer-fazies
	Pyroxenhornfelsfazies (Gabbrofazies)	Amphibolitfazies Epidotamphibolitfazies (Hornblendegabbrofazies)	
	Granulitfazies	—	—
	Eklogitfazies	Glaukophanschieferfazies	—

Sinkende Temperatur →

Die *Sanidinitfazies* ist keine Gesteinsfazies, sie ist die Sphäre der Auswürflinge unter vulkanischen Bedingungen, die Sphäre der Laboratoriumsversuche ohne wirksamen Druck Höchstens Diabasgänge entsprechen dieser
Fazies mit Pigeonit als kritischem Mineral. Der Name ist schlecht gewählt,
weil die Sanidinite wahrscheinlich nur Aufschmelzungen des Untergrundes
sind. In der *Pyroxenhornfelsfazies* (und Gabbrofazies) ist die Assoziation
Hypersthen-Diopsid kritisch, sie ist die Fazies der Thermometamorphose,
der Kontaktgesteine. Biotit ist typomorph, Muscovit hysterogen. Olivin,
Melilith, Spinell sind Mineralien dieser Fazies. In der *Amphibolitfazies*
(Hornblendegabbrofazies) mit der kritischen Assoziation Hornblende- basischer Plagioklas, tritt immer, wenn irgend möglich, Hornblende auf. Diese
Fazies ist die verbreitetste der tieferen Gebirgsteile aller geologischen Perioden, die auch die meisten Granitgneise umfaßt. Im Varistikum, im skan-
dinavischen archäischen sogenannten Grundgebirge (z. B. in Finnland) gehören die meisten Intrusionen hieher, wahrscheinlich auch die skandinavi-
schen Leptite (vgl. S. 216), aber auch viele sedimentogene Gesteine, wie Paraamphibolite, Augitgneise, ebenso wie metasomatische Gesteine, wie die
Greisen, die Tremolit-Aktinolith-Gesteine an Serpentinkontakten u. a. Für
die *Epidotamphibolitfazies* ist die Assoziation Hornblende—Epidot—Albit
kritisch. Das reine Al-Silikat dieser Fazies ist der Disthen, Diopsid kommt
nicht mehr vor. Anorthitgehalt wird in Amphiboliten bei fallender Temperatur und gleichbleibendem Druck instabil und zerfällt in Epidot + Albit
(Saussurit) unter Erhaltung der äußeren Form der Kristalle. Hornblende
bleibt stabil. Hieher gehören z. B. die meisten Amphibolite der unteren
Schieferhülle der Hohen Tauern, Gesteine aus dem Sulitelmagebiet. Diese
Fazies geht allmählich in die Grünschieferfazies über. Als Zwischenfazies
(Subfazies) gilt die *Prasinitfazies*, der eine gewisse Selbständigkeit zukommt.
Albit ist noch stabil. Hornblende ist als Aktinolith und öfter zum Glaukophan
überleitender Barroisit enthalten, wodurch Annäherung an die Glaukophan-
schieferfazies eintritt. Diese Fazies teilt die uneinheitliche, zum Teil auch
wenig bekannte Genesis mit der *Grünschieferfazies*, in der Talk und die
Assoziation Talk-Magnesit (Breunnerit) oder Talk-Dolomit, aber auch
Quarz-Dolomit kritisch sein soll, aber zumeist gar nicht vorhanden ist.
Hornblende ist unstabil geworden, dagegen Chlorit und Epidot typomorph.
In Grünschiefern kann nach dieser Ansicht die Hornblende (Aktinolith)
nur als proterogen angesehen werden[1], CO_2 ist hier schon stärkere Säure
als SiO_2. Die Gesteine dieser Fazies sind unter starker Durchbewegung bei
niedriger Temperatur gebildet. Hieher gehören die Phyllite und Chloritschiefer, darunter auch die der oberen Schieferhülle der Hohen Tauern mit
ihrem steten Wechsel von Kalkglimmerschiefer-Kalkphyllit-Chloritschiefer-
Prasinit. Es muß festgestellt werden, daß sich manche Grünschiefer leichter
in diese Fazies, als in das Gesteinssystem der Metamorphite einreihen lassen.
Bei genügender Mg-Menge kann neben Muscovit der Biotit entstehen
(Biotitmuscovitschiefer, Chloritmuscovitschiefer). In allen diesen Fazien ist
die Temperatur richtunggebender Hauptfaktor.

Die *Granulitfazies* steht der Pyroxenhornfelsfazies nahe, kritisch ist
hier der Granulit-Granat (Almandin-Pyrop), der den Biotit vertritt, der

---

[1] Da aber viele Grünschiefer Aktinolith zweifelsfrei typomorph enthalten, aber
keinen Barroisit führen, demnach weder zur Grünschieferfazies noch zur Prasinitfazies gehören würden, wird man vielleicht doch auch den Aktinolith als typomorph
für die Grünschieferfazies annehmen müssen.

manchmal aus dem Granat entsteht. Sillimanit, Disthen, Kalifeldspat, meist als feinfaseriger Perthit, sind typomorph. Die typische Granulitform mit ihrem Reichtum an Quarz, der oft in sandsteinartigen Lagen auftritt, ist auf verhältnismäßig wenige Stellen beschränkt, genetisch noch keineswegs geklärt (vgl. S. 213). Sedimentogene Bildung bis zur Möglichkeit der Bildung aus Granit-Quarzporphyr sind die Annahmegrenzen. Die *Eklogitfazies,* die einzige feldspatfreie Fazies, deren Glieder genetisch ebenfalls wenig geklärt sind, denen die verschiedensten Bildungsräume zugesprochen werden, hat Omphacit und Eklogitgranat (Pyrop-Grossular-Almandin-Mischung) als kritische Mineralien, deren Stabilitätsbedingungen nur selten und wohl auch nur für relativ kurze Zeit erfüllt waren (ausführlicher über die Genesis S. 236). Typomorph sind noch Diopsid, Bronzit, Olivin (vielleicht auch Diamant); nach der Fazieslehre gelten Eklogitgesteine wohl am ehesten als Bildungen ursprünglicher Kristallisation, geformt unter höchsten T/P-Bedingungen. Es fehlt jede Spur von Reliktgefüge, dagegen sind hysterogene Mineralien um so häufiger; Umwandlungen typomorpher und kritischer Mineralien dieser Fazies in typomorphe Mineralien anderer Fazien ist geradezu eine besondere Eigenschaft der Eklogitfazies, Granat in Kelyphitsubstanz, Augit in symplektitische Verwachsung von Albit und Diopsid, der seinerseits wieder uralitisiert wird, Verwachsung von grüner Hornblende mit Plagioklas. Glaukophan ist das kritische Mineral der *Glaukophanschieferfazies.* Der Granat ist dem der Eklogite ähnlich. Glimmer, Chlorit und Epidot erinnern an die Epidotamphibolitfazies, zu der Übergänge bestehen. Sedimentogenes und vulkanogenes Ausgangsmaterial wird angenommen, aber auch Deutung als umgewandelte Gabbrogesteine ist möglich.

Die Bedeutung der Faziesidee für die Gesteinslehre steht außer Frage, zum Ausbau als Grundlage einer Systematik fehlt bisher die dazu nötige Zahl von feldgeologischen Untersuchungen großen Stiles, wie sie etwa im Sulitelmagebiet (Thorolf Vogt) vorgenommen worden sind und schon zu Abänderungen und Ergänzungen geführt haben.

Die Metasomatosen.

Dieser von der Lagerstättenlehre übernommene Begriff für eine Art der Umwandlung bedeutet, wie das Wort sagt, eine wesentlich stoffliche Umbildung. Goldschmidt hat sie als eine solche definiert, bei der Substanz zugefügt wird, wobei die Bindung oder Anreicherung der zugeführten Substanz durch bestimmte chemische Reaktionen stattfindet, an denen ursprüngliche und neugebildete Mineralien teilnehmen. Vermittlerin der Neu- und Umbildung ist wässerige oder schmelzflüssige Lösungsphase, ebenso die Dampfphase (magmatisch, migmatisch, pneumatolytisch, hydrothermal), sowie Diffusion im festen, kristallinen Zustand, so daß die Wirkungssphäre der Metasomatose auch die Zone der Kontaktmetamorphose und die der Injektionszonen in gleicher Weise, wie die der sehr langsam erstarrenden Schmelzkörper verschiedener Entstehung und die Migmatitfronten, also auch das Gebiet der Granitisation umfaßt. Diese verschiedenen Metasomatosen können sich völlig unabhängig von der orogenetisch bedingten Schiefermetamorphose abspielen, sie können eng mit ihr bis zur Gleichzeitigkeit verbunden sein, wie die ichoretische Granitisation, sie können vielfach im Gefolge von Schiefermetamorphose, posttektonisch ebenso wie postmagmatisch auftreten.

Stofflich ist eine der verbreitetsten Metasomatosen die *Alkalimetasomatose,* deren bedeutendste, soweit wir heute sehen können, die Ichorese ist,

denn Alkalizufuhr gehört zu den wichtigsten Reaktionen dieser Umbildungsart. Alles über Granitisation (Transformismus) Gesagte könnte hier wiederholt werden. Sehr häufig, aber oft in der Ausdehnung beschränkt, ist
Albitisierung, sei es durch reaktionsfähigen Rest von Schmelzlösungen reich
an fluiden Bestandteilen von der Kristallisationsdifferentiation bis herab zu
hydrothermalen und vielleicht auch hydatogenen Lösungen, sei es durch Granitisationsrestlösungen. Bekannt ist die Albitisierung in Ton- und Glimmerschiefern. Beispiele liegen im Stavangergebiet, Grenzgesteine gegen den Zentralgranitgneis der Hohen Tauern und anderer Faltengebirge, z. B. B e c k e s
Albitporphyroblastenschiefer mit 2 bis 4 mm großen Albitholoblasten, die

Abb. 72 und 73. Albitisierung des Fuscherphyllites. In Abb. 72 enthalten die Albite ihr eigenes si,
treten noch einzeln auf. Gewöhnliches Licht. Vergr. 25fach. In Abb. 73 ist die Albitisierung stärker,
die Paralleltextur geht durch die Albite hindurch, es ist nur mehr wenig Phyllitgefüge vorhanden.
Gekreuzte Nikols. Vergr. 36fach. (Nach C o r n e l i u s.)

dünnen Albitgänge, nur aus diesem Mineral und größeren Dolomit-Breunneritkristallen bestehend, wie sie als allerletzte Bildungen im Gefolge der Entstehung der Zentralgranite u. a. auch Serpentin (z. B. Dorfertal im Venedigergebiet) durchziehen. Durch Kalizufuhr wurden die Kalifeldspatporphyroblasten, vielfach in Augenformen und größeren Gebilden in manchen
Gneisen (z. B. Augengneisen im Tauerngneis des Paselstollens bei Böckstein
im Gasteiner Tal) geschaffen (E x n e r). Ähnlichen Ursprung haben die
metasomatischen Alkaliimprägnationen im norwegischen Fengebiet (Telemarken), B r ö g g e r s Fenite, solche in Nordfinnland, bei Alnö in Schweden,
auf der Kolahalbinsel usw. Eine metasomatische Albitisierung ist die *Spilitbildung* (vgl. S. 62), die Bildung Na-reicher Diabase, eine Metasomatose nach
dem Schema:

$$CaAl_2Si_2O_8 + Na_2CO_3 + 4\,SiO_2 = 2\,NaAlSi_3O_8 + CaCO_3$$
$$\text{Anorthit} \qquad\qquad\qquad\qquad\qquad\qquad \text{Albit}$$

das bei 250 bis 500°, mit einem Wirksamkeitsmaximum bei 310 bis 330°, experimentell bestätigt wurde. In den Bereich der Alkalimetasomatose gehört die Biotitisierung, K_2O-Zufuhr in Mg-reiche Gesteine, zumeist in erkennbarem oder doch annehmbarem Zusammenhang mit Granitgesteinen (Orthogneis), Bildungen der verschiedensten Art, z. B. im Verbreitungsbereich der Albitisierung in den Hohen Tauern. Den Hauptbestand solcher Gesteine bildet der oft sehr deutlich in s (Schieferungsfläche) eingeregelte Biotit. Als Beispiel sei der Smaragde führende Biotitschiefer (Diabrochit) des Habachtales mit den in s eingeregelten grünen und den regellos angeordneten biotitreichen trüben weißen Beryllen erwähnt (vgl. S. 205).

Die Serizitisierung ist eine der verbreitetsten Metasomatosen der obersten Zone, die zumeist ohne Kalizufuhr kaum erklärt werden kann (vgl. S. 262 bei den Serizitgesteinen). Feldspäte aller Art können vor allem im Bereich von Mylonitbildung so in Serizit umgewandelt werden, daß dieser zum Hauptbestandteil des Gesteines wird. Hydrothermale Prozesse sind zumeist an solchen Bildungen beteiligt. Serizit ist Bestandteil der Plagioklasfüllungen neben Saussuritgemenge, eine Füllung, die aber anscheinend auch primär, parakristallin und paratektonisch bei der Schieferbildung entstanden ist. So kann diese Füllung sowohl bei der Umformungskristallisation, mag diese durch tektonische Prozesse zusammen mit Ichorese erfolgt sein, wie wir sie wohl für manche gefüllten Plagioklase der Hohen Tauern annehmen können (also primär in Gneisen im Sinne von Weinschenk und Exner) oder aber auch durch epizonale Beeinflussung alter Gneise (Pontegliasgranit in der Schweiz), also auf verschiedene Art entstanden sein. Sie kann aber auch in Monzoniten und Graniten ohne jede Spur einer Schiefermetamorphose und dann

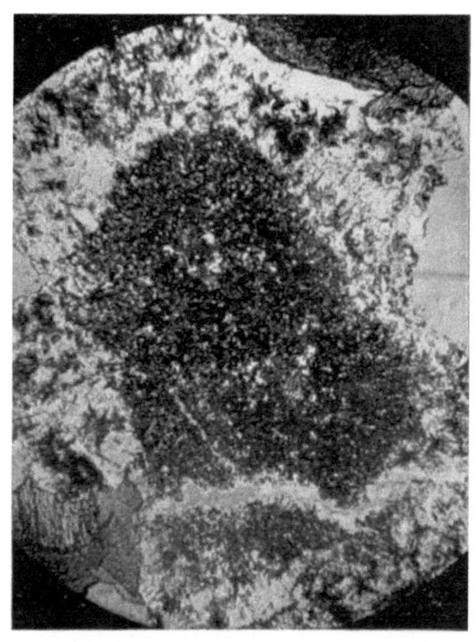

Abb. 74. Gefüllter Plagioklas im Tonalitgneis von Hinter-Lanisch im obersten Liesertal im Gebiet des Hafnerecks. Gewöhnliches Licht. Vergr. zirka 30fach. (Nach Exner.)

wohl nur durch hydatogene Metasomatose auftreten, was man im Gebiet von Predazzo nachweisen kann; dabei muß K_2O-Zufuhr angenommen werden, wie die Verglimmerung der Nepheline (Liebeneritisierung) in den Nephelinsyenitporphyren, der Andesine im Monzonit, der Kalifeldspäte im roten Granit in Predazzos nächster Umgebung beweist. Eine größere Zahl von Analysen müßte aber erst die Abwesenheit von Paragonit (Natronglimmer) in den so verbreiteten Füllungen beweisen, was bisher nur für die grünen Massen im Granit von Predazzo und für den Liebenerit geschehen ist. Ein optischer Unterschied von Paragonit und Muscovit in der Serizitform ist nicht zu finden.

Auf pneumatolytische Neubildung im engsten Bereich von Zinnerzlagerstätten ist die Umwandlung der Granite zu *Greisen* durch Einwirkung von Si, F, B, Li begleitet von W und Sn als fluide Reste von der Granit-Pegmatitbildung zurückzuführen, bei der Feldspat zerstört, Quarz angereichert, Muscovit, Li-Glimmer, Turmalin, Topas gebildet, Kalkstein in Fluorit und Axinit umgewandelt wird (Beispiel die Greisen des Böhmisch-sächsischen Erzgebirges, Zinnwald-Altenberg-Eibenstock).

Karbonatisierung, auch als Kohlensäuremetasomatose bezeichnet, ist auch an der Spilitisierung beteiligt (vgl. S. 62 und S. 192). Karbonatisiert sind vielleicht die Gesteine des Fengebietes, da es noch keineswegs sicher ist, ob die CO_2 durch Metasomatose in den Gesteinsverband eingetreten ist, oder ob nicht doch diese Gesteine im ganzen Mineralbestand, auch im karbonatischen Anteil als Erstarrungsgesteine aus dem Schmelzfluß zu deuten sind. Die Umbildung von Silikatgesteinen an der Erdoberfläche in Karbonate ist eine allgemeine Erscheinung atmosphärischer Verwitterung, deren Produkte nicht als selbständige Gesteine zu bezeichnen sind.

Serpentinisierung (vgl. S. 247) wird nicht als reine Hydrierung bei der Schiefermetamorphose, sondern in vielen Fällen als hydrothermale Kohlensäuremetasomatose gedeutet, wobei aber eine Verlegung dieser Umwandlung in tiefere Zonen nicht viel Wahrscheinlichkeit für sich hat, da das Wasser nicht aus dem an fluiden Stoffen armen Peridotit stammen kann. Die Chloritisierung des Serpentins geht unter Al_2O_3-Zufuhr vor sich, wobei Scherbewegungen die Hauptrolle spielen und es oft zur Bildung von Chloritschiefern kommt. Klinochlorschiefer treten in der äußeren Form von Serpentinen auf, sie sind oft optisch von echten Serpentinen nicht zu unterscheiden.

Als **Propylitisierung** hat man durchaus nicht nur auf Erzlagerstätten beschränkte Metasomatose in der Gefolgschaft von Andesiten und Daziten bezeichnet. Dabei wurden diese Gesteine selbst mehr oder weniger in ein Gemenge von Quarz, Chlorit, Epidot, Alkalifeldspat, Muscovit (als Serizit), Kalzit, Zeolithe und Pyrit umgewandelt, wobei äußerlich besonders das Merkmal der Verquarzung in Erscheinung tritt. — Allerdings kommt es dabei nicht häufig zu Bildungen von Gesteinsgrößenordnung.

Die Systematik der Metamorphite.

Ihr liegt die Zweiteilung in die kleine Reihe der Kontaktgesteine und die große der kristallinen Schiefer zugrunde, deren Abtrennung deshalb nicht immer leicht ist, weil manche Kontaktgesteine ihr ursprüngliches Schiefergefüge erhalten haben, oder infolge nachträglicher, oft ungemein zeitnaher Schiefermetamorphose heute im Gefüge der kristallinen Schiefer vorliegen, was ja auch der häufig gebrauchte Name Kontaktschiefer besagt. Die eine, wenn auch nicht die für die äußere Formung der kristallinen Schiefer maßgebende Komponente der Schiefermetamorphose, die der Temperaturerhöhung ist beiden Reihen gemeinsam.

Die Kontaktgesteine (Thermometamorphite).

Sie sind Produkte der Kontaktmetamorphose, wobei unter Kontakt in einer bewußt einseitigen Anwendung dieser Bezeichnung, die Berührung zweier Gesteine verstanden wird, von denen das eine älter sein muß, das jüngere aus dem Schmelzfluß oder durch Mobilisation irgendwelcher Art (Migmatitfronten aller Arten) entstanden sein muß. Dabei kommt im wahrsten Sinne des Wortes einseitig nur die Wirkung dieses jüngeren Gesteines auf das bereits vorhandene in Betracht, die sehr verschieden stark sein und von Null beginnen kann, wenn beide Gesteine stofflich einander gleichen oder doch sehr nahestehen. Die Stärke der Einwirkung ist vor allem von der Temperaturdifferenz, vom Grade der Verschiedenheit beider Gesteine, von der Geschwindigkeit der Verfestigung des jüngeren Gesteines (Tiefengestein, Ergußgestein), also von der Dauer der Einwirkung abhängig. Nicht die Hitzewirkung allein hat die Wirkung hervorgebracht, sondern nur in Verbindung mit der Zeit. Die Einwirkung der hochtemperierten Ergußgesteine ist geringer als die der langsam erstarrenden niedriger temperierten Tiefengesteinsschmelzen. Bei den ersteren ist sie oft ganz unbedeutend und erreicht hier nur selten Gesteinsausmaß. Die Einwirkung auf Sedimentgesteine ist meist stärker als die auf Erstarrungsgesteine und deren Abkömmlinge, auf Phyllite stärker als auf Paragneise, auf Karbonatgesteine stärker als auf Silikatgesteine. Die Einwirkung von Granit-, Syenit-, Monzonit-, Essexitschmelze ist ziemlich gleich. Daß die Einwirkung granitischer Gesteine am öftesten beschrieben worden ist, hängt mit deren Häufigkeit zusammen.

Man kann eine Zweiteilung der Kontaktgesteine in solche ohne wesentliche Stoffzufuhr, also rein thermisch gebildete, und in solche, die unter wesentlicher Stoffzufuhr pneumatolytischer oder hydrothermaler Art entstanden sind, vornehmen, die aber häufig miteinander verbunden sind. Die zweite Art geht oft allmählich in Metasomatose über, der diese Art der Kontaktbildung auch zugeordnet werden kann, so daß beide in eine Gruppe exogen gebildeter Gesteine zusammengefaßt werden könnten. Von einer solchen Gruppierung nimmt man dermalen aber besser Abstand, weil sie eine Zweiteilung aller Gesteine in endogene und exogene zur Folge haben müßte, die deshalb undurchführbar ist, weil viele Gesteine durch exogene und endogene Prozesse entstanden sind.

Kontaktgesteine ohne Stoffzufuhr.

An drei Beispielen soll diese Art der Kontaktgesteinsbildung gezeigt werden. Das erste sind die Steigerschiefer von Barr und Andlau in den Vogesen (Elsaß), deren Erforschung für alle Zeiten mit dem Namen Rosenbusch verbunden sein wird. Die Umwandlung der dichten, aus Quarz, Muscovit, Feldspatfragmenten, Kaolin, Chlorit und kohlige Substanz bestehenden Tonschiefer durch den Granit äußert sich am weitesten vom Kontakt entfernt, im sogenannten äußeren Kontakthof durch die Bildung der *Knotenschiefer, Fleck-* und *Fruchtschiefer* mit dunkelpigmentierten Flecken, die u. d. M. sich als Pseudomorphosen nach neugebildetem Cordierit erweisen. Näher zum Kontakt hin werden die Schiefer kristalliner, die Schieferigkeit nimmt ab, Muscovitblättchen und Quarz werden mit freiem Auge kenntlich, u. d. M. erkennt man auch Biotit, die Knötchen treten zurück, es bilden sich *Fleckenglimmerschiefer.* Noch näher zum Kontakt verschwinden die Knötchen ganz, das Gestein ist für das freie Auge völlig kristallinisch, stellenweise aber noch geschiefert, es wird geschiefert als *Hornfelsschiefer,* ungeschiefert als *Hornfels* bezeichnet, die manchmal Kersantiten ähneln. Sie enthalten noch Orthoklas, Albit, Cordierit, Andalusit, Granat, auch Staurolith. Manchmal zeigen alle Bestandteile u. d. M. polygonale Umrisse, und man spricht von Hornfels- oder Pflasterstruktur. Anderseits können Andalusit, Granat, Cordierit idiomorph sein.

In anderen Gebieten sind die Kontakthöfe nicht so vollständig entwickelt, Knotenbildungen können fehlen und es tritt sofort Hornfelsbildung auf, wie im Christianiagebiet (Oslogebiet), wo eine Gruppierung der Hornfelse aus Tonschiefern — Mergelschiefern — mergeligem Kalkstein auf Grund der Phasenregel von Goldschmidt durchgeführt worden ist. Er hat die folgenden Bezeichnungen gegeben, wobei von Quarz, Feldspat und Glimmer, als allen eigen, abgesehen worden ist.

1. Andalusit-Cordierit-Hornfels.
2. Plagioklas-Andalusit-Cordierit-Hornfels.
3. Plagioklas-Cordierit-Hornfels.
3. a) Plagioklas- (Biotit-) Hornfels; aus drei durch Absinken des Cordieritgehaltes auf 0 entstanden.
4. Plagioklas-Cordierit-Hypersthen-Hornfels.
5. Plagioklas-Hypersthen-Hornfels.
6. Plagioklas-Diopsid-Hypersthen-Hornfels.
7. Plagioklas-Diopsid-Hornfels.
8. Grossular-Plagioklas-Diopsid-Hornfels.
9. Grossular-Diopsid-Hornfels.
10. Vesuvian-Grossular-Diopsid-Hornfels.

In dieser Reihe nimmt der Kalkgehalt allmählich zu. Andalusit und Diopsid, Andalusit und Grossular schließen sich gegenseitig aus. Nr. 7 bis 10 gehören schon zu den Kontaktgesteinen, unter wesentlicher Stoffzufuhr gebildet (Kalksilikathornfels). Einige auf den Mineralbestand verrechnete Analysen sollen ein Bild von der Zusammensetzung solcher Gesteine geben.

	1	2	3	4	5	6	7	8
Kalifeldspat	34,87	13	5,0	10,0	5	29,9	—	14
Albit	10,24	9	11,3	11,9	47	23,2	26	18
Anorthit	0,40	7	9,4	24,9	7	4,3	25	14
Andalusit	6,94	—	—	—	—	—	—	—
Hypersthen	—	—	1,5	15,0	—	—	—	—
Cordierit	13,81	21	20,5	—	—	—	—	—
Diopsid	—	—	—	—	10	32,0	—	—
Quarz	20,97	22	21,0	13,7	—	2,4	13	22
Biotit	1,00	25	31,0	24,4	29	4,0	21	2
Hornblende	—	—	—	—	—	—	13	24
Kaliglimmer	5,00	—	—	—	—	—	—	—
Rutil	1,32	—	—	—	—	—	—	—
Apatit	1,43	1	0,2	0,2	—	2,1	—	—
Titanit	—	—	—	—	—	1,2	—	2
Magnetkies	1,32	—	—	—	—	—	—	—
Magnetit	—	—	—	—	1	—	1	2
Graphit	1,58	0,5	—	—	—	—	—	—
Kalzit	—	—	—	—	—	0,8	—	2
Wasser	0,66	—	—	—	—	0,1	—	—
	99,54	99,5[1]	99,9	100,1	99	100,0	99	100

1. Andalusit-Cordierit-Hornfels von Gunildrud Eckernsee, aus Phyllograptus-Tonschiefer am Kontakt gegen Natrongranit.
2. Plagioklas-Cordierit-Hornfels, von der Nordseite der Anhöhe Kolaas im Aarvoldstal, von der Grenze Nordmarkit gegen Tonschiefer.
3. Plagioklas-Hypersthen-Cordierit-Hornfels aus der Kontaktzone des Essexites von Sölvsberget gegen untersilurische Ogygiaschiefer (Tonschiefer mit Ogygia dilatata).
4. Plagioklas-Hypersthen-Hornfels an der Ostgrenze des Essexites von Sölvsberget (Hadeland) gegen Ogygiaschiefer.
5. Plagioklas-Diopsid-Hornfels (biotitreich) von Aarvold-Grorud am Kontakt von Nordmarkit gegen Mergelschiefer.

---

[1] Dabei 1% Eisenerze.

6. Plagioklas-Diopsid-Hornfels mit wenig Biotit vom Osthang des Konnerud-Kollen am Kontakt von Granitit gegen Mergelschiefer.
7. Amphibol-Hornfels von Skrukkelien am Flusse Gjödingelv, Kontakt Nordmarkit gegen eine Silurscholle.
8. Amphibol-Hornfels (Sandsteinhornfels) vom Kontakt des devonischen Sandsteines von Konnerud gegen Granitit, äußere Kontaktzone.

Im Gebiet von Stavanger im südlichen Norwegen entstanden am Kontakt von Graniten und Quarzdioriten gegen kambrisch-silurische Phyllite im äußeren Kontakthof Quarz-Muscovit-Chlorit-Granatschiefer mit kleinen neugebildeten Knötchen aus Granat. Näher am Kontakt ist Biotit an Stelle des Muscovites getreten und es sind Albite entstanden, die immer größer werden, Hornblende und Zoisit tritt hinzu, schließlich noch Mikroperthit, der mit Albit Augen, Linsen oder Streifen bildet, im innersten Kontakthof aber entstanden Migmatite.

Am Tonalitkontakt des westlichen Teiles der Adamellogruppe gegen Phyllite und Glimmerschiefer treten in einer zirka 14 km langen Zone vom Val d'Avio bis zum Passo Gallinera im Gebiet der Val Camonica (Oggliotal) Cordierit-Andalusit-Hornfelse auf. Im innersten Kontakthof herrschen Cordierit-Kontaktfelse vor, die bis zu 60 und 70% aus Cordierit bestehen und nach Goldschmidts Nomenklatur Plagioklas-Andalusit-Cordierit-Hornfelse sind, Gesteine, die durch dunkelgraue Farbe und den Seidenglanz ausgezeichnet sind. Ein Plagioklas-Cordierit-Hornfels mit 18% Cordierit, 20% Biotit, 25% Kalifeldspat, 15% Plagioklas, 22% Quarz, Muscovit, Rutil, Turmalin wurde vom Mte. Doja im Adamello beschrieben. Ungeschiefert sind ähnliche Kontaktgesteine am Nordrand der Presanella im Bereich des Tonalepasses bekannt. Deutlich schieferiges Gefüge hat sich z. B. im Rambergkontakt am Harz erhalten; ähnliche Vorkommen liegen in Cornwall, wo sie Cornubianitgneise (vgl. S. 202) genannt wurden.

Kontaktmetamorphite mit Stoffzufuhr.

Diese Gesteine stehen in enger Verbindung mit den Gesteinen der ersten Gruppe, wie die Beispiele vom Oslogebiet und von Stavanger gezeigt haben. Als Musterbeispiel dieser Gruppe gelten die *Kalksilikathornfelse*, Gesteine, die durch SiO_2-Zufuhr aus Karbonatgesteinen (vornehmlich Kalkstein) bis zum restlosen Ersatz der CO_2 durch SiO_2 entstanden sind. Nicht nur schmelzflüssige Gesteinsmassen, sondern auch Migmatitfronten erzeugen am Rande ihres Wirkungsbereiches derartige Gesteine.

Am Kontakt von Gangdiabasen (hypabyssische Diabase), die allerdings keine bedeutenden Ausmaße erreichen können, unterscheidet man im äußeren Kontakthof Knotenschiefern ähnliche *Spilosite*, näher am Kontakt die *Desmosite*, deren Flecken sich zu Bändern zusammenschließen und durch Sammelkristallisation stärker kristallin sind. Muscovit, Chlorit und Albit sind neugebildet worden. Zunächst am Kontakt liegen die *Adinolen*, dichte Hornfelse, ein feinkörniges Gemenge von allotriomorphem Quarz und Albit mit wenig Aktinolith, Epidot, Leukoxen. Solche Vorkommen kennt man u. a. vom Harz (Allrode, Mägdesprung, Hasselfelde), Saargebiet, Moselland, vom nördlichen Odenwald, Ruhrtal (Kuhlenberg, Silbach), bei Brest, Tal des Michiganflusses. Pneumatolytische Beeinflussung bringt F, Li, B ins Nebengestein, es bilden sich Turmalin, Topas, Fluorit, Lithionglimmer, Beryll, es entstehen Topasfels (Schneckenstein bei Gottesberg in Sachsen), Fluoritfels usw., doch erreichen solche Bildungen nur selten das Ausmaß von Gesteinen. Man hat derartige *perimagmatische*, besonders durch die Wirkung fluider Bestandteile und heißer Lösungen aus der Schmelze entstandene und *apomagmatische* Bildungen aufsteigender Lösungen, die mit Schmelzlösungen usw. im Zusammenhang stehen. also hydrothermale Bildungen, unterschieden.

Die Beeinflussung von Karbonatgesteinen, vornehmlich Kalksteinen und Dolomiten, ist graduell sehr verschieden von der sich im wesentlichen in Kornvergrößerung durch Sammelkristallisation äußernden *Marmorbildung* bis zur Bildung von CO_2-freien Kalksilikathornfelsen. Bei schwächerer Beeinflussung ist zu entscheiden, ob der verhältnismäßig geringe Bestand der Marmore an Silikatmineralien aus Karbonatgesteinen selbst stammt, also nur Thermometamorphose vorlag oder ob Zubringung vorliegt, wenn man über analytische Untersuchungen von unverändertem Ausgangsmaterial verfügt. In Faltengebirgen ist sehr oft Kontaktmarmor von Schiefermarmor (vgl. S. 252) nicht zu unterscheiden. In Kalksteinen neugebildete Silikate, wie Augit (Diopsid), Hornblende, Glimmer, Plagioklas, Skapolith. Titanit, können daher auf verschiedene Weise entstanden sein. Die mineralische Zusammensetzung der Kalksilikathornfelse ist mannigfaltig. Neben Cl, F, B, P enthaltenden Mineralien, Datholit, Axinit, Phlogopit, Skapolith, Apatit, Fluorit, oxydischen Mineralien, wie Spinell, Magnetit, Periklas, Brucit, sind es die Kalksilikate Wollastonit, Grossular (Andradit), Augit (vor allem Diopsid), Tremolit-Aktinolith, Epidot. Zoisit, Vesuvian, Gehlenit, Anorthit, Olivin-Forsterit, Monticellit, Brandisit, die ganze Reihe der Kontaktmineralien, von denen allerdings nur ganz wenige, wie der Vesuvian und Wollastonit als halbwegs *spezifisch* für Kontakte gelten können.

Eisenreiche Karbonatgesteine am Kontakt mit sauren Tiefengesteinen, in Verbindung mit kontakt-pneumatolytischen Lagerstätten enthalten als Hauptmineralien Kalkeisengranat (Andradit), Hedenbergit, Diopsid (Kalkeisenklinaugit), begleitet von Aktinolith-Tremolit und gemeiner Hornblende. Für solche Bildungen ist der schwedische Bergmannsausdruck *Skarn* in die Petrologie eingeführt worden, sie sind im Raum aber stets beschränkt und kaum als Gesteine zu werten. Man kennt sie u. a. aus dem Christianiagebiet und im mittleren Schweden, Vaskö-Dognaczka im Banat, San Piero auf Elba, Conception del Oro in Mexiko, Clifton-Morenci-Distrikt in Arizona. Bei Quarzsandstein wird das tonige oder kalkige Zement zu Hornfels, es bilden sich Quarzite, die oft von Schieferquarziten (vgl. S. 224) nicht zu unterscheiden sind. Als Beispiele von Kontaktgesteinen am Tiefengesteinskontakt gegen Kalkstein, Dolomit und tonig-mergeligen Einlagerungen können die berühmten Kontaktbildungen durch den Monzonit im Gebiete von Predazzo-Monzoni erwähnt werden. An Silikaten arme Kontaktmarmore, mit den allerdings durchaus nicht immer vorhandenen Merkmalen der ungleichmäßigen Verwachsung der Körner, enthalten stellenweise Brucit und werden dann bei weißer Farbe als „Predazzit" bezeichnet, der z. B. ober den Canzoccoli im Westen von Predazzo, Val Viezenna am Mte. Mulatto, unter der Coronella im Massiv der Malgola, oberhalb des Le-Selle-Sees am Monzoni gebrochen worden ist, der sehr grobkörnig die ganze Pta. Allochette im Monzonistock bildet. Grauer feinkörniger „Pencatit", besonders von der Malgola, enthält sekundär aus Bruzit entstandenen Hydromagnesit. Näher am Monzonit treten Kalksilikathornfelse der verschiedensten Art und Farbe auf; neben überwiegend dunkelgrünen einfarbigen gibt es solche mit farbiger Bänderung, braun, gelb, rot, violett, die stellenweise noch Karbonatsubstanz enthalten. An wenigen Stellen kam es in dem an Kontaktmineralien so reichen Gebiet zu anderen wirklichen Kontaktgesteinen, wie etwa dem Vesuvianfels im Tovo di Vena. Ähnliche Bildungen kennen wir auch von Vaskö-Dognaczka. Besonders am Monzoni kam es zur Bildung von Fassaitfels (grüner Augit). Über andere Kontaktgesteine wird im Zusammenhang mit kristallinen Schiefern einiges mitgeteilt werden (z. B. Diopsidfels, Granatfels).

Den meisten Granitgneisgebieten fehlen größere Kontaktgesteinsbildungen, denen der Alpen ebenso wie den meisten varistischen granitischen Gesteinen. Sie sind offenbar bei zu niedrigen Temperaturen entstanden oder geformt. Dort, wo wir an Granitgesteinen (Orthogneisen) größere Kontaktwirkung beobachten, können wir auf Bildung aus dem Schmelzfluß bei höheren Temperaturen schließen. Zahlreich sind dagegen im gesamten Alpenraum voralpidische Kontakte der vorwiegend peridotitischen Ausgangsgesteine der Ophiolithe, Bildungen aus höher temperierten Schmelzen in der vorvaristischen und der mesozoischen voralpidischen Geosynklinale, besonders in der voralpidischen Geosynklinale gegen Kalkglimmerschiefer und Phyllite, die aber nur an wenigen Stellen Gesteinsumfang erreicht haben, wie die Diopsidhornfelse, Diopsid-Vesuvianhornfelse, Diopsid-Aktinolithfelse und die seltenen Vesuvianfelse, die wir z. B. an der Goslerwand, Eichham-Südwestwand, Dorfertal beim Islitzfall, Enzingerboden und an den Totenköpfen im Stubachtal (hier tektonisch verfrachtet), Ochsner- und Rotenkopf im Zemmgrund, Burgumeralpe an der Nordseite der Wildkreuzspitze, Pietre Verdi in den penninischen Alpen usw. finden. Manche dieser Mineralisationen können aber auch Reaktionen im festen Zustand an ursprünglichen und tektonischen Kontakten sein.

Die von manchen Stellen beschriebenen kontaktmetamorphen Veränderungen an Erstarrungsgesteinen oder gleich zusammengesetzten kristallinen Schiefern geringen Ausmaßes können zumeist auch anders erklärt werden. Schwer zu entscheiden ist die Frage, wie zeitgleiche Einwirkung von Kontakt- und Schiefermetamorphose sich auswirken muß. Die kräftigere und vor allem umfassendere, auf größere Erstreckung wirksame Schiefermetamorphose wird wohl häufig die Wirkungen der Kontaktmetamorphose, der die wirksame Druckkomponente fehlt, überdecken. Einer Annahme, daß im Zusammenwirken beider auch bedeutendere Teile in größerer Tiefe von Faltengebirgen geformt worden sein können, wie dies zuerst W e i n s c h e n k allerdings in viel zu weitem Ausmaße angenommen hat, ist kaum etwas Stichhaltiges entgegenzusetzen. Der eine Zeitlang viel diskutierte Erscheinungskomplex, der *Intrusions-* bzw. *Injektionsmetamorphose,* umfaßt naturgemäß auch Kontaktmetamorphose, die am Rande auf- und eindringender Schmelzmassen entstehen kann. Im Wirkungsbereich aller synorogenen Intrusionen von größerem oder kleinerem Ausmaße liegt alles das, was die Forschung von der Bildung granitisch-dioritischer, zumeist geschieferter Gesteine im Lauf der Abwandlung und Veränderung dieser Vorstellungen angenommen hat. Intrusionsmetamorphose umfaßt daher alle Vorgänge der Bildung saurer Gesteine in den oberen, zum Teil aber auch tieferen Horizonten der Gebirge, angefangen von der Platznahme größerer Schmelzmassen bis zu den feinsten aplitischen und pegmatitischen Gängen und Durchäderungen; von der Granitisation bis zur letzten Wirkung der Arteritbildung, der Vorstufe der Granitisation im Sinne aufsteigender Migmatitfronten, von der Assimilation bis zur Migmatitbildung im weitesten Sinne dieses Begriffes, einschließlich der Einschmelzung von basischem Material auch von Sedimentgesteinen bis zur Durchtränkung anderer Gesteine, die zur Bildung von Lagengneisen, sogenannten mineralreichen Glimmerschiefern und schließlich zu Stoffwanderungen und Metasomatosen mancher Art geführt haben. Die Mächtigkeit der Injektionsmasse sinkt bis zur makroskopischen Unsichtbarkeit herab, sie kann verästelt, sie kann zusammenhängend, selten unterbrochen sein, sie kann Linsen und abgerissene Flatschen bilden, sie kann gleichmäßig feinkörnig, seltener grobkörnig sein. Am Salband (Rand) feinkörniger Adern können größere Kristalle, besonders Kalifeldspäte oder Biotit auftreten; solche Durchäderungsgesteine können manchmal eigene, denen des Wirtsgesteines nicht entsprechende Fältelung zeigen, denn die Fältelung kann vor, während oder nach der Schieferung entstanden sein. Alle diese Erscheinungen von echter Erstarrung unter Druck, Kontaktmetamorphose, Restlösungs- und juvenile Tiefensaftmetasomatose (Granitisation-Transformismus) vereinen sich zu einem großen Komplex, dessen Haupterscheinungsform in das Bereich des häufigsten aller kristallinen Schiefer führt, den wir mit dem sprachlich unergründbaren Namen Gneis bezeichnen.

Die kristallinen Schiefer.

Ihre Einteilung folgt der Reihung der Erstarrungsgesteine nach der Basizität, nur wird hier mit den sauersten Gesteinen begonnen, neben denen alle anderen im Mengenverhältnis noch mehr zurückstehen als die anderen Erstarrungsgesteine gegenüber dem Granit. Die Zweiteilung in Ortho- und Paragesteine wird deshalb nicht in den Vordergrund gestellt, weil sie vielfach undurchführbar, die Zahl der willkürlich placierten Gesteine zu groß wäre, zudem die Erkenntnis, daß ein beträchtlicher Teil der Orthogneise sedimentogenen Ursprungs sein kann, diese Zweiteilung für die Grundlage einer Systematik ungeeignet erscheinen läßt. Die Bezeichnungsweise der kristallinen Schiefer ist vollkommen willkürlich, für ein und dasselbe Gestein nicht einheitlich, da je nach Gebrauch bald die Zusammensetzung, bald die lokale Verbreitung wichtiger erscheint. Namen können auf die Abstammung Bezug nehmen (Granitgneis, Gabbroamphibolit, Diabasschiefer, Konglomeratgneis), auf hervortretenden Mineralbestand (Granatglimmerschiefer, Graphitphyllit, Glaukophanschiefer), auf andere hervorstechende Eigenschaften (Grünschiefer, Glanzschiefer, Fleckamphibolit, Augengneis), unabsehbar aber ist die Fülle von durchaus nicht immer charakteristischen Lokalnamen (Gföhler Gneis, Tessiner Gneis, Renchgneis).

Die Familie der Gneise.

Sie ist genau genommen eine Vereinigung mehrerer Familien, wie Granitgneis, Syenitgneis, Dioritgneis, Tonalitgneis, Quarzdioritgneis, zusammenfassend Granitodioritgneis. Eine Abtrennung kleinerer Familien wäre aber noch schwieriger und genetisch unbegründbarer, als dies bei den Tiefengesteinen der Fall ist.

Die Unterteilung der Gneise in Übereinstimmung mit der der Granite in Biotitgneise, Zweiglimmergneise, Muscovitgneise, Hornblendegneise, Augitgneise, Hypersthengneise, Riebeckitgneise, Arfvedsonitgneise, Aegiringneise. Nephelingneise ist immer noch im Gebrauch, ohne daß damit aber gesagt ist, daß z. B. Biotitgneis, Augitgneis ein Abkömmling der betreffenden Granitart sein müsse, wenn auch die meisten dieser Bezeichnungen für Orthogneise angewendet werden. Für Paragneise fehlt jede geordnete Bezeichnungsgrundlage, so daß fast in jedem Einzelfall angegeben werden muß, daß es sich — sehr oft nur vermutlich — um ein Paragestein handelt, während doch für viele Orthogneise der gewählte Name schon die mutmaßliche oder gesicherte Herkunft kundtut. Viele Biotitgneise sind Paragneise. Es beruht der genetische Unterschied zwischen einem Paragneis und einem durch Granitisation aus Sedimentgesteinen entstandenem Orthogneis, der sich der Zusammensetzung nach in jeder Weise granitisch erweist, nur darauf, daß der Paragneis ohne metasomatische Einwirkung, nur durch Schiefermetamorphose aus dem Sedimentgestein entstanden sein kann.

Wie beim Granit sind die Hauptbestandteile der Gneise Quarz, Feldspat und Glimmer, auch die Nebenbestandteile sind die gleichen. Hinzu treten als Übergemengteile außer den dunklen Bestandteilen der Granite, wie Hornblende, Augit, Turmalin, Titanit, Orthit, echte Schiefermineralien, wie Granat, Cordierit, Sillimanit, Disthen, Staurolith, Chlorit, Epidot, Zoisit, die besonders in Paragneisen so in den Vordergrund treten, daß sie namengebend werden können. Kalifeldspäte sind Orthoklas, weit häufiger u.d.M. nicht immer deutlich sichtbar gegitterter Mikroklin, oft in großen Karlsbaderzwillingen, oft an den Ecken und Kanten gerundet (Augengneis), oft Mikroklin-Perthit und Mikroperthit, auch Antiperthit. Vielfach bildet Kalifeldspat ein gleichgroßes, allotriomorphes Gemenge mit Quarz, der, von Feldspat umwachsen, ihn auch ausheilend, ab und zu Spuren von Idiomorphismus zeigt. Quarz bildet viel seltener als Kalifeldspat Porphyroblasten und Holoblasten, häufiger hat er feines Korngefüge, u. d. M. von gleicher oder verschiedener Auslöschung innerhalb kleinerer oder größerer Bereiche. Die Menge des Plagioklases (Albit bis Andesin), seltener und mit geringeren Differenzen als bei den Tiefengesteinen zonar gebaut, manchmal in verkehrter Abfolge, innen saurer, nach außen zu basischer (inverser Zonenbau), wächst mit zunehmenden farbigen (dunklen) Bestandteilen bis zum Fehlen von Kalifeldspat (Dioritgneise). Die Zwillingslamellierung ist oft geringer als bei den Graniten. Albit ist manchmal linsenförmig entwickelt; er fehlt sehr häufig, überwiegt er aber, dann bezeichnet man das Gestein als Albitgneis; manchmal tritt er auch in zwei Generationen auf. Schwarzer, brauner, seltener grüner Biotit bildet teils rundliche, sehr selten idiomorphe Blättchen, oft Putzen (Flatschen) und zusammenhängende Partien. Er ist oft so deutlich in *s* eingeregelt, daß man an solchen Gesteinen mit freiem Auge die Schieferung sofort erkennt, die andernfalls erst das Mikroskop enthüllt; manchmal liegt der Biotit in Querlage zur Schieferungsebene. Chemisch ist er zumeist eisenreicher Lepidomelan oder steht ihm nahe, manchmal ist er reich an Rutilnädelchen. Muscovit ist viel häufiger als in Tiefengesteinen; er ist schuppig, blätterig, flatschenartig, ebenso eingeregelt wie der Biotit, noch mehr zusammenhängend als der Biotit, mit dem er oft verwachsen ist.

Das Gefüge, vielfach durch die Anordnung der Glimmer bedingt, hat oft ohne Rücksicht auf Zusammensetzung und vermutete Entstehung zur Namengebung geführt. In *körnigem Gneis* berühren sich die Glimmerindividuen nicht, Parallelgefüge tritt weniger deutlich hervor. Kontinuierliche Glimmerflasern charakterisieren den *Flasergneis*, zusammenhängende Häute den sogenannten *schieferigen Gneis,* der das Schiefergefüge besonders deutlich zeigt, abwechselnde, wenn auch manchmal sehr dünne Glimmerlagen oder glimmerreiche Lagen und glimmerarme Lagen den *Lagengneis*, größere einsprenglingsartige Porphyroblasten oder Holoblasten bei verschiedenartigem Gefüge der Hauptmasse den *Porphyrgneis*, bei gerundeten Ecken der großen Kristalle *Augengneis* genannt. Die letztere Art kann aus por-

phyrisch struiertem Ausgangsgestein entstanden sein, die Porphyroblasten
können aber als Holoblasten im neugebildeten Gesteinsgefüge entstanden
oder durch Stoffzufuhr gewachsen sein. Sie bestehen vornehmlich aus Feldspäten, besonders aus Kalifeldspat, seltener aus Quarz oder Plagioklas.
Feinkörnig dichte Gneise werden auch Feinkorngneise oder dichte Gneise
(Cornubianitgneise) genannt, ihnen stellt die neuere ostalpine Geologie Grobgneise (Oststeiermark-Mürztal) gegenüber.

Granit und Gneis. Es wäre ungerechtfertigt, wollte man annehmen,
daß alle Gneise, nicht nur die Paragneise, sondern auch alle Orthogneise
sedimentogenen Ursprunges seien, daß die letzteren ausschließlich durch
Granitisation, also metasomatisch (durch „Transformation") gebildet worden seien. Für sehr viele Gneise muß dies aber angenommen werden, wie
schon bei Granit (vgl. S. 33 und S. 126) dargelegt worden ist. In tieferen
Teilen von Faltengebirgen sind Granitgneise auch durch Aufschmelzung von
Geosynklinalsedimenten, darunter auch von Gesteinen angenähert granitischer Zusammensetzung und durch Auskristallisation unter Druck, sei es
der gesamten auf- und ausgeschmolzenen Masse oder nach erfolgter orogenetischer Aus- und Abquetschung, zu parallel struierten Granitgneisen
oder zu Graniten geworden, Gesteinen, die mit Graniten identifiziert werden können und sich nur durch das Parallelgefüge mancher Bestandteile
vom normalkörnigen, ohne Beeinflussung durch gerichteten Gebirgsdruck
entstandenen Granit unterscheiden. Teile des Venedigergranodiorit(tonalit)-
gneises dürften z. B. so entstanden sein. Solche Granitgneise oder „Gneis-
granite" unterscheiden sich durch Gleichförmigkeit größerer Massen, manchmal auch durch das Auftreten von ihnen zuzuordnenden Ganggesteinen
von Granitgneisen, die durch Granitisation (Transformismus) entstanden
sind. Diese letzteren sind abwechslungsreicher, oft so abwechslungsreich
(„unruhig"), daß die Annahme gemeinsamer Bildung aus dem Schmelzfluß,
gemeinsamer Druckbeanspruchung und gemeinsamer Metamorphose desselben Ausgangsmateriales ausgeschlossen werden muß, wie dies u. a. für
große Teile der Tauern-Zentralgranit(tonalit)gneise und für den moldanubischen Gföhler Gneis des Varistikums und viele andere Granitodioritgneise
angenommen werden kann. Ihr mannigfaltiger Formenreichtum kann nur
durch die Verschiedenheit des metamorphosierten Ausgangsmateriales
erklärt werden.

Zu einer auch nur einigermaßen klaren Vorstellung von den Ursachen
des Zustandes, in dem uns derartige Gesteine heute entgegentreten, können
wir nur dann kommen, wenn wir aus der Beschaffenheit der Bestandteile
und des Gefüges die Wirkungen der zuletzt mitgemachten orogenetischen
Einwirkung und der dadurch erfolgten Metamorphose feststellen können,
denn diese Merkmale müssen sich am deutlichsten erkennen lassen. Nur
wenn sich ein Gestein einer jüngeren Orogenese oder Teilorogenese gegenüber verhältnismäßig passiv verhalten hat, werden wir auf früheren Zustand, auf frühere Beeinflussung rückschließen können. Ein solcher Rückschluß ist zumeist nicht leicht. In sehr vielen Fällen werden wir auf Relikte proterogener Mineralbestandteile und älterer Gefügespuren angewiesen
sein, die schwer zu ergründen sind. In vielen Gebieten, dem größten Teile
der Alpen und des Varistikums, sind solche Untersuchungen noch aus-
ständig, die von Eskolas Fazi03slehre ausgehen könnten. Es stehen dabei
die Erfahrungen der Forscher Skandinaviens von Sederholm bis Backlund, Wegmann und Reynolds aus den ältesten Schichten Skandinaviens zu Gebote. Aber wir dürfen diese Erfahrungen nicht ohne weiteres

auf die Verhältnisse im Varistikum oder in den Alpen anwenden, denn wir kennen den Zustand der meisten paläozoischen Gesteine der Alpen nach der varistischen Orogenese ebensowenig wie ihre geologische Lage zu dieser Zeit. Die alpidische tertiäre Orogenese bzw. die Summe der Teilorogenesen dieser langandauernden Bewegungszeit kann nicht nur die Lage, sondern auch den Zustand dieser Gesteine weitgehend verändert haben. Nur die Summe vieler Einzelbeobachtungen kann zur Klärung der Verhältnisse beitragen. Besonders schwierig sind die Altersverhältnisse Granit : Gneis zu klären, denn es besteht kein Zweifel, daß bei gemeinsamen Vorkommen, und das ist der häufigere Fall, Granit älter, jünger und gleich alt wie der Gneis sein kann. Ihr Zusammenvorkommen kann genetisch bedingt sein, denn aus einem Granitisationsgneis kann unter günstigen P/T-Bedingungen bei fortschreitender Granitisation ein Granit werden, Randpartien anatektisch aufgeschmolzener und als Erstarrungsgranite wieder auskristallisierter sialischer Anteile können Gneisgefüge erhalten haben, das ein Fließgefüge, aber auch ein Druckgefüge sein kann; diese Gneise können ab und zu der Menge nach vorherrschen und nur geringe Anteile können zu rein körnigem Granit geworden sein. Ihr Zusammenvorkommen kann tektonisch bedingt sein, ihre Grenzen tektonische sein, aber nicht an allen Stellen dieser Grenzen muß es zur Bildung von Tektoniten (z. B. Myloniten) gekommen sein. In einem solchen Fall ist große Altersnähe ebenso möglich wie großer Altersunterschied. Ihr Zusammenvorkommen kann ein zufälliges sein, ein anatektischer palingener Diapirgranit kann aus der Tiefe in einen älteren Gneis injiziert sein, ohne daß es bei der verhältnismäßig raschen Abkühlung und bei der Gleichartigkeit der Bestandteile beider Gesteine zu kontaktmetamorpher Einwirkung und Umbildung zu kommen braucht. Granit und Gneis können einander so nahe wie nur möglich, aber auch ebenso ferne stehen.

Vorkommen. Aus der enormen Masse der Gneise sollen nur einige wenige Beispiele, vornehmlich aus den Ostalpen und dem Österreichischen Waldviertel hervorgehoben werden.

Fast alle Arten der Zugehörigkeit zu Tiefengesteinen und des Gefüges vereint der nur stellenweise in einzelne Abarten aufzulösende überaus mannigfaltige Riesenkomplex der *Zentralgranitgneise* (Zentralgranitodioritgneis) im Penninikum der Hohen Tauern, Gesteine, die in verschiedener Art ihre letzte syntektonische Umprägung oder Ausbildung bei der alpidischen Orogenese erhalten haben, die innerhalb ihrer langen Bildungsdauer keineswegs zeiteinheitlich gewesen sein kann. Zweifellos ist auch Genesis und Ausgangsmaterial durchaus verschieden gewesen, anders wären die stellenweise auf engstem Raume verschiedenen Ausbildungsformen dieses im Habitus fluktuierenden Gesteinskomplexes kaum zu erklären, da jedenfalls die Art der Metamorphose und der orogenetischen Beeinflussung nicht in so kleinen Bereichen geschwankt haben kann. Nur die Annahme mehrerer synorogener Migmatitfronten, bei denen Piezokristallisation, anatektische Aufschmelzung großen Ausmaßes, Ichorese, lokal in verschiedenem Ausmaße beteiligt waren, kann den beobachteten Tatsachen gerecht werden. Als Ausgangsgesteine kann man Sedimentgesteine, ebenso wie Erstarrungsgesteine und kristalline Schiefer, älterer, wohl paläozoischer Bildung, annehmen. Während bedeutende Mengen der Zentralgranitodioritgneise durch Granitisation (Transformismus) entstanden sein dürften, ist es doch wahrscheinlich, daß manche Teile dieser Gesteine durch Anatexis aus dem Schmelzfluß auskristallisiert sind, z. B. im tiefsten aufgeschlossenen Hori-

zont des Penninikums, die auf größere Erstreckung verhältnismäßig ein-
förmigen lichten Tonalitgneise des zentralen Großvenedigers. Zweifellos

Abb. 75. Zentralgranitgneis-Berge: Grat Sonnblick—Hocharn (Hochnarr) in den Hohen Tauern.

Abb. 76. Gratzacken aus Zentralgranitgneis: Kesselkogel—Dreifaltigkeitskopf im Kamm zwischen
Habachtal und Untersulzbachtal (von der Habachseite aus).

verdanken die Periadriatika (z. B. Adamello) (vgl. S. 109) in orogenetisch
schwächer erfaßten Teilen der Alpen, vor allem an der Grenze gegen die
Südalpen, den gleichen Mobilisationen ihre Ausbildung als Tiefengesteine.
In den Hohen Tauern gibt es keine ungeschieferten Granite, nirgends ist die

Granitisation soweit, unbehindert von gerichtetem Partialdruck, fortgeschritten, nirgends konnten saure anatektisch gebildete Schmelzen ohne Parallelgefüge auskristallisieren, der sialische, synorogene Plutonismus (Stille) erzeugte nur Gneise. Nirgends aber ist im weiten Gebiet der Hohen Tauern im Bereich der alpidischen Orogenese ein Differentiationsablauf vom gabbroid-basaltischen Gestein bis zum granitischen Gestein zu beobachten. Die Amphibolite der Hohen Tauern sind ältere Bildungen eines in-

Abb. 77. Die Legbachscharte auf der Habachseite des Kammes zwischen Habachtal und Hollersbachtal. Links Zentralgranitgneis, rechts feinkörniger Amphibolit. An der Grenze in der Scharte ein zum Turm ausgewitterter Quarzgang; rechts im Bild Talkschieferfelsen.

itialen Vulkanismus als mesozoische Ophiolithe der alpinen Geosynklinale oder der paläozoischen varistischen Gebirgsbildung im Alpenraum. Sogenannte seltene Mineralien fehlen den wenigen pegmatitischen Bildungen und den stellenweise reichlichen aplitischen Durchäderungen mit Albitapliten mit Ausnahme von spärlichen Mengen blauer Berylle in jenen und grüner Smaragde an einer Stelle im Bereich dieser. Vererzungen im Gefolge der Zentralgranitodioritgneisbildung führten zwar in der unmittelbaren Nachbarschaft und selten im Gestein selbst zur Bildung von sulfidischen Lagerstätten, aber meist nur in schmalen Gängen, die nur an wenigen Stellen in größeren Mengen auftreten. Die Annahme, daß weitentlegene sulfidische Vererzungen mit der Bildung des Zentralgranitgneises der Hohen Tauern zusammenhängen, hat nur dann die Graduierung einer möglichen Annahme, wenn die oft behauptete Übereinstimmung zentralgelegener Granitgneismassen im tektonischen Ostalpin anders als durch die geologische Position glaubhaft gemacht werden würde. Aber am genetischen Zusammenhang der Bildung der Zentralgranitgneise, wie immer man diese annehmen mag, mit der Mineralfüllung der Klüfte in den Hohen Tauern vom Hafnereck im Osten bis zur Brennerfurche im Westen kann nicht gezweifelt werden. Der Mineralbestand des Zentralgranitodioritgneises der Hohen Tauern, wie er zusammenfassend für ein großes Gebiet bis heute nur aus dem Venedigergebiet bekannt ist, das alle auch in anderen Teilen auftretende Variationen umfaßt, ist: Quarz, Orthoklas, Mikroklin, Oligoklas-Andesin, Albit, Biotit, Muscovit und Serizit, Chlorit, Zoisit, Epidot, Orthit, Zirkon, Apatit, Pyrit, Magnetkies, Titaneisen, Rutil, Titanit, Kalzit als primäre Mineralbildungen. Auch die häufig zu beobachtende Füllung der Plagioklase mit Muscovit-Zoisit-Epidot ist stellenweise bei der Gneisbildung selbst, also parakristallin entstanden (Weinschenk, Exner). Ein nicht unbeträchtlicher Teil aller Abarten zeigt stellenweise stärkere, meist allerdings schwächere postkristalline Deformation, die stellenweise bis zur Mylonitisierung fortgeschritten ist. Nach der Mineralverteilung ist ein nicht unbeträchtlicher Teil dieses Gesteinskörpers als Tonalitgneis (Quarzdioritgneis), zum Teil auch als Syenitgneis entwickelt, deren Verbreitung erst zusammenfassende Untersuchungen feststellen können, sowie denn auch erst dermalen in Angriff genommene Untersuchungen die Möglichkeit der Feststellung genetischer Verschiedenheiten in der Bildungsart an einzelnen Stellen ergeben werden. Häufig sind sehr grobkörnige, stellenweise porphyrische Gneise (Prossau, Radhausberg, Habachtal, Krimmlertal), seltener feinkörnige Ausbildungsformen. Granitnahe (Fastgranite) Abarten wechseln mit stark geschieferten ab, die nicht selten Augengneise sind. Biotitgneise, teils sehr arm an Biotit, teils recht reich daran sind häufiger als Zweiglimmergneise. Tonalitgneise sind im westlichen Teil der Hohen Tauern, besonders aber im zentralen Teil sehr häufig, nehmen aber gegen Osten zu ab (Sonnblick-Ankogel-Hochalm). Weit seltener sind als Syenitgneise gedeutete Glieder (Mallnitz-Lonzahöhe, Radhausberg, Naßfeldertal bis Woigstenköpfe), die allerdings von Tonalitgneisen nur schwer abzutrennen sind. Daß aber die Erkenntnis Weinschenks, daß die hydrierten Mineralien, Zoisit, Epidot, Chlorit im Sinne der synorogenen Bildung und Formung des Gneises primär sind, ist durch neuere Untersuchungen eindeutig bestätigt (Kölbl, Exner). Auch primäre Kalzitbildung ist festgestellt worden. Ein Teil solcher Gneise ist epizonal geprägt worden; ihr Mineralbestand ist bei der Metamorphose, für die wohl Transformismus angenommen werden muß, zur Gänze neugebildet. Im Bereich des Granitisationshofes im Radhausberg bei Gastein-Böckstein im sedimentogenen Glimmerschiefer der Woigstenmulde, der Hülle des Gneiskernes, ist eine alpidische, holoblastische Albit-Sprossung nachgewiesen worden, die über alpidische Mikroklin-Sprossung zum granitischen Inneren des Granitgneiskernes überleitet. Das alpidische Wachstum kleiner Feldspataugen ließ sich vom sedimentogenen Glimmerschiefer bis zum Riesenaugengneis des granitischen Gneiskernes petrographisch nachweisen. Das alpidische, epizonale Wachstum von Mikroklin-Holoblasten konnte besonders im Unterbaustollen nachgewiesen werden (Exner). Der Zentralgranitodioritgneis bildet den größten Teil des Tuxer Kammes, des als Zillertaler Alpen bezeichneten östlichen Teiles der Hohen Tauern, darunter Olperer, Fußstein und Schrammacher, weiter gegen Osten den Riffler, die Gefrorene Wand, im Hauptkamm den Weißzint und Hochwart (nicht aber den höchsten Berg der Zillertaler, den Hochfeiler), dann das Mösele, Feldkopf (Zsigmondyspitze), Mörchner, Schwarzenstein, Turnerkamp, Großer Greiner, Löffler, die gesamte Reichenspitzgruppe (mit Reichenspitze und Wildgerlosspitze), den Großvenediger mit seinen Trabanten (aber weder Großglockner noch Wiesbachhorn), die Granatspitze, den Sonnblick, Ankogel, Hochalmspitze, Säuleck und Hafnereck, um nur die wichtigsten Hauptgipfel zu nennen.

Die Granitgneise der Gleinalm, des Ammeringkogel, der Koralpe, die grobkörnigen Mürztaler „Grobgneise" (Birkfelder Granit) und die Gneise des Wechsels u. a. in Kärnten, von manchen in eine dem Tauerngneis ähnliche geologische Position gestellt, sind mineralogisch anders gebaut. Andere ostalpine Gneise sind unter vielen anderen die der Ötztaler-Stubaier (z. B. Wennser Gneis, Glockturnkamm), die Schladminger Gneise, die vielleicht paläozoischen Sekkauer-Bösenstein-Gneise[1], die sogenannten „Alten Gneise" im Süden der Hohen Tauern und in deren Vorlagerungen, wie z. B. die manchem Zentralgranitgneis der Tauern petrographisch recht ähnlichen Antholzer Gneise nördlich von Brunneck, deren „Alter" aber keineswegs feststeht[2].

In Aussehen und Zusammensetzung und vielleicht auch im Alter steht Tauerngneisen der tektonisch gleichgestellte Monte-Rosa-Gneis sehr nahe, aber auch die beiden großen Granitgneisarten im Gotthardfächer, der Gamsbodengneis und der granitnahe Fibbiagneis (auch Gotthardgranit genannt), der Medelser-Protogingneis, Cristallina-Granodioritgneis, der Antigorio- und der Tessiner Gneis, die tektonisch tiefsten Gesteinsmassen der penninisch-lepontinischen Alpen. Der dem letzteren zugehörige Granitgneis der Levantina ist nach neuesten Untersuchungen ein alpidisch geprägter Migmatitgneis, während der für älter gehaltene Cenerigneis, reich an fremden Einschlüssen, aus dem nördlichen Teil des Seengebietes im südlichen Tessin ein durch Granitisation entstandener Migmatitgneis ist (Reinhard). Nach Wenk sind die Tessiner Gneise alpin geprägt, die Granite dieses Gebietes spätalpin. Der auch als Zentralgranit bezeichnete Aaregranit mit seinen Varianten bis zum schieferigen Gneis („hundertfältig" hat ihn Albr. Heim genannt) gleicht in vielen seiner Formungen Tauerngneisen. Den Aaregneisen (-graniten) und Gotthardgraniten gleichen die Montblanc-Granit-Protogingneise (vgl. S. 121), alle drei gelten als autochthone Zentralmassive. Die überwiegende Zahl dieser Gesteine sind Biotitgneise.

Eine gewisse zentrale Position kommt auch dem paläozoisch geformten moldanubischen *Gföhler Gneis* (Gföhl, nördlich von Krems) des varistischen Waldviertels zu, dessen Hauptvorkommen von Dürnstein 25 km nördlich bis Wegscheid am Kampfluß reicht, der aber im nördlichen Teil des Dunkelsteiner Waldes seine Fortsetzung hat und bei Aggstein auf das nördliche Donauufer übertritt. Er besteht der Hauptsache nach aus mikroperthitischem Kalifeldspat, etwas Oligoklas, Quarz, braunem, schuppigem Biotit, etwas Granat, auch Disthen, in Randpartien auch Sillimanit. Stellenweise, besonders am Rand, wird das Gestein flaserig und ähnelt dann einem Paragneis, ein Beweis starker Hybridität. Gföhler Gneise drangen in die Paragneise ein und gehen in sie über, oder sie sind die Granitisationsprodukte

---

[1] Neuerdings ist für sie alpidische Bildung zu Gneisen erwogen worden.

[2] Es ist sehr wahrscheinlich, daß auch für manche von ihnen Altersgleichheit mit den Tauerngneisen angenommen werden kann.

jener. Mehrere Mischtypen (z. B. Grimsing, Kienstock) sind besonders benannt worden. Jedenfalls kann kaum daran gezweifelt werden, daß diese morphologisch recht verschiedenen varistisch synorogen entstandenen Gesteine, migmatischen Prozessen ihre Umbildung verdanken. Der moravische *Bittescher Gneis,* östlich des Kamptales dem Niederösterreichischen Waldviertel angehörend, ist in seinem Haupttypus ein lichter Orthogneis, reich an augenförmigen, vom Ausgangsgestein übernommenen alten Mikroklineinsprenglingen, also Mikroklinporphyroklasten, und größeren Mikroklinporphyroblasten. Stellenweise herrscht Plagioklas vor. Der Bittescher Gneis ist oft plattig abgesondert, manchmal reich an Amphibolitbändern. Paragneise — Adergneise — durchädert vom Gföhler Gneis oder durch anatektische Ausschmelzungen durchädert, sind die Seyberer Gneise. Im gleichen Verhältnis stehen die Schapbachgneise (Orthogneise) zu den Renchgneisen (Paragneisen) und den Kinzigitgneisen des Schwarzwaldes. Die Paralleltextur der Schapbachgneise wird stellenweise für primäres Fließgefüge gehalten. Erdmannsdörffer hat neuerdings die Bildung der Schwarzwälder Granit- und Syenitgneise in recht verschiedener Weise durch Mobilisation aus der Tiefe, z. B. durch Auftrieb simatischer Tiefenmassen und weitgehende Anatexis erklärt. Manche der jüngeren Gesteine dürften aus Sedimentgneisen (Renchgneisen), aber auch aus Amphiboliten und Schapbachgneisen (Orthogneisen) entstanden sein. Bei manchen auf diese Weise oder palingen gebildeten, ohne migmatisch-juvenile Ichorese zu Gneisen gewordenen Gesteinen des südlichen Schwarzwaldes dürften Differentiationserscheinungen aus den mobilisierten Schmelzlösungen eine Rolle gespielt haben. Die roten Gneise des sächsischen Erzgebirges werden von manchen für Abkömmlinge von Biotitgraniten präkambrischen Alters gehalten. Die Hauptverbreitungsperiode der Orthogneise und der ihnen nahestehenden Paragneise, die auch als Glimmergneise zusammengefaßt worden sind, ist aber das Präkambrium, wie es uns z. B. in enormen Massen in Schottland, Norwegen, Schweden, Finnland, Kanada entgegentritt. Zu den mächtigsten Orthogneisgebieten gehören die des Baltorotales im Karakorum.

Granatgneise sind vornehmlich Paragneise, zu denen auch die granatreichen, quarzarmen *Kinzigit(gneis)e* mit hohem Biotitgehalt gehören (z. B. Schenkenzell im Schwarzwald, Gadernheim im Odenwald und in Kalabrien). der rotbraune bis blaßrötliche Granat ist oft chloritisiert, zersetzt, manchmal nur mehr als brauner Fleck äußerlich kenntlich. *Sillimanitgneise* sind Paragneise, nur in solchen ist der Gehalt an Sillimanit so groß, daß Gesteine danach benannt werden können (z. B. Langenbielau in Schlesien, Tautendorf bei Gars am Kamp und anderen Stellen im Waldviertel Niederösterreichs). In den seltenen *Andalusitgneisen* ist der Sillimanit durch Andalusit ersetzt (Sierra Blanca in Spanien). *Cordieritgneise* sind vornehmlich umgewandelte Pelite (z. B. Bodenmais in Bayern, Vaxholm im Södermannland, Black Hill in Nordschottland), aber auch schieferige Hornfelse, zum Teil wohl auch Orthogneise. So hat man für die Bildung moldanubischer Cordieritgneise, z. B. im Ispertal bei Persenbeug in Niederösterreich daran gedacht, daß aus Paragneisen durch Mobilisation CaO, Al_2O_3 und Alkalien weggeführt und so eine Anreicherung an Mg eingetreten sein könnte, durch orogenetische Schiefermetamorphose könnte dann der Cordierit neben Sillimanit gebildet worden sein. Die weggeführten (ausgeschwitzten) Stoffe könnten unter den gleichen Bedingungen zur Granitisation von Nachbargesteinen geführt haben. Cordieritgneise des sächsischen Granulitgebietes werden Granitgneisen zugeordnet. Aber auch Paraschiefer dieses Gebietes könnten Granitisierung in Richtung auf Cordieritgneise erfahren haben, Paragranulite (vgl. S. 213) in cordieritführende Biotitgneise umgewandelt sein. Dagegen stellt in umgekehrter Weise eine Umwandlung von Cordieritgneis in Granatgneis Annäherung an granulitische Mineralkombination dar, so daß Cordieritgneis gewissermaßen als vorgranulitischer Rest, der der Graniti-

Abb. 78. Die senkrechten Platten von lichtem, körnigem Zweiglimmergranitgneis des Paiju Peak (6600 m) am Eingang des Baltorotales im Karakorum. Photo Vittorio S e l l a. (Nach D y r h e n - f u r t h, Baltoro; bei B. Schwabe, Basel.)

sierung entgangen wäre, angesehen werden könnte. Manche Cordieritgneise mit hornfelsartiger Struktur, die sich anscheinend öfter allmählich aus gröberem Gefüge entwickelt hat, können kaum mehr von nachträglich verschieferten kontaktmetamorph gebildeten Cordierithornfelsen unterschieden werden. Im Niederösterreichischen Waldviertel gehen Cordieritgneise stellenweise in violettbraune Kinzigitgneise mit Biotit, Granat, Sillimanit und wenig Cordierit über.

Epidotgneise mit oft reichlich idio- oder allotriomorphem Epidot neben Biotit entstammen mergeligen Sedimenten. Man kann sie z. B. ebenso in den ostalpinen Schiefern der Epizone, wie im Fichtelgebirge oder Södermannland treffen. *Orthitgneise,* mit Orthit von Epidot umwachsen, kennt

Abb. 79. Die Trango-Türme aus Granitgneis (6257 m) vom Liligo-See im Baltorotal des Karakorum. Photo Vittorio S e l l a. (Nach D y r h e n f u r t h, Baltoro; bei B. Schwabe, Basel.)

man u. a. aus dem Schwarzwald und dem Wermland in Schweden. *Chlorit-gneise,* Glimmer durch Chlorit ersetzt, Albit als Feldspat (Albitgneise) sind epizonale Gesteine, z. B. aus dem Wechselgebirge, dem Maderanertal in der Schweiz, von Schmiedeberg in Schlesien. Bei Zunahme des Graphites im Verband der Paragneise spricht man von *Graphitgneisen,* wie wir sie u. a. aus dem Passauer Wald und aus den Cottischen Alpen kennen. An Karbonat (Kalzit und Dolomit) reiche Gneise sind u. a. aus dem Gotthardtunnel, von Tunaberg in Schweden, von Ceylon bekannt. Analysen ergeben die Zusammensetzung karbonatarmer Tonschiefer, deren Metamorphite solche Gesteine sind. An Albit reiche Gneise hat man darnach *Albitgneise* genannt, zu denen albitisierte (vgl. S. 192) Paragneise gehören.

Psephitische Gneise, *Konglomeratgneise* genannt, mit noch erhaltenen, meist von Glimmerblättchen überzogenen Geröllen (Quarz, Gneis, Granit), oder mit noch erkennbar abgegrenzten Bereichen, als ehemalige, jetzt umgelagerte Gerölle deutbar, kennt man unter vielen anderen, z. B. von Obermittwaida im Erzgebirge, Rödja im Kirchspiel Sandsjö im Småland, Tammerfors und Suodeniemi in Finnland, an der Pochhardscharte bei Böckstein im Sonnblickgebiet, in mannigfaltiger Ausbildung zum Teil als Psammitgneise neben sehr viel Quarz, Mikroklin, Albit, Biotit und Muscovit enthaltend, in der Lebedundecke des oberen Val Bavona im Basodinogebiet, die in Quarzite übergehen und mächtige konglomeratische Partien enthalten.

Mehr Orthogesteine als Paragesteine findet man unter den *Hornblendegneisen,* die neben dunkler Hornblende, Orthoklas, seltener Mikroklin, an Menge über Kalifeldspat öfter vorwaltenden basischeren Plagioklas, Quarz in recht verschiedenen Mengen enthalten, so daß man quarzarme, quarzfreie, quarzreiche Glieder unterscheiden kann. Durch wechselnde Mengen an Biotit erfolgt der Übergang in Glimmergneise. Die an Hornblende reicheren *Tonalitgneise* können hier eingereiht werden, wie wir sie am Rande von Tonalitmassiven kennen. Sie kommen aber auch selbständig vor und können ebenso wie die Tonalite Horn-

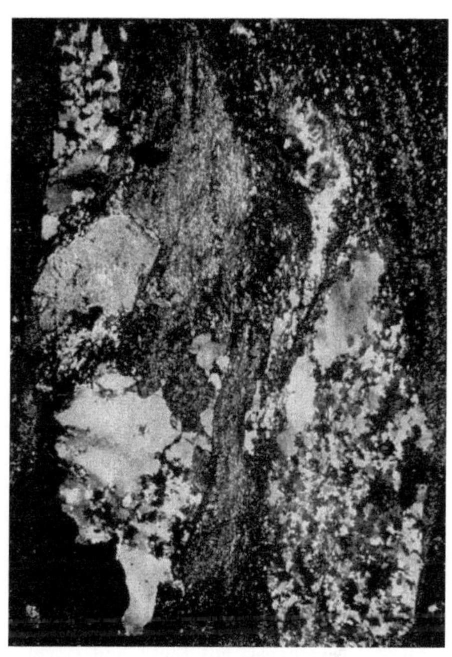

Abb. 80. Konglomeratgneispartie im diaphthoritisierten Gneis des Kellerjoches östlich von Innsbruck. Die Konglomeratbereiche sind gegen die feinkörnige Masse des phyllitischen Diaphthorites abgegrenzt. Gekreuzte Nikols. Vergr. zirka 10fach.

blende, die oft chloritisiert oder biotitisiert ist, enthalten, sie können aber auch hornblendefrei sein. Tonalitgneise sind in sehr vielen größeren Gneismassiven verbreitet (z. B. im Tauerngneis). Als Beispiele der selteneren *Paraamphibolgneise,* deren Hornblende oft Aktinolith ist, seien die größeren Einlagerungen in die Paragneise des Schwarzwaldes, z. B. Fehren bei Neustadt, Furtwangen und Oberharmersbach, dann Oberramstadt im Odenwald erwähnt. Als Beispiel von *Orthoamphibolgneisen* seien die der Engelwand im Ötztal, vom Val Tremblai im Unterengadin, vom Kyffhäuser, Dürnstein bei Krems, als besonders häufig aber Skandinavien mit Finnland, Schottland und Kanada erwähnt. Ein großer Teil dieser Orthogneise kann durch Auflösung (Aufschmelzung, Granitisation) von Amphiboliten entstanden sein, wie etwa der sogenannte Feldspatamphibolgneis von Altenhof im Kamptal des Niederösterreichischen Waldviertels als Mischgestein mit zweifellos sedimen-

tärem Anteil (vielleicht durch Tuffeinlagerungen verändertes Paragestein)
gedeutet werden kann.

Auch die *Augitgneise,* die Orthaugite oder Klinaugite enthalten, sind
teils Ortho-, teils Paragesteine, in ihrer Zusammensetzung den Hornblendegneisen ähnlich. Der Plagioklas ist besonders bei den Paragesteinen sehr
basisch. Ein Teil der Orthaugitgneise ist mit Granulit verbunden und wohl
derselben Entstehung wie etwa der Hypersthengneis bei der Glasfabrik von
Penig in Sachsen, Gesteine, die auch Pyroxengranulit genannt worden sind.
Derartige Gesteine, in denen Quarz beinahe fehlt, basischer Plagioklas
den Kalifeldspat ersetzt, Diopsid, Hypersthen, Biotit und auch Granat
auftritt werden auch als Trappgranulite bezeichnet, wie z. B. bei Hartmanns-

Abb. 81. Tonalitgneis mit Biotit und Hornblende von der Engelwand bei Tumpen im äußersten
Ötztal. Gewöhnliches Licht. Vergr. zirka 30fach.

dorf im sächsischen Mittelgebirge. Diese feinkörnigen Gesteine entsprechen
in ihrer Zusammensetzung der Hypersthengranit-Mangerit-Anorthositreihe
(vgl. S. 118). Hieher gehören die grobkörnigen Gesteine aus dem Quellgebiet
des Anabarflusses auf Ceylon und die feinkörnigen Anorthositgneise der
Seealpen zwischen Rossa Miana und Vallarso. Die Paraaugitgneise, deren
Augit Diopsid oder gemeiner Augit ist, sind oft mit körnigen Kalksteinen
verbunden (Marmor) und gehen in sie über; sie sind manchmal nicht deutlich geschiefert und werden hornfelsartig. Es ist möglich, daß z. B. die
Augitgneise des Waldviertels (zwischen Horn und Rosenburg, im Taffatal,
Hinterhaus bei Spitz, Loiwein bei Gföhl, Großsiegharts, Karlstein) ebenso
wie an Kalksilikaten reiche Marmore direkt aus Mergelgesteinen entstanden
sind; sie können aber auch durch Kontaktwirkung (Silifizierung), ausgehend
von granitischen Gesteinen (vielleicht Gföhler Gneis) oder durch Graniti-
sierungsmetamorphose gebildet worden sein, Prozesse, die genetisch nicht
allzuweit voneinander entfernt sind. Im Trondhjemgebiet kann man alle
Übergänge von wenig metamorphosiertem Kalkphyllit (obersilurische Gula-
schiefer) zu hochkristallinen *Kalksilikatgneisen* sehen, die aus Oligoklas bis

Labrador, Kalifeldspat, Diopsid, zum Teil auch Quarz, Skapolith und Kalzit
bestehen.

Die **Granulite** sind feinkörnige, dünnschieferige, weiße, gelbliche, hell-
rötliche, graue Gneisgesteine, die in typischer Form frei von Glimmer-
mineralien sind und aus einem allotriomorphen Gemenge von Quarz, Kalifeldspat (Mikroklin und Orthoklas, fast immer perthitisch), und regellos
gelagertem Eisen-Magnesia-Tonerdegranat bestehen, daneben aber auch,
meist in recht geringen Mengen, Apatit, Zirkon, Eisenerze, Biotit, Cyanit-
Disthen, Turmalin, Rutil, Sillimanit enthalten können. Albit kann in derartigen Gesteinen in kleinen, manchmal aber auch in so großen Mengen vorhanden sein, daß er herrschender Feld-
spat wird. U. d. M. zeigen die Granulite
öfter Kataklasgefüge, aber nicht immer
deutliche Schieferung, so daß das Gefüge manchmal durchaus aplitisch, zuweilen bei großem Quarzreichtum sand-
steinartig werden kann, bisweilen aber
auch an Quarzporphyr erinnert. Zumeist ist der Quarz in plattiger oft
papierdünner lamellarer Ausbildung
mit reichlichen Mengen von Flüssig-
keitseinschlüssen sowohl linear als auch
senkrecht zur Schieferungsfläche angeordnet, hydroxylhaltige Mineralien fehlen diesen Gesteinen vollkommen. Ihre
Genesis ist noch ungelöst. Im österreichischen Waldviertel (z. B. zwischen
Melk, Wieselburg und Ybbs am rechten,
zwischen Marbach und Ispertal am linken Donauufer, im Dunkelsteiner Wald
zwischen Schönbühel und Göttweig, im
Gebiet von Blumau und Drosendorf)
werden an Biotit und Granat reiche Abarten als Hornfelsgranulite bezeichnet,
während die von Drosendorf viel-

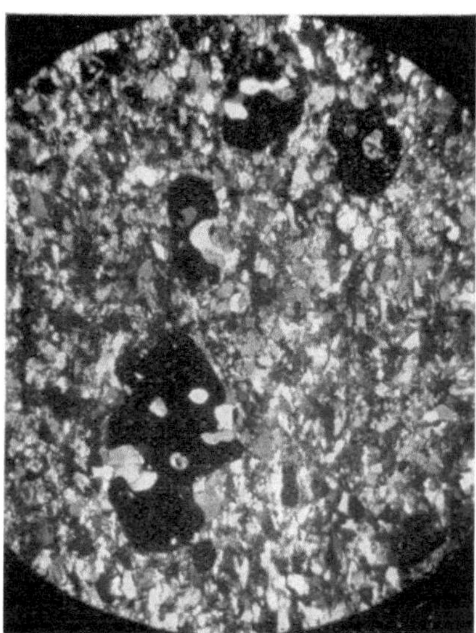

Abb. 82. Granulit von Fuglau westlich von
Horn in Niederösterreich. Große Granaten
(schwarz) im isometrischen Quarz-Feldspat-
gewebe. Gekreuzte Nikols. Vergr. zirka 20fach.

leicht aus Paragneisen durch metasomatischen Einfluß basischer Gesteine
(Gabbroamphibolit z. B.) entstanden sein dürften. Zweifellos aber ist ein
Teil der Granulite unter Assimilation sedimentogenen Nebengesteins gebildet, wie der häufige Graphitgehalt, der für die hangenden und liegenden
Gneise dieses Gebietes charakteristisch ist, beweist (Köhler). Von anderen
wurden Granulite des Waldviertels als wenig metamorphe granitische Gesteine oder Quarzporphyre gedeutet. Die Granulitfazies bedingt hohe Temperatur und trockene Schmelze. Im Granulitgebiet Sachsens (z. B. zwischen
Reichenbach und Penig im Süden bis nach Hartha und Roßwein im Norden)
glaubt man Restgefüge von Granit und Quarzporphyr gefunden zu haben,
aus denen sie unter hohem Druck entstanden gedacht werden; sie liegen in
einer Hülle von hochmetamorphen Phylliten als eine geologische Einheit.
Für die grobkörnigen Granulite Lapplands denkt man an Herkunft aus
Schmelzlösungen, während man sie aber auch aus einem sehr variablen Ausgangsgestein durch Granitisation in einer Bewegungszone großen Stiles entstanden annimmt. Sedimentogene Herkunft steht für die Granulite des Gebietes von Ceylon, die mit Kalzit und Kalkstein wechsellagern, wohl außer

jedem Zweifel. Schwanken demnach die Ansichten in den denkbar weitesten Grenzen, so scheint dennoch die Annahme einer Bildung aus quarzreichem Sedimentgestein mit tonigem, nur schwach kalkigem Bindemittel recht wahrscheinlich, der hohe SiO_2-Gehalt, der Überschuß an Al_2O_3 über CaO + Alkalien sowie der Mineralgehalt sprechen jedenfalls dafür. Trotzdem muß für einen Teil der Granulite die Möglichkeit ihrer Bildung aus Quarzporphyren (F. E. Suess) aufrechterhalten bleiben.

Orthoalkaligneise. Noch mehr als die Tiefengesteine der Alkalireihe gegenüber denen der Alkalikalkreihe zurücktreten, gilt dies für die Metamorphite, denn die Merkmale dieser Zugehörigkeit sind sehr häufig durch die Metamorphose verwischt. Als Beispiel sei der feinkörnige, rötlich und schwarz gestreifte *Arfvedsonitgneis* vom Gutshof Cevadaes bei Campo Major in der Provinz Alemtejo (Portugal) erwähnt, der Kalifeldspat, Albit, Arfvedsonit, wenig Quarz und spärlich Aegirin, als Hauptgemengteile enthält und von quarzfreiem hellgrauem Aegirin-Nephelingneis, der neben Nephelin vor allem Albit, Mikroklin, Orthoklas und eine Osannit genannte Hornblende, die zwischen Riebeckit und Arfvedsonit steht, enthält, begleitet wird. *Umptekitgneis* kennt man z. B. von Alter Pedroso, ähnliche Gesteine aus der Gegend von Vigo in der spanischen Provinz Galicien, arm an dunklen Gemengteilen von Baependy in der Provinz Minas Geraes. Etwas größere Verbreitung besitzen *Nephelingneise* zwischen Androta und Makarainga auf Madagaskar als Einlagerungen in normale Glimmergneise, ähnlich im Gebiet Kiittelysvaara in Ostfinnland. *Riebeckitgneise* kennt man u. a. im Norden von Angola in Westafrika und Carn Chuinneag im schottischen Rosshire. Der Riebeckitgneis (auch Forellenstein genannt) aus dem Grauwackenphyllit von Schloß Gloggnitz, Schachengraben, Engelhof, Annenhof am Kreuzberg und anderen Stellen im Semmering-Rax-Gebiet, ist ein feinkörniges splittrig brechendes Gestein, dem Gefüge nach an Granulit erinnernd, weiß mit Stich ins Gelbliche, durch Hämatitaggregate stellenweise lichtrötlich gesprenkelt, durch längliche, in der Schieferungsrichtung ausgezogene dunkle Streifen aus Faserbündeln von Riebeckit, der seltener Einzelkristalle bildet, blauschwarz gefleckt. Er erweist sich u. d. M. hauptsächlich als ein feinkörniges Gemenge von Quarz und Kalifeldspat (Mikroklin und Orthoklas) in beiläufig gleichen Mengen. Albit-Oligoklasalbit, wenig Aegirin in kleinen idiomorphen Kristallen. Dieser Riebeckitgneis ist das an SiO_2-reichste Alkaligneisgestein, sich dadurch dem Granulit nähernd, nur fehlen alle Schiefermineralien. Es fehlen alle räumlichen Beziehungen zu anderen Alkaligesteinen, man müßte denn die Semmeringporphyroide (-quarzite) als metamorphe Quarzkeratophyre auffassen, die aber chemisch ganz anders zusammengesetzt sind. Es handelt sich vielleicht um ein Granitisationsprodukt eines feinkörnigen, quarzreichen Sedimentgesteines.

Porphyroide und Porphyroidgneise. Nimmt man an, daß Orthogneise aus Graniten gebildet sind, dann ist die Annahme gerechtfertigt, daß feinkörnige Gneise aus Quarzporphyr bzw. Quarzkeratophyr entstanden sein können, eine Abstammung, die sich kaum nachweisen lassen wird. Häufiger ist die epizonale Umwandlung in Zwischenglieder, die sogenannten Porphyroide, die unter dem Einfluß anhaltender Einwirkung der T/P-Verhältnisse der Epizone und unter Hydrierung zu Porphyroidschiefern, Serizitporphyroiden, Serizitgneisen, auch Porphyroidgneise genannt, und schließlich zu Serizitschiefern und Serizitquarziten werden, die von sedimentogenen Serizitphylliten und -quarziten äußerlich nicht zu unterscheiden sind. Durch Streßwirkung der obersten Zone zeigt der Quarz der Quarzporphyre zuerst undulöse Auslöschung, dann wird er optisch zweiachsig, weiter zum Teil ohne zu zerfallen in Gebilde mit schwanzartigen Endungen ausgezogen, bis er schließlich in Form von Streifen Feldspäte umlagert, während ein Teil bis in die stark metamorphen Formen der Serizitschiefer die für die Quarzporphyre bezeichnende Dihexaederform zeigen und manchmal die charakteristischen Resorptionsrandeinstülpungen erkennen lassen. Orthoklas wird zu Mikroklin und Mikroperthit und schließlich zu Serizit, der Biotit wird chloritisiert, der Mikrofelsit der Grundmasse zu Quarz-Feldspat- (besonders Albit-) Aggregaten. Im weiteren Verlauf der Metamorphose wird Feldspat zu Quarz und schuppigem Serizit, der oft in flachen oder gewundenen Flasern und Lagen dem Gestein Schieferhabitus verleiht. Schließlich verschwindet jeder Rest des ursprünglichen Feldspates. Albit tritt auf, aus dem rötlichen Porphyr sind grünliche, graue, erbsengelbgrüne Serizitgesteine geworden. Bei der Metamorphose zu solchen Porphyroidgesteinen ist die Wirkung der Deformation größer als die der Umkristallisation. Porphyroide und ihre weiteren metamorphen Stadien kennt man u. a. aus dem Eisenachtal, aus Wales, von der Lenne in Westfalen, von der Windgälle in der Schweiz, im Harz und Thüringerwald, als wenig geschieferte paläozoische Nairporphyroide des Err-Juliergebietes, die manchmal grün wie Ophiolite sind, dann an vielen Stellen in der ostalpinen Grauwackenzone, zuerst als Blasseneckgneise (von Blasseneck bei Treglwang in Obersteiermark) bezeichnet, die auch die Basis des steirischen Erzberges bilden, im Massiv des Leobners, in der Kaiserau bei Admont, in der Kupferlager

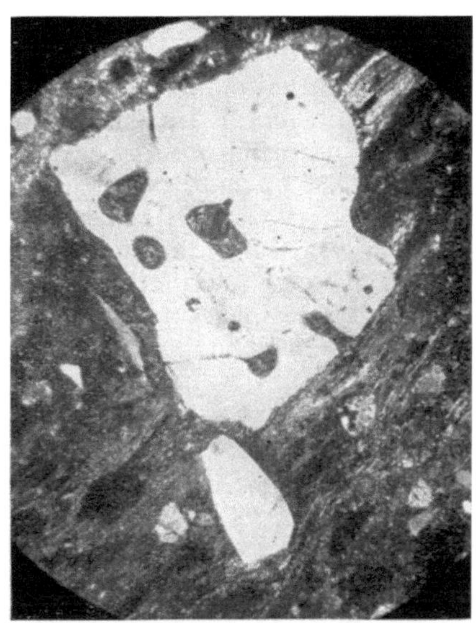

Abb. 83. Porphyroid vom Erzberg in Steiermark. Gut geschiefert, Porphyrquarz mit Resorptionsrandeinstülpungen. Gewöhnliches Licht. Vergr. zirka 20fach.

stätte von Mitterberg bei Bischofshofen, wo sie die sogenannten „Grünen" bilden. Gut untersucht sind sie (Stark) im äußeren Teil des Großarl- und Gasteinertales in der oberen Schieferhülle der Hohen Tauern, unter denen einige Glieder auch von Daziten abstammen, andere Annäherungen an Grünschiefer zeigen. Porphyroidgneise sind z. B. vom Wege von Schlanders nach dem Berghof Talatsch am Schlanderer Sonnenberg im oberen Vintschgau und bei Taufers im Münstertal beschrieben, die Porphyrquarze mit Randeinstülpungen enthalten. Von einem Teil dieser Gesteine kann angenommen, aber nicht bewiesen werden, daß sie *Quarzkeratophyrporphyroide* (Quarzkeratophyrschiefer) sind, nachweisen läßt sich dies z. B. aus den von Tuffen abstammenden Lenneporphyren (vgl. S. 113) in Westfalen.

Die vielfarbigen, auch gebänderten *Hälleflinta* entsprechen dem chemischen Bestand von Quarzporphyren, Quarzporphyriten (Daziten). Sie sind harte, dichte, feinkörnige, manchmal durch Feldspat und Quarz porphyrisch struierte Gneise; sie brechen muschelig und schmelzen vor dem Lötrohr. Sie wechsellagern oft Blatt für Blatt mit Kalksteinen und sind wohl metamorphosierte Tuffe. Die wichtigsten Vorkommen sind die von Dannemora, Persberg im Wermland, Örebro, Sala, Hällefors. Als *Leptite* werden in Schweden und Finnland präkambrische, feinkörnige Gneise bezeichnet, die zum Teil metamorphe Produkte pelitischer Sedimente, zum Teil Hälleflintas, zum Teil feinkörnige Gneise, entstanden aus effusiven Vorfahren, sind, aber auch mylonitische Gneise können Leptiten und Hälleflinten ähnlich werden, sie bergen manchmal reiche Erzlagerstätten. Es sind unter dem Namen Leptite wohl genetisch recht verschiedene Gesteine vereinigt, man spricht auch von einer Leptitformation. Aus einem Teil von ihnen sind durch Granitisation im Präkambrium Fennoskandiens Granitgesteine geworden. Hälleflinta und Leptite sind wie die Porphyroide und Porphyroidschiefer epizonale Metamorphite.

Als *Pegmatitgneise* bezeichnet man mehr oder weniger deutlich geschieferte, grobkörnige lichte Gneise, die an farbigen Bestandteilen nur Muscovit enthalten, der in größeren zusammenhängenden Partien, stark verdrückten größeren Einzelindividuen meist nur recht sparsam auftritt. Es bestehen natürlich alle Übergänge zu gewöhnlichen Muscovitgneisen. Man kann solche Pegmatitgneise als verschieferte Granitpegmatite (vgl. S. 124) oder Pegmatitgranite (vgl. S. 119) auffassen; sie können sich aber wie die anderen Gneise unter den entsprechenden T/P-Bedingungen ohne diese Zwischenstufen gebildet haben, wie etwa die Pegmatitgneise der Koralpe und Stubalpe in Weststeiermark. Sind derartige Gesteine sehr feinkörnig, so nennt man sie manchmal *Aplitgneise,* die meist nichts mit Apliten zu tun haben, eher mit Aplitgraniten (vgl. S. 119), denn feinkörnige Aplitgänge in Gneismassiven oder von diesen ausgehend unterscheiden sich nicht von solchen im Ganggefolge ungeschieferter Granite, wie etwa die Aplitgänge und -adern im Gefolge des Gföhlergneises in Niederösterreich oder der Zentralgranodioritgneise der Hohen Tauern.

Die Familie der Tonschiefer und Phyllite.

Als **Tonschiefer** kann man Übergangsgesteine von diagenetisch verfestigten, schiefrig erscheinenden, geschichteten Tonen zu Phylliten bezeichnen. Man kann sie ebensogut zu den Sedimentgesteinen stellen, wie dies Rosenbusch getan hat, weil es nicht immer feststellbar ist, ob das schieferige Gefüge tatsächlich durch geringfügige echte Schieferung entstanden ist, die Vorgänge der Diagenese und der Schieferung können ineinander übergehen. Diese Gesteine, die vom Präkambrium bis zum Tertiär reichen, haben dieselben Farben wie die Phyllite, lassen aber ihre Gemengteile nur u. d. M. erkennen, Quarz in rundlichen oder eckigen Körnchen, oft in den flachen, feinkörnigen Aggregaten der Schiefertone, vielfach aber als Neubildungen, ferner farbloser bis grünlicher Kaliglimmer mit der Basis in der Schieferungsfläche — in s — eingeregelt, zum Hauptteil aber in der Serizitform. Sehr viele dieser Gesteine enthalten Chlorit in wechselnden Mengen. Rutil, Turmalin, Hämatit, Pyrit und kohlige Substanzen sind Nebengemengteile. Vom klastischen Sediment ist nur mehr der Quarz erhalten. Vorherrschaft des MgO über CaO, des K_2O über Na_2O kommt dadurch zustande, daß der Kalksilikatanteil der Tone als lösliches Bikarbonat fortgeführt worden ist und nur wenig Ca-Na-Plagioklas im Ausgangsdetritus vorhanden gewesen sein kann, während die Mg-Silikate bei der Zersetzung neben Karbonat unlöslichen Chlorit geliefert haben; der Wassergehalt dieser Gesteine steigt mit der Chloritmenge. Als Abarten seien die dünnblätterigen Dachschiefer mit viel kalkiger Substanz, auch Tafelschiefer genannt, dann die nach zwei Richtungen, der der Schieferung und der der Schichtung teilbaren Griffelschiefer, dann die Kalkmergeln oder Mergeln entsprechenden Kalktonschiefer, aus denen in der Epizone bei stärkerer Schieferung Kalkphyllite und Kalkglimmerschiefer entstehen, genannt. Bei den Kalktonschiefern wechseln Lagen und Linsen mit Kalzitgehalt mit solchen aus Tonschiefersubstanz. Als Alaunschiefer (z. B. der Umgebung von Krems) werden an Pyrit reiche dunkle Tonschiefer mit hohem Gehalt an kohliger Substanz und Bitumen bezeichnet, die akzessorisch Aluminium- und Eisensulfate enthalten.

Aus der großen Zahl dieser Gesteine seien einige Vorkommen, die aus quantitativen Analysen besser charakterisierbar sind, hervorgehoben. So die devonischen Tonschiefer von Langen-Wolschendorf in Thüringen, Trautenstein, Luppbodetal im Harz, die silurischen von Tyveholmen und Sölvsberget und andere Vorkommen im Oslogebiet, die kambrischen des Gebietes von Vermont, Field in Britisch-Indien usw. Verschiedene Lokalnamen sind in Gebrauch, manche auch nach charakteristischer Fossilführung.

Die **Phyllite** (Urtonschiefer, Tonglimmerschiefer) sind in ihrer Erscheinungsform je nach Zusammensetzung des Ausgangsmaterials, Stärke und Dauer der Metamorphose, je nach den früheren Zuständen, die das Gestein durchzumachen hatte, verschieden. Diagenetisch verfestigtes toniges Sediment wird in der obersten Tiefenstufe (Epizone) zu Phyllit metamorphosiert, und man spricht von einer *Phyllitformation,* die in alten und jungen Gebirgen große Verbreitung erlangen kann. Durch stärkere Umkristallisierung entstehen Glimmerschiefer, so daß zwischen diesen und den Phylliten Grenzen fehlen; Zwischenglieder können Phyllitglimmerschiefer genannt werden. Die Benennung der Phyllite erfolgt nach auffallenden Bestandteilen, wie Granatphyllit, Serizitphyllit, Quarzphyllit, Graphitphyllit, Chloritphyllit, Kalkphyllit u. a., aber auch nach Ortsbezeichnungen; im allgemeinen überwiegt im Gebrauch der Familienname Phyllit für alle ihre Glieder.

Phyllite sind dünnschieferige, ebenflächige oder durch lokale Bewegung gefältelte Gesteine von überwiegend grauer Farbe, von den hellsten bis zu den dunkelsten Tönen, aber auch grünlich, gelblich, bläulich, seltener im frischen Zustand bräunlich oder rötlich, grauviolett (durch Fe). Ihre Hauptzusammensetzung aus Quarz und lichtem Glimmer läßt sich gewöhnlich mit freiem Auge erkennen. U. d M. findet man die gleichen Bestandteile wie bei den Tonschiefern, aber höhere Korngröße. Muscovit erscheint auch hier überwiegend in der Serizitform, neben ihm tritt auch Paragonit auf; Glimmerblättchen liegen mit der Basis in der Schieferungsebene, Quarz zeigt nicht mehr den klastisch allotigenen Charakter, er nimmt mehr an der Umformung des Gesteines teil, Chlorit ist der Träger des geringfügigen CaO-Gehaltes mancher Phyllite. Neben- und Übergemengteile sind gleichfalls die der Tonschiefer. Kohlige Substanz liegt manchmal in der Graphitform vor. Albit und Kalifeldspat sind seltener und sehr viele Phyllite enthalten keinen Feldspat. Durch Gehalt an braunem Biotit ergibt sich Übergang zu Zweiglimmerschiefern, Albit, Chloritoid, Ottrelith, Granat, Biotit ordnen sich meist nicht in s ein, treten manchmal einsprenglingsartig hervor, sie sind ab und zu von Quarz, Rutil und Turmalin erfüllt, die in der Schieferungsebene liegen, manchmal aber ein eigenes si bilden und daher die Schieferungsebene unter verschiedenen Winkeln schneiden (z. B. Granat). Solche Granaten müssen sich also postkristallin noch bewegt haben. Während die Tonschiefer mehr Eisenglanz und weniger Magnetit enthalten, ist bei den

Phylliten das Verhältnis in der Regel umgekehrt (Magnetitphyllit z. B. von Rimogne in den Ardennen). Albit ist häufiger als Kalifeldspat.

Phyllite sind in der Phyllitformation sehr verbreitet, besonders dort, wo über den kristallinen Gesteinen tieferer Zonen („Grundgebirge") Schichten alter Sedimentgebiete konkordant übergelagert sind, wie in vielen Gebieten des Varistikums, etwa im Erzgebirge, Fichtelgebirge, Bayrischen Wald. Aber sie sind ebenso verbreitet in dynamometamorph durchbewegten und umgewandelten Sedimentgesteinslagen, z. B. in den Ardennen, im Silur des westlichen Norwegen, in den alten, ihrer Bildung nach noch nicht aufge-

Abb. 84. Gefälteter Phyllit von Kaltenbach im äußeren Zillertal (Grauwackenzone). Gekreuzte Nikols. Vergr. zirka 10fach.

klärten Zügen der Grauwackenzone, ebenso wie in der oberen paläozoischen Schieferhülle der Tauern und höher hinauf in den Jura der Val Canaria und Val Piora im Gotthard. Auf der Verschiedenheit der Phyllite beruht z. B. die angenommene Trennung der Grauwackenzone in die nördliche, charakterisiert durch die grauen, grünen, violettlichen Wildschönauer Schiefer, und die ihnen oft ähnlichen, ebenfalls von Quarzknauern freien sogenannten Grauwackenschiefer, die oft noch sedimentnahe sind und in die südlicheren sogenannten *Quarzphyllite*, postkristallin durchbewegte Phyllite mit oft großen, stellenweise gehäuften Quarzknauern, ohne diffusen Karbonatgehalt, dafür mit häufigen Einschaltungen selbständiger Kalksteineinlagerungen, stellenweise von Chloritschiefern und Chloritoidphylliten begleitet. Aus Quarzphyllit, verbreitet u. a. auch im oberen Pinzgau, stellenweise auch am rechten Salzachufer, besteht z. B. der Berg Isel bei Innsbruck. Die Quarzknauern dieser Gesteine sind erst durch die Metamorphose entstanden. Solche Quarzphyllite kommen stellenweise (z. B. in der Kelchsau in den Kitzbüheler Bergen) auch im nördlichen Teil der Grauwackenzone vor. Wahrscheinlich ist zumindest ein Teil dieser Gesteine aus Paragneisen oder Glimmerschiefern durch Diaphthorese entstanden. Sander hat für solche sehr verbreitete Gesteine den Namen *Phyllonite* geprägt. Phyllitisches Gepräge zeigt auch der sogenannte Kellerjochgneis, ein diaphthoritisierter porphyrischer Orthogneis mit Mikroklinaugen, der von den obersten Teilen des Kellerjoches ober Schwaz bis ins Inntal hinunter verfolgt werden kann. Tonschiefer und Quarzsandstein mit stellenweise gleichmäßig verteiltem Kohlenstoff-Bitumen-Gehalt war das Sedimentgestein, aus dem der Brixener Quarzphyllit entstanden ist, wobei Albit und stellenweise Granat und Biotit neu gebildet worden sind. An manchen Punkten (z. B. Haltestelle Vilnöß im Eisacktal) wird er zum Kohlenstoff-, zum Teil auch zum *Graphitphyllit*. Kalkeinlagerungen sind dagegen selten. Als Beispiel aus den Westalpen seien die Quarzphyllite der Bernina, der Errdecke und des Albulalappens erwähnt, die z. B. beim Julierhospiz reichlich größere Quarzknauern, bei Campfèr in der Bernina Hornblende, beim Bahnhof St. Moritz-Dorf Augit enthalten. Im allgemeinen aber erscheint der Name Quarzphyllit mehr als geologischer Horizont verwendet, er wird aber auch, und das mit mehr Recht, für Phyllite gebraucht, in denen Glimmer gegen Quarz stark zurücktritt. Der überwiegende Teil der mesozoischen *Bündener Schiefer* des westalpinen Penninikums und ihnen ähnlicher Gesteine in der oberen Tauernschieferhülle (z. B. Brennerschiefer) sind Phyllite, wobei in den Ostalpen Kalkphyllite und Kalkglimmerschiefer, die gesondert bei den Kalkschiefern behandelt werden (vgl. S. 255), große Verbreitung haben. Von den zahlreichen anderen Phylliten der Ostalpen seien noch die *Serizitphyllite, Serizitquarzite,* die mit Ötzgneisen am Piz Lad bei Nauders, bei Graun, aber auch in den Stubaier Bergen im Verband mit Glimmerschiefern und Paragneisen auftreten, die Phyllitgesteine der zum Ortler gehörenden Marteller Quarzphyllitzone, aus der der Marteller Granit (Gneis) aufsteigt, Gesteine, die in tieferen Lagen in Granatglimmerschiefer übergehen, erwähnt. In Phylliten liegen die Ortlerite und andere Diorit-Ganggesteine. Phyllite sind am Aufbau der Dureckgruppe, der Deferegger- und der Kreuzeckgruppe, der gesamten Niederen Tauern (an ihrer Basis z. B. der Ennstaler Phyllit) hervorragend beteiligt. Es sei noch der häufig dunklen und feinkörnigen *Fuscher Phyllite* im (für paläozoisch gehaltenen) N-Rahmen der oberen Schieferhülle des Glocknergebietes gedacht, die von den Phylliten der Grauwackenzone nicht immer abzutrennen sind. Stellenweise werden sie zu Griffelschiefern (vgl. S. 217) oder zu sogenannten Knötchenschiefern, mit Knötchen aus Albit, deren Deformation des Glimmers postkristallin, des Quarzes und stellenweise auch des Albits parakristallin ist (Cornelius). *Albitphyllite* gleichen manchmal Albitgneisen, in die sie übergehen. Sie verdanken ihren Feldspatgehalt oft nachweisbar der Stoffwanderung aus granitischen bzw. granitisierten Gesteinen. Sie sind z. B. in der Phyllitformation des sächsischen Erzgebirges, im Fichtelgebirge, Taunus, Harz verbreitet und nicht immer leicht von Porphyroiden zu unterscheiden.

Von österreichischen Geologen werden mesozoische, dunkle, meist kalkarme Phyllite mit stellenweise recht großen, würfelförmigen Pyrit-Porphyroblasten als Pyritschiefer bezeichnet. Sie bilden einen eigenen, vom Räth bis zum Lias reichenden Horizont in den Radstätter Tauern. Ihnen ähnliche, daher gleich postierte Gesteine treten auch im Rahmen des Tauernfensters auf.

Die häufig zu den Phylliten gestellten *Chloritoidschiefer,* auch Chloritoidphyllite bzw. Ottrelithphyllite-Ottrelithschiefer genannt, sind nicht immer leicht gegen Chloritschiefer abzugrenzen; sie enthalten wechselnde, aber sehr selten bedeutendere Mengen des Sprödglimmers. Man kann auch diese Gesteine dann, wenn der Glimmer serizitisch ist, als Chloritoidphyllite bezeichnen, während die Chloritoidschiefer in der äußeren Form und dann auch im Namen den Glimmerschiefern näher stehen, besonders wenn sie arm an Chlorit sind. Solche Gesteine kennt man u. a. vom südlichen Harz (z. B. Wippra), wo sie auch Karpholith enthalten (Karpholithschiefer). Bei größerem Reichtum an Serizit nennt man diese Gesteine auch Serizitchloritoidschiefer, Serizitottrelithschiefer bzw. -phyllite. Solche Chloritoidgesteine kennt man u. a. von Kaisersberg ob Leoben in Steiermark, in den Fuscher Phylliten und an anderen Stellen im Glocknergebiet, manchmal auch mit Disthen als Disthenchloritoidschiefer (am Schwarzkopf). Chloritoidholoblasten dieser Gesteine erreichen Größen von 2 bis 3 mm. Besonders reich an Chloritoid ist ein Gestein aus der Liechtensteinklamm bei Sankt Johann im Pongau (bis 64% Chloritoid). Große Ottrelithe enthalten die Gesteine von Ottré in Belgien, von Rhode Island und vom Maryland. Manche Phyllite enthalten ebenso wie manche Chloritschiefer größere Karbonatkristalle (Kalzit, Dolomit, Ankerit, Siderit, Breunnerit). Da sie oft verdrückt sind, handelt es sich wohl um Porphyroblasten oder Holoblasten.

Sehr verbreitet sind die *Serizitphyllite* und *Serizitschiefer,* bei denen der Serizitgehalt auch äußerlich in den Vordergrund tritt, der auch die weiße, gelbliche bis erbsengrüne, ölige Färbung, den fettigen Charakter und den häufigen Seidenglanz bedingt. Übergänge zu Quarziten werden als *Serizitquarzite* bezeichnet. Durch zunehmenden Chloritgehalt gehen sie in Chloritschiefer über. Man kann Abarten wie bei den Phylliten im engeren Sinn unterscheiden, wie Albitserizitschiefer, Graphitserizitschiefer u. a. Diese sedimentogenen Gesteine können aber sosehr Abkömmlingen von Quarzporphyren gleichen, daß sie, wenn jedes Reliktgefüge, Dihexaederquarze z. B. fehlen, ununterscheidbar werden, sie tragen ja auch den gleichen Namen. Aber auch gänzlich mylonitisierte Endglieder mechanisch deformierter Gesteine werden manchmal als Serizitquarzite bezeichnet, obwohl dafür auch Namen wie Weißschiefer, Leukophyllit im Gebrauch sind (vgl. S. 262).

Die Familie der Glimmerschiefer.

Aus dem gleichen Sediment bzw. Sedimentgestein, aus dem die Phyllite entstanden sind, wurden unter stärkerer Auflagerung und höherem, gerichtetem Druck, also in etwas tieferen Zonen, die durchaus nicht die theoretisch angenommene Mesozone zu sein braucht, die Glimmerschiefer gebildet, die höher metamorphe, stärker kristalline Phyllite sind, von denen sie nicht abgegrenzt werden können, wie auch ihre Grenze gegen die höher metamorphen Paragneise völlig offen ist. Die Glimmerschiefer enthalten den Glimmer in zumeist makroskopisch deutlich abgegrenzten Blättern oder irgendwie aggregierten Bereichen. Glimmer und Quarz sind wie bei den Phylliten die Hauptbestandteile, tritt Glimmer zurück, werden diese Gesteine als Quarzite und Quarzitschiefer bezeichnet. Übergemengteile geben, wie bei den Paragneisen, die Möglichkeiten zu Unterabteilungen.

Der Glimmer ist meist Muscovit, seltener Biotit, noch seltener Paragonit. Entweder ist nur einer von ihnen oder ihrer mehrere vorhanden, Biotit ist häufiger neben Muscovit als für sich allein, tritt aber dann meist der Menge nach zurück, Paragonit und Muscovit scheinen sich auszuschließen[1]. Die Glimmer bilden blätterige Aggregate oder einzelne Blätter, regellos oder miteinander verwachsen. Quarz ist zumeist körnig, oft zu linsenartigen Putzen aggregiert oder auch in Lagen mit Glimmer abwechselnd, der aber den Quarz so umhüllt, daß man auf dem Hauptbruch nur den Glimmer erkennt, und Quarz nur im Querbruch sichtbar wird. Wie in den Paragneisen finden sich linsenförmige Partien von Quarz verschiedener Größen, die aber stets in der Schieferungsebene liegen; ob sie alte Gerölle des Sedimentes, Neubildungen, Ausfüllungen offener Räume tektonischer Entstehung sind, ist schwer zu entscheiden. Akzessorischer Eisenglanz kann angereichert zu sogenannten Eisenglimmerschiefern führen (vgl. S. 260). Häufig ist Rutil

---

[1] Diese schwer beweisbare Annahme gilt nur für ihr Zusammenvorkommen in Gesteinen, in Bildungen, die nicht solches Ausmaß erreichen, treten sie zusammen auf.

und manchmal Turmalin in makroskopischen oder mikroskopischen Mengen vorhanden.

Die Glimmerschiefer zeigen immer Paralleltextur, feingefältelte Abarten auch manchmal eine zur Hauptschieferung geneigte Transversalschieferung. Linsenförmige Gruppierung des Quarzes bedingt flaseriges, kontinuierliche Quarzlagen lagenförmiges Gefüge (Flaserglimmerschiefer und Lagenglimmerschiefer), rundliche Quarzpartien verleihen ihnen manchmal das Aussehen von Augengneisen. Gelegenheitstexturen entstehen durch postkristalline Deformation oder durch wenig charakterisierbare Bewegungsarten. Querbiotite als postkristalline Bildungen sind verbreitet (besonders in Faltengebirgen). In den Granaten liegen die Einschlüsse (Glimmer, Quarz, Graphit, Rutil, Turmalin, Erz) bei parakristalliner Bildung in der Schieferung, bei präkristalliner, proterogener Bildung in einem *si*, das einem früheren *s* entspricht.

Die über die ganze Erde verbreiteten Glimmerschiefer bilden stellenweise zusammen mit Paragneisen und Phylliten große geologische Einheiten, in denen vielfach die an Menge zurücktretenden Orthogesteine und Erstarrungsgesteine liegen. Keineswegs sind Glimmerschiefer deshalb, weil sie zumeist älteren geologischen Formationen angehören, immer Gesteine des sogenannten „Grundgebirges". Im einzelnen abwechslungsreich, sind sie im großen gesehen doch die einförmigsten aller Metamorphite. Nur einige der wichtigsten Abarten und ganz wenige Beispiele seien gebracht. Fehlen charakteristische Übergemengteile, so benennt man nach dem Glimmer und unterscheidet *Muscovit(glimmer)schiefer, Biotit(glimmer)schiefer, Muscovit-Biotit(glimmer)schiefer* als die weitaus häufigsten. Viel seltener sind die *Paragonit(glimmer)schiefer*, die z. B. einen wesentlichen Bestandteil der Tremolaserie (vgl. S. 223) im Val Canaria, Val Piora des Gotthardgebietes im Tessin ausmachen und ober der Alpe Sponda am Südhang des Pizzo Forno die berühmte Fundstätte der blauen Cyanite und braunen Staurolithe enthalten. Dieses Gestein bildet Linsen im Biotitglimmerschiefer, in den es übergeht, bald besteht es nur aus Paragonit mit Cyanit und Staurolith als Übergemengteile, bald führt es Albit, Pennin und Granat, wie die sogenannten mineralreichen Glimmerschiefer der Ostalpen. Ähnliche Gesteine kennt man von der Insel Syra im griechischen Archipel, im Gebiet von Nischne Issetzk im Ural, ferner in Kalifornien. Auf Angabe über Vorkommen von Muscovitglimmerschiefern und Biotitglimmerschiefern ist hier verzichtet worden, da sie überall zusammen mit Phylliten und Paragneisen auftreten, es sei nur als Beispiel eines Gesteines mit beiläufig gleichen Mengen beider Glimmer das von der Töll bei Meran hervorgehoben, das in einem Gewebe von Muscovitschuppen Biotitporphyroblasten enthält.

Nach den Übergemengteilen kann man unterscheiden:

Gneisglimmerschiefer mit größerem Gehalt von Feldspat, Übergänge zu Paragneis. Sie bilden allenthalben in den großen und kleinen Massen der Paragesteine Übergänge in Paragneis und können nicht immer als selbständige Gesteine angesehen werden. Als Beispiel sei ein solches Gestein von Altenhof im Kamptal erwähnt, das auch Feldspatglimmerschiefer genannt worden ist. Die *Granatglimmerschiefer* kann man nach dem Glimmer in Muscovit-, Biotit- und Muscovit-Biotitglimmerschiefer mit oft sehr bedeutendem Gehalt an Eisentonerdegranaten (Almandin), die auch sehr bedeutende Größe erreichen können, unterteilen. Der Granat ist fast immer idiomorph und rhombendodekaedrisch, seltener ikositetraedrisch ausgebildet. Als Beispiele dieser ungemein verbreiteten Gesteine seien erwähnt: Vorkommen am

Rücken, der von Lankowitz in der Weststeiermark zur Stubalpe hinauf-
führt, beim Brendlstall in der Gleinalpe in Steiermark, bei Radenthein am
Millstättersee, wo die Granaten früher als Schmucksteine gewonnen worden sind, die weitere Umgebung des Gaisbergferners und der Gipfel (Gra-
natenkopf mit der Granatwand, Hoher First) an der Scheide zwischen
Gurglertal und dem hintersten Passeiertal (Seebertal mit der Seeberalpe)
in den Ötztalern, das reichste Vorkommen der gemeinen Eisentonerdegranaten in den Ostalpen; ähnlich auch am Timbljoch selbst, dem Joch
zwischen Passeier- und Ötztal; Gesteine der Tremolaserie; in der Schieferhülle der Hohen Tauern, z. B. im Gebiet der Granatspitze; im Kapruner-
und im Fuschertal usw. Hieher gehören z. B. auch Gesteine von Breiteneich

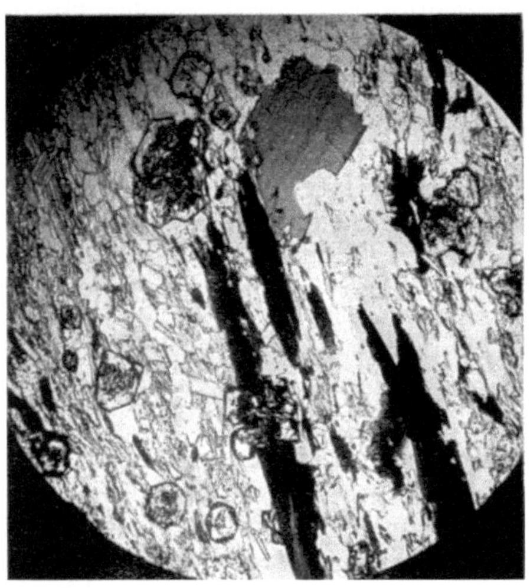

Abb. 85. Granatglimmerschiefer aus den Greiner-
schiefern des Zemmgrundes im Zillertal. Runde
Granaten, Biotit (licht im Querschnitt, Längsschnitt in Stellung dunkelster Farbe), weiß Quarz
und etwas Kalifeldspat. Gewöhnliches Licht.
Vergr. zirka 15fach.

Abb. 86. Hornblendegarbenschiefer. Reischberg-
kaar im Schlegeisental, Greinerschiefer der Zillertaler. Neben Hornblende etwas Biotit (z. B. am
unteren Rand der Garbe rechts). Hauptmasse
Quarz und Muscovit. Gewöhnliches Licht. Vergr.
5fach.

und Dreieichen bei Horn in Niederösterreich, die etwas Plagioklas und viel
Biotit neben Granat enthalten. *Staurolithglimmerschiefer* zumeist mit
kleineren Kristallen dieses Minerales. Große Staurolithe in Glimmerschie-
fern sind im Altvatergebirge Nordmährens in der Umgebung von Golden-
stein, am Fuhrmannsstein im hintersten Teßtal bei Zöptau, aber auch im
Erzgebirge, im Val Canaria in der Schweiz, beim Hüttenberger Erzberg in
Kärnten (Semlach), bei St. Radegund (Ruine Ehrenfels) im Nordosten von
Graz zu finden; ähnlich treten sie in Tirol im Verband mit schuppigen
Biotitgneisen in den Seitenkämmen des Sellraintales und dem innersten
Matscher Tale bis ins Schnalser Tal verfolgbar, auf der Stanziwurten bei
Döllach im Mölltal in Kärnten auf. Sie enthalten gleich den *Disthen-
glimmerschiefern* vielfach auch Granat. Diese Gesteine sind häufig im Spes-
sart, im Bayrischen Wald, im Val Canaria (Gotthardmassiv) in der Schweiz,
im Niederösterreichischen Waldviertel; in den Ostalpen aber kommen sie
nur gelegentlich z. B. im Anlauftal bei Böckstein im Ankogelgebiet, in der
Froßnitz im südlichen Venediger und einigen anderen Stellen der Schieferhülle vor. Zumeist ist der Disthen blauer Cyanit. Große dunkle Disthene ent-

hält ein quarzarmer Disthengranatglimmerschiefer westlich vom Gaberl-
sattel der Stubalpe in Weststeiermark. Zu fast reinen Disthenschiefern werden Disthenglimmerschiefer des Val Piora bei Airolo in der Tremolaserie,
die nur mehr aus Disthen und Quarz bestehen, während ein Disthenschiefer
von Westanå in Schweden aus Quarz, Disthen und Ottrelith mit etwas
Hämatit und Rutil besteht.

Hornblendeglimmerschiefer sind durch den Gehalt an dunkler zumeist
Al-reicher Hornblende charakterisiert, während geringer Gehalt an Hornblende oder deren Umwandlungsprodukten sich stellenweise in den größeren
Glimmerschiefergebieten nachweisen läßt. Hornblendeglimmerschiefer, von
denen manche vielleicht durch Diaphthorese aus Amphiboliten entstanden
sein können, kennt man u. a. von Goldmühl bei Berneck im Fichtelgebirge,
von Proßnitz in Böhmen, aus dem Val Canaria der Tremolaserie des Gott-
hard-Südabhanges. Besonders charakteristisch für die Tremolaserie sind
Hornblendegarbenschiefer, die man auch als Garbenglimmerschiefer bezeichnet hat und die nicht allein auf dieses Gebiet beschränkt sind. Man
kann sie auch zu den Muscovitglimmerschiefern stellen (z. B. Vorkommen
bei Donnersbachwald im Gebiet der Plannerhütte in den Rottenmanner
Tauern). Die stark metamorphe *Tremolaserie* am Südrand des mittleren
Gotthardmassivs, die im Val Tremola 2200 m Mächtigkeit erlangt, ist mit
ihren Ausbildungsformen von Parabiotitgneisen, die in Paraamphibolite
übergehen, den Garbenschiefern mit den dezimeterlangen Hornblenden und
großen Granaten, den Zweiglimmerschiefern mit kleineren Granaten, die in
serizitische Gneise und Serizitschiefer übergehen, einzigartig in den gesamten Alpen. Diese Gesteine sind unter starkem Bewegungsdruck geformte ehemalige paläozoische, mergelige Tongesteine mit Karbonatgesteins-
einlagerungen. Trotz wiederholten Wechsels in der Gesteinsbeschaffenheit
sind sie im ganzen genommen etwas einförmig. In ihrer Lage am Rande
eines großen Glimmerschieferkomplexes, in ihrem Mineralgehalt und ihrer
Formung, keineswegs aber im Mineralreichtum, stehen diesen Gesteinen die
sogenannten mineralreichen Glimmerschiefer, Greinerschiefer und Pfitscher-
schiefer der Ostalpen mit ihrer Masse an Hornblendegarbenschiefern nahe,
hochkristalline Glimmerschiefer und Paragneise der unteren Schieferhülle.
Diese hochkristallinen Gesteine haben ihre größte Verbreitung im Gebiet
zwischen den beiden Zentralgranitgneisästen zwischen Pfitschertal und
Großem Greiner, wo sie zum großen Teil aus Hornblendegarbenschiefern
bestehen, mit einer Grundmasse von Quarz und Oligoklas; sie enthalten aber
keine so große Menge von Granaten wie in der Tremolaserie. Sie führen
auch Disthen, Albit als postkristalline Neubildung, Biotit, Kalzit, Ankerit,
Graphit. Wie die Gesteine der Tremolaserie sind sie hochmetamorphe tonige
Sedimentgesteine mit geringen, stark diffusen Kalkeinlagerungen, vielleicht
umkristalisierte Grauwackensedimentgesteine. Ähnlich sind die mineralreichen Glimmerschiefer der Laaser Serie zwischen Meran und dem Ortler-
gebiet, deren Kristallisation für vortriadisch gilt, in denen Granat, Staurolith, Disthen besonders hervortreten. Alkalihornblenden enthalten darnach
benannte Alkalihornblendeschiefer der unteren Kristallinlamelle in den
Ophiolithen der Plattadecke vom Silser-See bis zum Piz Sass im Julier-
gebiet, die wohl unter Na-Zufuhr bei der alpidischen Orogenese entstanden
sind. Glaukophan ähnliche Hornblende oder Glaukophan neben Granat und
Epidot enthalten *Glaukophanglimmerschiefer* benannte Hornblendeglimmerschiefer von der Insel Syra im griechischen Archipel, auf der Insel Groix
an der Südküste der Bretagne und in Kalifornien.

Epidot führende dunkle Glimmerschiefer bezeichnet man als *Epidot-glimmerschiefer* u. a. bekannt aus dem Wechselgebiet bei Aspang, von der Klausenalpe im Zemmgrund im Gebiet der Greiner Serie, in der Tremola-serie, häufig mit Zwischenschaltungen von Epidotfels (Epidotschiefer oder Epidosit genannt), der vorwiegend nur aus Epidot besteht und gut ge-schiefert ist. *Chloritglimmerschiefer,* die in Chloritgneis und Chloritschiefer aber auch in Chloritphyllit übergehen können, sind schwächere oder stärkere Metamorphite ein und desselben Sedimentgesteines. Sie können aber auch aus Hornblendegneisen und Amphiboliten durch Zersetzung der Hornblenden entstanden sein. Hieher kann man auch die schon behandelten Chloritoidglimmerschiefer stellen, die aber nur schwer von den entsprechen-den phyllitischen Gesteinen zu trennen sind. Graphitglimmerschiefer bilden nur unselbständige Einschaltungen. Den Konglomeratgneisen kann man die *Konglomeratglimmerschiefer* gegenüberstellen, deren Konglomeratbereiche noch absätziger gegenüber der verkittenden Schiefermasse sind, wie wir sie schon seit langem (Lyell) von Massachusetts, Shehallian in Schottland, aus der Umgebung von Bergen in Norwegen, von Westanå in Schonen (Schwe-den), wo sie 2 cm große Geschiebe von Magnetit führendem Quarzit des Liegenden neben geringen Mengen von Geröllen aus Quarz und Turmalin führenden Schiefern enthalten, kennen.

Es besteht kein Zweifel, daß der größte Teil der Glimmerschiefer aus Sedimentmaterial entstanden ist, daß manche Bestandteile aus jüngeren Ein-schüben, Injektionen usw. stammen, aplitische, pegmatitische und hydro-thermale Durchäderung und Durchtränkung die alten Gesteine stellenweise verändert haben, der alte Bestand aber ist erhalten geblieben. Manche Glimmerschiefer können aber auch durch Tiefendiaphthorese von Para-gneisen entstanden sein, wobei besonders längs großer Überschiebungszonen aus Feldspat und Biotit Muscovit entstehen kann. Die moravisch-moldanu-bische Überschiebungszone im varistischen Waldviertel besteht fast zur Gänze aus einer an Kaliglimmer reichen Masse von Paragesteinen, unter denen Glimmerschiefer mit Porphyroblasten von Granat, Disthen, Staurolith verbreitet sind, in die größere Mengen von Orthogesteinen eingeschaltet sind, wie der moldanubische Gföhler Gneis und der moravische Bittescher Gneis. Man kann annehmen, daß die Muscovitbildung dieser Glimmerschiefer durch Verdrängung des Feldspates des Paragneises entstanden ist, da im ganzen Überschiebungsgebiet nur dort die Glimmerschieferzone breit ist, wo ihr Paragneise benachbart sind, aber schmal, wo dies sich gegen die Über-schiebung passiv verhaltende Orthogneise (z. B. Gföhler Gneis) sind. Der Formenreichtum dieser Serie von Paragesteinen kann aber auch durch das Ausgangssedimentmaterial bedingt sein. Man kann annehmen, daß dann, wenn alle Tonerde zur Bildung von Biotit ausreicht, sich Gesteine bilden, die nur aus Quarz und Biotit bestehen, was selten der Fall gewesen sein wird, denn zumeist ist der Tonerdegehalt größer, und es entsteht Muscovit und an Tonerde noch reichere Mineralien, wie Granat, Andalusit, Sillimanit. Staurolith oder Chlorit, bei niedriger Temperatur Chloritoid; bei größerer Menge von Na_2O ergibt sich die Möglichkeit zur Bildung von Oligoklas-Albit bzw. Albit und Epidot.

Die **Quarzite** kann man als eigene Familie oder als Unterabteilung der Glimmerschiefer annehmen, wie es hier der Fall ist. Die Bezeichnung Quar-zit ist ausschließlich für kristalline Schiefer der Epizone und nicht, wie dies mehrfach geschieht, auch für Quarzsandsteine, arm an kieseligem Bindemittel zu gebrauchen. Quarzite sind Phyllite und Glimmerschiefer, bei denen der

Glimmer sehr zurücktritt und fast verschwinden kann. Sie entstehen aus psephitischem und psammitischem an Quarz reichem Sedimentmaterial verschiedener diagenetischer Verfestigung. Das Bindemittel ist in Silikate umkristallisiert, und man unterscheidet darnach Glimmerquarzite, Arkosequarzite, Sillimanitquarzite (Khondalite), Disthenquarzite, Hornblendequarzite, Epidotquarzite, Hornblende-Diopsid-Quarzite, Graphitquarzite, Tremolitquarzite; es gibt aber auch solche mit Granat, Glaukophan, Turmalin, Chloritoid-Sprödglimmer. Karbonate haben mit SiO_2 zur Bildung von Kalksilikaten und Mg-Silikaten reagiert, Eisenoxyd ist erhalten geblieben. Bei mehr Bindemittel kann man von Quarzitschiefern sprechen, bei weniger Bindemittel von Quarziten im engeren Sinne. Mannigfach sind der Zusammensetzung gemäß die Farben. Die Quarze sind zum Teil gestreckt, die anderen Bestandteile gebogen und gefältelt. Manchmal sind in den Quar-

Abb. 87. Muscovitquarzit von Stams in Tirol. Zwischen den im Dünnschliff weißen, grauen und schwarzen Quarzkörnern liegen die Muscovite in der Schieferrichtung als Streifen. Gekreuzte Nikols. Vergr. zirka 30fach.

ziten die ursprünglichen Sandkörner noch zu erkennen. War das Bindemittel gleichfalls quarzig, dann sind die Grenzen vollständig verwischt. Quarzite bzw. Quarzitschiefer sind in allen Formationen, besonders in den älteren ungemein häufig, in Finnland ebenso wie in der ostalpinen Grauwackenzone (z. B. die Semmeringquarzite); sie sind in den gesamten Ostalpen sehr verbreitet, aber nirgends wirklich mächtig. Ein besonders schönes Gestein sind die Piemontitschiefer, Quarzitschiefer mit Kristallen des Manganepidotes, der das Gestein rotviolett färbt, besonders schön von der japanischen Insel Shikoku, dann im Kara-Dagh im nördlichen Karien, man kennt sie auch in Vorderindien.

Die Hornblendeschiefer.

Diese basischen Schiefergesteine, geprägt in verschiedener Tiefe, teilt man am besten nach dem Mineralbestand in die Familie der von Feldspat freien Aktinolithschiefer und Hornblendeschiefer im engeren Sinne und in die Familie der feldspathaltigen Amphibolite ein. Man wird bei diesem Vorgehen auch am besten den genetisch-geologischen Verhältnissen gerecht. Diese Gesteine entsprechen den basischeren Tiefen- und Ergußgesteinen, den Dioriten, Gabbrodioriten und Gabbros einerseits und den Porphyriten, Basalten-Melaphyren-Diabasen anderseits, aus denen die Orthoformen zum Teil durch Schiefermetamorphose entstanden sind, was besonders für die Amphibolite, die weitaus häufigsten dieser Schiefergesteine, gilt.

Die Familie der Aktinolithschiefer und Hornblendeschiefer im engeren Sinne.

Die **Aktinolithschiefer** (Strahlsteinschiefer, Tremolitschiefer) sind licht- bis dunkelgrüne auch weiße bis graue (Tremolitschiefer), meist deutlich stengelige bis dickfaserige, selten feinfaserige, fein bis grobkörnige, zumeist gut geschieferte aber auch wirrlagerig texturierte Schiefer, deren wesentlicher Bestandteil der Aktinolith in langen dünnen oder kürzeren dickeren Säulen, Nadeln und Nädelchen ist. Es gibt völlig monogene Abarten; andere enthalten Olivin, Epidot, Glimmer, Chromit, Granat, seltener Diopsid, hingegen kann ein oft recht großer Talkgehalt, der an Menge den des Aktinolithes erreichen kann, vorhanden sein, der nicht durch Talkisierung des Aktinolithes entstanden ist, der vollständig erhalten geblieben ist. Aktinolithschiefer bzw. Tremolitschiefer kann in Talkschiefer übergehen, z. B. in den Gesteinen der Smaragdserie der Takowaja im Ostural ebenso wie im Habachtal in Salzburg. Übergänge von Aktinolith in gemeine grüne Hornblende sind festgestellt worden. *Aktinolithschiefer* und die selteneren weißen *Tremolitschiefer* gehören im allgemeinen zur *Serpentinparagenesis*, sie bilden aber immer nur Gesteinsmassen von geringem Umfang am Rande der Serpentine. Licht- bis dunkelgrüner Nephrit, diese dichte, feinst verworrenfaserige, filzige Abart des Aktinolithes, bildet die zähen in ihrer geringen Mächtigkeit wohl kaum als Gesteine zu bezeichnenden Nephritschiefer oder Nephritite, wie wir sie aus Turkestan, dem Nan-Cham-Gebirge Chinas, Neuseeland, Radautal im Harz, Jordansmühle in Schlesien usw. kennen. Sie sind wie die Aktinolithschiefer oft aus Peridotiten, Diallagiten und ähnlichen Gesteinen entstanden, es ist aber nicht ausgeschlossen, daß ein Teil von ihnen sedimentogener Herkunft ist, da Aktinolith Bestandteil anderer sedimentogener Schiefer sein kann. Der Steinzeitmensch hat mit seinem außerordentlichen Spürsinn die Zähigkeit des Nephrites auszunützen verstanden. Ob Nephrite aus dem Bett der Mur, besonders im Schotter dieses Flusses in der Umgebung von Graz, einem heute zerstörten, verschütteten oder abgebauten Vorkommen im Einzugsgebiet der Mur angehört haben oder importiert worden sind, wird sich niemals entscheiden lassen, man fände denn die Spuren des anstehenden Vorkommens. Die Art der Verteilung im Schotter, die Überzahl unbearbeiteter Geschiebe spricht gegen Import.

Feinkörnige Aktinolithschiefer zeigen deutlich Seidenglanz, an Epidot reichere Abarten enthalten abwechselnde, an diesem Mineral reichere und ärmere Lagen. Die Entstehung aller dieser Gesteine durch Ultrabasitkontakt vor allem gegen Kalkglimmerschiefer usw. aus dem näheren Bereich der Serpentinmassive ist durchaus möglich; zuweilen aber ist der Kontakt nachweisbar tektonisch, die Reaktion kann dann auch im festen Zustand erfolgt sein. Es ist aber die Bildung dieser Gesteine aus Sedimentmaterial auch an solchen Stellen durchaus möglich, sie sind ja auch im Zusammenhang mit Marmoren bekannt. Sie fehlen Serpentingebieten nur selten, so daß sie die gleichen Vorkommen wie diese Gesteine haben (vgl. S. 245). Die Tremolaserie im Gotthard, die Sustenhörner im Stöcklistock, Gordona und Loderio im Tessin, Andermatt, Hospental in Uri, die Hohe Wilde in den Stubaiern, die Schieferhülle und Matreier Zone der Hohen Tauern, aber auch die Umgebung von Zöptau in Mähren seien besonders genannt. Die schönsten Aktinolithschiefer der Alpen finden sich am Großen Happ im Geigerkamm des südlichen Großvenedigers.

Als **Hornblendeschiefer i. e. S.** bezeichnet man feldspatfreie Amphibolite mit gemeiner Hornblende und meist schieferigem Gefüge; fehlt dieses, wird auch der Name *Hornblendefels* gebraucht. Ganz geringfügiger Olivingehalt als Relikt des Ausgangsgesteines führt auf ein basisches Tiefengestein. Granat, Epidot, Zoisit, Eisenerze, diese oft in größerer Menge angereichert, sind ihre Bestandteile, manchmal auch reichlich Talk oder Muscovit, wodurch Übergänge zu Talkschiefern und Glimmerschiefern entstehen; es kann aber auch Quarz und Feldspat hinzutreten. Solche Gesteine sind manchmal mit feldspatreichen Amphiboliten verknüpft. Vorkommen dieser durchaus nicht häufigen Gesteine sind Ligouite, Eckkirch bei Markirch in den Vogesen, Habendorf in Schlesien, wo sie aus Peridotit entstanden sind. Antophyllitschiefer bzw. Gedritschiefer kennt man von Warwick in Massachusetts, Vester Silfberg in Süddarlekarlien, hier wohl als Kontaktbildungen. Die Vorkommen von Dürnstein bei Krems können nicht als Gesteine bezeichnet werden. Ebenso ist der sogenannte Jadeitit nur Bildung des seltenen Minerales Jadeit in größeren Mengen, aber kein Gestein, obwohl er manchen als ein Alkaligestein gilt, wie die Vorkommen im Aostatal in Piemont, am Mte. Viso (Prato Fiorito) als Linsen im Serpentin, im Urutal in Oberbirma, in den Abhängen des Kuen-Luen am Tungafluß in Ostturkestan. Die Paragenesis mit Chlorit usw. spricht aber nicht für einen Metamorphit eines Foyaites, wenn auch Analysen auf eine derartige Schmelze führen.

Die Familie der Amphibolite.

Der Name ist falsch angewendet, weil man im Gleichklang mit Peridotit, Pyroxenit unter diesem Namen das entsprechende Tiefengestein verstehen müßte, er hat sich aber als Schiefername nun so eingebürgert, daß eine Richtigstellung nicht mehr möglich ist. Amphibolite sind meist mittelkörnige, aber auch feinkörnige und grobkörnige Gesteine, in allen Abstufungen fast richtungslos körnig bis gut schieferig. Sie bestehen aus Hornblende verschiedener Zusammensetzung vom Aktinolith bis zur dunkelsten braunen, zumeist aber grünen gemeinen Hornblende, Plagioklas vom Anorthit bis zum Oligoklas, zumeist Labrador als Hauptbestandteile, Apatit, Eisenerze, Ilmenit häufiger als wie Magnetit und Hämatit, Rutil, Titanit, selten Kalifeldspat und die anderen üblichen Nebengemengteile. Wechselvoll sind die Mengen der für das Gestein charakteristischen Übergemengteile, Epidot-Zoisit, sowohl als häufiges Umwandlungsprodukt des Plagioklases, aber auch in den Gliedern dieser Familie, die in höherer Zone geformt wurden, als selbständige Bildung größeren Umfanges. Grüner oder brauner Augit ist zumeist Relikt eines früheren Bildungszustandes, daneben aber auch primärer brauner Diallag, Bronzit, Gedrit-Anthophyllit, Biotit und vor allem Granat, seltener Talk, Vesuvian, Prehnit, Skapolith, Muscovit, Axinit; Quarz, oft in dünnen Lagen, ist besonders Gemengteil von Paraamphiboliten. Vom Olivin sagt Rosenbusch sehr bezeichnend „viel genannt und selten gefunden". Chlorit ist vorwiegend Umwandlungsprodukt in epizonalen Übergangsgesteinen zur Grünschiefer-Prasinitfazies. Die Hornblende ist u. d. M. durch die große Verschiedenheit im Pleochroismus ausgezeichnet, vom lichtesten, zartesten, farblos erscheinenden bis zum

dunkelsten Grün, manchmal mit blauem Ton (blaustichig) bis zum tiefsten
Blau der glaukophanitischen Hornblende, dann braun in allen Tönen bis
zum Dunkelbraun des Karinthin. Diesem Bild entspricht die chemische Zusammensetzung. Einer Zusammenstellung kann man entnehmen, daß die
Na_2O-Werte zwischen 0,06 und 3,38, die von Al_2O_3 zwischen 2,88 und 15,93,
von $FeO + Fe_2O_3$ zwischen 8,61 und 20,16, die von CaO zwischen 7,41 und
13,26, die Werte von MgO zwischen 2,68 und 20,58% schwanken. Sehr häufig
ist uralitische Faserhornblende. Ein Teil der Hornblenden dieser Gesteine
ist zweifellos aus Augiten verschiedener Art entstanden, so daß man auch
dann, wenn das Gestein heute keinen Relikt des Augites enthält, annehmen
kann, daß ursprünglich Augit vorhanden war, der durch Metamorphose und
nicht wie die Uralitisierung auch durch Alterungszersetzung (Autometamor-
phose) zu Hornblende geworden ist. Die Verteilung der einzelnen Hornblenden im Nebeneinander und im Nacheinander, das Aufsprossen einer
grünen Hornblende aus einer braunen, die immer, wenn beide vorhanden
sind, die ältere war, ist bezeichnend für die Entwicklungsgeschichte solcher
Gesteine. Der Plagioklas, zumeist dicktafelig, ist sehr oft gänzlich saussuriti-
siert.

Abwechslungsreich ist auch das Gefüge; Paralleltextur fehlt oft, und
nicht immer ist die Kristalloblastik deutlich. Oft findet man in richtungslos
körnigen Amphiboliten das gegenseitige Durchdringen von Hornblende und
Plagioklas („Feldspaturalitisierung"), Diopsid mit Plagioklas, Hornblende
mit Diopsid, symplektitische Diablastik, die besonders oft in Umhüllungen
von Granat vorkommt. Zuweilen tritt Kelyphittextur auf, der Kern ist
Granat, die Schale radial gestellte Stengel der Symplektite. Diese Umhüllungen können zur völligen Aufzehrung der Granaten führen, die nur noch
an den Umrißformen, und das nicht immer mit Bestimmtheit, erkannt werden können. In manchen Amphiboliten wechseln feldspatreichere lichtere
Partien mit daran ärmeren dunklen Partien zu einer Art Lagenstruktur.
Bei größerem Plagioklas- (bzw. Saussurit-) Gehalt kann das Gestein auch
vorwiegend licht erscheinen, namentlich der Wechsel linsenförmiger Ausbildung von lichten und dunklen Gemengteilen, gibt besonders dann flaseriges Gefüge, wenn die lichten Linsen Glimmerhäutchen führen. In diesen
Gesteinen sind die Aufeinanderfolgen der Wirkung von Dislokationsmeta-
morphosen und Umkristallisationen leichter auseinanderzuhalten, als dies
für gewöhnlich beim Gneis der Fall ist. Kataklase ist selten so stark, daß
sie zu Kataklastextur führen könnte. Die Unterteilung und Nomenklatur
der Amphibolite ist durchaus willkürlich, es werden die verschiedensten
Eigenschaften zur Bezeichnung herangezogen, daneben Fundorte, Mineralbestand, Abstammung, sogar der Bildungsraum, denn man findet im Schrifttum gar nicht selten die Bezeichnungen Mesoamphibolit, Kataamphi-
bolit usw.

Trotzdem gesicherte genetische Beziehungen meist fehlen, pflegt man die
Gabbroamphibolite, als die tiefengesteinsnächsten an die Spitze jeder
Reihung zu stellen, obwohl die Abkunft nicht eben häufig durch Reliktgefüge nachweisbar ist und dieses Gefüge auch durch die Metamorphose von
Diabasen oder überhaupt auf andere Weise, auch nachträglich durch Umkristallisation entstanden sein kann. Tritt Plagioklas in äußere Erscheinung,
so spricht man von *Plagioklasamphibolit,* aber es wird auch manchmal jeder
Amphibolit mit noch unverändertem Plagioklas so genannt. *Granatamphibolite,* die aus Diabas, Gabbro, aber auch aus Sedimentmaterial entstehen können, gelten in manchen Fällen bei einigen Forschern als das Endglied einer

niemals bewiesenen Umwandlungsreihe in der Richtung vom Eklogit zum Amphibolit (vgl. S. 236). Bildungen höherer, aber durchaus nicht immer mit der Bezeichnung epizonal konformer Zonen sind die *Zoisit-* bzw. *Epidotamphibolite,* bei denen im Gegensatz zu den Plagioklasamphiboliten aller oder doch der meiste Plagioklas umgewandelt ist; es läßt sich aber, besonders in stark umgewandeltem auch äußerlich deformiertem Gestein nicht entscheiden, ob Zoisit-Epidot Neubildung oder Umwandlungsbildung ist, oder ob er schon im früheren Gesteinszustand vorhanden war. Diese zu den Prasiniten überleitenden Amphibolite können aber auch, zwar nur selten nachweisbar, durch rückläufige Metamorphose aus Gabbro- oder Plagioklasamphiboliten entstanden sein. Recht selten sind *Pyroxenamphibolite* mit vorwaltendem Klinaugit, häufiger ist er in Hornblende umgewandelt. Auch der Name *Biotitamphibolit* ist gebraucht worden.

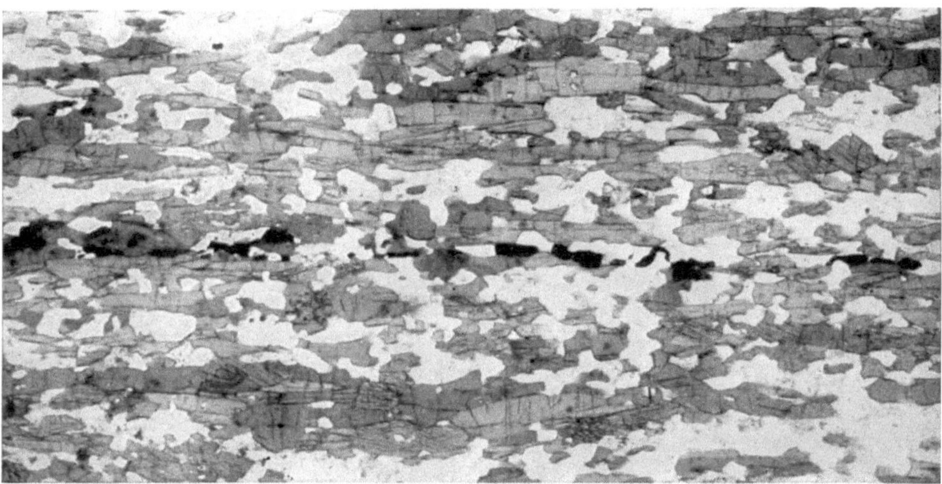

Abb. 88. Plagioklasamphibolit gut geschiefert. Gemengteile: Hornblende (grau), Plagioklas (licht bis weiß), Eisenerz (schwarz). Von Kalanti in Finnland. Gewöhnliches Licht. Vergr. zirka 15fach. (Nach E s k o l a.)

Für die Abtrennung der *Paraamphibolite* fehlen allgemeine Merkmale, und man ist auf spezielle Anzeichen angewiesen; das klassische Beispiel der Haliburton und Bancroft Areals in Ontario im kanadischen Laurentian zeigt, wie ein Teil durch Umwandlung basischer Intrusions- und Extrusionsgesteine entstanden ist, während andere dünnlagig mit körnigem Kalkstein wechsellagern und wohl durch Umkristallisierung kieselig-tonig-dolomitischer Kalksteine und Mergel entstanden sind, aber die überwiegende Zahl aller Amphibolite liegt in Paragesteinen, so daß die geologische Position nichts aussagt. In Ontario nimmt man aber noch einen dritten Typus an, der durch Metamorphose unter zeitlicher Stoffzufuhr und Einwirkung granitischer Erstarrungsgesteine aus Karbonat-Tongesteinen, also thermokontaktmetamorph aus Sedimentgesteinen entstanden sein soll. Im Durchbruchsbereich der Granite durch den Kalkstein sind die granitischen Gesteine des Laurentians in Kanada reich an Amphiboliteinschlüssen. Man kann diese Bildungen daher wohl als Granitisationsmetamorphose auffassen. Im Paragneis von Fehren bei Neustadt im Schwarzwald liegt eine mächtige Linse von Paraamphibolit, der in lagenartigem Wechselverband mit dich-

tem, Disthen führendem Paraamphibolgneis und Prehnit- und Granatfels
steht. Ist auch die Zahl der als gesichert erkannten Paraamphibolite nicht
groß, kann doch angenommen werden, daß sie aus der großen Zahl der bei
unvoreingenommener Untersuchung als genetisch noch fraglich erkannten
Amphibolite Zuzug erhalten werden.

Man neigt heute der Ansicht zu, daß die meisten Orthoamphibolite aus
basischen basaltischen Effusionen, besonders Diabasen und weniger häufig
aus gabbroiden Tiefengesteinen entstanden seien. Im Gneis von Scouri im
schottischen Sutherland ist die sichtbare Umwandlung von Olivindiabas in
geschieferten Amphibolit beschrieben worden, aber im Gabbroamphibolit
vom Loisberg bei Langenlois in Niederösterreich stecken Relikte von Olivingabbro in Form großer Linsen und
Knollen, die als selbständiges Gabbro-

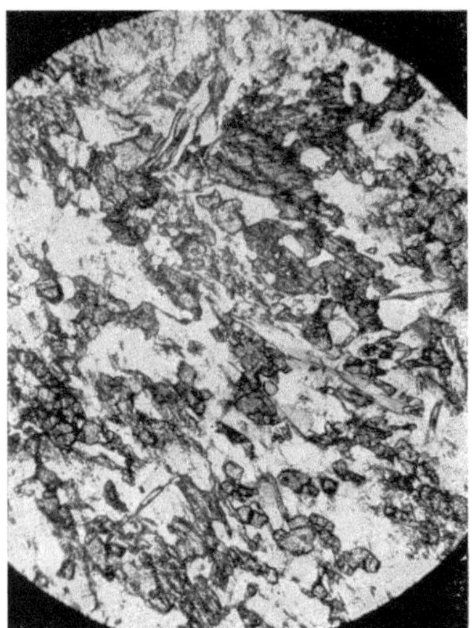

Abb. 89. Zoisitamphibolit von Arne in Nor-
wegen. Dunkle Hornblende, Zoisit (licht),
Plagioklas (weiß).   Gewöhnliches   Licht.
Vergr. zirka 30fach.

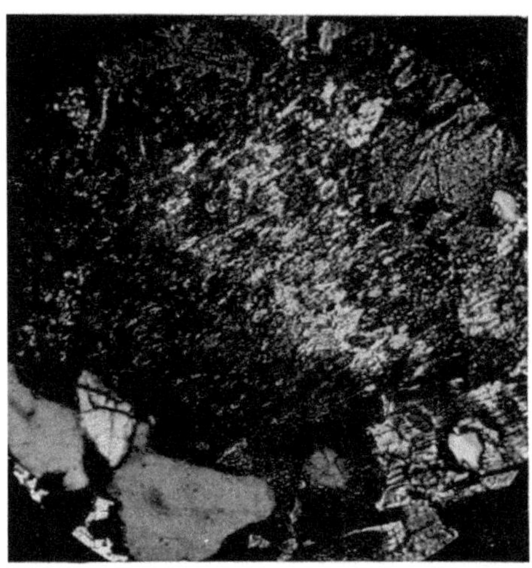

Abb. 90. Granatamphibolit von Umhausen im
Ötztal.   Augit-Hornblende-Feldspat-Diablastik.
Gewöhnliches Licht. Vergr. zirka 25fach.

gestein angesehen werden können (vgl. S. 71). Man kann im Bereich von
wenigen Zentimetern den Übergang in Amphibolit verfolgen, Hornblende
bildet sich aus Olivin und Diallag, das Gestein wird flaserig, der Plagioklas
zu einem feinkörnigen granoblastischen Aggregat; im weiteren Umkreis hat
die Kristallisationsschieferung die Spur der Abstammung verdeckt, das Gestein ist flaserig, lagenförmig, dünnplattig geworden. In der letzten Phase
der Bildung dieses Gesteines ist der neugebildete Granat auch nicht mehr
bestandfähig, er ist von dunkler Hornblende umhüllt, die dunkler ist, als
die lichtere, die den Hauptbestand des Gesteines bildet. Der Labrador des
Gabbros ist in diesem Stadium in Zoisit, Albit und etwas Quarz umgewandelt, Albitneubildung ist zu beobachten, der Olivingabbro ist zum Epidot-
Zoisitamphibolit geworden; es liegt also Umwandlung in zwei Zonen, zwei
Fazien vor. Einem Pyroxengabbro entstammt der Amphibolit von Rehberg.
Als Gabbroamphibolit aus der Nähe eines Orthogneises seien die schieferigen
„Fleckamphibolite" mit wechselnden Mengen von bis 2 cm großen, flachen,
körnigen Flasern von neugebildetem Plagioklas um proterogene Relikte
von der Durchschnittszusammensetzung eines Andesin oft mit basischem

alten Kern (bis 75% An) erwähnt, die das Liegende des Granodioritgneises von Spitz-Schwallenbach-Jauerling bilden. Ähnliche Gesteine kommen im Hiesbergmassiv bei Melk vor. Mit dem Gföhler Gneis sind die Amphibolite vom Typus Schiltern z. B. bei Kamegg verbunden, die bis ins Kamptal verfolgt werden können; sie sind frei von gabbroiden Relikten und zumeist reich an braungrüner Hornblende, die aber sehr zurücktreten kann, wobei der Plagioklas immer basischer wird (bis 85% An), so daß diese Gesteine Anorthositamphibolite genannt worden sind. Biotitamphibolite treten z. B. nördlich von Weißenkirchen auf, sie gelten als Mischgesteine mit Paragneismaterial, sind aber auch vom Gföhler Gneis aus injiziert. Granatamphibolite kennt man u. a. von Senftenberg, Pirawies, Dürrenstein-Waldhütten, Diallag-Amphibolit an der Straße Steineck—St. Leonhard, Pyroxenamphibolite des Dunkelsteiner Waldes begleiten den Granulit. Von manchen Gesteinen des Typus Schiltern kann angenommen werden, daß sie aus Diabasen entstanden sind, manche wohl auch aus Tuffiten, die als Paraamphibolite zu gelten haben, wie das granatreiche Vorkommen aus den Seyberergneisen (Paragneisen) bei Rosenburg im Kamptal. Paragesteine sind auch die Granatamphibolite von Kottes, Großmotten und Palweis, die mit Zügen von Marmor und Paraaugitgneisen vergesellschaftet sind, reichlich Quarz enthalten, deren Plagioklas, an die Kelyphithülle der Granaten gebunden, nahezu reiner Anorthit ist. Diese Orte liegen in Niederösterreich.

Eine große Zahl alpiner Amphibolite (z. B. im Veltlin, in der Zone von Ivrea, Puschlav, im Norden von Locarno, Bergell, Piemont usw.) gehören zu den *Ophiolithen*. Sie sind zumeist stark metamorphosierte oder unter den Bedingungen der Piezokristallisation geprägte, mesozoische Intrusionen oder Extrusionen des initialen Vulkanismus (Stille), in der, bzw. durch die präalpidische Geosynklinale, oder sie sind paläozoische Bildungen vor der varistischen Orogenese. Man kann für sie magmatische, simatische Abstammung, also Bildung aus schwach alkalischer Schmelze vom Charakter der Plateaubasalte annehmen, wenn auch nur wenige Beobachtungen dafür sprechen. Die ostalpinen Amphibolite sind zumeist durch die Orogenese so verändert, daß kaum ein halbwegs sicherer Schluß auf das Ausgangsmaterial gezogen werden kann. Auch sie sind vielfach Paragesteinen eingeschaltet. Die größte ostalpine Amphibolitmasse sind die Parallelzüge in den Ötztaler-Stubaier-Alpen (Hammer). Einige bedeutendere Gipfel, die entweder ganz oder zum großen Teil aus Amphibolit bestehen, sind: Wildgrat, Ölgrubenspitze, Peuschelkopf, Radelstein, Gsahlkopf, Schwabenkopf, Verpeilspitze Madatschtürme, Karlesspitze, Söllberg, Fundusfeiler, Krummgampenspitze, Villerspitze, Irzwände. Am Aufbau von Acherkogel und Rofelewand ist Amphibolit wesentlich beteiligt, er bildet den Sockel der Wilden Leck und des Loibiskogels. Selten ist Erstarrungsgesteinsgefüge auch nur andeutungsweise vorhanden; unvollkommene Paralleletextur ist auch dann schon zu beobachten, wenn die Hornblenden in der Umgebung noch gabbroides Gefüge erkennen lassen (z. B. am Schwabenkopf). Es überwiegt gleichmäßige Mischung der Bestandteile oder lagenweiser Wechsel dunklerer und lichterer Gemengteile, die oft im selben Gestein durch Übergänge miteinander verbunden sind. Porphyroblastische Struktur beobachtet man z. B. am Gestein vom Nordgrat des Gsahlkopfs mit augenartiger Hornblende in flasrigem, gebändertem, feldspatreichem Amphibolit, hingegen ist z. B. das Gestein bei der Kaunergrathütte dicht und feldspatarm, dessen Feldspataugen wahrscheinlich Reste einer alten Generation sind. Zumeist ist die Hornblende aller dieser Gesteine mit der Haupterstreckung in die Schiefe-

rungsrichtung eingeregelt. Es überwiegen Plagioklasamphibolite, Granatamphibolite sind verbreitet, südlich von Graslehen ist er Übergangsform aus
Plagioklasamphibolit. Durch Zurücktreten der dunklen Gemengteile entstehen aplitische Arten, die in den Bänderamphiboliten den lichten Anteil
bilden. Unter den Ötzamphiboliten, die einen geologisch einheitlichen Komplex bilden, ist kein sicherer Paraamphibolit erkannt worden. Als Gabbroamphibolit kann der von Aschbach und Breitlehen in der Mitte der Masse
gedeutet werden. Amphibolite der Ötztaler Berge stehen in Verbindung mit
Eklogiten (vgl. S. 234) (Hammer, Hetzner).

Zahlreich sind die nur im Glocknergebiet näher untersuchten Amphibolite in der unteren Schieferhülle der Hohen Tauern. In der Hochalmspitz-
Ankogelgruppe verdanken Schwarzkopf und Schwarzhörner Amphiboliten
ihre Namen, die vorwiegend Gabbroamphibolite, zum Teil aber auch Plagio-
klas- und Epidotamphibolite sind. Im Glocknergebiete selbst sind Gabbroamphibolite in der unteren Schieferhülle verbreitet, während das Auftreten
von Epidotamphiboliten auf die nördliche obere Schieferhülle beschränkt
ist (z. B. Laakar im Mühlbachtal, zwischen Planitzer und Königstuhl, Beil-
wiesalm usw.). In der Granatspitzgruppe enthalten Amphibolite gabbroides
Restgefüge. Im Venedigergebiet liegen am Rostocker Eck im Maurertal, an
der Hohen Achsel im Hauptkamm Amphibolitschollen im tonalitischen Zentralgranitgneis, die diaphthoritisiert sein sollen. Die große Masse der Amphibolite im Habach-Hollersbachtal, im einzelnen noch wenig untersucht, im
Habachtal (z. B. gegenüber der Meyeralpe und weiter taleinwärts) sehr stark
vom Granitgneis albititaplitisch durchädert, dürfte trotz des Nachweises
von gabbroidem Restgefüge aus Ergußgesteinen, aber wohl auch aus Tuffen
und mergeligen Sedimentgesteinen entstanden sein. Es überwiegen feinkörnige bis feinfaserige Typen, die früher vielfach mit Grünschiefer-Prasi-
niten verwechselt worden sind, im Ostgehänge des Hollersbachtales in sie
übergehen sollen. Die Fuscherphyllite enthalten Gabbroamphibolite in der
Formung von „Fleckamphiboliten", im Wolfbachtal auch gabbroide Augen-
amphibolite. Sehr stark verschiefert ist z. B. das Gestein am Südanstieg zum
Gipfel des Imbachhornes.

Amphibolite sind in der Schobergruppe, in den alten Gneisen im Süden
der Hohen Tauern, z. B. im Gebiet der Madatschspitze südlich des Penser
Weißhornes verbreitet. In der Kreuzeckgruppe, in der Goldeckgruppe südlich von Sachsenburg treten sie auf. In der steirischen Gleinalpe hat man
einmal 29 verschiedene Arten unterschieden und benannt (!), in der Speik-
serie der Stubalpe sind sie besonders zwischen Gaberl und Almhaus verbreitet, in der Koralpe gehen Eklogitamphibolite (vgl. S. 235) randlich
in stark geschieferte Zoisitamphibolite über und bilden Zwischenstufen bis
zu Granatamphiboliten, die der Menge nach überwiegen; sie zeigen auch
Mylonitisierung. Ein albitreicher Amphibolit vom Sprungkar ergab bei der
Analyse theralitische Zusammensetzung (Machatschki). Da viele dieser
Gesteine Diabasabkömmlinge sind, ist eine solche Zusammensetzung durch-
aus verständlich, aber in den meisten Fällen wird die Schiefermetamorphose
jedwede Zuteilung unmöglich machen, da die Mengen erhaltener, zugeführter
und weggeführter Substanzen kaum feststellbar sind. An Plagioklas arme
Amphibolite sind vom Bacherngebirge beschrieben worden, solche aus der
Umgebung von Feistritz wurden durch Injektion von Aplitschmelzen aus
Pyroxeniten gedeutet. Die „Brettsteinzüge" genannte Marmorstreifen in der
Glimmerschiefermasse zwischen dem Seckauer-Bösensteinmassiv, Schlad-
minger Gneisen, Ennstaler Phylliten und Murauer Paläozoikum begleiten-

den Amphibolite sind wohl Paragesteine. Ortho- und Paraamphibolite wurden aus dem Kulmgebiet in Oststeiermark beschrieben. Von den Amphiboliten der steirischen Grauwackenzone ist der porphyroblastische Granatamphibolit vom Fuß des Nord-Steilabfalles des Ritting im Nordosten von Bruck an der Mur durch seine weißbehöften Granaten bemerkenswert, deren Hof aus einem Gemenge von Quarz, Plagioklas, Zoisit-Epidot, Chlorit und Hornblenenädelchen besteht. Ähnliche Gesteine treten auch im Gneiszug Floning-Zeberalm-Troiseck, sowie im Laintal bei Trofaiach ob Leoben, im Westgehänge des Kaintalgrabens und diaphthoritisiert am Westkamm der Hohenburg auf (diese als diaphthoritisierte Karinthin-Granatamphibolite). Alle diese Gesteine zeigen Relikte tieferer Prägung, während aktinolithartige Hornblende, Titanit, Epidot-Klinozoisit, Chlorit, Albit, Quarz und auch Kalkspat jüngere Paragenesen späterer und höherer Umprägungen sind, aber die Orthonatur aller dieser Gesteine ist doch recht zweifelhaft (Stiny). Von den zahlreichen noch westlicheren, zumeist nur kleinen Vorkommen seien die des Wechselgebirges genannt, von denen die der sogenannten Wechselserie in Grünschiefer übergehen; in der sogenannten Kernserie liegen die von Schäffern. Südlich des Sieggrabener Kogels ist das grobkörnige Gestein arm an Plagioklas und Granat. Die Amphibolite im Marmor der Sieggrabener Serie werden wohl Paragesteine sein. Beim Königsbügel tritt in diesem Gebiet auch Noritamphibolit auf. Das Altkristallin von Vöstenhof-Schlögelmühl am Fuße des Semmerings enthält ebenfalls nicht unbeträchtliche Mengen von Amphibolit.

Die Familie der Eklogite und Eklogitamphibolite.

Eklogite sind als Einlagerungen, meist im Gefolge von Amphiboliten, vornehmlich Granatamphiboliten auftretende grob- bis feinkörnige, niemals dichte, meist richtungslos körnige, selten schieferige Gesteine, deren Hauptbestandteile Omphazit und an Pyropsilikat reicher Granat sind. Omphazit ist ein dem Fassait ähnlicher, aber recht wechselnd zusammengesetzter, an Sesquioxyden oft reicher Klinaugit, bei dem der Al_2O_3-Gehalt den des Fe_2O_3 übertrifft, der manchmal auch ärmer an Sesquioxyden sein kann und dem Diopsid nahesteht. Er ist immer körnig und erscheint niemals in Kristallumrissen, aber immer tiefgrün gefärbt. Stets enthält er etwas vom Jadeitsilikat ($Na_2AlSi_2O_6$). Der Granat ist eine Mischung von Grossular, Almandin, Pyrop, dessen Pyropgehalt zwischen 25 und 70, dessen Grossulargehalt zwischen 12 und 45% schwankt, er steht dem Granat der Peridotite am nächsten. Omphazit ist oft durch Smaragdit, eine ähnlich zusammengesetzte Aktinolithabart oder durch Karinthin, aber auch durch gemeine grüne Hornblende ersetzt oder von ihr begleitet. Diablastische Durchwachsung mit Hornblendemineralien, büschelförmige schilfige gemeine Hornblende sind die charakteristischen Erscheinungen der Umwandlungsbildungen aus Omphazit, können sich aber auch selbständig neben Omphazit gebildet haben. Neben grüner und brauner Karinthinhornblende kommt nicht selten auch blaugrüne, alkalihaltige Hornblende vor. Übergemengteile sind Muscovit, Plagioklas, Quarz, Zoisit, Disthen, die das Gepräge der Gesteine völlig verändern können, selten Olivin, Bronzit, Chlorit, Orthit, Klinozoisit. Nebengemengteile sind die der Amphibolite. *Echte Eklogite* enthalten nur Omphazit und Granat. Solche, die Hornblende als Hauptgemengteile führen, können als *Hornblendeeklogite* oder wegen ihrer größeren Häufigkeit auch als *gewöhnliche Eklogite* bezeichnet werden. Durch allmähliches Verschwinden des Omphazites, Zunahme des Plagioklases entstehen aus den Horn-

blendeeklogiten die *Eklogitamphibolite*. Die Auffaserung und Hornblendisierung des Omphazites, die Bildung der Diablastik nimmt zu, die Bildung
von Hornblendezonen und Diablastik um die Granaten schreitet fort und der
Augit kann vollständig verschwinden, er kann aufgebraucht werden; aber
auch der Granat kann unter Wahrung seiner Form völlig umgewandelt sein.
Augitfreie Eklogitamphibolite wurden Kelyphiteklogite genannt, ein Name,
der sich nicht recht eingebürgert hat. Im Ötztal konnte man zweierlei Arten
von Eklogitamphiboliten unterscheiden. Bei der ersteren besteht die Amphibolisierung in feiner Verfaserung, die Hornblendezone um die Granaten
bleibt kompakt, ohne radial zu werden. Das Endprodukt ist ein porphyrischer Granatamphibolit mit dichtem, verworren faserig erscheinendem
Grundgewebe. Bei der anderen Art vergröbert sich die Auffaserung des
Omphazites mit der Entfernung vom Kern und geht in leistenförmige oder
körnige Hornblende über, während der Hornblendekranz um die Granate
strahlige Tendenz besitzt. Das Endglied ist ein körniger Granatamphibolit
(Hetzner).

Die Eklogite zeigen texturell die gleichen diablastischen Verwachsungen,
die auch bei Amphiboliten auftreten, denn die Anwesenheit derartiger Diablastik, die sehr vielgestaltig sein kann (vgl. S. 228), ist noch kein Beweis
dafür, daß ein Amphibolit mit Diablastik in den Bereich der Eklogitgenesis
gehören muß. Echtem Eklogit selbst fehlt die Feldspatdiablastik (Feldspaturalitisierung). Das Aufsprossen verschiedenartiger Hornblenden, die Ergründung ihrer Abfolge, das Verhältnis brauner und grüner Hornblende in
den Eklogitamphiboliten, das Studium der Wachstumserscheinungen der
Granaten, ihre Umbildung vom Rande her, ihre mannigfachen Einschlüsse,
die Feststellung des Schicksals der Augitreste und der Reste brauner Hornblenden gibt die Bildungsgeschichte dieser Gesteine, ohne aber etwas über
die Natur des Ausgangsmateriales auszusagen, dessen Eigenschaften vollkommen verwischt sind.

Das größte ostalpine Vorkommen liegt in den Amphibolitzügen der Ötztaler und Stubaier Berge, vor allem in deren randlichen Teilen, so am Loibiskogel am Hauerferner, dann am Kamm Falderkogel-Hauerkogel und im
Grieskar des Gottsguttertales, Bad Längenfeld-Burgstein, Gamskogel bis
ins Sulzkar. Sie bilden niemals geschlossene Massen, sondern stets kleinere
Linsen und Schlieren. Am Südrande der Amphibolitzone ist die Ausprägung
einer eigentlichen Zone weniger deutlich, etwas südlich von Aschbach an der
Straße gegen Sölden und am gegenüberliegenden Ufer, am Grat südlich des
Perleskogels und zu beiden Seiten des Pollertales sind sie aufgeschlossen, am
besten am Gamskogel zwischen Sulztal und Ötztal am Wege kurz vor dem
Weiler Unterlehn. Am Burgstein enthält der Eklogit Disthen. Am Loibiskogel liegt frischer, nicht serpentinisierter Peridotit mit Einsprenglingen von
Orthaugit im echten Eklogit und im Eklogitamphibolit. Hier ist er stellenweise pegmatitartig entwickelt, Bildungen, die man auch von Selje in Norwegen kennt. Auch am Loibiskogel kann die Umwandlung des Augites in
feinste Hornblende-Plagioklas-Diablastik und die gleichzeitige Bildung der
Kelyphitrinde um die Granaten beobachtet werden, im vorgeschrittenen
Stadium ist Granat vollkommen verschwunden, bis auch der Orthaugit in
ein Gewebe von Plagioklas und Zoisit oder Chlorit und Epidot übergeht
und ein Gestein aus Fasern von diablastischem Hornblendegewebe und länglichen Nestern von Zoisit und Plagioklas übrig bleibt (Hammer).

In grobem bis schuppigem Glimmerschiefer liegen die Eklogitgesteine
der Saualpe; am Hohen Gertrusk zeigen sie die Tendenz zur Bildung von

monogenem Granatfels und Omphazitfels. Blaue Cyanite sind ersichtlich
spätere Bildungen, auch im echten Eklogit. Lichte, stellenweise wasserklare
Quarzgänge mit größeren Kristallen von Karinthin durchsetzen das Gestein. Karinthin enthält der Eklogit auch bei Kote 1905 im Hauptkamm Der
überwiegende Teil der Eklogitgesteine dieses Gebietes sind wie im Ötztal
Eklogitamphibolite. In der Koralpe sind Eklogitamphibolite verbreitet, beim
Lenzbauer in der Umgebung von Schwanberg treten Diallageklogite mit
rhombischen Augiten auf, die manchen Gesteinen des Hauptkammes ähn-
lich werden. Echte Eklogite kennt man aus dem Bacherngebirge (Tainach,
Hudina-Skommeru, St. Kunigund-Padeschberg). Von Gießhübl-Tainach und
Windisch-Feistritz wurden farbenprächtige Cyaniteklogite beschrieben.

Muscovit enthält der Eklogit der
Prjaktscholle in der Schobergruppe.
Kelyphitamphibolit kennt man vom
Gipfel des Kleinen Prjakt. Ähnlich
treten Eklogitamphibolite in der sogenannten Eklogitzone des südlichen
Venedigers auf, rot-grüne, stellenweise
geschieferte Eklogite, reichlich hellen
glänzenden Muscovit führend, der
auch den begleitenden dunkelblauen
Amphiboliten mit blaustichiger, zum
Teil glaukophanitischer Hornblende
ein eigentümliches Aussehen verleiht.
Am besten aufgeschlossen sind diese
Gesteine vom Bereich der Johannes-
hütte im Dorfertal — Fuß der Ga-
stacher Wände — Hintere Kleinitz —
Eisseen im Wallhorntal. Echte Eklogite scheinen in allen diesen Gebieten
nicht vorzukommen, wie dies auch an
der Südseite des Glockners der Fall
sein dürfte, wo Eklogitprasinite die
einzigen näher untersuchten eklo-

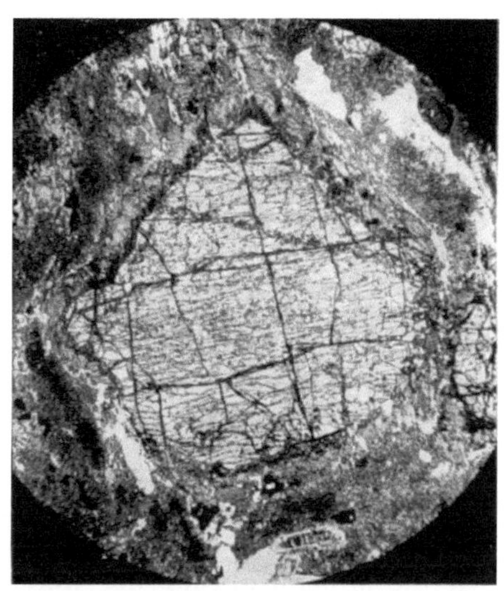

Abb. 91. Eklogitamphibolit aus dem Ötztal.
Granat mit Kelyphitrinde. Gewöhnliches Licht.
Vergr. zirka 30fach.

gitischen Gesteine sind (z. B. Tragwand im Dorfertal, Kleiner Burgstall, Ostwände der Gamsgrube bis in das Gewände des Fuscher-
karkopfes). Die Tauerneklogitgesteine harren noch näherer Untersuchung. Im östlichen Wechselgebirge bei Schäffern gehen Granatamphibolite in eklogitische Gesteine, ohne Omphazit, reich an Granat, der
viel Grossularsilikat enthält, über, die *Pseudoeklogite* genannt worden sind;
dort gibt es aber auch solche, die anscheinend primären Kalzit enthalten
und *Karbonateklogite* genannt worden sind, deren Granat mit Siebstruktur
alle Bestandteile des Gesteines Diopsid, Hornblende, Epidot-Zoisit, Quarz
und Kalzit enthält. Die Eklogitgesteine von Eckerbruch bei Sieggraben im
Rosaliengebirge enthalten Omphazit, der vollständig in Diablastik zerfallen ist.

Am Hochgrößen bei Oppenberg in den Rottenmanner Tauern (Steiermark) tritt Hornblendeeklogit an der Grenze Serpentin-Phyllit auf, der unter
der Treschmitzer Jagdhütte reichlich lebhaft glänzende, $^1/_2$ cm Größe er-
reichende Blättchen eines auffallend harten Graphites enthält. Dieser
Graphiteklogit geht in ein Gestein mit oft dünn von Albit umsäumtem Zoisit
als Hauptbestandteil, viel Graphit, Muscovitblättchen und Quarz über, das

durch Inseln von Diablastik mit gelegentlichen Augitrelikten genetischen Zusammenhang mit dem Eklogitgestein erweist. Graphiteklogit und Karbonateklogit sind wohl der eindeutige Beweis, daß es in den Ostalpen sedimentogene Eklogitgesteine geben muß.

Im niederösterreichischen Waldviertel liegt der Eklogit zumeist nur in kleineren oder größeren Knollen im Olivinfels und als Einschluß im Granulit (mittleres Kamptal, Dunkelsteiner Wald), mächtiger ist er im Kartenblatt Drosendorf. Plagioklaseklogite, in denen Plagioklas kelyphitartig die Granatkörner umgibt, wechsellagern mit solchen aus Granat und Diopsid, zum Teil mit etwas Spinell und Bronzit. Ein analysierter Eklogit aus dem Olivinfels-Serpentin des Mitterbachgrabens besteht aus Granat und Diopsid, die in einer Masse von kleinen Diopsiden und Bytownit liegen. Zahlreiche Eklogite kennt man aus der Schweiz, gangförmig erscheinen sie in den Ligurischen Alpen, bekannt sind sie aus dem Fichtelgebirge (Eppenreuth, Silberbach), im sächsischen Erzgebirge, dann in Skandinavien (z. B. in der Umgebung von Bergen, Söndmöre, Almeklovdalen, Tromsö), zum Teil im Gneis, zum Teil mit Olivingesteinen und körnigen Kalken (Tromsö), dann in Lappland und Grönland.

Die Genesis der Eklogitgesteine. Im Schrifttum überwiegt die Annahme einer Bildung aus dem Schmelzfluß als gabbroides Spaltungsprodukt in Analogie mit der Peridotitbildung und späterer dynamischer Metamorphose, was für Vorkommen in oder an der Grenze gegen Olivinfels-Serpentin ohne weiteres möglich wäre. Darauf beruht Goldschmidts Annahme der simatischen Eklogitschale und Eskolas Eklogitfazies (vgl. S. 191), der Fazies höchsten Druckes und höchster Temperatur, also Bildung in großer Tiefe. Für diese Bildungsweise spricht auch der Mineralbestand der echten Eklogite, Mineralien dichtester Gitter. Diese Annahme setzt bei der Hauptmasse der Eklogitgesteine sehr verschiedenartige spätere Umprägung und Bildung hysterogener Mineralien in höheren Zonen bis hinauf in die Epizone voraus, wie die Mineralführung der weitaus häufigeren Eklogitgesteine gegenüber den echten Eklogiten beweist. Demgemäß wären alle Eklogitgesteine bis zu Granatamphiboliten aus echten Eklogiten und aus Hornblendeeklogiten gebildet worden im Sinne der Reihe: echte Eklogite zum Teil mit primärer Hornblende — Hornblendeeklogite — Eklogitamphibolite — (Kelyphitamphibolite) — Granatamphibolite; die Hornblende wäre aus Augit durch Schiefermetamorphose entstanden, aber auch der echte Eklogit selber wäre ein Metamorphit, eine Ansicht, die anscheinend großen Anhang hat, obwohl sich diese Ansicht mit der Tatsache abfinden muß, daß niemand das Tiefengestein dieser Metamorphite kennt. Gegen diese Ansicht sprechen aber noch andere Bedenken. Der Übergang eklogitischer Gesteine von Eklogitamphiboliten in Prasinitgesteine, an deren primärer epizonaler Bildung nicht gezweifelt werden kann, wie man in der Glocknergruppe feststellen konnte (Clar-Cornelius). Danach umfaßt die Eklogitbildung tiefste und höchste Zone. Hinzu kommt die Position der meisten Eklogite. Sie liegen in größeren Amphibolitmassen (Granatamphibolit) keineswegs im Inneren derselben, also nicht in der Lage von Relikten größeren Umfanges. Man suchte daher andere Erklärungen. So wurde neuerdings für die Eklogite im östlichen Erzgebirge Bildung aus gabbroiden Gesteinen unter Durchtränkung mit pegmatitischen Lösungen und deren Wechselwirkung mit den Gesteinsbestandteilen angenommen, beim Eklogit am schwächsten, bei den Eklogitamphiboliten und Granatamphiboliten am stärksten, worauf stärkere Durchbewegung erfolgt sei.

Gestützt auf die Tatsache, daß der Mineralbestand der echten Eklogite im Chemismus dem der Basalte (gabbroid-basaltisch), aber gittermäßig in dichterer Packung entspricht, daß aber die meisten Eklogitgesteine in höherer Zone geprägt sein müssen, so daß dies auch für die mit ihnen wohl genetisch eng verbundenen echten Eklogite der Fall sein muß, nimmt eine neuere Theorie (Backlund) Bildung aus basaltischem, tuffigem und tuffitischem Ausgangsmaterial in höherer Zone an, ersetzt den hohen hydrostatischen Druck der Tiefe durch verschieden wirksamen dynamischen Streß, die hohe Temperatur durch thermische Wirkung aufsteigender Migmatitfronten. Die vom weniger metamorphosierten Gestein fortschreitende Umwandlungsreihe basaltisches Gestein mit Tuff und Tuffit — Uralitporphyrit — Grünschiefer (Prasinit) — Amphibolit — Granatamphibolit — Eklogitamphibolit — Eklogit geht zur Orogenzeit zugleich mit der aufsteigenden Migmatitfront vor sich. Höhere Beweglichkeit, die starken gerichteten Druckwirkungen dieser Periode bilden die häufigeren Eklogitamphibolite; die seltene Vereinigung von Höchsttemperaturen und stärkster Durchbewegung schafft die viel selteneren echten Eklogite. Migmatitfront und Granitbildung treten an die basaltischen Gesteine und ihre Tuffarten heran, nur in ihrer Nähe und bei besonders starker tektonischer Verschuppung bildet sich bei öfterer Wiederholung des Vorganges echter Eklogit, eine Bildungsart, für deren Tatsache im Gebiet der grönländischen und westnorwegischen Eklogite Untersuchungen am Granat beweisend sind. Wirbelgranaten fehlen bei allen diesen Gesteinen (vgl. S. 184). Die erste Granatbildung ist thermometamorph vom Granit aus, und an Stellen, geschützt vor tektonischen Einflüssen großen Stiles kann er als stark diablastisch durchsiebt, von Quarz umgeben, auf Kosten von Plagioklas und Erz entstanden, noch beobachtet werden. Er bildet sich zeitlich nach der Amphibolisierung; Plagioklasamphibolite, Gabbroamphibolite sind granatfrei oder granatarm; zuerst entsteht Plagioklas-Pyroxen-Hornblende (Feldspaturalitisierung). Bei neuerlicher Differentialbewegung wird der diablastische, zuerst gebildete Granat zertrümmert, die Bruchstücke längs der Gleitbahn ausgezogen und mit zerriebenen Quarzsplittern gemengt. Aus den Bruchstücken der alten bildeten sich bei neueinsetzender Kristallisation neue Granaten, die nun vornehmlich Quarz umhüllen. Neuerliche Zertrümmerung bei wiederum neueinsetzender Bewegung und anschließender Kristallisation, können einschlußarme, gegen Druckbewegung widerstandsfähigere Granaten erzeugen. Bei dieser Metamorphose verändert sich auch die Zusammensetzung der Granaten, Umkristallisationen und Einschlußarten können natürlich variieren. Diese auf vielen Beobachtungen beruhende Erklärungsweise der räumlichen Bildung von Granit(gneis) — Eklogit — Eklogitamphibolit — Granatamphibolit — Amphibolit — Prasinit in Grönland hat den Vorzug, daß sie die relative Seltenheit des bimineralischen Omphaziteklogites, die immer noch ziemliche Seltenheit des Hornblendeeklogites, die größere Häufigkeit des Eklogitamphibolites, die große Häufigkeit des Granatamphibolites erklärt; der erste ist ein selten erreichtes Endstadium. Diese Metamorphosen haben sich in mehreren orogenetischen Perioden vollzogen. Viele ostalpine Eklogitgesteinsparagenesen lassen sich auf diese Weise erklären, besonders im Ötztal, Glocknergebiet, Venediger, Bacherngebirge und in der Koralpe, im Glocknergebiet die räumliche Lage von Prasinit-Amphibolit-Eklogitgestein. Natürlich kann in diesen Reihungen ein Zwischenglied fehlen. Schon um die letzte Jahrhundertwende hat ein großer Forscher, der nichts von *Deckentheorie* und *Migmatitfronten* wissen konnte, die gleichen Ge-

danken ausgesprochen. W einschenk sagt von seiner Eklogitzone des
Großvenedigergebietes: ... „im übrigen sind die Chloritschiefer und die
Eklogite nichts weiter als verschiedene Stadien der kontaktmetamorphischen
Umwandlung eines und desselben — sicher effusiven — basischen Ergußgesteines". Man braucht nur das „kontaktmetamorphisch" durch die Wir-
kung der Migmatitfronten annehmen, die Chloritschiefer mit unseren Prasiniten und Grünschiefern zu identifizieren, so haben wir die vollkommene
Übereinstimmung. Von den Tuffiten zu gewöhnlichen kalkig-mergeligen
Sedimenten ist auch kein allzu großer Schritt, man wird von den Karbonat-
eklogiten in kristallinem Kalkstein ohne weiteres annehmen können, daß
an ihrer Bildung auch Sedimentgesteine beteiligt waren, wie denn auch der
Graphiteklogit nur durch Umwandlung eines derartigen kohligen Sedimentgesteines erklärt werden kann. Die Rolle der Migmatitfront kann von der
Peridotitschmelze übernommen sein.

In Anlehnung an diese Theorie wurde die Entstehung der Eklogite von
Feistritz im Bacherngebirge pyrometasomatisch aus Gabbro-Basalt-Gesteinen
durch Aplit-Pegmatit-Injektion unter Einfluß von fluiden Bestandteilen (H_2O, Cl usw.) als Mineralisatoren gedeutet. Waren diese in geringen
Mengen vorhanden oder fehlten sie, so entstanden Amphibolite (Nikitin).

Die Eklogite im Olivinfels kann man auch als örtlich begrenzte Anreicherungen von akzessorischen Bestandteilen der Dunite, also magmatisch
gebildet annehmen, und es ist möglich, mit diesen beiden Entstehungsarten
auszukommen. Es kann wohl als allgemeine Tatsache gelten, daß die
faziellen Mineralbildungen aus dem Mineralbestand abgeleiteter Tiefenstufen, in höheres, sogar recht hohes Niveau verlagert werden können, so
daß in höheren Tiefenstufen die Verhältnisse tieferer Stufen geschaffen
werden können, daß nicht immer nur Diaphthorese („Tiefendiaphthorese")
mit ihren hysterogenen Mineralbildungen zur Erklärung des Mineralbestan-
des solcher Gesteine herangezogen werden muß, die häufig mit dem orogenetischen Bewegungsbild der geologischen Horizonte, in dem diese Gesteine liegen, nicht übereinstimmt. Die mikroskopischen Untersuchungen
geben keineswegs häufig eine Begründung für die Annahme späterer Mineralbildung. Durch Zurücktreten des einen der beiden Bestandteile des echten
Eklogites bis zum Verschwinden können ab und zu monogene Omphazitfelse
und Granatfelse entstehen, die aber immer nur sehr geringes Ausmaß erreichen. Nur ein geringer Teil der häufigeren, aber stets nur geringe Mächtigkeit erreichenden Granatfelse (vgl. S. 257) gehört hieher.

An die Eklogite kann man die seltenen **Erlanfelse** anschließen, die,
ebenso wie die Omphazitfelse im wesentlichen aus Augiten bestehen (man
könnte sie demnach auch als Augitfelse oder Pyroxenfelse bezeichnen),
ebenso auch die *Diopsidfelse*, die aber zumeist Kontaktbildungen, besonders
am Rande von Ultrabasiten sind, durch Schiefermetamorphose aber auch
aus entsprechend zusammengesetztem Sedimentmaterial entstehen können.
Echte Erlanfelse (auch Plagioklasaugitfelse genannt) kennt man aus dem
Gneis zwischen Grünstädtel und Crandorf im Erzgebirge, zähe, lichtgraue,
splittrig brechende Gesteine aus Augitkörnern und -stengeln, basischem
Plagioklas, daneben Hornblende, dunklem und lichtem Glimmer bestehend,
aber auch Vesuvian, Zoisit und Titanit enthaltend. Ein granatführendes
Fayalit-Diopsid-Gestein im Gneis der Eisenerzgrube Mansjö im Schwedischen Hälsingland und der monogene *Fayalitfels* von Gymnasberg gehören
ebenso hieher wie der *Eulysit* aus dem Paragneis von Loch Duich im Schottischen Rosshire, der aus Mangan-Fayalit, Hedenbergit, Hypersthen und

Granat besteht und als Paragestein gilt. Ihm ähnlich ist der Eulysit aus dem Gneis von Tunaberg im Schwedischen Södermanland.

Die Familie der Grünschiefer.

Die hier aus genetischen Gründen zusammengefaßten, recht verschiedenartigen Gesteine, Ortho- und Paragesteine, decken sich nicht mit dem Umfang von Eskolas Grünschieferfazies, die nur Paragesteine umfaßt. Hier sind auch die von Eskola als Subfazies zwischen Amphibolit und Grünschieferfazies gestellten Prasinite eingereiht, da sie manchmal von anderen Chloritgesteinen-Grünschiefern kaum abzutrennen bzw. zu unterscheiden

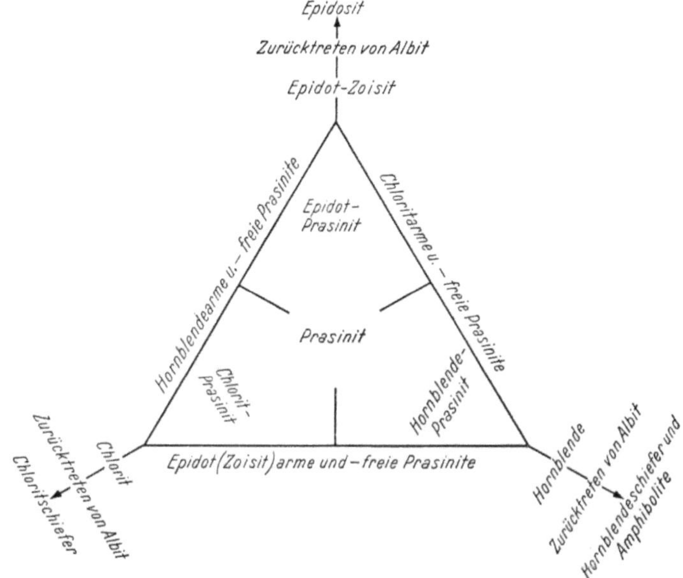

Abb. 92. Schema zur Entwicklung der Grünschieferarten und ihnen verwandter Gesteine aus dem Prasinit und seinen Abarten. Auf den drei Eckpunkten ist Chlorit, Hornblende (Aktinolith) und Epidot-Zoisit zu 100% aufgetragen. (Nach Diehl.)

sind. Zur Klarstellung dieser Gesteinsfamilie geht man am besten von diesen Prasiniten[1] aus, obwohl gerade dieser Name manchmal verschieden angewendet wird.

Neuestens wird der *Prasinitbegriff* am besten als epizonale Mineralkombination: Albit, Epidot, Klinozoisit, Chlorit mit Na-haltiger Hornblende (Hornblendeprasinite) und Biotit (Biotitprasinite) gefaßt, wobei die häufige poikilitische Struktur als Charakteristikum hinzukommt. Die Stellung der Prasinitarten innerhalb der Grünschiefer, wobei jene als Haupttypus gedacht sind, ergibt sich aus dem Diagramm Abb. 92, in dem Albit als überall vorhandener Hauptbestandteil nicht enthalten ist, während durch sein Zurücktreten die Übergänge zu anderen Gesteinen entstehen.

Die Gesteine der Grünschieferfamilie sind oft auf große Strecken gleichmäßig, dann wieder variieren sie auf engem Raum. Man geht ihnen gern aus dem Weg, und es gibt verhältnismäßig nur wenige eingehende Unter

---

[1] Die z. B. Rosenbusch zu den Choritschiefern stellt, während Rinne weder Namen noch Begriff Prasinit erwähnt.

suchungen. Genetisch könnte man diese Gesteine im Zusammenhang mit Amphiboliten und Eklogitgesteinen, am besten im Sinne der soeben entwickelten Theorie von Weinschenk-Backlund verstehen, wenn man als Ausgangsmaterial nicht nur basaltisches Gestein, sondern auch ähnlich zusammengesetztes Sedimentmaterial annimmt. Nur die epizonale Entstehung oder letzte Umprägung aller dieser Gesteine ist unbestritten. Im allgemeinen verlegt man heute immer mehr die *gesamte Bildung* der meisten hiehergestellten Gesteine in die oberste Zone.

Hauptbestandteile der Grünschiefer sind Aggregate von Chloritmineralien (die bei den Prasiniten zurücktreten können) von überwiegend schuppigem Charakter gegenüber blättrigem; am seltensten ist grobblättriges Gefüge; dumpfe graugrüne, bald lichte, bald dunklere Tönung überwiegt gegenüber lebhafterem Grün aller möglichen Schattierungen. Hiezu treten vor allem Aktinolith und gemeine Hornblende oft in der Uralitform, Epidot, Plagioklas, der zumeist dem Albit sehr nahesteht und fast niemals fehlt, selten in größeren Mengen Granat, Disthen, Biotit, Muscovit, dieser auch in der Serizitform, Sprödglimmer, Talk, Quarz, Serpentin, Turmalin, Margarit, Dolomit, Ankerit, Breunnerit, Kalzit, Korund. Anreicherung gibt Gelegenheit zu Unterabteilungen, wie Hornblende-, Glaukophan-, Epidot-, Albit-, Biotit-, Granat-, Talk-, Serpentin-, Serizit-Grünschiefer bzw. -Chloritschiefer und mit Ausschluß der letzten drei Bestandteile auch -Prasinite. Wenn man als Hauptunterteilung die reichlich Chlorit enthaltenden als *Chloritschiefer,* die etwas Na enthaltende Hornblende führenden als *Prasinite,* die anderen als Grünsteine (Grüngesteine) oder als Grünschiefer im engeren Sinn bezeichnen will, braucht man nur die obigen namengebenden Bestandteile den einzelnen der drei Gruppennamen vorzusetzen und hat so eine reiche Auswahl von Varietäten, nur deckt sich dann der Begriff Prasinite nicht vollständig mit dem früher umrissenen, dem Diagramm zugrunde gelegten, da hier der Na-Gehalt der Hornblenden nicht ausdrücklich verlangt ist, aber für die typischen Prasinite im Dreiecksinneren wohl angenommen ist. In die Familie der Grünschiefer-Prasinite gehören auch die verschieferten Diabasgesteine und deren Tuffe, die diese Abstammung über die Zwischenstufe Metadiabas noch erkennen oder doch wahrscheinlich machen lassen Für diese Gesteine ist auch der Name Diabasschiefer gebraucht worden. Der genetische Zusammenhang der so entstandenen Endprodukte, ob dies nun Prasinite, Chlorite oder Grünschiefer sind, mit den Amphiboliten und Eklogiten im Sinne von Weinschenk-Backlund ist durch diese Einteilung gewahrt.

Die Prasinite sind vornehmlich Orthogesteine, die beiden anderen Gruppen vereinigen beide Arten; unter den Chloritschiefern in dem für diese Bezeichnung hier gewählten Umfang, überwiegen Paragesteine. Ein Teil der Prasinite der Faltengebirge gehört wohl zu den Ophiolithen, sie sind demnach Abkömmlinge aus dem urbasaltisch simatischen Magma, für manche liegen auch Angaben über leicht alkalische Tendenz vor.

Man kann die **Prasinite** in mehrere ineinander übergehende Gruppen einteilen. *Hornblendeprasinite* sind zumeist dunklere Gesteine mit verschiedenen Generationen von Hornblenden, gemeine Hornblende, etwas Na-haltiger Barroisit, lichtere Hornblende, die ineinander übergehen, Albit in kleinen Knötchen oder feinem Pflaster, lichter Epidot (häufiger in den lichten Prasiniten), ab und zu Biotit, meist nicht viel Chlorit. Diese Gesteine bilden Übergänge zu den chloritfreien Amphiboliten. Sie bilden z. B. zusammen mit Chloritprasiniten den großen Prasinitzug des Großglockners, sie bilden den Hauptgipfel, sind das überwiegende Gestein der Riffeldecke, wo sie oft reich an Epidot sind und manchmal Granat führen. Die *Chloritprasinite* unterscheiden sich von den Hornblendeprasiniten durch Zunahme des Chlorites und man kann als häufigen Übergang *Hornblendechlorit-Prasinite* einschalten, die z. B. bei der Stüdlhütte, an der Adlersruhe, im Luisengrat, vielleicht überhaupt im Glocknerraum die verbreitetste Prasinitart sind, die keinem Prasinitzug der Hohen Tauern fehlen. Hauptvorkommen der Chloritprasinite kennt man u. a. am Freiwandkopf, bei der Franz-Josephs-Höhe, im Nordwesten der Luckner Hütte, im Fuscherphyllit im linken Wolfbachtal. Der Albit der Chloritprasinite dieses Gebietes bildet häufig rundliche, helle Knoten, Epidot oder Zoisit ist reichlich vorhanden, Biotit spärlich, Chlorit ist herrschender Gemengteil. Solche Gesteine entsprechen

dem Hauptteil dessen, was früher als Chloritschiefer bezeichnet worden ist, oder sind von solchen nicht zu scheiden. Hieher gehören auch große Anteile der im einzelnen noch wenig untersuchten Chloritgesteine des südlichen Venedigergebietes, wo sie mit Kalkglimmerschiefern oft in geringsten Abständen wechsellagern und wohl zum Teil sedimentogen sein dürften. Neben Chlorit enthalten sie schilfige Hornblende, Epidot und Albit mit reichlich helizitischen Einschlüssen von aktinolithartiger Hornblende, Biotit, Chlorit und Kalzit; charakteristisch ist der schwache dumpfe Seidenglanz

Abb. 93. Hornblendeprasinit vom Steinberg bei Gmünd in Kärnten. Die in der Schieferungsebene (in s) in verschiedener Richtung liegenden Hornblenden erscheinen durch diese Lage infolge ihres hohen Pleochroismus dunkler und lichter. Gewöhnliches Licht. Vergr. zirka 30fach.

dieser graugrünen Gesteine. Chloritprasinite des Bagnetales in Wallis (z. B. Plan de Louvie) enthalten Glaukophan als Nadeln im Albit als einzige Hornblende, stark angereichert bei sinkendem Albitgehalt als seltene *Glaukophanprasinite* bezeichnet (z. B. bei der Brücke von Granges neuves). Die Hornblende- und Chloritprasinite des Val d'Ollomont in den permokarbonischen sedimentogenen Casannaschiefern der Bernharddecke (Albitgneise, Phyllite, Quarzite) gelten als Metamorphite von karbonen ophiolitischen Ultrabasiten. Gelbgrüne *Biotitprasinite* kennt man z. B. vom Luisengrat ober der Stüdlhütte, dann am Teufelskamp im Glocknergebiet, im untersten Dorfertal, einem Seitental des Iseltales im südlichen Venedigergebiet. *Granatprasinite* bilden im Glocknergebiet meist kleine Linsen, besonders in den liegenden Teilen der oberen und den hangenden Teilen der unteren Schieferhülle in den Riffeldecken und in der Brennkogeldecke (Schöneben im Dorfertal, kleiner Burgstall, Gamsgrube, Freiwandleiten, im Westen vom Zlapp, am Großen Magrötzenkopf, ober Zoderkaser, im Guttal an der Glocknerstraße). Einige von ihnen enthalten Omphazit, Diablastik und Granat, gehören zweifellos zu den Eklogitgesteinen, sie können Augit enthalten oder frei davon sein; in reichlicher Diablastik führen sie Kerne von Gastaldit, der angereichert sein kann (westlich vom Zlapp). Im Sinne der Theorie von **B a c k l u n d** sind diese *Eklogitprasinite* durchaus verständlich. Weißliche, rechteckige, dreieckige, rhombische Schnitte durch einsprenglingsartige Gebilde in Hornblende-Chloritprasiniten, z. B. von der Stüdelkanzel, Kleinglockner, untere Glocknerscharte, Glocknerwand, die außen aus Albit, innen aus Chlorit, Klinozoisit-Epidot, Muscovit, Titanit, Kalzit, Quarz bestehen, werden als ehemalige Granaten oder Plagioklas (wahrscheinlicher) gedeutet. Diesen Prasinitzügen und ihrem Widerstand gegen die Verwitterung verdankt der Glockner seine ragende Gestalt, verdanken die Zillertaler die edle Pyramide des Hochfeilers, also die beiden höchsten Gipfel der zentralen und der westlichen Hohen Tauern (die Prasinite des Glcknergebietes nach A n g e l, C l a r und C o r n e l i u s).

Abb. 94. Der aus Prasinit bestehende Gipfel des Großglockners vom Kleinglockner aus gesehen. (Nach: Der Großglockner, herausgegeben von Hans F i s c h e r, Bergverlag R. Rother.)

Ein Teil der **Chloritschiefer** ist von den Prasiniten nur durch das Fehlen der Nahaltigen Hornblende unterschieden, wie z. B. im vermutlich paläozoischen Nordrahmen des Glocknergebietes und an vielen Stellen in der großen Grauwackenzone, die zuweilen noch reliktische Hornblende enthalten und petrographisch als Prasinite bezeichnet werden können. Ihrer Herleitung aus basaltischen diabasischen Effusionen und deren Tuff-Tuffit-Material steht nichts im Wege, für einige von ihnen ist sie durch Relikte bewiesen; aber es besteht kein Zweifel, daß ganz gleiche Gesteine sedimentärer Entstehung sein können. Der durch seine reiche Granatführung ausgezeichnete, stark postkristallin deformierte Granatchloritschiefer des Zemmgrundes im Zillertal könnte aus einem Kersantit entstanden sein. Die Granaten enthalten zahlreiche Einschlüsse von Pennin, Biotit, Albit, Quarz, Magnetit, Titaneisen, Rutil, die keine eigene Lagerichtung zeigen, sie sind gleichzeitig, also paratektonisch in der ersten Phase der Umwandlung mit der Bildung von Chlorit und Oligoklas-Albit gewachsen. Vorkommen liegen in den Hängen des Hornkopfes, in der Mitte des Rossruckens ober der Berliner Hütte, ein drittes ober dem Westrand der Zunge des Schwarzensteinkeeses (C h r i s t a).

Zu den *Umwandlungsformen der Diabasgesteine,* die aber keinesfalls schon als kristalline Schiefer bezeichnet werden können, gehören die Spilitbildung (vgl. S. 192) in Kalkdiabase, die Diabasmandelsteine, Aphanite, dichten Diabase, Umwandlungen, die äußerlich als Vergrünung erscheinen, durch Wasseraufnahme, Chlorit-, Kaolin- und Karbonatbildung entstanden sind, aber auch die Bildung von Toneisensteinen, die Bauxitisierung und die Lateritisierung, also Eisen- und Tonerdeanreicherung. Geschichtete, dünnplattige, aber schon geschieferte, graugrüne bis dunkelgrüne Abkömmlinge von Diabasen werden als *Schalsteine* oder *Metadiabase* bezeichnet. Sie bestehen zum Teil aus klastischem, tuffigem Diabasmaterial und dessen Umwandlungsprodukten, enthalten aber auch kalkige, quarzsandige und tonige Sedimentbeimengungen. Sie haben öfter flasrige oder schieferige Textur und sind also auch leicht metamorphosierte Diabastuffe und -tuffite. Sie liefern häufig das Ausgangsmaterial für Grünschiefer und Amphibolite aller Art. Als Beispiel seien die „Metadiabase" des Hochlantschgebietes im Norden von Graz angeführt, aphanitische, schwach geschieferte Gesteine, die nur selten größere graugrüne Plagioklase erkennen lassen; u. d. M. erkennt man noch braunen Augit, zum Teil in Hornblende umgewandelt, Epidot, Leukoxen, Karbonat. Stärker geschiefert werden solche Gesteine auch als *Diabasschiefer* bezeichnet, z. B. im Marquette-Menominee- und Penakee-Distrikt in Michigan und in Wisconsin, aber auch in der näheren Umgebung von Graz (Platte, Rettenbachklamm), am Fuße des Plabutsch, dann bei Semriach am Fuß des Schöckls im Norden von Graz, wo sie stark geschiefert als Semriacher Schiefer bezeichnet worden sind, bei Pernitsch im Sausal enthalten sie auch völlig unveränderten Diabasporphyrit. Verbreitet und gut studiert sind die Grünschiefer der Klammkalk-Radstätter Serie in den Arl- und Gasteiner Tälern, deren Ausgangsgesteine sich durch vorhandene Relikte feststellen ließen. So konnten (S t a r k) z. B. Ophitdiabasgrünschiefer, Diabasaugitporphyritgrünschiefer, Diabasuralitporphyritgrünschiefer, Hornblendeporphyritgrünschiefer, tuffitische Diabasgrünschiefer und andere festgestellt werden. Unterhalb des Payerbacher Viaduktes der Semmeringbahn stehen Diabasuralitporphyritgrünschiefer mit großen Uraliteinsprenglingen an. Ähnliche Gesteine treten in dem, dem Gasteiner und Arltal gegenüberliegenden Gebiet der Grauwackenzone sowie in den Kitzbüheler Bergen dieser Zone auf. In den Grauwackenschiefern des Palten-Liesing-Tales in Obersteiermark hat man einen Teil für Orthogesteine, andere als Tuffabkömmlinge und wieder andere als sedimentogen zu erkennen geglaubt. Hier treten auch Quarz-Chloritschiefer auf, deren Quarzgehalt primär zu sein scheint. Als umgewandelte dolomitische Mergel gelten z. B. die *Klinochlorschiefer* an der Ostseite des Kapruner Tales und im Nordrahmen des Glocknergebietes im Scheidekamm zwischen Kapruner und Fuscher Tal, die aus Klinochlor, Quarz, manchmal mit Albit, Kalzit, Klinozoisit bestehen, die aber trotz räumlicher Nähe keine Beziehungen zu Prasiniten haben sollen. Die lichtgrünen Grünschiefer der Wechselserie zeigen alle Übergänge zu Amphiboliten und Eklogitamphiboliten. Auf der steirischen Seite tritt der Hornblendegehalt mehr in den Vordergrund. In Gesteinen des alten Bruches in der Klause beweist die Helizitstruktur mancher Bestandteile, die quer zur Schieferung liegt, eine frühere Metamorphose.

Die Grüngesteine des Penninikums, Amphibolite, Prasinite, Olivinfelse, Peridotitserpentine, Chloritschiefer, die sich als Diabasabkömmlinge erweisen, gelten heute überwiegend als mesozoische, nachtriadische Ophiolithe, zum Teil ist aber auch altkristallines paläozoisches Alter möglich. Ein Beweis für mesozoisches Alter, wie im Penninikum der Westalpen und in den Dinariden ist nicht zu erbringen, nur die Analogie der Vorkommen ist die einzige Stütze für die Altersposition der gleichen Gesteine der Ostalpen, wo eine klare Beziehung zur alpidischen Orogenese nicht zu erbringen ist. In den Westalpen ist z. B. der metamorphe Zustand der diabasmetamorphen Prasinit-Grünschiefer-Ophiolithe im Oberhalbstein und Engadin erst u. d. M. erkennbar. Man fand dort Augitchloritschiefer, Epidotchloritschiefer, Epidottremolitschiefer, Chloritalbitschiefer und andere. Die geäußerte Ansicht, daß viele Prasinite der Ostalpen mesozonal als Amphibolite gebildet und später epizonal diaphthoritisiert wären, findet im Mineralbestand keine Stütze. Die Diablastik in den augitführenden Prasiniten, die Umwandlung der Augite in eine eigenartige diablastisch struierte Hornblende findet sich wieder in den Kalksilikatgesteinen an den Serpentinrändern. Diese Art der Zerstörung ist also keineswegs auf eklogitische Gesteine beschränkt und kann daher nicht als Beweis drittstufiger oder mittelstufiger Bildung gelten. Mit Recht ist gefragt worden (Clar-Cornelius), was denn mit dem anderen Altkristallin geschehen sein soll, denn diese Grüngesteine werden kaum für sich allein in anderer Stufe entstanden sein. Irgendeine Beziehung der Bildung der Ausgangsgesteine der Grünschiefer zur alpidischen Orogenese selbst, ist in diesen Gesteinen nicht zu finden, was Weinschenk klar erkannt hat, er hat das Verhältnis von Ophiolith — alpidische Orogenese — Granitgneisbildung im Sinne der hier dargelegten Auffassung angenommen.

Die Familie der Glaukophanschiefer (Glaukophanite).

Das Gemeinsame der an Namen reichen, genetisch recht verschiedenen Gesteine dieser wenig verbreiteten Familie ist ein größerer oder kleinerer Gehalt an Na-Hornblende, Glaukophan, Gastaldit, Crossit (mit hohem Eisengehalt, dem Riebeckit nahestehend) und ihre epizonale Bildung bei niedriger Temperatur. Obwohl eine eigene Fazies aufgestellt wurde, ist diese Familie durchaus unselbständig, ihre Glieder werden bei besserer Kenntnis auf die anderen Familien verteilt werden können, wie dies bei den Glaukophanprasiniten (vgl. S. 241) und Glaukophanglimmerschiefern bereits geschehen ist. Es ergeben sich außerdem genetische Beziehungen zu den Grünschiefern durch die Chloritglaukophanalbitschiefer, zu den Phylliten durch die Serizitglaukophanschiefer, zu den Eklogiten durch die Eklogitglaukophanschiefer auch Granatglaukophanschiefer genannt. Geologisch sind sie auch mit Glimmerschiefern, Marmoren und Serpentinen verbunden. Glaukophan kann vorwalten und so den Hauptnamen Glaukophanit rechtfertigen.

Je nach ihrem Glaukophangehalt, blau, blaugrün, graublau gefärbt, meist recht dünnschieferig, enthalten diese Gesteine noch Albit, Epidot, Zoisit, Muscovit, Paragonit, Chlorit als Hauptgemengteile, Granat, Aktinolith, Chloritoid, Turmalin, Quarz und Karbonate als Übergemengteile. Dazu kommt als Umwandlungsprodukt von basischem Plagioklas der Ausgangsgesteine der Lawsonit, ein Mineral von der Summenformel eines hydrierten Anorthites ($H_4CaAl_2Si_2O_{10}$) als Hauptgemengteil und der seltene Pumpellyit als seltener Übergemengteil (z. B. von Nordkalabrien). Omphazit und Diopsid sind Bestandteile der Eklogitglaukophanschiefer. Auf den parallel angeordneten Glaukophannadeln beruht der seidige Glanz, auf reichlichem Gehalt an Aktinolith, Epidot, Zoisit die Lagenstruktur oder die flaserigen Flecken von verschiedener Farbe, wobei Glaukophan die Flasern bildet.

Manche Glaukophanschiefer sind wohl aus Erstarrungsgesteinsmaterial entstanden, wie man auf Grund nachweisbarer Relikte mit großer Wahrscheinlichkeit annehmen kann, andere sind sedimentogen, noch größer aber ist wohl die Anzahl der Glaukophanschiefer von heute noch fraglicher Abkunft. Aus der Bornitlagerstätte von Saint Véran im Gebiete des Durance in den Hautes Alpes sind auch *Glaukophanquarzite* bekannt, die u. d. M. aus einem Quarzmosaik, durchzogen von langen Streifen der blauen Hornblende bestehen, Gesteine, die durch Abnahme und Verschwinden des Quarzes in Glaukophanschiefer übergehen, deren Textur der eines feinen Amphibolites gleicht. Diese Gesteine haben sich im Zuge der Vererzung aus gabbroiden Gesteinen, Glanzschiefern und Chloritschiefern, also durch Silikatmetasomatose gebildet. In anderen Fällen, so von den Glaukophanschiefern der Pietre Verdi in den piemontesischen Alpen, wird angenommen, daß die Pyroxene genügend Na zur Glaukophanbildung enthalten haben oder daß dieses aus den Feldspäten des Ausgangsgesteines stammt. Alle diese Ausgangsgesteine waren Angehörige der Alkalikalkreihe, und es besteht keine Veranlassung, Alkaligesteine dafür anzunehmen, wie dies bei Glaukophangesteinen im Bagnetal im Wallis geschehen ist, wo neben Glaukophanprasiniten, Epidotglaukophangesteine, Granatglaukophanite, Serizitglaukophanite, Epidotcrossitgesteine, Granatglaukophanalbitschiefer auftreten, die aus sedimentogenem und tuffigem und aus vulkanischem-melaphyrisch-diabasischem Material, als eine Art Mischgesteine entstanden angenommen werden. Aus den Ostalpen sei das Vorkommen von phyllitischen und chloritischen Glaukophangesteinen der Geierspitze in den Tarntaler Bergen genannt, deren Ausgangsmaterial Diallagite und in größerer Menge Kieselschiefer gewesen sein können. Am Geierspitzplateau treten auch Glaukophan-Epidot-Kalzitschiefer mit gutausgebildeten u. d. M. lanzettförmigen Glaukophanen auf.

Glaukophanschiefer Japans gelten als Umbildungen von Melaphyr- und Diabasgesteinen, solche Kaliforniens (Sulphur Bank) als Kontaktbildungen unter Alkalizufuhr, ein Albitcrossitschiefer ist von Berkely bei San Franzisko bekannt; Glaukophaneklogitschiefer tritt auf der Insel Syra, am Berge Ocha (Euböa) und am Elek Dagh bei Smyrna auf. Es seien noch die Gesteine von der Fruska-Gora in Kroatien, die der bretonischen Insel Groix, vom Flusse Pankadjene auf Celebes, die von Java, von Neukadelonien, Queensland und Neu-Südwales genannt. Aber nirgends handelt es sich um Vorkommen von größerer Mächtigkeit.

Die Familie der Serpentingesteine.

Diese monomineralischen Metamorphite monomineralischer Gesteine, vornehmlich der Peridotit- und Pyroxenitreihe, seltener der Hornblendite und hornblendereichen Amphibolite sind im frischen Zustand grün gefärbt, in allen Tönen von lichtem Gelbgrün bis zum tiefsten Schwarzgrün, wobei die Farbverteilung von größter Gleichmäßigkeit bis zur lebhaftesten Abwechslung schwankt, bald flaserig-fleckig, bald lagenartig erscheint. Regelloseste Unruhe im Anschliff erhöht den technisch-ornamentalen Reiz dieser Gesteine. Serpentingestein besteht im wesentlichen aus dem Serpentinmineral. Außer einigen Nebengemengteilen, wie Magnetit, Chromit, Hämatit, Picotit, die im Serpentingewebe stellenweise angehäuft sein können, verraten öfter proterogener Olivin, Diallag, Diopsid, Bronzit, Hornblende die Abstammung dieser Gesteine, während hysterogene Mineralbildungen, wie Talk, Chlorit, auch Chromchlorit, Pseudophit, Breunnerit und Dolomit, meist in geringeren Mengen, vorhanden sein können. Granat (meist Pyrop) ohne und mit Kelyphitrinde aus faserigem Augit oder Hornblende mit etwas Pleonast oder auch Erz, seltener Anorthithülle, kommt nur lokal vor. Die hysterogene Chlorit- und Talkbildung kann das ganze Gestein erfassen, so daß manche Serpentinstöcke vollkommen in Chlorit, nach neueren Untersuchungen Klinochlor, umgewandelt sein können, wie auch Talkgesteine aus Serpentin entstehen. Am Rande von Serpentinstöcken ist Aktinolith-Tremolit häufig, ohne daß sich immer entscheiden läßt, ob diese Mineralien genetisch zum Serpentin oder zum Nebengestein gehören; zweifellos aber ist der oft reichliche Tremolitasbest, der im Serpentin viel häufiger ist als der seltene Serpentinasbest, hysterogene Neubildung aus Serpentin.

Das Gefüge der Serpentine ist äußerlich teils massig, teils faserig, teils blätterig und dann oft gut geschiefert. U. d. M. erweist sich der massige

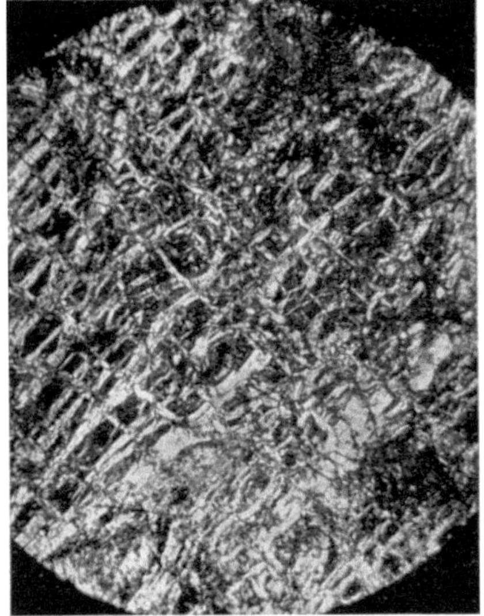

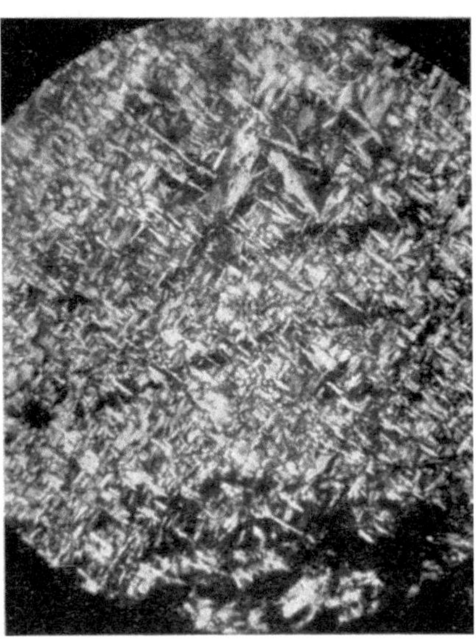

Abb. 95. Serpentin von Kirchbach bei Melk. Maschengefüge. Gekreuzte Nikols. Vergr. zirka 50fach.

Abb. 96. Serpentin von der Sedlalpe im Legbachtal des Habachtales. Gittergefüge. Gekreuzte Nikols. Vergr. zirka 50fach.

Serpentin feinfaserig, so daß man *Faserserpentin,* auch *Chrysotilserpentin* genannt, und *Blätterserpentin,* auch Schieferserpentin oder *Antigorit* genannt, unterscheiden kann, obwohl auch deutlich geschieferter Serpentin aus Faserserpentin aufgebaut sein kann. Lichter, in dünneren Lagen durchscheinender Faserserpentin wird auch als edler Serpentin bezeichnet und kunstgewerblich verwertet. U. d. M. löst sich fast alle Serpentinsubstanz in ein feines, oft wirrfaseriges bis wirrschuppiges Aggregat auf, oft federfahnenartig abgesondert, das manchmal ein durchaus unregelmäßiges maschenförmiges Netz, bald wieder mehr ein etwas geradlinigeres Gitterwerk bildet, so daß man *Maschentextur* und *Gittertextur* (oder Fenstertextur) unterscheiden kann, wenn auch die Entscheidung nicht immer möglich ist. Die Erfahrung zeigt, daß die erstere mehr bei Serpentinen vorkommt, die von peridotitischen Gesteinen abstammen, und im unfertigen Gestein in den Maschen die mehr oder weniger erhalten gebliebenen Reste des Ausgangsmateriales (vornehmlich Olivin) liegen (Halbserpentingestein, vgl.

S. 73). Die zweite tritt mehr bei Pyroxenitabkömmlingen oder solchen von Amphiboliten auf, die Winkel der Gitter oder Fensterrahmen entsprechen den Spaltwinkeln der beiden letzteren Mineralien. Aber beide Texturen können ineinander übergehen. Ebenso gehen manchmal Faserserpentine in Antigorit-Blätterserpentine über (z. B. Kraubath ob Leoben). Durch Reliktmineralien erscheint das Gestein ab und zu porphyrisch.

Außer der Benennung nach dem Gefüge sind Namen nach dem Ausgangsgestein, wie *Olivinserpentin, Diallag(it)serpentin* oder nach charakteristischen Übergemengteilen, z. B. *Pyropserpentin*, im Gebrauch. Bei Faserserpentin, besonders mit Gitter- (Fenster-) Textur ist der Versuch gemacht worden, solche mit N_α und solche mit N_γ in der Längsrichtung zu unterscheiden, also nach der Verfaserungsrichtung, und dann diese Faserarten in

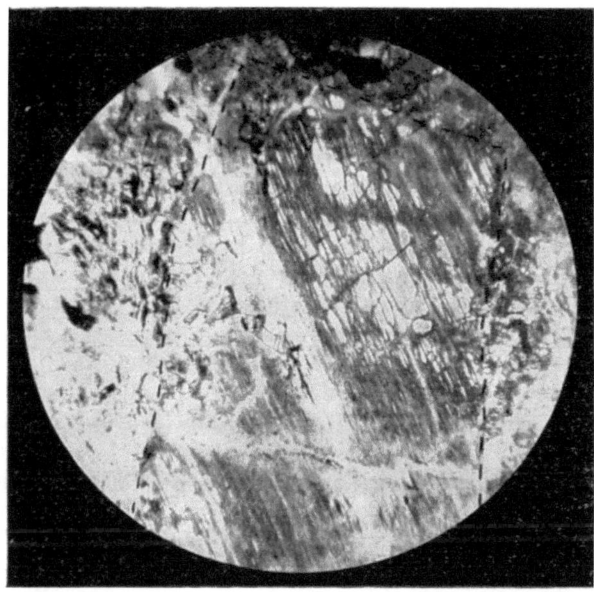

Abb. 97. Umwandlung von rhombischem Augit in Serpentin, Albanien. (Nach Stiny.)

die beiden Verbandsarten Gitter- (Fenster-) und Maschentextur einzubauen und darnach je zwei Außenbereiche und zwei Innenbereiche zu unterscheiden. Oft aber liegen die Faserachsen beider Bereiche parallel (Tertsch).

Schiefermetamorphose ist für die Serpentinbildung nicht das Ausschlaggebende; die blätterigen und die geschiefert erscheinenden, vornehmlich also die Antigoritserpentine erhalten wohl durch Bewegungsmetamorphose ihr Gepräge, aber dieser Vorgang ist keineswegs mit der Serpentinisierung ident, die ab und zu eine normale Verwitterung, weitaus wahrscheinlicher ein hydrothermaler Prozeß in verhältnismäßig tiefer Lage, eine Art autohydrothermaler Vorgang durch hohen, wohl aus den Nachbargesteinen erworbenen Wassergehalt ist. Dafür spricht das häufige Vorkommen weniger veränderter Ausgangsgesteine, die durchaus nicht immer im Inneren der Serpentinstöcke liegen, ebenso die Tatsache, daß es Peridotite gibt, welche die gleiche Schiefermetamorphose mitgemacht haben, aber nur längs der Intergranulare, also längs Sprüngen, Korngrenzen usw. einige Umwandlung zeigen, während im Bereich derselben Stärke dieser Metamorphose vollständige Serpentine entstanden sind. Ob alle Serpentine eine derartige hydrothermale Metamorphose mitgemacht haben, ist aber durchaus fraglich. Die anscheinend *nur* hydrothermal umgewandelten Serpentine, also die nur serpentinisierten Serpentingesteine, die man auch als Serpentine I. Art bezeichnet hat, sind daher eigentlich keine kristallinen Schiefer. Die dann nur durch Druck-Bewegungs-Metamorphose umgewandelten sind die Serpentine II. Art. Die meisten Serpentine sind Abkömmlinge peridotitischer Gesteine. Über den Chemismus der Hydrierung herrscht noch keine Klarheit.

Aus der enormen Menge von Serpentinen sei zuerst der zahlreichen Vorkommen in der Schieferhülle der Hohen Tauern gedacht, die vielfach als Ophiolithe gelten, wobei die Art der Bildung der Ausgangsgesteine als Intrusionen in die Geosynklinale vor der alpidischen oder vor der varistischen Orogenese nur als Abspaltung heute nicht mehr erhaltener gabbroider oder basaltischer Gesteine gedacht werden kann, was auch dann zutrifft, wenn man annimmt, daß diese Serpentine sich heute nicht mehr in ursprünglicher Lage befinden. Für manche ist Kontaktwirkung gegen jungmesozoische Kalkglimmerschiefer altersbestimmend. Serpentinberge und -kämme sind oft weithin durch ihre braune Verwitterungsfarbe und die blaugrüne Farbe der mächtigen Trümmerhalden charakteristisch. In tieferen Gebieten verrät den Serpentin auch der ärmliche, charakteristische Arten enthaltende Pflanzenwuchs (Serpentinflora). Im Stubachtal befindet sich ein Serpentinstock beim Enzingerboden, ein zweiter bildet die Gipfelmasse der Totenköpfe im Talende, wo auch geschieferter Olivinfels auftritt. Aus geologischen Gründen kann hier der Serpentin-Olivinfels kaum in ursprünglicher Lage vorhanden sein, wie auch stark gerundete große Olivinkristalle, die in Tremolitfilz, Bergleder genannt, eingewickelt auftreten, begleitet von spätigem Kalzit, beweisen. Von diesen beiden Serpentinen ist auch angenommen worden, daß Dunit zuerst unter Druck deformiert und dann erst hydrothermal serpentinisiert worden wäre, Teilen davon sei dann erst durch Bewegungsmetamorphose ihr heutiges Gepräge verliehen worden. Ähnliche Verhältnisse findet man am Ganoz in der Matreier Zone wieder. Serpentin bildet die Schwarze Wand in der Scharn des Hollersbachtales, Serpentin hat an der Nordwestwand des Eichham und am sogenannten Wandl im Dorfertal des südlichen Venedigerstockes Kalkglimmerschiefer kontaktmetamorph verändert, während er am Großen Happ im Geigenkamm in Gneis liegt. Der größte Serpentinzug des Glocknergebietes ist der von Heiligenblut, der sich vom Brennkogel — Guttal — Wasserwandkopf — Racherin — Pfandelschartenkees — Glocknerhaus — Albitzer — Bricciuskapelle — Palik — Schinerwand bis ins Mölltal verfolgen läßt. Dieses Gestein dürfte ein Serpentin II. Art sein. Stark tektonisch beansprucht, in Linsen zerfallen ist der Serpentin des Hochtennfelsgipfels, der aber nicht geschiefert ist. Im Lasörlingkamm kann man den Serpentin der Matreier Zone vom Bergerkogel bis zur ragenden Goslerwand (jetzt auch Gösleswand genannt) verfolgen, eine Fundstätte bekannter Kontaktmineralien. Alle diese Serpentine gehören der II. Art an. Ochsner- und Rotenkopf im Zemmgrund der Zillertaler, die imposantesten Dreitausender der Ostalpen, die aus Serpentin bestehen, sind ebenfalls durch ihre Mineralführung bekannt[1], das Gestein ist ein massiger Antigoritserpentin mit Olivin- und Diallagresten. Am Großen Greiner geht

---

[1] In den Sammlungen ist dieses Mineralvorkommen meist als Schwarzensteinalpe bezeichnet.

der Serpentin am Rand in Topfstein über. Im Norden der Wildkreuzspitze ober der Burgumeralpe im Bereich der Brixener Hütte bedecken Serpentintrümmer völlig den Untergrund. Reich ist hier die Mineralführung, unter der auch in ungeklärten genetischen Verhältnissen Kluftmineralien in einem das ganze Gestein durchsetzenden Kluft- und Adersystem, ihm brekziösen Charakter verleihend, auftreten. Hier muß Bildung aus einem besonders reaktionsfähigem, serpentinisierendem Agens angenommen werden.

Abb. 98. Die Goslerwand (Gösleswand) im Lasörlingkamm der Defregger-Berge (Matreier Zone). (Aus Ztschr. D. Ö. A. V. 1930.)

Der Diallagserpentin des Reckners im Lizumer Teil der Tuxer Voralpen, der dunkelste aller alpinen Serpentine, in dem am Rande des Massivs am Kleinen Reckner ober dem Staffelsee noch Reste des Diallagites erhalten sind, ist ein nur stellenweise geschieferter Faserserpentin I. Art; er gilt als von weit entfernter Stelle her verfrachtet. Im Kalkglimmerschiefer liegt das Vorkommen vom Sprechenstein bei Sterzing südlich des Brenners. Die Serpentine der Gleinalm in Steiermark gehören der II. Art an. Viel untersucht ist der Serpentin von Kraubath ob Leoben in Steiermark zu beiden Seiten der Mur zwischen Gleinalm und Seckauer Kristallin, der an kein kontaktreaktionsfähiges Gestein grenzt und als altkristallin gilt. Er war ehemals Dunit, der kleinere Teil Bronzitit; von beiden sind noch Reste erhalten, die des Bronzitites, zum Teil fast völlig unangegriffen, liegen teil-

weise, mittel- bis feinkörnig, am Rande des Serpentinstockes, während die
Bronzititreste im Inneren des Serpentins sehr grobkörnig und zum großen
Teil stark talkisiert sind. Nur teilweise unveränderter Dunit ist im Inneren
dieses Serpentinstockes erhalten geblieben (vgl. Abb. 38, S. 74). Bronzit
ist widerstandsfähiger als Olivin. Am meisten verbreitet ist eine massive, feinkörnige Abart des Serpentingesteines mit Maschenstruktur, am Rande ist er
nur ganz schwach und stellenweise geschiefert. Chlorit ist manchmal durch
Kämmererit (Chromchlorit) ersetzt. Bildung des Antigorites aus Faserserpentin kann an einigen Stellen verfolgt werden. Der größte Teil des Kraubather
Serpentins ist ebenso wie der von Traföß südlich von Kirchdorf-Pernegg
ein Faserserpentin I. Art, während andere Serpentine des sogenannten Brucker

Abb. 99. Der Diallagserpentinklotz des Reckners (2891 m) in den Lizumer Bergen der Tuxer Voralpen, nordwestlich von Innsbruck (vom Plateau der Geierspitze aus).

Stadtforstes, solche aus dem Prebergebiet bei Murau, diese alle in Steiermark, der von Zederhaus im Lungau, solche der Schobergruppe Gesteine
II. Art sind. Der 8 km lange und bis 3 km breite Stock von Bernstein im
Burgenland, im Phyllit gelegen, ist nur am Rande geschiefert, er enthält
reichlich sogenannten edlen Serpentin, der zu Ziergegenständen verarbeitet
wird, er ist völlig hysterogen unter Beibehaltung seines mikroskopisch sichtbaren Gefüges in Klinochlor umgewandelt, was nur durch die chemische
und die Röntgenanalyse erkannt werden kann.

Von den an Zahl den Ostalpen nicht nachstehenden westalpinen Serpentinen seien die bei Chiavenna in der Fedozserie der Margnadecke, die der
Averser Schuppenzone, die Ophiolithserpentine aus dem Bereich der Plattadecke vom Val d'Err bis über den Septimer und nach Osten bis an den
Silser See reichend, erwähnt. Die letzteren sind im großen und ganzen im
Norden Chrysotilserpentin ohne umfassende alpidische Metamorphose, im
Süden aber, im Gebiet durchgreifender Metamorphose, als Antigoritserpentine entwickelt. Im Gegensatz zu den meisten Serpentinen der Ostalpen ist hier die Umprägung als alpidisch nachweisbar. Zu den größten

mesozoischen Ophiolithserpentinen der Alpen gehört der Lherzolith-Antigoritserpentin des Val Malenco, der bei Selva im Puschlav durch Brüche aufgeschlossen ist; er hat Trias und Lias kontaktmetamorph verändert. Aus Wehrlit sind die Ophiolithserpentine in der Umgebung der Bornitgrube von Saint Véran im Gebiet der Durance in den Hautes Alpes entstanden. Gesteine des Allalingebietes im Wallis enthalten Chloritoid und ab und zu Behaltigen Humit.

Im niederösterreichischen Waldviertel überwiegen Pyropserpentine, die aber zumeist gegenüber den weniger veränderten Peridotiten an Menge zurücktreten. Die ungeklärte Bildung der Granaten kann nicht auf den Granatgehalt der Granulite zurückgeführt werden, da auch Serpentine fernab vom Granulit Granat enthalten, anderseits im Dunkelsteiner Wald und im Ispertal im Granulit Olivinserpentine mit Biotitresten aber ohne Granat auftreten, sowie im Gföhler Gneis wiederum Pyropolivinfels vorkommt. Größere Serpentinstöcke sind die des Mitterbach-Gurhofgebietes im Dunkelsteiner Wald, ein unfrisches Gestein, das Pyrop mit Kelyphiträndern enthält; der Pyropserpentin von Pöchlarn im Gföhler Gneis mit Resten von Orthaugit und Olivin ist der frischeste Pyropserpentin des Waldviertels, während der von Wanzenau im Kamptal stark zersetzt ist. Diese Gesteine dürften Serpentine I. Art sein.

Von den zahllosen Serpentinen Europas sei hervorgehoben: Serpentine haben im Gneis der Vogesen und des Fichtelgebirges (z. B. in der Münchberger Gneismasse) große Verbreitung, häufig sind sie im sächsischen Granulitgebiet, wo sie stellenweise dunkelroten Pyrop führen, dagegen sind sie viel spärlicher im Schwarzwald; im sächsischen Erzgebirge treten sie ganz zurück. Im Gneis Schlesiens liegen u. a. die Serpentine von Jordansmühl, Frankenstein und die des Eulengebirges. Mit Amphiboliten treten sie bei Marienbad in Böhmen auf, während sie in der Umgebung von Krems bei Budweis im Granulit liegen. Berühmt sind die Serpentine von Nischne Tagilsk im Ural durch ihren Gehalt an Platin. Olivinfels und sogenannter Olivinschiefer bilden mit Serpentin, Talkschiefer und Topfstein Linsen im Glimmerschiefer von Westerbotten und Jämtland, manche sind nur kataklastisch verändert, andere geschiefert. Als Nebengemengteile treten Enstatit, Hornblende, Chromit und Kämmererit am häufigsten auf. Bekannt sind die Vorkommen vom Val Antigorio in Piemont, von dem der Name Antigorit stammt. Im Apennin liegen die Vorkommen von Modena, darunter Serpentin aus Harzburgit mit Enstatit. Ungeschiefert sind sie z. B. bei Nezeros in Thessalien.

Die *Olivinfelse* sind Peridotite, die alle tektonischen Vorgänge ihrer derzeitigen oder ehemaligen unmittelbaren Umgebung mitgemacht haben, aber keine erkennbare Schieferung, sondern nur ab und zu Deformations- bzw. Zertrümmerungserscheinungen zeigen; deutliche Schieferung ist sehr selten. Die meisten alpinen Peridotit-Ophiolithe sind demnach Olivinfelse, die nur geringere Serpentinisierung im Sinne der Serpentine I. Art zeigen. Ihr Widerstand gegenüber jeglicher Metamorphose ist gitterbedingt, das Olivingitter ist das festgefügteste aller gesteinsbildenden Silikate. Das beste Beispiel von geschiefertem Olivinfels sind die von Westerbotten im Jämtland. Eine große Zahl alpiner Ophiolithserpentine enthält, aber durchaus nicht immer, im Kern des Serpentinstockes ungeschieferte Reste von Olivinfels z. B. Kraubath ob Leoben.

Ausgewalzte oder linsenartige Einlagerungen im Peridotitserpentin von Röhrenhof im Bereich der Münchberger Gneismasse im Fichtelgebirge, die

aus 38 bis 32% omphazitischem Augit, 27 bis 18% Karinthin-Hornblende und
50 bis 35% Biotit bestehen und Röhrenhofit genannt worden sind, können
kaum ins Gesteinssystem eingeordnet werden. Man denkt an Bildung durch
granitisch-pegmatitische Zufuhr, wohl in Analogie mit Ansichten über die
Eklogitbildung dieses Gebietes.

Die Gesteine der Kalkreihe.

In dieser Reihe von Paragesteinen sind Metamorphite von mehr oder
weniger reinen Kalksteinen und Dolomitgesteinen mit solchen vereinigt, die
kleinere oder größere Mengen von kieseligen, tonigen Bestandteilen enthalten, die alle den gleichen metamorphosierenden Einflüssen ausgesetzt
waren, wie die Ausgangsgesteine der anderen sie begleitenden kristallinen
Schiefergesteine. Sowohl durch die Kontaktmetamorphose als auch durch
die Schiefermetamorphose sind aus mehr oder weniger reinen Kalksteinen
Marmore mit mehr oder weniger silikatischen Anteilen entstanden, die aus
den entsprechenden tonig-mergeligen, diffusen oder im Ausgangsmaterial
stellenweise gehäuften Einlagerungen gebildet worden sind. Überwiegen
diese Einlagerungen, traten Reaktionen bei der Metamorphose auf, ermög-
lichten Temperatur und Druck die thermische Dissoziation der Karbonate,
so bildeten sich die Parasilikatgesteine der Kalk-Magnesiareihe, je nach der
Menge des $MgCO_3$-Gehaltes des Sedimentmateriales, Paraamphibolite, Grünschiefer, Chloritschiefer, Phyllit, Glimmerschiefer usw., war aber die Menge
des $MgCO_3$ im Ausgangssedimentmaterial geringer, diffus oder wechsellagernd verteilt, dann entstanden in der oberen Zone die Kalkglimmerschiefer und Kalkphyllite, in der Tiefe oder in dieser entsprechenden T/P-
Verhältnissen und langandauernder Wirkung Granatfels, Epidotfels oder
analog zusammengesetzte Amphibolite und kalkreiche Paragneise.

Die Familie der Marmore.

Nur die Art der Nachbargesteine und das geologisch-tektonische Bild der
Lagerung können gegebenenfalls, aber keineswegs immer, die Unterscheidung von Kontaktmarmoren und Schiefermarmoren (Druckmarmoren) er-
möglichen. Stark verzahnte, u. d. M. sichtbare Körnergrenzen und starke
Translationszwillingstreifung (Druckzwillinge) treten häufiger bei Schiefermarmoren auf, mehr polyedrische Begrenzung bei Kontaktmarmoren; aber
diese Unterscheidung ist nicht eindeutig, ebensowenig wie das Vorkommen von
echten Kontaktmineralien, zu denen wir als halbwegs charakteristisch heute
nur noch Wollastonit und Vesuvian rechnen dürfen, die aber an und für sich
recht selten sind, deshalb wenig Anlaß zur Unterscheidung geben. Nur wenn
in tektonisch wenig gestörten Gebieten in unmittelbarer Nähe unveränderte,
kontaktfähige Erstarrungsgesteine liegen, ist der Rückschluß auf Kontaktbildung gestützt (Beispiel die Umgebung von Predazzo-Monzoni, Auerbach
an der Bergstraße, Elba). Dagegen wird man in Paragesteinen liegende Marmore wohl mit Bestimmtheit als Schiefermarmore ansehen können, wie etwa
die kretazischen griechischen Marmore des Pentelikon, Hymettos, Lyka-
bettos, Paros, die triadischen Toskanas (Carrara), die von Laas in Südtirol. Im
großen und ganzen haben alle diese Vorkommen die Mineralführung ebenso
gemein wie die chemisch-physikalischen Bildungsbedingungen, die Sammelkristallisation (Kornvergrößerung), wobei die Größe der einzelnen neugebildeten Körner von den allgemeinen Lagerungsverhältnissen abhängig ist
und die Marmore in Phylliten kleinere Korngröße haben als die in Glimmer-

schiefern und Gneisen. Die Zuckerkörnigkeit der Dolomitgesteine (vgl. S. 156) ist bei den Dolomitmarmoren noch erhalten geblieben, denen auch Zwillingsstreifung meist fehlt. Bei Marmoren im Zusammenhang mit Orthoschiefergesteinen kann aber manchmal die Entscheidung, ob Schiefermarmor oder Kontaktbildung unmöglich sein, wie denn auch bei Kontaktmarmoren die Entscheidung, ob die Silikatführung durch Zufuhr aus dem Erstarrungsgestein entstanden ist oder nur durch Umwandlung von Bestandteilen im Karbonatgestein selbst nur dann exakt gelöst werden kann, wenn Teile nicht metamorphen Gesteins vorhanden sind (vgl. S. 198).

Marmore sind demnach kristalline Schiefer oder Kontaktgesteine von weißer, grauer, blaugrauer, gelblicher, lichtrötlicher Farbe von grobem bis feinem Korn, von richtungslosem Gefüge oder mit eingeregeltem, zumeist glimmerigem Mineralbestand, während die Karbonatkörner seltener eingeregelt sind. Eine Unterscheidung zwischen Neben- und Übergemengteilen ist nicht zu machen. Begleitmineralien sind vor allem: Quarz, Muscovit (Fuchsit), Phlogopit, Biotit (der seltenste Glimmer in Marmoren), Kalifeldspat, Plagioklas (Albit bis Anorthit), Granat (in Kontaktmarmoren besonders Grossular), Epidot-Zoisit, Diopsid, Augit, Bronzit, Tremolit-Aktinolith, Chlorit, Serpentin, Pargasit, Olivin (in Dolomitmarmor), Wollastonit, Brucit, Hydromagnesit (diese drei in Kontaktmarmoren), Titanit, Korund, Diaspor, Spinell (beide in Kontaktmarmoren), Pyrit, Markasit, Magnetit und eine große Zahl gelegentlicher Mineralbildungen der speziellen Gebiete. Aus dem Mineralbestand kann man auf die Zugehörigkeit zu den verschiedenen Fazies schließen, besonders zur Epidotamphibolitfazies, aber auch zur Amphibolitfazies und Grünschieferfazies gehören viele Marmore. Diese Übergemengteile silikatischer Natur können gehäuft sein und Übergänge in Nachbargesteine bilden (Kalkglimmerschiefer) oder in Kontaktgesteine, wie die Kalksilikathornfelse. Es wurden Namen für solche Übergangsbildungen meist von beschränktem Ausmaße gebraucht, wie *Kalkepidotschiefer, Cipollino* (glimmerreich), *Ophikalzit* mit Körnern von Serpentin, der selbständig aus ursprünglichem Olivin entstanden sein kann, meist aber am Serpentinkontakt auch gegen Kalkglimmerschiefer und Chloritschiefer auftritt. Größere Mengen von Ophikalzit jurassischer Kalke treten am Rande kleiner Serpentinmassen z. B. der Tarntaler-Reckner Serpentinvorkommen auf, die unter anderem den Schloßberg von Matrei am Brenner bilden und bei Pfons abgebaut wurden; besonders rotviolett und grün gefleckte und weißgeäderte Abarten waren gesucht.

Ab und zu fand man auch erhaltene Versteinerungen in Marmoren (z. B. Gyroporellen in den apuanischen Alpen von Carrara); pigmentierte Bereiche werden manchmal als Fossilreste gedeutet.

Die Schichtung der Karbonatgesteine ist im Marmor meist verlorengegangen, ab und zu durch lagenweise Verteilung von graphitischem Pigment kenntlich geblieben. Einregelung der Karbonatkörner kann vielfach erst durch gefügekundliche Methoden erkannt und eingemessen werden. Als geologische Körper treten Marmore fast immer lagerartig, auch als Lagergänge auf, bilden zumeist größere oder kleinere, oft reihenweise angeordnete Linsen oder größere Lager oder auch zusammenhängende Züge auf längere oder kürzere Strecken. Außer den bereits erwähnten Vorkommen seien aus der enormen Menge ihres Auftretens in allen Formationen die der Vogesen, des Odenwaldes, Fichtelgebirges (z. B. Wunsiedel), Erzgebirges, Böhmerwald, Skandinavien mit Finnland, besonders Kanada, wo Marmor im Streichen die weiteste Verbreitung hat, die Vorkommen im Himalaja

und Karakorum z. B. am Nanga Parbat, genannt. Aus der Zahl der ostalpinen Vorkommen seien die von Laas im Vintschgau genannt, die von
Ratschinges und Schneeberg bis Sterzing reichen und in Gneisen und Glimmerschiefer liegen, dann die Berge bildenden Marmore, wie die der Telfer

Abb. 100. „Die Marmorguglia". Kühner Zacken aus Marmor in der Gruppe des Marble Peak (6238),
zwischen Baltoro und Godwin—Austengletscher im Karakorum. Der Marmorzacken ragt aus dunklen
phyllitischen Schiefern auf. (Photo Vittorio S e l l a, nach D y h r e n f u r t h, Baltoro, bei B. Schwabe
in Basel.)

Weißen, Moarer Weißen in Tirol, die weiße Wand in der Dureckgruppe im
Reintal, die steirische und die Lungauer Kalkspitze in den Schladminger
Tauern, dann die Brettsteiner Marmorzüge in Obersteiermark, die der Stub-
alpe (Brandriedel) usw. erwähnt. Die Marmore der Laaser Serie, die ein-
zigen ostalpinen, die in größerem Stile verwertet werden, beteiligen sich am
Aufbau der Texelgruppe, bilden die Hohe Weiße und den Lodner, und am

Ausgang des Ratschingestales das blendend weiße Gestein der Gilfenklamm. Aus den Hohen Tauern seien u. a. die Hochstegenkalke bei Mayrhofen im Zillertal, die als Horizont ins Salzachtal verfolgt werden können, die von Mühlbach im Pinzgau, angeführt. Dolomitmarmore sind die der Umgebung von Schneeberg in Tirol. Aus den Westalpen seien die Walliser Marmore, die des Simplongebietes, die von Andermatt und Airolo, die Bänke in den Schistes Lustrées, den typischen Kalkphylliten der Schweiz, die von Bormio und als Beispiele für Dolomitmarmore die des Binnentales mit ihrer berühmten Mineralführung, und die von Campo lungo im Tessin genannt.

Die Marmore im Paragneis des niederösterreichischen Waldviertels treten in Zügen und Linsen auf, so die von Persenbeug über Auratsberg, Maria-Taferl, Mühldorf bei Spitz, Els und Marbach im Kremstal, Krumau am Kamp und bei Drosendorf. Größere Vorkommen, die auch Dolomitmarmore enthalten, liegen im Dunkelsteiner Wald, sie führen bei Korning Graphit-kristalle.

Wie arm an anderen Beimengungen Marmore sein können mag eine an der zehnfachen üblichen Menge vorgenommene Analyse des Marmors von Carrara zeigen:

SiO_2	0,00100
CaO	55,38000
MgO	0,58910
Al_2O_3	0,05024
Fe_2O_3	0,06834
Na_2O	0,01334
P_2O_5	0,09650
CO_2	43,69600
$(NH_4)_2O$	0,01116
Cl	0,04380
SO_3	0,01800
N_2O_3	0,00004
N_2O_5	0,00025
Organ. Substanz	0,00790
Verlust	0,02233
	100,00000

In den paläozoischen Kalken und Dolomitgesteinen der großen Orogene erkennt man oft stellenweise feinkörnige Marmorisierung als Folgeerscheinung der Bewegungen, Gesteine, die auch in größere zusammenhängende Marmormassen oder Marmorzüge übergehen können, wie z. B. in der Grauwackenzone der Ostalpen, Gesteine, die auch in der Form von *Kalkschiefern* auftreten können, wie z. B. in den Tuxer Vorbergen der weiteren Umgebung von Schmirn. In den großen mesozoischen Kalkgebirgen kommt es nur innerhalb sehr kleiner Bereiche und wohl nur innerhalb sehr starker Bewegungszonen zu echtem Marmorgefüge.

Die Familie der Kalkglimmerschiefer und Kalkphyllite.

Sie unterscheiden sich nur durch die Form des Kaliglimmers, der in den Kalkglimmerschiefern in größeren Schuppen und Blättchen, in den Kalkphylliten überwiegend als Serizit auftritt, beide gehen gleich den Phylliten und Glimmerschiefern ineinander über. Kalkglimmerschiefer und Kalk-

phyllit gehen durch Zurücktreten des Kalkes in Glimmerschiefer bzw.
Phyllit, durch Ansteigen des Kalkgehaltes in Kalksteine-Marmore über.

Die **Kalkglimmerschiefer** bestehen entweder aus wechselnden dünnen
oder dickeren Lagen von Muscovit und Kalk mit oft kleinerem oder auch
größerem Quarzgehalt, seltener aus einem innigeren Gemenge von Kalk und
Glimmer, das äußerlich nicht immer gut geschiefert erscheint, wie z. B. die
Kalkglimmerschiefer ober dem Hotel Moserboden im Kapruner Tal gegen
den Fochezkopf zu durchaus massig erscheinen. Der Kalk bildet manchmal
Linsen, die von einem Glimmerflasergewebe umgeben sind, aber auch zu
selbständigen Körpern werden können, Lagerungserscheinungen, die auf
engem Raum abwechseln können. Übergemengteile sind Granat (Granat-
kalkglimmerschiefer), Chlorit, Epidot, Aktinolith, Biotit. Unter anderem
haben solche Gesteine große Verbreitung in den Alpen. Am Südhang des
St. Gotthard, im Simplongebiet tritt im Tunnel Phlogopit in ihren Verband.
Im Wallis und in den Bündener Alpen verleihen sie als wichtigster Bestand
der penninischen Bündener Schiefer (Schistes Lustrées) manchen Gebieten
ebenso ihren Charakter wie dies in der oberen Schieferhülle der Hohen
Tauern der Fall ist, z. B. in den Brenner Schiefern. Im Glocknergebiet
bilden sie die höchste Erhebung im Hauptkamm das Große Wiesbachhorn
und seine Trabanten, die Bratschenköpfe, Bärenkopf, Hochtenn-Firngipfel,
Fuscherkarkopf u. a. Ihre braunen Verwitterungsprodukte bilden brüchige,
Bratschen genannte, Steilwände. Im südlichen Venedigergebiet bilden sie
auf große Strecken, gleichwie im Süden der Glocknergruppe, mit Grünschiefern wechsellagernd, alle Spitzen im Südende der Tauernkämme, wie
Eichham und Wunspitze; sie treten in der Matreier Schuppenzone hervor,
fehlen aber auch der Grauwackenzone nicht. In der oberen Schieferhülle
ist das $CaCO_3$ im Kalkglimmerschiefer vornehmlich mehr diffus verteilt,
es treten weniger zusammenhängende Marmoreinlagerungen auf. In der
unteren Schieferhülle fehlen Kalkglimmerschiefer. Der durchschnittliche
stark schwankende Kalkgehalt der Kalkglimmerschiefer beträgt 40 bis 50%
$CaCO_3$. In der Nähe von Wärmequellen, wie sie Erstarrungsgesteine (Grani-
tisationsgesteine) bieten, gehen aus Kalkglimmerschiefern Garbenamphibol-
schiefer hervor, wobei sich auch Granat und Plagioklas bilden kann.

In der Glocknergruppe findet man auch quarzreiche Kalkglimmerschiefer
mit Albitknoten (Knotenkalkglimmerschiefer), die auch Granat enthalten
(Bockkarscharte, Appelkreuz unter der Pfandelscharte, ober der Sturm-
hütte, Naßfeld beim Glocknerhaus). Die Knotenkalkglimmerschiefer westlich der Bockkarscharte bei Böckstein (Gasteiner Tal) werden als metamorphosierte feine, kalkige Brekzien gedeutet, deren Knoten eine kalkig-
tonige, zum Teil sandige Masse war. Das durch das Pigment dieser Knoten
gezeichnete *s* steht gewöhnlich schräg oder quer zur Schieferung der Gesteine. Die Knoten, deren Größe 2 bis 3 mm beträgt, bestehen jetzt aus
körnigem Karbonat, serizitischem Glimmer, wenig Quarz und dickeren
Muscovittafeln, die das Pigment unverändert als *si* übernehmen.

Die weniger stark metamorphosierten **Kalkphyllite** treten in Gesellschaft
phyllitischer Gesteine auf, sie sind typische Streßgesteine, ihre Formung,
ihre oft intensive Fältelung („galoppierend" hat sie E. S u e ß einmal genannt)
und Faltenumbiegungen, ihre mit neugebildetem Kalzit nicht immer ganz
gefüllten Risse sind deutliche Erscheinungen von Teildruckwirkung, Gesteine, die Sedimentnähe verraten. Häufiger sind hier dünne Karbonatlagen
als größere Kalkpartien. Sie führen öfter eisenhaltige Karbonate, besonders
Ankerit, aber auch Siderit, Quarzlinsen („Knödeln") nach Art der Quarz-

phyllite. Granat als Porphyroblast ist seltener als bei den Kalkglimmerschiefern. Als *Braunspatphyllite* werden solche mit reichlich eisenhaltigem Dolomit bezeichnet. Kalkphyllite treten besonders am Rande größerer Kalkglimmerschieferzonen auf, so am Rande der Tauernschieferhülle in der sogenannten Matreier (Schuppen-) Zone, sie bilden Einlagerungen in den Phylliten des Nordrahmens der Glocknergruppe, z. B. am Ausgang des Gasteiner Tales ober Lend im Bereich der Klammkalke, Einlagerungen im Lias der Radstätter Tauern, in den Brennerschiefern, dann in den Bündener Schiefern bei Tarasp, an der Via mala bei Finstermünz usw. In der oberen Tauernschieferhülle gehen die Kalkglimmerschiefer oft allmählich in sie über, wie etwa an den mächtigen Bretterwänden nördlich von Virgen im Iseltal bei Matrei in Osttirol. Ärmer an Glimmer, reicher an Chlorit sind albitreiche Kalkphyllite, als „Tüpfelschiefer" entwickelt, z. B. am Weg von Vaud nach Piazza im Gebiet des Mt. Cornet in der Zone du Combin im Val d'Ollomont (Provinz Aosta) mit Tüpfeln von schwarz pigmentiertem Albit, während in Tüpfelschiefern im Leitertal des Großglocknergebietes, am Weg von der Franz-Josephs-Höhe zur unteren Pfandelscharte die Tüpfel jetzt aus körnigem Karbonat, Serizit, wenig Quarz und dickeren Muscovittafeln bestehen, wie sie auch im Unterengadiner Penninikum vorkommen. Kalkglimmerschiefer und Kalkphyllite sind mesozoisch, wahrscheinlich vor allem jurassisch-kretazisch. Sie sind typische Gesteine der Epizone.

Die Familie der karbonatfreien Kalksilikatschiefer.

Diese wenig verbreiteten, nur vereinzelt auftretenden, aber vielgestaltigen Bildungen erreichen nur selten eine derartige Masse, daß sie als Gesteine gelten können. Sie sind die Metamorphite derselben Gesteine, wie die bisher behandelten karbonathaltigen Gesteine der Kalkreihe unter den Gleichgewichtsbedingungen höherer Temperatur und höheren, vor allem einseitigen Druckes, also in Zonen, in denen Karbonate nicht mehr bestandfähig sind. Sedimentogene Abstammung ist daher nur aus Mineralführung und Chemismus feststellbar, wie Fehlen oder bedeutendes Zurücktreten der Alkalien, Überwiegen des CaO auch über Tonerde. Ein sehr bedeutender Anteil an diesen Gesteinen sind Kontaktgesteine, bei denen auch Stoffe aus der Schmelze zugebracht sein können, die im Falle der Bildung durch Schiefermetamorphose schon vorhanden gewesen sein müssen, wenn die Bildung nur durch geänderte physikalische Verhältnisse erfolgt ist. Auch hier ist die Entscheidung, welche Art der Metamorphose, Schiefer- oder Kontaktmetamorphose vorliegt oder überwiegt, nicht immer durchführbar. Man gebraucht für diese Gesteine auch den Namen *Silikatfelse.* Am verbreitetsten sind die körnigen, seltener schieferigen und dann in relativ höheren Räumen gebildeten *Granatfelse,* deren Granat zumeist dem Grossular-Andradit nahesteht. In Klüften solcher zumeist aus unregelmäßigen Körnern bestehender Gesteine liegen an den Rändern öfter wohlausgebildete Kristalle, offenbar Neubildungen. Diese Gesteine enthalten Diopsid, Aktinolith, Epidot, Quarz, Titanit, Vesuvian, Chlorit (meist Klinochlor), Serpentin. Hämatit, Pyrit und andere Erze. Sie gehen in Epidotfels, Aktinolithfels, Diopsidfels über, die nicht immer kontaktmetamorpher Entstehung sind; oft bilden sich solche Gesteine durch Reaktion im festen kristallisierten Zustand. Granatfels als Anhäufung in Granatglimmerschiefer und anderen Paragesteinen ist wohl genetisch eindeutig sedimentogen, wie etwa der disthenführende Granatfels von der Fehren bei Neustadt im Schwarzwald im Paraamphibolgneis. Kleinere Kontaktbildung, wie sie in den Alpen an ophiolithischen Ultrabasitkontakten primärer, wie auch tektonischer Art häufig sind, können nicht als Gesteine angesehen werden (Pietre verdi in den piemontesischen Alpen und viele Stellen in der Tauernschieferhülle als Beispiele), ebensowenig etwa das Vorkommen von der Hohen Waid bei Schriesheim nördlich von Heidelberg, oder die „Gesteine" der mineralreichen Gondite mit ihrer abwechslungsreichen Zusammensetzung von Nárukat, Bálághát, Chindware, Naypur in Zentralindien.

Die gelbgrünen, dunkelgrünen, dichten oder feinkörnigen *Epidotfelse* (Epidosite) sind häufiger echte Schiefergesteine als wie Kontaktgesteine, sie führen oft recht beträchtliche Mengen von Quarz, auch von Chlorit und bilden zumeist Einlagerungen in Grünschiefern und feinkörnigen Epidotamphiboliten, z. B. in der Tauernschieferhülle (Untersulzbachtal, Dorfertal usw.), oder in Glimmerschiefer und Phyllit des nördlichen Böhmen, im Gneis der Serra Montiqueira in Minas Geraes, bei Pochiakülle in Finnland, am Grand Matamne River in Kanada.

Seltener sind *Vesuvianfelse* (nur Kontaktbildungen), die niemals Gesteinsausmaß erreichen. Ebenso selten sind *Prehnitfelse*, z B. in Paragesteinen von Neustadt im Schwarzwald, oder in der Gegend zwischen Solemnis und Dolia nova auf Sardinien als „Prehnitbank", wohl durch die pneumatolythische Phase der Kontaktwirkung an oberordovizischem Kalkstein durch Granitporphyr entstanden, dann der *Skapolithfels*, z. B. bei St. Nazaire in Frankreich, Kontaktbildung ist er wohl bei Pargas und Bamle im Christiania- (Oslo-) Gebiet; ebenso der *Wollastonitfels*, z. B. von Bellenwald bei Gegenbach im Schwarzwaldgneis, Blauda in Mähren, Loja bei Persenbeug an der Donau. Alle diese Bildungen verdienen den Namen Gesteine nicht.

Über *Diopsidfels* ist das Nötige bei den Kontaktgesteinen bereits gesagt (S. 196, 199).

Die Gesteine der Magnesiareihe.

Man könnte immerhin die bei den Sedimentgesteinen erwähnten Spatmagnesite als echte epizonale Metamorphite auffassen, obwohl die einzelnen verdrückten Magnesitkristalle selten deutliche Einregelung zeigen. Es fehlen Magnesitmarmore, Ankeritmarmore, es fehlen die Parallelen zu Kalkglimmerschiefern und Kalkphylliten, es fehlen reine Magnesiasilikatgesteine sedimentärer Abkunft unter den kristallinen Schiefern, man nähme denn die Bildung von Talkschiefern aus Magnesit an, was immerhin möglich wäre, obwohl gerade Talkschiefer neben neugebildetem Dolomit auch Breunnerit und Magnesit enthalten, und auch die enge räumliche Vergesellschaftung von Talk und Magnesit (z. B. an der Schoberspitze ober Wald in Obersteiermark, Jolsva in Ungarn) viel eher für gemeinsame Bildung spricht, zumindest parakristallin für die letzte Bildungsperiode. Man könnte aber unter die Gesteine der Magnesiareihe auch einen Teil der Paragrünschiefer reihen, deren Ausgangsgestein kaum etwas anderes als ein MgO-reiches Sediment(gestein) gewesen sein dürfte.

Die Familie der Talkschiefer und Topfsteine.

Talkschiefer sind in meist geringen Einzelmengen in älteren, besonders aber in jüngeren Gebirgen verbreitet. Feinschuppig bis grobblätterig, krumm-, seltener ebenschieferig, weiß, grünlich, gelblich, grau gefärbt, lassen sie den Talk als einzigen Hauptbestandteil, parallel bis völlig wirrschuppig gefügt, leicht erkennen. Übergemengteile sind Aktinolith, Chlorit, Glimmer, Dolomit, Breunnerit, auch Quarz, von denen die beiden ersten so angereichert sein können, daß diese Gesteine in Aktinolithschiefer und Chloritschiefer übergehen. Ab und zu bergen die Talkschiefer größere Kristalle von Pyrit oder Apatit. Dolomit und Breunneritmagnesit sind keinesfalls proterogene Relikte, auch wohl kaum hysterogene Bildungen. Sichergestellt ist die Bildung in der obersten Stufe, während über die Genesis nicht immer Klarheit zu erlangen ist. Manche dieser Gesteine sind zweifellos Tektonite aus Pyroxenit, Peridotit und Serpentin entstanden; man kann feststellen, daß sie an Stellen relativ größten bzw. stärksten Bewegungsdruckes in älteren und jüngeren Faltengebirgen auftreten und auch Talklagerstätten bilden, deren größere Zahl in Vergesellschaftung mit Chloritschiefern, Aktinolithschiefern, Serpentinen in Paragesteinen auftritt, wie etwa bei Zöptau in den Sudeten, wo sie in Glimmerschiefer eingehüllt durch Übergänge mit Chloritschiefer verbunden sind, während sie im Fichtelgebirge dies mit Olivingesteinen sind. In der steirischen Grauwackenzone von St. Lorenzen im Paltental bis zum Semmering, mit dem Hauptvorkommen von Mautern, liegen mehrere Vorkommen in der Nähe von Magnesitlagerstätten. Die größte Talklagerstätte der Ostalpen, reiner Talk in weißen und grauen Talkschiefern, liegt bei Rabenwald nahe bei Anger in der Oststeiermark in der Gefolgschaft mylonitisierter Serizitschiefer (Weißschiefer, vgl. S. 262) zwischen der obersteirischen Grobgneisserie als Hangendem und dem Angerkristallin als Liegendem. Es wird angenommen (Friedrich), daß sich aus diesen Serizitschiefern unter dem Einfluß der Orogenese und unter Magnesiazufuhr Tremolit-Aktinolith-Breunnerit führende Gesteine gebildet haben, wobei durch gesteigerte Mg-Zufuhr ganze Gesteinspartien talkisiert wurden. Als eines der vielen typischen Talkgesteinsvorkommen in den Ostalpen sei auch noch das der Unteren Schieferhülle angehörende aus der oberen Legbachrinne im Habachtal erwähnt.

Topfsteine (Lavezsteine) sind verschiedenartige, graue, graugrüne, verworren-schuppige oder -faserige Gemenge von Talk und Chlorit, die sich gegenseitig fast bis zur Gänze ersetzen können. Dabei hat zumeist der Talk die Vormacht, Dolomit, Breunneritmagnesit, auch Kalzit, Aktinolith-Tremolit, Serpentin treten oft in nicht geringen Mengen hinzu. Das Gestein ist nur selten gut schieferig. In Verbindung mit Aktinolithschiefern, Serpentin, Chloritgesteinen tritt der Topfstein am Storchenberg bei Zöptau in Mähren auf. Er ist aber auch in den Alpen verbreitet, im Val Malenco, Pontresina, Chiavenna, Dissentis in der Schweiz; am Großen Greiner in den Bergen des Zillertales; dann in Handöl im Schwedischen Jämtland, bei Trondheim in Norwegen, in Boston in Massachusetts, Potton in Kanada. Grauer bis grünlicher Tremolitasbestfels, oft mit Talkschiefer verbunden, zumeist als Einlagerung in Chlorit-Kalkgestein ist in den Alpen in kleineren Mengen verbreitet, in etwas größeren kennen wir sie z. B. bei Rechnitz im Burgenland, Hollenzen bei Mayrhofen im Zillertal, Hofgastein in Salzburg, Stellen, wo sie zeitweilig ausgebeutet worden sind. Gemenge von Talk mit Fe- und Mg-reichen Karbonaten zumeist auch Quarz, u. a. von Berjosowsk im Ural wurden Listwänit genannt.

Von allgemeiner Bedeutung (in den Alpen ebenso wie z. B. auf der Shetlandinsel Unst) ist das Zusammenvorkommen von Chlorit-, Talk-Aktinolithbildungen zumeist, aber durchaus nicht immer, am Rande von Serpentinlinsen auch dann, wenn diese Grenzen nicht ursprünglich, sondern tektonisch sind, die schalenförmig oft in der Reihenfolge Serpentingestein —

Talk — Aktinolith — Chlorit — Biotit angeordnet sind. Es kann ein Glied in der Reihe fehlen, nicht mehr zur Ausbildung gekommen sein, tektonisch entfernt worden sein, aber die Reihenfolge bleibt gewahrt (Read). Es handelt sich dabei nicht um irgendwelche Differentiation aus einer Schmelze. Diese Bildungen treten nur in metamorphen Gebieten auf, aber am Kontakt mit Kalkglimmerschiefer ebenso wie an solchen mit reinen Silikatgesteinen. Jedenfalls geht dabei Stoffaustausch vor sich. Alle diese Gesteine sind posttektonisch in bezug auf die Bildung der Ultrabasite. Die Aktinolithe wachsen in die Kalke der Umgebung durch alle Gefügeflächen hindurch. Mit Injektionen haben diese Bildungen nichts zu tun, häufig auch nichts mit thermischer Wirkung eines Erstarrungsgesteines. Wo sie in den Alpen nicht sichtbar an Serpentine gebunden sind, dürfte tektonische Entfernung oder restliche Aufzehrung des Serpentins die Ursache sein. Es handelt sich bei diesen Bildungen wohl vielfach auch um Reaktionen im festen Zustand.

Gesteine der Tonerdereihe.

Man kann *Schmirgel* (Smirgel) als ein mittelfeines bis sehr feinkörniges, richtungslos körniges, seltener schieferiges oder plattiges, schwarzes bis dunkelgraues Gestein auffassen, das aus Korundkörnern mit sehr verschiedenen, oft recht bedeutenden Mengen von Magnetit, seltener Hämatit besteht und durch einzelne größere idiomorphe Korunde porphyrisch struiert sein kann. Seltener sind weißer Margarit, dunkelgrauer Chloritoid, Spinell, Rutil, Turmalin, die auch etwas häufiger werden können. Weit seltener sind Disthen, Staurolith, Vesuvian, Diaspor und Biotit; der Muscovit gilt als Zersetzungsprodukt des Korundes, Pyrit kann gelegentlich angereichert sein. Der Schmirgel von Naxos bildet Gänge und Lagergänge in Marmoren, die ihrerseits wieder Einlagerungen in Glimmerschiefer bilden. Genetisch dürften Schmirgel metamorphe Bauxite sein. Dichtes Gefüge hat der Sillimanit führende Schmirgel von Milas im Golf von Mendelia in Südwestkleinasien.

Gesteine sind die Schmirgel ebensowenig oder ebensosehr wie *Sapphiringesteine* genannte Anhäufungen von blauem Sapphirin (ein Mg-Al-Silikat, das an SiO_2-ärmste aller Silikate) mit Hornblende, gelegentlich Bronzit, braunem Glimmer, sehr wenig Anorthit und Cordierit von Fiskernäs im Südwesten von Grönland als Linsen im Paragneis und Glimmerschiefer, von Vizagapatam in Madras, Urbain in Kanada, in Blöcken aus unzugänglicher Stelle in den Wänden ober der Alpe Brasciadega im Val Codera in der Provinz Sondrio (Italien), teils reich an Cordierit, teils an Biotit, mit weinroten Granat-Porphyroblasten, die dem Gestein noch größere Farbenpracht verleihen.

Sogenannte Eisenglimmerschiefer (Itabirite).

Parallelgefügte Hämatitlagen mit Quarz, bekannt von Pico d'Itabira, Sabará im Staate Minas Geraes und Matto Grosso, im Soonwald zwischen Gebroth und Winterburg in der Rheinprovinz, bei Krivoi Rog südwestlich von Jekaterinoslaw, Striberg und Norberg in Schweden, Sutton in Kanada sind ohne Zweifel sedimentären Ursprungs. Es ist aber durchaus fraglich, manchmal sehr unwahrscheinlich, daß die glimmerschieferartige Parallellagerung kleinerer und größerer Hämatitschüppchen durch Kräfte erfolgt ist, die zur Gestaltung kristalliner Schiefer ausreichten, wenn derartige Bildungen auch in der Oxydationszone von Eisenerzlagerstätten, z. B. am steirischen Erzberg auftreten. Wo sie aber in Glimmerschiefern vorkommen, ist dies durchaus wahrscheinlich, wie in den Vorkommen Brasiliens.

Die Mylonite.

Mylonit ist keine Bezeichnung einer Gesteinsfamilie der kristallinen Schiefer, sondern die *eines Zustandes,* des Zustandes starker und stärkster mechanischer Deformation, die das Ausgangsgestein so sehr verändert, daß nur sie ihm sein äußeres Gepräge verleiht. Es bestehen daher alle Übergänge von schwächer kataklastisch beeinflußten, mylonitisierten Gesteinen, vor allem der Granitodioritreihe bis zum vollständig deformierten Ultramylonit. Die Umgrenzung der Bezeichnung Mylonit ist daher vollkommen willkürlich. Die Mylonitisierung kann das ganze Gestein oder nur Teile, besonders häufig die randlichen Teile verändert haben. Im ersteren Fall kann die ehemalige Natur des Gesteines nur durch Relikte oder gar nicht mehr am Gestein selber erkennbar sein. Mylonite sind Zeugen der jeweilig stärksten Bewegung eines Bereiches, sie sind reine Tektonite und tragen die Merkmale einer Beanspruchung ruptureller Natur von großer Kraft, aber im geologischen Sinne von kurzer Dauer. Die gleiche Beanspruchung von sehr langer Dauer *allein* kann aber nicht zur Bildung kristalliner Schiefer führen, sondern dazu muß die Einwirkung von Lösungen hinzukommen, die zur Umkristallisation des gesamten Gesteinsbestandes geführt hat. Dabei kann Auflösung und Wiederabsatz am gleichen Kristall im Sinne des Rieckeschen Prinzips (vgl. S. 186) an der durch die Lage des Kristalles vor der Druckwirkung geschützteren Stelle möglich sein, oder es kann im Sinne der Durchdringung auf den wegsamen Bahnen der Intergranulare allmählicher Umsatz des gesamten oder größeren Teiles des Gesteinsbestandes (Kristalloblastese) oder Aufschmelzung und Umkristallisation im Sinne der Piezokristallisation eingetreten sein. Zur Mineralneubildung größeren Ausmaßes kommt es bei der Mylonitisierung nicht, Glimmer werden zu Serizit, aber auch Feldspat kann bis zum völligen Verbrauch in Serizit umgewandelt werden, der dann neben Quarz zum Hauptbestandteil des Gesteines wird, bis graue, graugrüne, gelblichweiße, auch reinweiße (Weißschiefer) Serizitgesteine entstehen. Solche Gesteine können nicht immer von Serizitphylliten und Serizitquarziten unterschieden werden.

Man hat für Mylonite Namen wie Kataklasite, Kakirite, Ultramylonite, Blastomylonite usw. geschaffen, ohne daß man aber von einer Nomenklatur der Mylonite sprechen könnte. Nach der Zertrümmerung erfolgt vielfach durch Umkristallisierung kristalloblastisches Kristallisationswachstum der zertrümmerten Kristallteile, was zu einer Art Brekzienstruktur führen kann, so daß man solche Gesteine als *Blastomylonite* bezeichnet hat, wenn Teile des durch die Mylonitisierungsdeformation entstandenen kataklastischen Gefüges reliktisch noch erhalten geblieben sind. Es ist wahrscheinlich, daß in Orogenen auch eine größere Zahl von kristalloblastischen Schiefergesteinen einmal Mylonite und dann Blastomylonite waren, ohne daß uns Spuren dieser Zustände erhalten geblieben wären. Für ein Gefüge, das dadurch zustande gekommen ist, daß nicht zertrümmerte Bestandteile bedeutenderer Größe im mylonitisierten Gesamtgestein erhalten geblieben sind, ist der Name *porphyroklastisches Gefüge* (vgl. S. 182) in Gebrauch.

Man wird Mylonitisierung kaum in sehr großen Tiefen annehmen können, sondern nur in solchen, in denen einseitige Differentialbewegungen noch möglich sind. Gesteine können mehrere Perioden von Mylonitisierung erleiden, die

in verschiedenen Abständen und verschiedenen Stadien erfolgt sein können.
Daß in Orogenen die Zahl der Gesteine mit kristalloblastischem Gefüge
bei weitem über die mit Mylonitgefüge überwiegt, ist wohl so zu deuten,
daß häufig Deformation und Umkristallisierung aufeinander folgen, so daß
wir nur die Resultierende aus beiden Komponenten antreffen, anderseits
ist wohl die Deformation häufige Voraussetzung der Umkristallisation und
nur an verhältnismäßig wenigen Stellen war Umkristallisation nicht eingetreten oder zu schwach, so daß mylonitisches Gefüge erhalten bleiben
konnte. Man kann Kataklase als die schwächste Deformationserscheinung,
Mylonitisierung und Ultramylonitisierung graduell gegeneinander einstufen.
Auf jedes dieser Stadien kann Verschieferung und Kristalloblastese gefolgt
sein. Jedenfalls kommt der Erforschung solcher Zerbrechungserscheinungen
für die Geschichte des Gesteines, für die Feststellung prä-, para- oder post-
tektonischer Kristallisation, prä-, para- oder postkristalliner Deformation
große Bedeutung zu.

Im einzelnen ist Mylonitisierung so häufig, daß nur ein paar bekannte,
klassisch gewordene Beispiele gebracht seien. Granitporphyre der Rofna-
schlucht des Averstales in der Schweiz sind bei unverändertem chemischem
Bestand zu einem Granitporphyrschiefer, Rofnaporphyr genannt, metamorphosiert worden, wobei die Feldspäte zu SiO_2-reichem Muscovit (Phen-
git) und Quarz wurden. Die bis 800 m mächtigen Pfahlschiefer längs der
herzynischen Richtung durch Passauer, Bayrischen und Oberpfälzischen
Wald und der Pfahlschiefer im Niederösterreichischen Waldviertel und im
Mühlviertel, z. B. das von Südsüdwest bis Nordnordost verlaufende Rodeltal,
folgen Störungszonen, längs derer Granit und Gneis stark mylonitisiert, ver-
quarzt und vergrünt sind, Störungszonen, die wiederholt wirksam waren
und vielleicht vom Perm bis ins Tertiär reichen. Diese Störungszonen be-
nützten auch hydrothermale Lösungen, die bei der starken Serizitbildung
der Pfahlschiefer mitgewirkt haben dürften. Zahlreich sind die Weißschiefer
im Zentragranitgneis der Hohen Tauern (z. B. Stubachtal, im „Loch" ober
der Böcksteiner Seite des Tauerntunnels), die keineswegs nur auf Randpartien beschränkt sind. Hydrothermale Mitwirkung unter Zufuhr von K_2O
und MgO wird auch für die *Leukophyllit* genannten Weißschiefer, Serizitgesteine, mylonitisierten Pegmatite und Aplite, aber auch Paragesteine,
am Ostrand der Zentralalpen verbreitet (Ausschlag Zöbern bei Aspang,
Ofenbach, Wismath, Rust-Rakoser Höhenzug, Diebmannsgraben bei Öden-
burg), angenommen. Diese Gesteine enthalten oft größere Mengen von
Leuchtenbergit (Fe-freier Klinochlor) und große Quarzknauern. Die Mylonitisierung erfolgte unter paratektonischer hydrothermaler Einwirkung auf
horizontalen Störungen (V e n d l). Ähnliche, an Leuchtenbergit besonders
reiche Leukophyllite sind auch vom Rabenwald bei Anger in Oststeiermark
bekannt, wo sie in Gesellschaft von Talkschiefern (vgl. S. 259) auftreten.
Ihre Bildung aus pegmatitischen Gesteinen kann zum Teil durch hydrothermale K_2O- und MgO-Zufuhr erklärt werden, während ein anderer Teil
vielleicht als Serizitquarzite der Semmeringserie anzusehen wären. Die
K_2O-Metasomatose wird mit der Bildung der „Grobgneise" der Oststeiermark (vgl. S. 207) in Zusammenhang gebracht, sie verursacht die Serizitisierung; die spätere Bildung des Leuchtenbergits ist vielleicht das Ergebnis
einer MgO-Zufuhr, der auch die Talklager dieser Gegend ihre Entstehung
verdanken. Die Weißsteinbildung ist paratektonisch. (F r i e d r i c h.)

Die Deformation, die häufig kristalline Schiefer und Tiefengesteine aller
Art, ganz besonders aber solche von granitischer Zusammensetzung, als

letzte geringfügige Einwirkung der Orogenese erleiden, die sich nur in mehr oder weniger schwacher Kataklase, undulöser Auslöschung der Quarze, Verbiegungen der Glimmer und Feldspäte äußert, ist noch keine Mylonitbildung, solche Gesteine sind keine Mylonite, aber der Vorgang als solcher ist der gleiche wie bei der Mylonitisierung, nur graduell verschieden. Deformation kann am Anfang der Umwandlung eines Erstarrungsgesteines oder eines Sedimentgesteines stehen, sie geht vielleicht sehr oft, vielleicht stets der Umkristallisierung, die allen Schiefergesteinen gemeinsam ist, voraus. Kristallisation und Deformation wirken gemeinsam miteinander an der Schieferbildung; das uns heute vorliegende Ergebnis kann die Merkmale beider oder nur eines der beiden Vorgänge tragen. Deformation kann aber auch nach der Umkristallisation in der gleichen, vielfach auf längere Zeit unterbrochenen Orogenese eintreten oder durch eine zeitlich spätere Orogenese ausgelöst werden, sie kann auf das Gestein in jedem Stärkegrad eingewirkt haben, von den Spuren schwächster Kataklase bis zur Bildung eines Ultramylonites.

Sachverzeichnis.

Manzsche Buchdruckerei, Wien IX.